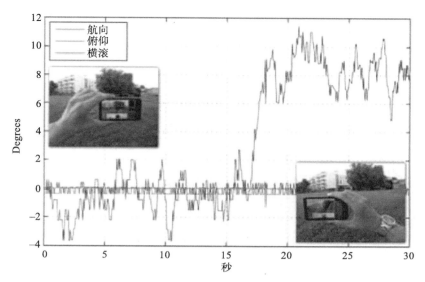

图 3.11 每一个现代智能手机都包含磁力仪,但是单独传感器的精度通常都很低。本图显示了当佩戴在用户右手上的金属手表接近该设备时随时间产生的航向误差(由 Gerhard Schall 提供)

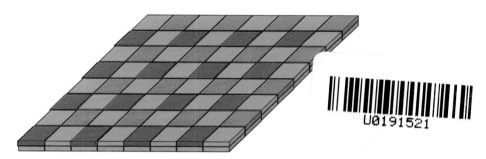

图 3.16 现代数码摄像机使用 CCD 传感器来确定入射光的强度。通过应用拜耳模式的滤波器添加颜色

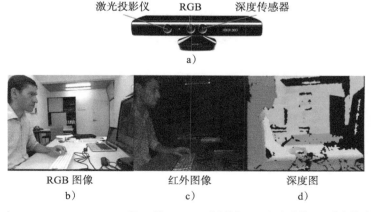

图 3.18 a)Microsoft Kinect V1 是一款 RGB-D 摄像机,通过手势识别来控制 Xbox 游戏。b)它的 RGB 摄像机提供一幅常规彩色图像。c)激光投影仪在场景中投射不可见的红外光点图形。d)深度传感器使用红外摄像机观测该光点图形并计算出深度图。深度图使用颜色编码显示,由近及远为从红色到蓝色

图 3.23 来自剑桥大学的 Going Out 系统沿图像中强边缘取样，并将它们与已知的室外场景模型进行对比（由 Gerhard Reitmayr 和 Tom Drummond 提供）

图 3.26 在场景的新视图中特征匹配允许系统从跟踪模型中识别已知兴趣点。通过足够多数量的点对应，该场景可以被识别且可以确定当前摄像机的位姿（由 Martin Hirzer 提供）

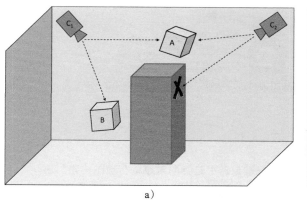
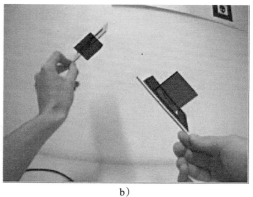

图 3.28　a）环顾角落的跟踪。摄像机 C_1 跟踪对象 A 和 B，而摄像机 C_2 只能看见 A。通过融合所有得到的跟踪信息可以确定 B 相对于 C_2 的位姿。b）左边的标志点的表面没有朝向摄像机，因此不能通过显示的图像跟踪。但是，在第二台摄像机的帮助下，增强的物体（蓝色立方块）可以被成功地放置在标志点位置（由 Florian Ledermann 提供）

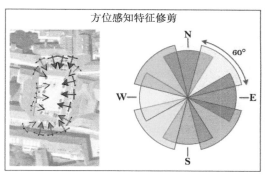
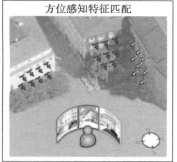

图 4.27　磁力计（罗盘）可以用作先验信息的来源，将对应点的搜索范围缩小到正常朝向用户的区域（由 Clemens Arth 提供）

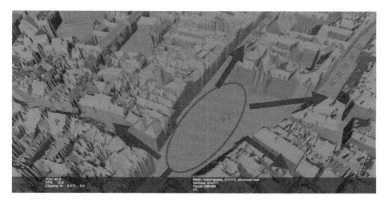

图 4.29　中心广场的潜在可见集合包含与广场直接相连的街道区段（蓝色箭头），但是不包含一到两个转弯之后的街道区段（红虚线）

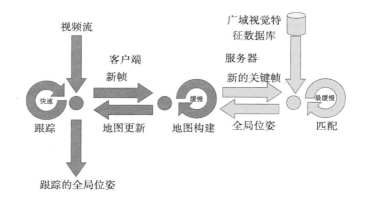

图 4.30 传统的 SLAM（蓝色）在一台移动客户端设备上进行同时跟踪与地图构建。通过增加一台定位服务器（橘黄色），可以加入第三个并发活动：为广域定位匹配一个视觉特征的全局数据库。客户端和服务器独立运行，所以客户端能够一直以最高帧率运行

图 4.32 在使用全景 SLAM 时用户只能做旋转运动，就像探索当前环境那样（由 Daniel Wagner 提供）

图 4.34 客户端利用 6 自由度 SLAM 跟踪的视频序列中的多幅图像，定位服务器提供用于透明黄色结构覆盖楼房轮廓的全局位姿（由 Jonathan Ventura 和 Clemens Arth 提供）

图 4.35　该 SLAM 序列从外立面跟踪（黄色覆盖区域）开始，全局位姿由服务器确定。第二行的图像不能利用服务器已知的信息连续跟踪；集成在 SLAM 地图中的前景海报用于跟踪（由 Jonathan Ventura 和 Clemens Arth 提供）

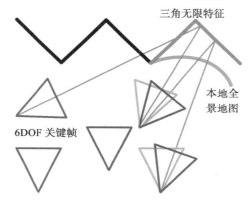

图 4.36　SLAM 系统可以处理通用的 6 自由度运动和纯粹的旋转运动，其优点在于用户不被局限于某一类型的运动上。当额外的视点可用时，也提供了从全景特征（蓝绿色）中恢复三维特征（品红色）的机会（由 Christian Pirchheim 提供）

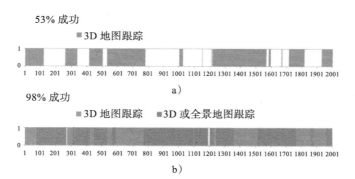

图 4.37　任意的用户运动中 6 自由度与全景 SLAM 的结合更有助于鲁棒的跟踪。a）传统的 6 自由度 SLAM 仅仅能跟踪 53% 帧中的位姿。b）组合的 SLAM 可以跟踪 98% 帧中的位姿（由 Christian Pirchheim 提供）

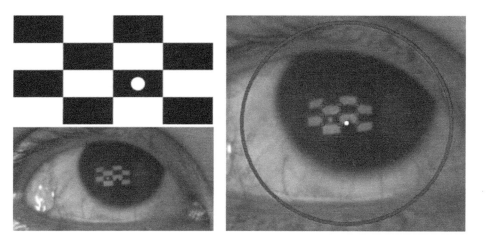

图 5.6　在 HMD 上安装一个朝向内部的摄像机，可以用来检测棋盘图案的投影，进而推导出眼球相对于显示器的位置和方向（由 Alexander Plopski 提供）

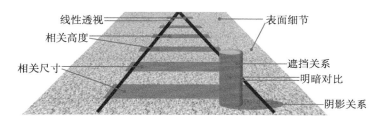

图 6.2　通过单目深度线索隐喻可以在单张图片中观察到场景结构

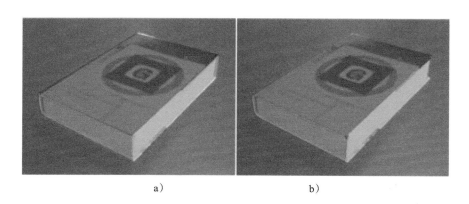

a）　　　　　　　　　　　　　　b）

图 6.6　a）通过在幻影物体的投影边缘附近搜索对应真实物体的边缘，b）可以修正遮挡边缘（由 Stephen DiVerdi 提供）

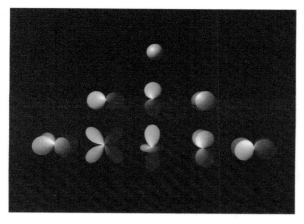

图 6.16　球谐函数是球形域中的基函数。三行代表了球谐函数的 0,1,2 波段

图 6.17　利用教堂模型等漫反射物体能够估计定向光，并应用到白球等虚拟物体。右面的列显示了作为立方图的入射光估计。通过环境图中的红点表示如何改变最强的光照方向，对应圆顶上白色高光的运动（由 Lukas Gruber 提供）

a）局部光照渲染效果　　　　　　b）全局光照渲染效果

图 6.21　实时路径跟踪能实现真实的全局光照（由 Peter Kan 提供）

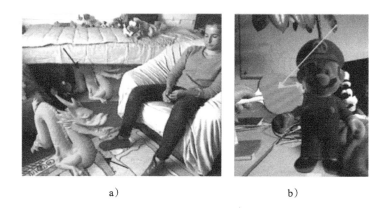

图 6.25　a）在床下面的龙上投射的软阴影。b）从乒乓球拍到漫画人物的脸部颜色漫射。在这两个例子中，真正的几何和光照被实时重建（由 Lukas Gruber 提供）

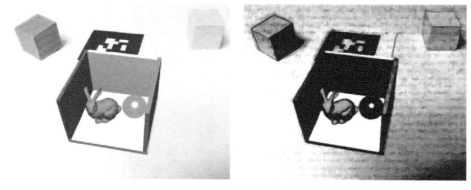

图 6.30　风格化的增强现实可以用于艺术表现，场景的真实和虚拟部分采用了相同的风格（原始场景图像由 Peter Kán 提供）

a）黄车　　　　　　　　　　　　　　b）红车

图 7.6　a）可视化清晰地展示了车内部情况。b）颜色选择不当严重影响了遮挡部分可视化的感知效果（由 Denis Kalkofen 提供）

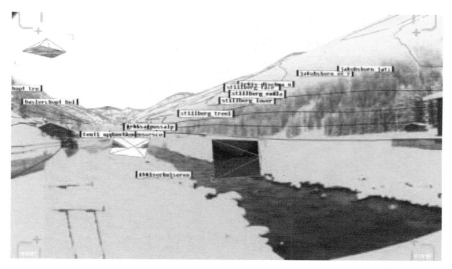

图 7.7　Hydrosys 系统展示了全局传感器网络中各个站点的位置以及绘制的插值温度测线轮廓（由 Eduardo Veas 和 Ernst Kruijff 提供）

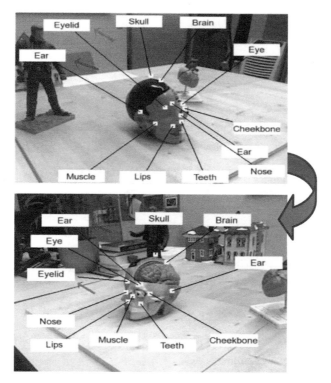

图 7.9　在没有考虑到时间一致性时，旋转相机可能会导致两个标签（图中用红色和蓝色箭头标出）意外颠倒顺序（由 Markus Tatzgern 和 Denis Kalkofen 提供）

图 7.13 本例中，真实的车身是虚拟发动机的遮蔽物。在提取轮廓作为重要的形状线索之后，应用了二维距离转换来使得遮蔽物看起来更为真实（由 Denis Kalkofen 提供）

图 7.14 将具有同质纹理的区域赋予某一特定透明度水平达到一致效果的 X 射线可视化技术（由 Stefanie Zollmann 提供）

图 7.16 a）使用基础阴影渲染爆炸幻影。b）使用视频纹理双重幻影渲染，可视像素爆炸并显示黑色的背景像素（由 Markus Tatzgern 和 Denis Kalkofen 提供）

图 7.17 a）错误的纹理爆炸幻影。b）同步双重幻影渲染可以识别不能被视频纹理的像素并对这些像素使用不同类型的渲染风格（由 Markus Tatzgern 和 Denis Kalkofen 提供）

图 8.14 使用投影机 – 摄像机系统将普通界面转化成为触摸屏，由 Claudio Pinhanea 提供（IBM 版权所有，2001）

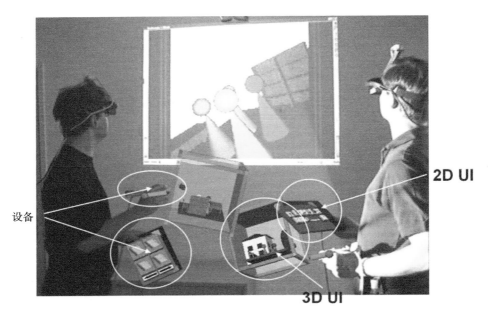

图 8.29 能够同时看到墙面投影上的第一人称视图以及通过头戴显示器看到的第三人称视图（由 Gerd Hesina 和 Anton Fuhrmann 提供）

图 9.2 通过在第一人称视图中指定两个维度并在对应的航空图像（左下角的插图）中指定第三个维度（距离）创建示例注释。在这种情况下，区域注释被渲染为线框包围盒

 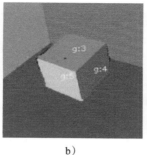 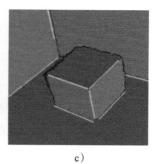

a) b) c)

图 9.11　a）来自 RGBD 传感器的简单场景视图。b）利用深度图像分割的平面。c）几何场景理解检测的直线边缘（如黄线所示）和平行平面（以相同的颜色显示）（Thanh Nguyen 提供）

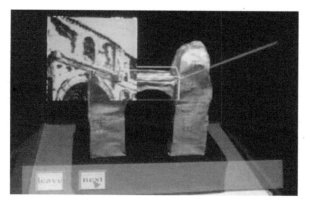

图 10.1　Heidentor（异教徒之门）是一处公元 4 世纪的罗马废墟，位于奥地利东部。本图示出一个利用多媒体信息进行增强的缩放模型。用户通过红色射线选择了中间部分，因此弹出一幅历史照片（由 Florian Ledermann 提供）

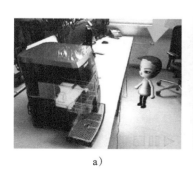 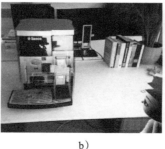 

a) b) c)

图 10.5　将一个咖啡机的印刷说明指南通过增强现实展示的结果。a）化身表明了用户的观察视角。b）~ c）当用户移动到指定位置后，门将打开并示出咖啡酿造单元，如图中黄色部分所示（由 Peter Mohr 提供）

图 11.1　路标系统让户外增强现实用户沿着航线点组成的路线前进（红色柱）（由 Gerhard
　　　　　Reitmayr 提供）

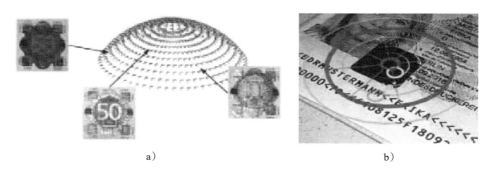

a)　　　　　　　　　　　　　　　　　　　　　b)

图 11.8　a）全息图的外观随着入射观察方向而变化。b）黄色圆圈将用户引导至特定
　　　　　的观看方向，通过角度和到馅饼切片可视化的中心距离进行编码（由 Andreas
　　　　　Hartl 提供）

图 11.2　室内路标系统高亮显示路径上的下一个门口并显示指向最终目的地的三维箭头
　　　　　（由 Daniel Wagner 提供）

图 11.9　黄色金字塔图标示出了对应图像序列的摄像机平截头体（由 Clemens Arth 提供）

图 11.12　世界缩略图可以连接到手持或臂架式道具（由 Gerhard Reitmayr 提供）

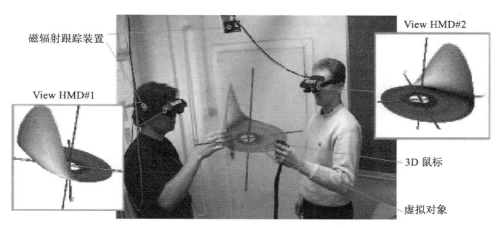

图 12.1　一个共享空间装置，用户能够佩戴头戴式显示器在虚拟物体上构造如图中所示
　　　　的数学可视化的个人视图（由 Anton Fuhrmann 提供）

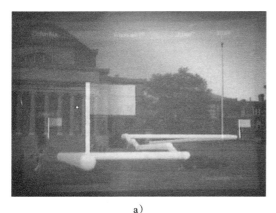
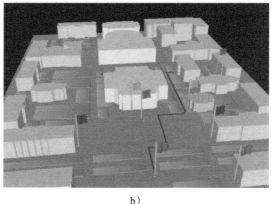

a) b)

图 12.11 a）一个漫游于大学校园内的室外用户（从一个头戴式显示器中观看）与 b）一个为移动用户提供行进路线的静止用户（虚拟现实视图）之间的协作（由哥伦比亚大学提供）

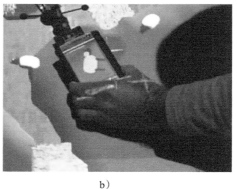

a) b)

图 13.2 a）两种不同的绵羊牧场表示，一种在投影桌面上，另一种在笔记本电脑屏幕上。b）用户选择一只绵羊并在个人数字助理上面仔细检视（由 Gudrun Klinker 提供）

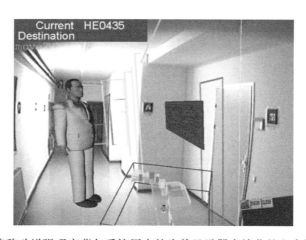

图 13.9 从穿着移动增强现实背包系统用户的头戴显示器中捕获的室内导游应用程序视图。当用户在建筑物中漫游时，建筑模型的微型世界视图和位置相关的平视显示器叠加图像共同呈现给用户

计算机科学丛书

增强现实
原理与实践

［奥］ 迪特尔·施马尔斯蒂格（Dieter Schmalstieg）

［美］ 托比亚斯·霍勒尔（Tobias Höllerer） 　著

刘越 译

Augmented Reality
Principles and Practice

机械工业出版社

CHINA MACHINE PRESS

图书在版编目（CIP）数据

增强现实：原理与实践 /（奥）迪特尔·施马尔斯蒂格（Dieter Schmalstieg），（美）托比亚斯·霍勒尔（Tobias Höllerer）著；刘越译 . —北京：机械工业出版社，2020.1（2023.4 重印）

（计算机科学丛书）

书名原文：Augmented Reality: Principles and Practice

ISBN 978-7-111-64303-6

I. 增… II.①迪… ②托… ③刘… III. 虚拟现实 IV. TP391.98

中国版本图书馆 CIP 数据核字（2019）第 266801 号

随着真实世界中计算机生成的信息越来越多，增强现实（AR）可以通过不可思议的方式增强人类的感知能力。这个快速发展的领域要求学习者掌握多学科知识，包括计算机视觉、计算机图形学、人机交互等。本书将这些知识有机融合，严谨且准确地展现了当前最具影响力的增强现实技术和应用。全书从技术、方法论和用户的角度全面讲解相关知识，实现了理论与实践的平衡，适合开发者、高校师生和研究者阅读。

出版发行：机械工业出版社（北京市西城区百万庄大街 22 号　邮政编码：100037）

责任编辑：唐晓琳　　　　　　　　　　　　　　　责任校对：殷　虹

印　　刷：固安县铭成印刷有限公司　　　　　　版　　次：2023 年 4 月第 1 版第 3 次印刷

开　　本：185mm×260mm　1/16　　　　　　　印　　张：21.25　　　插　页：8

书　　号：ISBN 978-7-111-64303-6　　　　　　定　　价：99.00 元

客服电话：（010）88361066　68326294

在过去的 20 年里，信息技术的应用从固定的办公室和桌面计算转移到网络、社交媒体和移动计算。近年来，即使将笔记本电脑归入桌面式电脑的类别，智能手机和平板电脑的销量也远超传统桌面式电脑。

虽然目前主流用户界面还没有完全从 20 世纪 90 年代的桌面计算（或者说是 1981 Xerox Star）中脱离出来，但是当今年轻一代获取计算机知识的方式已经改变：各种应用和云计算在许多情况下取代了电脑桌面。计算已经从一项在办公室或书房中开展的工作转变为随时随地进行的活动。

初识增强现实

随着用户逐渐远离电脑桌面，将真实世界融入我们的计算体验变得越来越重要。考虑到真实世界既不是平面的，也不是由书写文档组成的，因此必须有一个新的用户界面隐喻。**增强现实**（Augmented Reality，AR）有潜力成为用于情境计算的主流用户界面隐喻。增强现实具有能将真实世界和与之相关的虚拟信息直接关联的独特性质。整个世界变成了用户界面，这引出了那句熟悉的宣言：

回到真实世界！

虚拟现实（Virtual Reality，VR）的愿景是将我们自身沉浸于人造世界，这推动了游戏设备的发展，带来了令人惊艳的画面效果，随之而来的是各类头戴式显示器和手势跟踪器的出现。但即便如此，像虚拟现实这样通过定义来独占大众注意力的用户界面隐喻，也不一定是日常计算的最佳选择。

相反，我们越来越依赖可以随意使用并能提供容易理解的少量信息的计算界面。我们需要**普适计算**。这可以通过"宁静"的计算过程实现，这一过程会在后台进行，不需要用户干涉，甚至根本不会引起用户的注意。在需要普适交互时，增强现实脱颖而出，成为合适的用户界面技术。

为何写作本书

多个相互交叉的研究领域聚焦于增强现实的发展，相关的知识体系也在快速完善。自 20 世纪 90 年代以来，我们一直以研究者的身份致力于该知识体系的相关工作。本书的主要动力来自我们所任教的格拉茨理工大学和加州大学圣巴巴拉分校关于增强现实的课堂教学。在备课过程中，我们明显感到目前没有一本教材能够覆盖这个快速发展领域的广度和深度。从 2001 年的 SIGGRAPH 会议开始，各种学术会议及研讨会的部分演讲稿都为备课提供了参考，我们也参与组织了其中的一些会议。许多基础理论从那时起逐渐构建起来，我们着眼于系统地汇集相关知识，同时注重新兴概念与实践信息。因此，这本书诞生了。

本书主要内容

如书名所示，本书在原理和实践之间力求平衡。我们的目标是让这本书既能服务于科学研究人员，又能服务于对增强现实应用感兴趣的从业者，特别是工程师。因此，本书既可用作教材，又可用作参考读物。为了充分利用本书，读者需要对计算机科学有基本认识，如果能够了解计算机图形学以及计算机视觉领域的相关知识，或者对其感兴趣，会对理解本书有所帮助。考虑到篇幅的限制，我们无法进一步提供必要背景技术的特定细节，而是给出了参考文献。与此同时，本书谨慎地介绍并清楚地解释了超出基础知识的特定增强现实概念，从而使本书自成体系。本书采用下面的篇章顺序来介绍增强现实的技术和基本方法。

第1章为本书奠定基调，介绍增强现实的定义，简略讲述该领域的历史，之后带领读者领略这项强大的真实世界用户界面技术的多种应用实例。小结部分介绍了一系列相关技术和研究领域的全景。

第2章的主题是显示技术，这是增强现实的关键基础技术之一。根据视觉感知的基础理论，讨论了各种适用于增强现实的显示技术，尤其是头戴式显示、手持式显示和投影式显示。我们还讨论了非视觉显示技术，如听觉和触觉设备等。

第3章的主题是跟踪技术，这是增强现实的潜在核心技术之一。首先讨论了理解跟踪（广义的定义是测量系统）的工作原理所需要掌握的特定知识，然后讨论了传统的固定跟踪系统，并将其与移动传感器进行比较。接下来，着重介绍了主流的光学跟踪技术，并在最后简述了传感器融合的原理。

第4章继续上一章中对光学跟踪问题的讨论，详细介绍了用于实时位姿估计的计算机视觉算法，例如根据观测图像确定摄像机的位置与朝向。为了便于讲解并使读者更广泛地了解背景知识，这一章由一系列案例研究组成。每一个案例研究仅介绍自身必需的相关知识，所以读者不需要事先深入了解计算机视觉方面的知识。此外，本书对涉及高等数学的问题做了标记，这些问题在实践中通常依赖OpenCV等软件库来解决，因此可以被视为"黑箱"，不想深入研究的读者可略过这部分内容。

第5章讨论用于增强现实的器件标定和注册方法。在增强现实应用中，第3章所述的用于光学跟踪的数字摄像机标定技术是实现可重复精确操作的必要前提。注册是几何上校准增强现实体验中的真实世界和虚拟世界的过程，从而有利于形成一致混合环境的错觉。

第6章聚焦于使真实和虚拟物体无缝融合的一系列计算机图形技术，包括虚拟和真实物体之间正确的遮挡或阴影关系。我们也解释了消隐现实，即消隐场景中的真实物体，并讨论了物理摄像机的仿真。

第7章关注可视化技术，目的是使信息更容易理解。在增强现实环境中，这意味着几何注册到真实场景物体上的计算机生成信息，必须按照便于用户理解的方式摆放和设计。我们同时探讨了二维增强（如文本标签）和三维增强（如物体内部的合成视图，也称作"重影"）。

第8章讨论与增强现实应用相关的交互技术与交互方式，主题涉及从简单的情境信息浏览到全面的三维交互。我们特别讨论了基于工具、窗口部件和手势的交互，以及增强现实与多种形式的可触摸用户界面之间的联系。我们也探讨了用于增强现实的多模态和基于智能体的界面。

第9章讨论交互式建模问题，也就是通过增强现实创建新的几何内容。内嵌于三维环境中的用户界面，为再创造该环境的数字版本提供了一种有效方法，这种能力对于所有涉及视觉计算的应用都是非常宝贵的。

第 10 章讨论增强现实的开发方法。增强现实呈现的内容和信息库需要按照当前网络内容的开发方式来设计和创造。可以运用传统工具开发增强现实的内容，或者在增强现实本身中进行。开发需关注应用中超越几何和视觉特性的几个方面，特别是建造应用的语义和行为。开发应该由内容驱动，不需要或者只需要少量的传统编程工作。我们讨论了多种满足这个需求的方法，并且探究了将增强现实开发和新兴的开放网络标准相结合的一些新成果。

第 11 章讨论漫游，这是增强现实作为用户界面尤为相关的一个领域。陌生环境中的定向问题是移动信息系统应用中的一项重要挑战。我们概述了运用增强现实技术实施的漫游技术，并将它们与数字地图加以比较。

第 12 章研究协作问题。作为一种媒介，增强现实在个体之间的交流中有强大的应用潜力。这既包含同地协作（通过共享增强现实系统提供的附加提示拓展同地协作），也包含远程协作（在增强现实技术的大力支持下提供了远程呈现的新形式）。

第 13 章分析增强现实系统的底层架构。增强现实必须将实时系统、多媒体系统以及分布式系统的复杂需求结合起来。通过一种灵活的方式将这些需求结合起来并准确传达给程序员，是一项困难的工作。我们讨论了多种架构模式，包括分布式对象系统、数据流系统和场景图，并展示了一系列案例学习。

第 14 章回顾增强现实的发展轨迹，从一个在原型应用中体现实用性的研究领域，到潜在的大众消费级应用。我们同时分析了需要克服的障碍和亟待解决的问题，基于本书提供的材料展望了未来发展趋势，并总结了未来的研究内容。

如何使用本书及相关资料

如何使用本书取决于你与增强现实领域之间的关系，以及你的兴趣程度和关注点。我们讨论三种可能的角色。

- *如果你是一名开发者*：专业开发者可以从本书中得到启发，并用于指导增强现实应用的设计、搭建和评测。有此类背景的读者将在讨论显示、跟踪和交互的章节找到关于硬件设备的有用信息。在应用内容的开发方面，视觉一致性、情境可视化和开发章节将会有所帮助，而跟踪、计算机视觉和标定与注册章节将涉及相应的注册技术。在交互及后续章节中介绍了用户界面设计。最后，软件架构章节提供了关于具体实施工作的重要信息。

- *如果你是一名教师*：本书可作为不同类型和层次的大学教材。关于增强现实的研究生课程可将本书作为主教材。关于计算机图形学或视觉计算的课程可使用视觉一致性和可视化章节作为增强现实图形学方面的导论。关于计算机视觉的课程可使用跟踪和标定与注册章节讲授重要的实时计算机视觉技术。人机交互课程可使用交互、建模、开发、漫游及协作章节全面地介绍增强现实的概念。

- *如果你是一名研究者*：对于兴趣点为实验性增强现实应用的开发和评测的研究者来说，本书可作为一本详尽的参考指南。最后一章为本领域的研究者和学生列举了需要解决的一系列重要问题。

本书网站

本书网站如下：

http://www.augmentedrealitybook.org [⊖]

增强现实领域正在迅速发展。为了使本书成为动态的工作文档，网站上提供了教学资料等附加信息，并且包含与最新增强现实研究和应用相关的信息和链接。这是一项开放工作，欢迎读者为资料收集做出贡献，你的贡献将帮助我们更新网站以及本书的未来版本。

⊖ 该网站及网站内的资源由原书作者维护并提供，资源的获取、使用请遵循网站要求，我社不对网站内容的可获取性、准确性、安全性等负责，亦不承担任何法律责任。——编辑注

本书的出版得益于许多朋友和同事的支持与鼓励。我们要感谢以下审稿人为本书提供的宝贵见解与建议：Reinhold Behringer、Doug Bowman、André Ferko、Steffen Gauglitz、Kiyoshi Kiyokawa、Tobias Langlotz、Vincent Lepetit、Gerhard Reitmayr、Chris Sweeney 和 Daniel Wagner。

感谢 Addison-Wesley 出版社的编辑：Peter Gordon，他认可本书的编写理念，并帮助我们完成了出版合同的签订；Laura Lewin 和 Olivia Basegio，他们始终鼓励我们，并提出了很多好建议。

感谢所有为我们提供资料的同事：Aaron Stafford、Alessandro Mulloni、Alexander Plopski、Andreas Butz、Andreas Geiger、Andreas Hartl、Andrei State、Andrew Maimone、Andy Gstoll、Ann Morrison、Anton Fuhrmann、Anton van den Hengel、Arindam Day、Blair MacIntyre、Brigitte Ludwig、Bruce Thomas、Christian Pirchheim、Christian Reinbacher、Christian Sandor、Claudio Pinhanez、Clemens Arth、Daniel Wagner、David Mizell、Denis Kalkofen、Domagoj Baričević、Doreé Seligmann、Eduardo Veas、Erick Mendez、Ernst Kruijff、Ethan Eade、Florian Ledermann、Gerd Hesina、Gerhard Reitmayr、Gerhard Schall、Greg Welch、Gudrun Klinker、Hannes Kaufmann、Henry Fuchs、Hiroyuki Yamamoto、Hrvoje Benko、István Barakonyi、Ivan Sutherland、Jan Herling、Jens Grubert、Jonathan Ventura、Joseph New-man、Julien Pilet、Kiyoshi Kiyokawa、Lukas Gruber、Mark Billinghurst、Markus Oberweger、Markus Tatzgern、Martin Hirzer、Matt Swoboda、Matthias Straka、Michael Gervautz、Michael Kenzel、Michael Marner、Morten Fjeld、Nassir Navab、Oliver Bimber、Pascal Fua、Pascal Lagger、Peter Kán、Peter Mohr、Peter Weir、Philipp Descovic、Qi Pan、Ralph Schönfelder、Raphael Grasset、Remo Ziegler、Simon Julier、Stefan Hauswiesner、Stefanie Zollmann、Steffen Gauglitz、Steve Feiner、Taehee Lee、Takuji Narumi、Thanh Nguyen、Thomas Richter-Trummer、Tom Drummond、Ulrich Eck、Vincent Lepetit、Wayne Piekarski、William Steptoe、Wolfgang Broll 和 Zsolt Szalavári。

感谢格拉茨理工大学和加州大学圣巴巴拉分校的老师和学生，他们对本书内容进行了多次讨论并提供了良好的工作环境。

最后，感谢我们的家人在书稿编写过程中给予的巨大支持和耐心。

Dieter Schmalstieg
奥地利格拉茨，2016 年 4 月

Tobias Höllerer
美国，加利福尼亚圣巴巴拉，2016 年 4 月

增强现实介绍

虚拟现实正变得越来越受欢迎，随着计算机图形学的发展，计算机图像与真实世界经常是难以区分的。然而，在游戏、电影和其他媒体中计算机生成的图像是和我们周围的物理环境分离的。这是一个优点（一切皆有可能），但同时又带来了限制。

这个限制源于在日常生活中我们主要对真实世界而不是某一虚拟世界感兴趣。智能手机和其他移动设备给我们提供了随时随地访问海量信息的途径，然而，这种信息通常是与现实世界分离的。用户对获取来自和关于真实世界的在线信息，或者将在线信息与真实世界相联系感兴趣，但目前只能单独并且间接地进行，这需要用户付出持续的认知努力。

在许多方面，增强移动计算使得与真实世界的关联自动发生，这是一个有吸引力的想法。以下几个例子可以很容易地说明这个想法的吸引力。基于位置的服务可以提供基于全球定位系统（GPS）的个人导航，条形码扫描器可以帮助识别图书馆中的书或超市中的商品。然而，这些方法需要用户的特定动作，并且粒度相当粗糙。条形码可用于识别书籍，但不适用于在户外旅行的时候标识山峰的名称；同样，条形码也不能帮助识别待维修手表的微小部件，更不用说在手术过程中的解剖结构。

增强现实能够在物理世界和电子信息之间创建直接、自动和可操作的链接，为电子增强的物理世界提供一个简单直接的用户界面。当我们回顾人机交互中最近的几个里程碑（万维网和社交网络的出现以及移动设备革命）时，作为范式转换的用户界面隐喻凸显了增强现实的巨大潜力。

这一系列里程碑的轨迹是清晰的：首先，在线信息的访问迅速增长，产生了大量的信息消费者。这些消费者随之成为信息生产者并彼此交流，最终被赋予在任何情况下从任何地点管理这种交流的手段。但是，进行信息检索、创作和交流的物理世界难以与用户的电子活动直接连接。也就是说，该模型陷入了一个不直接涉及物理世界的抽象网页和服务的世界里。在基于位置的计算和服务领域已经出现了许多技术进步，这有时被称为情境计算。即使如此，基于位置服务的用户界面仍然主要根植于桌面、应用程序和基于网络的使用范例。

增强现实可以改变这种情况，并且这样做可以重新定义信息浏览和创作的方式。这个用户界面隐喻和它的使能技术形成在计算机科学和应用开发中最迷人和面向未来的一个领域。增强现实可以将计算机生成的信息覆盖在真实世界的视图上，以惊人的新方式扩大人类的感知和认知。

在提供增强现实的工作定义之后，我们将简要回顾该研究领域历史上的重要进展，然后介绍各种应用领域的具体案例，以展示这种物理用户界面隐喻的能力。

1.1 定义和范围

虚拟现实（VR）将用户置于一个完全由计算机生成的环境内，而增强现实（AR）旨在呈现直接注册到物理环境的信息。AR超越了移动计算，在空间和认知上架起了虚拟世界和真实世界之间的桥梁。借助AR，至少在用户的感觉上数字信息似乎已经成为真实世界的一部分。

架起这座桥梁是一个宏伟的目标——需要借助许多来自计算机科学领域的知识，但可能导致对 AR 真正是什么的误解。例如，许多人将虚拟和真实元素的视觉组合想象为《侏罗纪公园》和《阿凡达》等电影中的特效。虽然电影中使用的计算机图形技术也可以用于 AR，但电影缺少 AR 的一个关键特征——交互性。为了避免这种误解，我们需要为本书讨论的主题设置一个范围。换句话说，我们需要回答一个关键问题：什么是 AR？

最广泛接受的 AR 定义是由 Azuma 在 1997 年的综述论文中提出的。Azuma[1997] 认为 AR 必须具有以下三个特征：

- 虚实结合
- 实时交互
- 三维注册

这个定义不需要头戴式显示器（HMD）等特定输出装置，也没有将 AR 限制到视觉媒体。尽管可能难以实现，听觉、触觉，甚至嗅觉或味觉 AR 均包括在这个范围内。需要注意的是定义中强调了实时控制和空间注册，意味着对应的虚拟和真实信息的精确实时对准。这隐含着 AR 显示的用户至少可以执行某种交互式视点控制，并且显示器中计算机生成的增强内容将持续地注册到环境中的参考对象。

虽然实时性的标准可能会随着个体、任务或应用的变化而不同，但是交互性意味着人机界面在紧密耦合的反馈回路中操作。用户持续地在 AR 场景中漫游并控制 AR 体验，系统通过跟踪用户的视点或位姿来识别用户的输入，在将真实世界中的位姿与虚拟内容配准后向用户呈现情境可视化（注册到真实世界中对象的可视化）。

我们可以看出完整的 AR 系统至少需要三个组件：跟踪组件、注册组件和可视化组件。第四个组件是空间模型（即数据库），其存储关于真实世界和虚拟世界的信息（见图 1.1）。跟踪组件需要真实世界模型作为参照，用来确定用户在真实世界中的位置。虚拟世界模型包含用于增强的内容。空间模型的这两个部分必须配准在同一坐标系下。

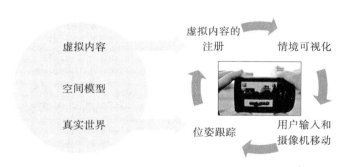

图 1.1   AR 使用人类用户和计算机系统之间的反馈回路。用户观察 AR 显示并控制视点，
系统跟踪用户的视点，在真实世界中配准虚拟内容的位姿，并呈现情境可视化

1.2   增强现实简史

尽管我们可以回溯到更久远的时光找到将信息叠加在物理世界上的案例，但是可以明确的是利用计算机生成的信息在物理世界中进行注释首次出现在 20 世纪 60 年代。Ivan Sutherland 开创了这个最终成为 VR 和 AR 的领域。他于 1965 年在《终极显示》一文提出了以下著名的论断：

终极显示当然应该是一个房间，在这样的房间中计算机可以控制物体的存在，显示的椅子可以坐下，显示的手铐可以将你束缚，显示的子弹将是致命的。通过适当的编程，这样的显示可以真正地被称为爱丽丝梦游的仙境。

Sutherland[1965] 的文章不仅包括对沉浸式显示器的早期描述，还包含之前较少谈论的有关 AR 的清晰论断：

当今视觉显示器的用户可以轻易地使固体透明——他可以"透视物体"！

此后不久，Sutherland 构建了第一套 VR 系统。他在 1968 年完成了第一个头戴式显示器 [Sutherland 1968]。由于系统较重，显示器必须悬吊在天花板上，正因如此它也被形象地称为"达摩克里斯之剑"（见图 1.2）。该款显示器包括头部跟踪，并且使用了光学透视器件。

图 1.2　达摩克里斯之剑是世界上第一台头戴式显示器的昵称，构建于 1968 年（由 Ivan Sutherland 提供）

20 世纪八九十年代初计算性能的进步最终使得 AR 成为一个独立的研究领域。在 20 世纪七八十年代，Myron Krueger、Dan Sandin、Scott Fisher 和其他研究人员都尝试了将人类交互与计算机生成视频叠加的交互式艺术体验的诸多概念。特别是 Krueger [1991] 在其 1974 年前后的 Videoplace 装置中展示了参与者轮廓之间叠加的协作交互式图形注释。

1992 年，"增强现实"这一术语诞生。这一术语首先出现在波音公司 Caudell 和 Mizell[1992] 的工作中，他们通过在一个透视式 HMD 中显示线束装配示意图来协助飞机工厂中的工人（见图 1.3）。

图 1.3　波音公司的研究人员使用透视式 HMD 来指导飞机线束的装配（由 David Mizell 提供）

1993 年，Feiner 等人 [1993a] 提出了基于知识的 AR 系统——KARMA，能够自动推断修理和维护过程中的合适指令序列（见图 1.4）。

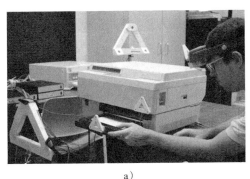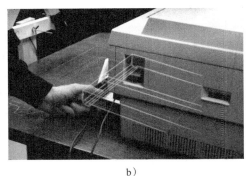

a)   b)

图 1.4   a）KARMA 是第一个知识驱动的 AR 应用。b）佩戴 HMD 的用户可以看到打印机的维护说明（由哥伦比亚大学的 Steve Feiner、Blair MacIntyre 和 Doreé Seligmann 提供）

同样在 1993 年，作为手持式 AR 的前身，Fitzmaurice 创建了第一个手持式空间感知显示器——Chameleon，它包括一个用来显示 SGI 图形工作站视频输出的系留手持式液晶显示（LCD）屏幕，并使用电磁跟踪设备进行位姿跟踪。该系统能够在用户移动设备时显示上下文信息，例如墙上悬挂的地图上某一地点的详细信息。

1994 年，来自北卡罗来纳大学教堂山分校的 State 等人提出了一个引人注目的医疗 AR 应用，能够让医生直接观察孕妇腹中的胎儿（见图 1.5）。尽管时至今日将计算机图形精确注册在人体等可变形对象上仍然是一个挑战，但这种开创性的工作展示了 AR 应用于医学和其他精细任务的潜力。

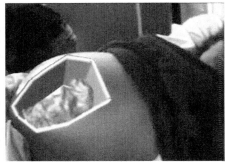

图 1.5   怀孕母亲子宫内的视图（由北卡罗来纳大学教堂山分校 Andrei State 提供）

20 世纪 90 年代中期，麻省理工学院媒体实验室的 Steve Mann 搭建并实验了"现实的介导"——一个带有视频透视式 HMD（改造的 Virtual Research Systems 公司的 VR4）的腰包计算机，使得用户可以增强、改变或消减现实视景。通过开展 WearCam 项目，Mann [1997] 探索了可穿戴计算和介导现实。他的工作最终帮助建立了在早期阶段与 AR 有很多协同的可穿戴计算学术领域 [Starner et al. 1997]。

Rekimoto 和 Nagao 在 1995 年创造了第一个真正的系留手持式 AR 显示器。他们研制的

NaviCam 与一个工作站连接，配备了一个前向摄像机。系统通过视频输入检测摄像机图像中的彩色编码标志点，并在视频透视视图上显示叠加信息。

　　Schmalstieg 等人在 1996 年开发了第一套协作式 AR 系统——Studierstube，借助该系统多个用户可以在同一共享空间中体验虚拟对象。由于每个用户佩戴一个被跟踪的 HMD，因而可以从其个人的视角看到透视关系正确的立体图像。与多用户 VR 不同，在该系统中虚拟内容以干扰最小的方式被添加到传统的协作情境中，因此在 Studierstube 中语音、身体姿势和手势等自然交互线索的使用没有受到影响。该系统的一个应用是几何教学 [Kaufmann and Schmalstieg 2003]，已经成功地在中学生中进行了测试（见图 1.6）。

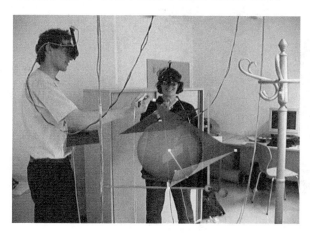

图 1.6　Studierstube 系统的应用之一是通过 AR 向中学生讲授几何学（由 Hannes Kaufmann 提供）

　　从 1997 年到 2001 年，日本政府和佳能公司联合资助了作为一个临时研究团队的混合现实系统实验室。这是迄今为止与混合现实（MR）有关的最大的工业研究机构 [Tamura 2000] [Tamura et al.2001]。其最卓越的成就是设计了第一个同轴立体视频透视式 HMD——COASTAR。实验室的许多研究是针对数字娱乐市场进行的（见图 1.7），在日本起了非常重要的作用。

图 1.7　RV-Border Guards 是佳能的混合现实系统实验室开发的多用户射击游戏（由 Hiroyuki Yamamoto 提供）

1997年，Feiner等人在哥伦比亚大学开发了第一个户外AR系统——漫游机（见图1.8）。漫游机使用带有GPS和姿态跟踪的透视式HMD，为了在移动过程中输出三维图形，系统包括一个内装计算机和各种传感器的双肩书包，并采用一个早期的平板电脑进行输入[Feiner et al. 1997] [Höllerer et al.1999b]。

 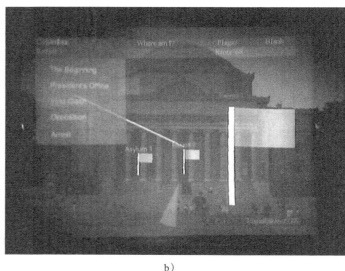

a)　　　　　　　　　　　　　　　　　b)

图1.8　a）漫游机是第一个户外AR系统。b）运行在1999版漫游机上AR校园导览的情境纪实图像（由哥伦比亚大学提供）

仅仅一年后，Thomas等在1998年发表了他们构建的户外AR导航系统——Map-in-the-Hat。它的继任者Tinmith（很少有人知道这个名字实际上是"This is not map in the hat"的首字母缩略词）演变成一个著名的户外AR实验平台。这个平台可用于3D测量等高级应用，但最著名的是提供了第一个户外AR游戏——ARQuake（见图1.9）。这个游戏是流行的第一人称射击应用Quake到Tinmith的端口，在一个真正的停车场里把用户置于僵尸攻击中。

图1.9　第一个户外AR游戏ARQuake的屏幕截图（由Bruce Thomas和Wayne Piekarski提供）

同一年，来自北卡罗来纳大学教堂山分校的 Raskar 等人 [1998] 提出了未来办公室——一个围绕结构光扫描和投影机 – 摄像机系统的想法构建的远程呈现系统。尽管所需的硬件在当时还无法用于日常场景，但深度传感器和投影机 – 摄像机耦合等相关技术已在当今的 AR 和其他领域中发挥了重要作用。

在 1999 年之前，没有出现可以供非专业研究人员使用的 AR 软件。当 Kato 和 Billinghurst [1999] 发布第一个用于 AR 的开源软件平台 ARToolKit 时，这一情况发生了变化。它的特点是使用易于激光打印的黑白标志点 3D 跟踪库（见图 1.10）。这个巧妙的软件设计与日渐容易获取的网络摄像头相结合，使得 ARToolKit 得到了广泛的应用。

图 1.10　用户手持的 AR 通用开源软件架构 ARToolKit 的正方形标记（由 Mark Billinghurst 提供）

同年，德国联邦教育和研究部启动了一项名为 ARVIKA（应用于开发、生产和服务的增强现实）的 2100 万欧元的工业 AR 项目，来自工业界和学术界的 20 多个研究小组针对工业应用，特别是德国汽车工业应用的先进 AR 系统共同开展研究工作。该计划提高了全球对 AR 在专业领域应用的认识，几个类似的计划随之展开，同样旨在强化 AR 技术的工业应用。

另一个值得注意的想法同样出现在 20 世纪 90 年代后期：IBM 研究员 Spohrer [1999] 在 Worldboard 上发表了其在苹果先进技术集团工作时首次提出的一个用于超链接空间配准信息的可伸缩网络架构，这可以看作 AR 浏览器的第一个概念。

2000 年以来，蜂窝电话和移动计算发展迅速。2003 年，Wagner 和 Schmalstieg 展示了第一套自主运行在"个人数字助理"（智能手机的前身）上的手持式 AR 系统。一年后，数以千计的参观者在 SIGGRAPH 新兴技术展会现场体验了多用户手持式 AR 游戏——Invisible Train（见图 1.11）[Pintaric et al. 2005]。

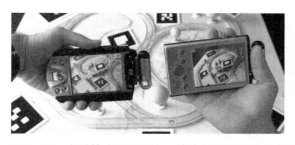

图 1.11　Invisible Train 是一个手持式 AR 游戏，其特色在于虚拟火车运行在真正的木制轨道上（由 Daniel Wagner 提供）

直到 2008 年才出现了第一个真正可以用于智能手机的自然特征跟踪系统 [Wagner et al. 2008b]，现在已经演化成流行的 AR 开发工具包 Vuforia。近年来，跟踪领域值得注意的成就还包括 Klein 和 Murray [2007] 的并行跟踪与地图构建（PTAM）系统，该系统无需事先准备就可以在未知环境中进行跟踪；以及 Newcombe 等人 [2011a] 开发的 KinectFusion 系统，可以借助低成本深度传感器构建精细的三维模型。如今的 AR 开发人员有许多软件平台可供选择，但这些原型系统仍将继续代表重要的研究方向。

1.3 示例

本节通过研究一系列应用案例继续探索 AR，这些案例展示了 AR 技术及其应用。我们从 AR 技术早期的成功应用案例开始，首先介绍工业、建筑业、维修、培训以及医学领域中的应用，然后专注于讨论个人移动领域的应用，包括个人信息显示和导航支持，最后介绍 AR 如何通过增强媒体渠道（如电视、在线商务和游戏等）支持大型受众的案例。

1.3.1 工业和建筑业

正如我们在 AR 的简要历史概述中所提到的，激发 AR 应用的第一个实际案例是工业应用，包括波音的线束组装以及早期的维护和修理实例。

工业设施的日益复杂对其规划和运行产生了深远的影响。尽管可以使用计算机辅助设计（CAD）软件进行建筑结构、基础设施和仪器设备的规划设计，但在实际建造和安装期间通常会进行多次修改，这些修改通常不会体现在 CAD 模型中。此外，在引入 CAD 进行设计之前可能已经存在大量的已有结构，以及在工厂生产新产品时需要不断进行安装改造。此时规划人员希望能够将"计划"与设施的"原样"状态进行比较以识别出所有关键的偏差。此外他们还希望获得设施的当前模型以用于规划、翻新或物流流程。

传统上，这些都是通过 3D 扫描仪以及场外数据集成和比较实现的。然而，这个过程冗长乏味，并且生成的是点云组成的底层模型。与将现场设施输入到 CAD 模型中相反，AR 将 CAD 模型与现场设施相结合，使得现场检查成为可能。例如 Georgel 等人 [2007] 开发了静止帧 AR 技术，可以从单张图像中的透视线索提取摄像姿态并融合显示配准的透明渲染 CAD 模型（见图 1.12）。

a)   b)

图 1.12   AR 可用于工业设施的差异分析，这些图像显示了融合显示 CAD 信息的静止帧，注意图 b 的阀门安装在了左侧，而不是模型中示出的右侧（由 Nassir Navab 提供）

　　Schönfelder 和 Schmalstieg [2008] 设计了带有外部跟踪的轮驱动 AR 显示 Planar 系统（见图 1.13），提供了全交互工业设施实时检查功能。

a)　　　　　　　　　　　　　　　　　　　b)

图 1.13　a）是轮驱动的触摸屏显示器。b）可直接用于工厂现场的差异分析（由 Ralph Schönfelder 提供）

　　公用事业公司依靠地理信息系统（GIS）管理通信线路和燃气管道等地下基础设施。在很多情况下需要了解地下管线的精确位置，例如在法律上施工经理有义务获取地下基础设施的有关信息，以避免在挖掘期间造成任何损坏。查找供电中断原因或更新过时的 GIS 信息同样经常需要现场检查。在所有这些情况下，呈现从 GIS 导出并直接配准到目标地点的 AR 视图可以显著提高户外工作的精度和速度 [Schall et al. 2008]。图 1.14 展示了一个这样的户外 AR 可视化系统 Vidente。

a)　　　　　　　　　　　　　　　　　　　b)

图 1.14　a）用于户外 AR 的带有差分 GPS 系统的平板电脑。b）煤气管道的虚拟挖掘地理配准视图（由 Gerhard Schall 提供）

　　带有摄像机的微型飞行器（无人机）越来越多地用于机载检查和建筑工地重建。这些无人机具有一定程度的自主飞行控制能力，但总是需要一个操作人员进行操作。AR 对于定位无人机（见图 1.15），监测其位置、高度或速度等飞行参数，以及警示操作员可能发生的碰撞非常有帮助 [Zollmann et al. 2014]。

图 1.15　虽然无人机已经飞到几乎不可见的距离，它的位置可以通过天空 AR 融合显示进行可视化（由 Stefanie Zollmann 提供）

1.3.2　维修和培训

　　了解设备如何工作以及学习如何组装、拆卸或修复它们是许多职业的重要挑战。 由于通常不可能详细记住所有步骤，维修工程师通常需要花费大量时间学习手册和文档。AR 可以呈现直接叠加在工人视野中的指令，这可以提供更有效的训练，更重要的是，它允许接受较少训练的人员正确地执行任务。图 1.16 展示了 AR 如何帮助用户拆下自动咖啡机的煮咖啡装置，图 1.17 显示了阀门的拆卸顺序 [Mohr et al. 2015]。

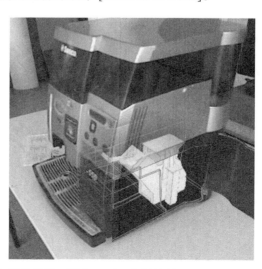

图 1.16　咖啡机内部的重影可视化，可以指导终端用户的维护（由 Peter Mohr 提供）

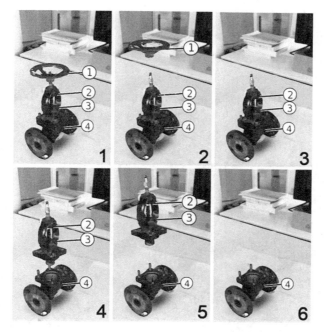

图 1.17　　自动生成的阀门拆卸顺序（由 Peter Mohr 提供）

　　如果需要寻求他人的支持，AR 可以为物理任务的实时远程移动协作提供共享的可视化空间 [Gauglitz et al. 2014a]。借助 AR 技术，远程专家可以通过本地用户的当前摄像机视点独立地探索场景，并且可以借助本地用户在 AR 视图中实时看到的空间注释进行交流（见图 1.18）。这一过程可以通过实时视觉跟踪和重建来实现，不需要事先准备环境或装设仪器。AR 远程呈现结合了实时视频会议和远程场景观察的优点，提供了一个自然的协作界面。

a)　　　　　　　　　　　　　　　　　　　　b)

图 1.18　　a）由远程专家通过平板电脑实现的 AR 远程呈现汽车辅助维修场景。b）远程
　　　　　 专家可以直接在从维修地点依次发送的汽车 3D 模型上绘制提示（由 Steffen
　　　　　 Gauglitz 提供）

1.3.3　医疗

　　X 射线成像的使用为医生提供了在不进行手术的情况下透视患者身体的革命性诊断方

法。然而，常规的 X 射线和计算机断层扫描设备分离了患者的内部与外部视图。AR 集成了这些视图，使医生能够直接看到患者体内。一个已经商业化的应用示例是摄像机增强移动 C 型臂，即 CamC（见图 1.19），利用一个移动 C 形臂在手术室中提供 X 射线视图。CamC 扩展了这些视图，通过将常规摄像机与 X 射线光学器件同轴布置传送精确配准的融合图像 [Navab et al. 2010]。医生可以根据需要在内部和外部视图之间切换或融合。CamC 有许多临床应用，包括引导穿刺活组织切片检查和协助骨科螺钉的放置。

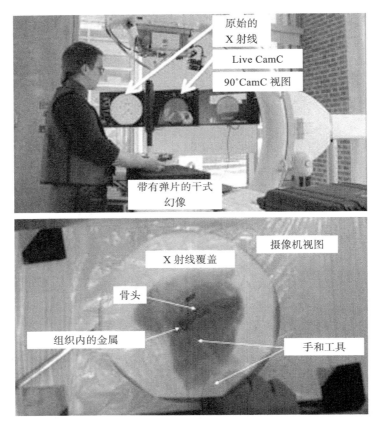

图 1.19   CamC 是一个移动的 C 形臂，允许医生在常规的摄像机视图和 X 射线图像之间
无缝融合（由 Nassir Navab 提供）

1.3.4   个人信息显示

正如我们已经看到的，几个特定的应用领域可以从 AR 技术的使用中获益。但是这种技术能否被更广泛地应用于支持更多的受众完成日常任务？今天，这个问题的答案是一个响亮的"能"。智能手机上已经有多种 AR 浏览器应用程序（如 Layar、Wikitudes、Junaio 等），这些应用程序旨在提供用户环境中兴趣点的相关信息，并将其叠加在来自摄像机的实时视频上。兴趣点可以通过地理坐标给出，通过手机传感器（GPS，罗盘读数）确定或者通过图像进行识别。AR 浏览器有明显的局限性，包括潜在的较差 GPS 精度和增强能力，只针对单点而不是完整的对象。然而，随着智能手机数量的激增，这些应用程序变得人人可用，由于 AR 浏览器中内置了社交网络功能，它们的用户数不断增长。图 1.20 展示了已经被集成到社

交商务评论应用 Yelp 中的 AR 浏览器 Yelp Monocle。

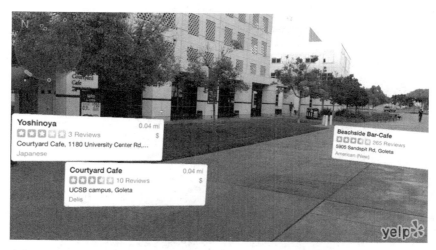

图 1.20　在实况视频馈送上叠加兴趣点的 AR 浏览器，以 Yelp Monocle 为例

　　AR 浏览的另一个引人注目的应用实例是外语的同步翻译，这已经可以通过 Google 翻译应用程序实现（见图 1.21）。用户只需选择目标语言并将摄像机指向打印文本，然后翻译内容就会叠加在图像上。

图 1.21　Google 翻译实时识别文字并在摄像机图像上自动实时叠加翻译的文字

1.3.5　导航

　　由于不会干扰高速运动交通工具操作人员的前方环境，平视导航的想法首先出现在军用飞机的操作中 [Furness 1986]。20 世纪 70 年代以来，已经出现了多款可以安装到飞行员头盔面罩上的透视显示器。这些通常被称为平视显示器的设备的目的是显示当前速度或扭矩等

不需配准的信息，但同时也可以用于某种形式的 AR 显示。然而，考虑到其不同的工效分析和定价体系，军事技术通常不能直接应用于消费者市场。

利用改进的地理信息，已经可以将道路网络等较大的结构融合显示在车载导航系统上。图 1.22 展示了第一人称汽车导航系统 Wikitude Drive，驾驶指令不再呈现在类似地图的视图上，而是叠加在实时视频上。尽管该系统基于 GPS 等智能手机的传感器，由于汽车的惯性允许系统以一定精度预测前方的路线，其配准质量是可以接受的。

图 1.22　Wikitude Drive 融合显示了前方道路的透视图（由 Wikitude GmbH 提供）

图 1.23 展示了一个停车辅助系统，该系统将一个图形可视化的汽车轨迹覆盖在后置摄像头的视图上。

图 1.23　停车辅助是现今许多汽车的可选 AR 功能（由 Brigitte Ludwig 提供）

1.3.6　电视

许多人和 AR 的首次相遇可能是通过电视转播传送到他们家中的现场摄像机镜头注释。这个概念的首个和最著名的例子是美式橄榄球比赛中直接叠加在电视屏幕录像上的虚拟 10 码线，用来指示第一次进攻所需的码数。虽然添加这种橄榄球转播现场标记的想法和第一个专利可以追溯到 20 世纪 70 年代末，但是直到 1998 年这一概念才变为现实。使用虚拟叠加来注释电视画面的概念已经成功地应用于许多其他运动项目中，包括棒球、冰球、赛车和帆船等。图 1.24 显示了一个带有增强功能的足球比赛电视转播。处在这种典型 AR 应用中的观众无法改变其观察视点，假设运动场上的实时动作是由被跟踪的摄像机捕获的，即使没有终端观看者的控制，交互式视角变化仍然是可能的。

图 1.24　增强的电视转播足球比赛，由瑞士 Teleclub 和 Vizrt（LiberoVision AG）提供

与之竞争的一些公司通过创建令人信服和翔实的直播注释提供了不同转播案例的增强解决方案。注释的内容早已不是单纯的体育信息或简单的线状图形，现在还包括品牌标志或产品广告的复杂 3D 图形渲染。

类似的技术使得在虚拟演播室中呈现主持人和其他演播人员成为可能，这事实上已在今天的电视转播中得到普遍应用。在应用中被跟踪的摄像机拍摄绿色屏幕前面的主持人并插到虚拟渲染的演播室内，这样的系统甚至允许对虚拟道具的交互操作。

电影工业中正在使用类似的技术，用于向电影导演和演员提供添加特效或者其他应用于摄像机镜头的合成效果之后电影场景的实时预览，AR 的这种应用有时被称为 Pre-Viz。

1.3.7　广告和商务

AR 具有向潜在买家即刻呈现产品任意三维视图的能力，在广告和商业中广受欢迎。这种技术可以为消费者带来真正的互动体验。例如，乐高商店中的顾客将玩具包装盒对准 AR 信息亭后可以观察组装后的乐高模型三维图像，同时可以通过旋转玩具包装盒选择最优视点。

AR 的一个显而易见的应用是增强传单或杂志等印刷材料。《哈利·波特》的读者已经了解《每日预言》报中的图片是如何变化的，这可以通过将数字影片和动画叠加在打印模板的特定部分上实现。当通过计算机或智能手机观看杂志时，静态图片将被动画或影片代替（见图 1.25）。

AR 也可以用于帮助销售人员展示产品的优点（见图 1.26）。特别是对于复杂的设备，只用语言难以说明其内部的操作。通过让潜在的客户观察其内部的动画，可以在贸易展览和展厅进行更具吸引力的演示。

Pictofit 是一个虚拟试衣室应用程序，允许用户预览穿着在线时装商店中的服装的效果（见图 1.27）。服装可根据穿戴者的尺寸自动调整，同时估计出的身体尺寸可用于帮助输入购买数据。

图 1.25   生活方式杂志 *Red Bulletin* 是第一个使用 AR 来呈现动态内容的印刷出版物（由 Daniel Wagner 提供）

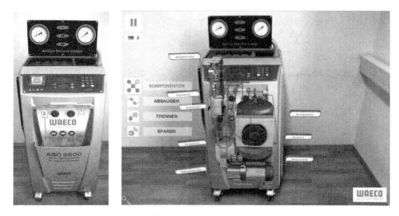

图 1.26   Waeco 空调维护的营销演示（由 magiclensapp.com 提供）

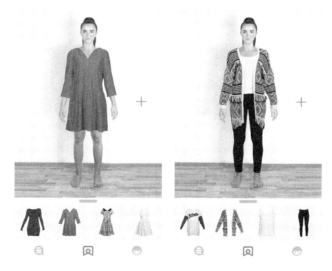

图 1.27   Pictofit 可以从在线购物网站提取服装图片，并提供匹配顾客的渲染图像（由 ReactiveReality 的 Stefan Hauswiesner 提供）

1.3.8　游戏

《审判之眼》是一个早期的商业 AR 游戏，这是一个用于索尼 PlayStation 3 的交互式交易卡游戏。在游戏时，头上方的摄像机拍摄游戏卡片并调用对应的生物进行比赛。

传统游戏的一个重要特征是其可触摸的本质。孩子们可以把他们的整个房间变成一个游乐场，家具被转换为支持跳跃和隐藏等体育活动的道具。与之相对的是视频游戏通常局限于纯虚拟领域。AR 可以将数字游戏与真实环境结合在一起，例如 Vuforia SmartTerrain（见图 1.28）提供了真实场景三维扫描的功能，并将其转变为"塔防"游戏的游戏场。

图 1.28　Vuforia SmartTerrain 扫描环境并将其变成游戏场景（©2013 经 Qualcomm Connected Experiences 公司许可使用）

微软的 IllumiRoom [Jones et al. 2013] 是基于投影机的 AR 游戏体验的原型。它将普通电视机与家庭影院投影机相结合，将游戏世界延伸到电视的范围之外（见图 1.29）。投影中的三维游戏场景与电视上的三维游戏场景配准，但投影覆盖了更宽的视场。当玩家集中在中心屏幕上时，周围视野也被动态图像填充，大大增强了游戏体验。

图 1.29　通过使用电视机加投影机架构，IllumiRoom 将游戏世界扩展到屏幕的边界之外（由微软研究院提供）

1.4　相关领域

在上一节中，我们重点介绍了几种 AR 应用，而其他引人注目的应用示例仅部分匹配我们所给出的 AR 定义。这些应用通常来自混合现实、无所不在的计算和虚拟现实等相关领域，下面对其进行简要讨论。

1.4.1 混合现实连续体

沉浸在 CAVE（由立体背投墙组成的房间）或浸没式 HMD 内的用户仅能感受到虚拟刺激。现实和虚拟现实之间被称为**混合现实（MR）**，允许真实元素和虚拟元素不同程度的叠加。事实上，一些人更喜欢"混合现实"而不是"增强现实"，因为他们喜欢 MR 更宽泛和更具包容性的概念。

这个定义归功于 Milgram 和 Kishino [1994]，他们提出了一个从现实到虚拟现实的连续体（见图 1.30），他们所给出的 MR 的特点如下：

[MR 涉及] "虚拟连续体" 某处的真实和虚拟世界的融合，将完全真实的环境连接到完全虚拟的环境。

图 1.30　混合现实连续体包含真实和虚拟世界的所有可能组合

Benford 等人 [1998] 更进一步，认为复杂的环境经常是由多个显示器和相邻空间组成的，构成"混合现实"。这些空间在"混合现实边界"相遇。

根据这个观点，增强现实主要包含真实元素，因此更接近现实。例如，智能手机 AR 应用程序的用户可继续以正常方式感知真实世界，只是在智能手机上呈现一些附加元素。在这种情况下，现实世界的体验明显占主导地位。与之相反，在**增强虚拟**中虚拟元素占据主要地位。例如想象一个在线角色扮演游戏，其中化身脸部的纹理是通过从玩家脸部采集的视频实时获取的。这个虚拟游戏世界中除了面孔都是虚拟的。

1.4.2 虚拟现实

在 MR 连续体的最右端，虚拟现实将用户沉浸在完全由计算机生成的环境中，这消除了对用户可以在 VR 中行动或体验的任何限制。作为增强的电脑游戏，VR 正在变得越来越受欢迎。用于 HMD 游戏设备的新设计（例如 Oculus Rift 或 HTC Vive）正在被越来越多的公众关注。这样的设备也适用于增强虚拟应用。因此，AR 和 VR 可以很容易地共存于 MR 连续体内。正如我们后面将要看到的，可以设计过渡接口来综合利用这两个概念的优势。

1.4.3 普适计算

Mark Weiser 在 1991 年提出了**普适计算**（ubicomp）的概念，他预计数字技术将被大量地引入到日常生活中。与虚拟现实不同，普适计算倡导将计算机可读数据的"虚拟性"通过各种计算机形式的代理带入物理世界，当今技术的用户对这些非常熟悉：英寸级的"标签"、英尺级的"便签"、码尺级的"黑板"。

在这样的一个房间中，你可能会看到超过 100 个标签，10 或 20 个便签以及一或两块黑板。这使得我们的目标是首先部署嵌入式虚拟的硬件：每个房间有数百台电脑 [Weiser 1991]。

该描述包括移动计算的思想，允许用户随时随地访问数字信息。该描述同时预测了"物联网"，即我们日常环境的所有组成部分都被装备了仪器。Mackay [1998] 认为增强的事物也应该被认为是某种形式的 AR，包括家庭自动化、汽车驾驶辅助系统以及能够大规模定制的智能工厂。如果这种技术运用得当，将从我们的感官中消失。Weiser 在 1991 年发表的文章的前两句话简洁地表达了这种模式：

最深奥的技术是无形的。它们将自己与日常生活编织在一起，直至两者无法区分。

ubicomp 主要用于"平静计算"，即人类的注意力或控制既不是必需的也不是有意为之的。然而，在某些时候控制仍然是必要的。例如，一名远离台式计算机的操作员可能需要操纵复杂的设备。在这种情况下，AR 接口可以在真实环境的视图中直接呈现状态更新、遥测信息和控制小部件。在这个意义上，AR 和 ubicomp 非常契合：AR 是 ubicomp 系统的理想用户界面。

根据 Weiser 的说法，VR 与 ubicomp 迥然不同。Weiser 注意到了 VR 环境的封闭性质，例如 CAVE 将用户与现实世界隔离开来。然而，Newman 等人 [2007] 指出 ubicomp 实际上结合了两个重要的特点：**虚拟性**和**普遍性**。如同 MR 连续体描述的，虚拟性表示虚拟和现实混合的程度。Weiser 将位置和场所视为计算输入，因此，普遍性描述了信息访问独立于固定位置（终端）的程度。基于这些理解，我们可以在"Milgram-Weiser"图中整理出一系列技术，如图 1.31 所示。

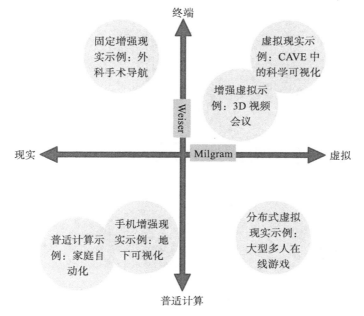

图 1.31   Milgram-Weiser 图展示了各种用户界面范例的关系

1.5　小结

本章介绍了增强现实的研究领域和实际情形。作为一个工作定义，增强现实依赖于三个关键组件：虚拟和真实信息的组合，其中真实世界作为主要行动地点；实时更新的交互；配准在物理环境的三维虚拟信息。可以使用不同的技术来实现这样的概念，本书的第一部分概述了显示技术（第 2 章）、跟踪技术（第 3 章、第 4 章和第 5 章）和图形技术（第 6 章和第 7 章）。本书的第二部分（第 8 章至第 14 章）介绍交互技术。

我们还介绍了该领域的简要历史，然后进行了 AR 应用案例的旋风之旅，其目的是揭示 AR 作为一个接口隐喻在物理世界计算中的巨大的潜力（有时被称为情境计算）。虽然存在许多具体应用的可能性，例如用于设备维护的 AR 或用于外科手术的 AR，但是也可以设想 AR 正在变成一个更普遍的接口范例，为在物理世界中的计算重新定义整体浏览体验。来自个人信息显示和导航领域的应用实例已经表明了这一潜力。

我们通过相关领域的讨论来结束本章，我们将 AR 放在 Milgram 的混合现实连续体的范围内，并且对比了 AR 与 Weiser 的普适计算的概念。

显　示

与常规的显示技术不同，增强现实呈现必须结合虚拟刺激与真实刺激，本章将讨论多种这样的呈现设备。在开始讨论增强现实呈现时，我们首先考虑非视觉模态。目前已经有很多通过音频实现增强的标志性工作，然而其他非视觉感官（触觉、嗅觉和味觉）在增强现实研究领域受到的关注相对较少。总体说来，目前有关增强现实的关注点和进展大多都聚焦在视觉领域。尽管本书作者对开发多模态增强现实具有强烈的兴趣，但考虑到这一事实，本章将详细讨论视觉显示。

本章将讨论桌面显示、头戴式显示器（HMD）、手持式显示器、投影式显示器和固定式显示器，其中大多集成了非视觉模式。因此，在聚焦视觉领域之前，本章首先回顾与听觉、触觉以及其余人类感官有关的跨模态增强现实的探索性工作。

2.1　多模态呈现

尽管增强现实常被认为是在用户对物理世界的感知上叠加视觉信息，但其他感官模态同样扮演了重要的角色。人类对物理世界的体验本质上是多模态的，因此增强现实呈现支持多种增强模态非常有意义。许多现代增强现实产品提供了多感官输出，一些增强现实从业人员甚至聚焦于一个特定独立的非视觉模态。事实上，一条完整的语音导览或多媒体导览产品线已经可以将音频信息提供给博物馆或其他主要面向游客场所的参观者。针对音频增强现实的开发已经开展了比较长的时间了，但是研究人员同时也在探索可触摸等其他模态的增强现实技术。我们接下来将对这些工作进行概述。

2.1.1　听觉呈现

早在 20 世纪 50 年代初期就已经出现了博物馆语音导览系统。在很长一段时间里，这些语音向导总是带给用户单一、非个性化的体验。在早期的系统中，游客通过在入口处领取的移动广播接收机听取系统播放的不同语言的讲解。磁带录制的内容被同步播放给一组游客，广播的接收者可以自由走动并同步收听广播 [Tallon and Walker 2008]。之后出现了更灵活、更人性化、更具多媒体支持的语音导览播放系统 [Bederson 1995] [Abowd et al. 1997]。如今，许多室内和室外的游览景点都配备了电子多媒体导览器供游客租赁，或者提供资源让游客可以下载到个人的智能手机上。这些设备通常具备位置触发技术，能够在景点附近按需提供音频解说。

另外一种音频增强现实技术的应用案例是早在 20 世纪 70 年代末期出现的、针对视觉障碍人士设计的辅助式音频导览系统。"语音标记"（talking sign）是一种通过红外信号发射器播放有关物体数字录音的系统，借助该系统，在 15 ~ 40 米范围内的有视力障碍的行人可以通过携带的移动式红外接收器接收到该数字录音 [Loomis et al. 1998]。自 20 世纪 90 年代初期第一台手持式 GPS 接收器问世以来，Loomis、Golledge 与圣巴巴拉市加利福尼亚大学的同行们一起对盲人音频导航系统进行了应用和评估。他们利用全球定位和地理信息系统（GIS）资源，通过结合声音合成和虚拟声音呈现技术为有视力障碍的行人传达导航信息 [Loomis et al. 1993] [Loomis et al. 1998]。

并非所有音频增强技术的研究目标都是面向博物馆导览类的特定应用或者视障辅助导航类的特定用户群。考虑到通用工作空间交流和信息浏览的需求，音环（Audio Aura）系统 [Mynatt et al. 1998] 结合了具有位置感知功能的主动定位器 [Want et al. 1992]、分布式计算和无线耳机，目的是通过不易觉察的数字音频传输提供背景信息。

如果一个虚拟音频源是通过物理三维位置注册的，则移动中的收听者可以感受到从某个特定三维位置发射出的声音，这就需要研究空间听觉技术 [Burgess 1992]。对复杂环境中声音传播的建模是一个非常具有挑战性的问题，头部跟踪、空间声音合成以及用户的头部相关转移函数（HRTF）建模同样可以将空间声音效果提升到一个更加可信的质量 [Searle et al. 1976]。多年来，已经有多种听觉增强现实的案例 [Sawhney and Schmandt 2000] [Mariette 2007] [Lindeman et al. 2007]。最近发布的 Meta 2 和微软 HoloLens 开发包等增强现实头戴式显示装置都自然地支持空间听觉功能。事实上，HoloLens 首次公开预演的评论者满怀热情地提到空间听觉体验，这种空间音效通过头戴式显示器内嵌的扬声器而不是传统的耳机发声。为了便于终端用户使用，必须在三维音频保真度和用户相关的转移函数测量之间有所妥协。

2.1.2 触力觉呈现

在现实世界中，与物理对象的交互通常通过触摸来实现。为了达到增强现实的目的，我们可以通过特定的物理对象替身提供被动触觉反馈（即可触摸增强现实（详见第 8 章）），或者通过专用仪器设备合成和复现可信的触感（即触力觉技术领域的研究）。当缺乏具有适当属性的物理对象时，很难提供真实触感。虽然已有大量针对虚拟环境中触力觉反馈技术的研究，但到目前为止，有关增强现实环境中应用的研究仍然较少。增强现实特别是移动增强现实应用需要无障碍的触力觉再现技术。笨重的固定式力反馈设备只能覆盖相对较小的工作空间，让普通用户在日常工作中心甘情愿地穿戴机器人外骨骼等显眼的力反馈设备是不现实的。

我们可以尝试在增强现实环境中重现各种触力觉现象。具体来说，触力觉反馈可以分为力觉反馈和触觉反馈。力觉反馈提供由于关节和肌肉神经感受到的力，而触觉反馈是通过各种皮内和皮下组织中的传感器捕捉的针对表面的触感（与皮肤接触感知、表面纹理、振动和温度有关）。热反馈也可以看作一种独立的感觉反馈。

BAU 和 Poupyrev [2012] 提供了一个很好的触力觉增强现实呈现方法的概述，将触力觉分为外部触力觉呈现（在物理环境中放置仪器设备）和内部触力觉呈现（通过改变触觉和力觉感知增加用户的体验）。外部触觉呈现具有工作范围有限和妨碍用户运动的缺点，多通过机器人机械臂（见图 2.1）或连接到（隐藏）执行机构的尼龙绳实现 [Ishii and Sato 1994]。利用较少妨碍用户运动的技术实现外部触觉并非不可能，例如由迪士尼研究院研究的 AIREAL 原型系统 [Sodhi et al. 2013b]。该技术通过产生旋涡形式的直接压缩压力场来呈现裸手的悬空触感，然而通过 AIREAL 实现触感的可能性受频率、强度、空气旋涡的模式等限制，并且目前该系统未能做到静音（即旋涡的产生会伴随着可听到的声音）。

一个早期的内部触觉呈现案例是 1977 年由 Collins 和他的同事展示的一个为盲人设计的视觉假肢，以可穿戴触觉背心的形式出现 [Collins et al. 1977]。之后出现了许多可穿戴触力觉设备，包括触力觉手套、鞋、背心、夹克和外骨骼等 [Tan and Pentland 2001] [Lindeman et al. 2004] [Teh et al. 2008] [Tsetserukou et al. 2010]。可以通过将微弱电信号注入用户身体，产生在任意表面上的触觉 [Bau and Poupyrev 2012]。这种可穿戴技术可以响应不同的位置，因此能够与视觉、听觉增强协同提供触觉刺激。总的来说，当前的触觉技术更适合于象征性的呈现（轻拍或振动），而不是对特定虚拟对象的真实模拟。

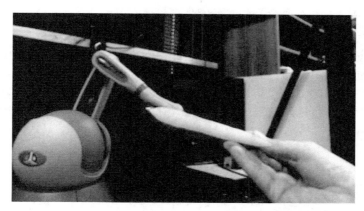

图 2.1　视觉 – 触力觉注册实例。一个 Phantom Omni（现在的 Geomagic Touch）触觉设备的触笔通过视觉增强现实技术实现高亮显示（由 Ulrich Eck 和 Christian Sandor 提供）

　　Jeon 和 Choi [2009] 将第 1 章中讨论的 Milgram 混合现实连续体扩展到了触力觉领域。触力觉现实包括使用真实的触觉代替物以及纸板标记等占位符（见第 8 章关于实物增强现实的讨论）。触力觉虚拟对应于完全合成的触力觉环境，需要与视觉或听觉增强配准。触力觉混合现实结合了真实物体和合成触觉（如实物装置的虚拟振动触觉驱动或物理触摸屏的触觉反馈）。

2.1.3　嗅觉和味觉呈现

　　包括气味模拟的多感官刺激协调的研究可以追溯到 Morton Heilig[1962] 的 Sensorama 模拟器专利，他搭建了一个独立的电影播放装置，并在接下来的几十年里进行不断的完善。该装置可以提供三维观影体验，包括立体声、风和气味 [Heilig 1992]。感官协同刺激是 Heilig 想法的核心，也是多模态增强现实体验的核心："正是微风、气味、视觉图像和立体声音的协同作用，为观察者的感官提供所需的感觉刺激。当需要产生运动感时，提供了通过小的振动或颠簸来模拟运动的方式，同时模拟了实际的冲撞效果。"[Heilig 1962]

　　在空气中自然受控地散发香气并非易事。Heilig 的设备只是简单地通过吹向观众的气流释放香气，而 SpotScents 系统 [Nakaizumi et al. 2006] 利用了有香味的空气组成的旋涡。通过协调两台香味释放器的空气喷嘴，两个空气旋涡在目标位置碰撞破裂后释放气味，该系统避免了对用户不自然的强气流冲击。Smelling Screen [Matsukura et al. 2013] 通过屏幕四角的风扇为坐在二维显示屏前的用户提供香味。SensaBubble [Seah et al. 2014] 沿着指定路径释放由特定尺寸气泡包裹着的香雾，气泡被跟踪并通过投影图像实现视觉增强，这个视觉增强的效果只能持续到气泡破裂，此时气味也被释放，作者认为这种机制可以用于好玩的通知。所有这些案例都用了外部嗅觉呈现，其气味来源于固定的环境位置。作为内部呈现的样例，

Yamada 和他的同事们 [2006] 展示了两个可穿戴嗅觉呈现装置的原型，并在户外环境中进行了评估。

开展食品模拟器项目的目标是协调触力觉和味觉模式，并展示和评估了"咀嚼"这一动作的触力觉交互界面 [Iwata et al. 2004]。志愿者们在一个模拟某种食物纹理的力反馈装置上咀嚼，同时通过少量含有甜、酸、咸、苦和鲜五种基本味道的液体物质组合诱发味觉的化学感受。这个特定的工作没有提供模拟食品的视觉呈现，但是其他研究项目已经研究了视觉和嗅觉增强的结合。

例如 Narumi 和他的同事们 [2011a，2011b] 开发了几个 MetaCookie 的道具，通过烙铁和商用的食品绘图仪及可食用墨水，分别在饼干表面绘制了增强现实标志。应用嗅觉呈现和视觉增强现实显示打造不同风味的曲奇饼干（见图 2.2）。评估结果表明，通过结合多种气味和视觉效果的组合，可以模拟普通曲奇口味，获得令人信服的"伪味觉效应"，即参与者已经能够指出增强曲奇的口味变化。

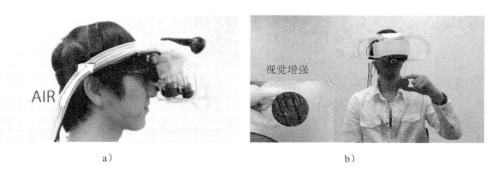

图 2.2   MetaCookie：一个嗅觉呈现装置和一个普通曲奇饼干的视觉增强相结合，模拟
某款饼干口味的感觉（图 b 为巧克力口味）（由 Takuji Narumi 提供）

我们现已简要回顾了非视觉增强现实呈现的历史与现状，概述了多模态增强的潜力，本章接下来的内容将主要集中在视觉领域。我们首先简述视觉感知，从而为研究不同类型视觉显示器的需求和特性奠定基础。

2.2   视觉感知

人类视觉是一个高度复杂的感觉器官，负责为大脑提供 70% 左右的整体感知信息输入 [Heilig 1992]。因此，增强现实大多集中在为人类用户的视觉感知提供增强上。在讨论这种视觉增强现实显示之前，我们将简要地回顾人类视觉系统的重要特性。有关人类感知方面更详细的信息，读者可以参考人类视觉系统的通用文献 [Marr 1982] [Frisby and Stone 2010]。

人双目组合视场角的水平跨度通常为 200 ~ 220°，取决于头部的形状和眼睛的位置。视网膜的中央凹（即视力最敏感区）仅覆盖 1 ~ 2°，视力敏感度在中心的 0.5 ~ 1° 处达到峰值。在视网膜中央凹之外，视力敏感度随视角的增加而迅速下降。人类通过转动眼珠（最大范围为 50°）和头部来补偿这种影响。因此，高质量的增强现实需要能够在高视力敏感度区域提供足够分辨率的观察装置。

通过调整瞳孔直径，人类可以控制进入眼睛的光量。这使我们能够适应的动态范围（最大与最小可感知光强度之比）高达 10^{10}，可以在昏暗的星光和无比灿烂的阳光下进行观看。

因此，一个真正的多功能增强现实显示器需要适应宽广范围的观看条件。

双眼的使用意味着人类能够感知双眼深度线索。图像中物体的大小、线性透视、视场中的高度、遮挡、阴影和色差等单眼深度线索可以通过传统的计算机图形技术编码在一个单独的图像内，而双眼深度线索需要可同时展现双眼图像的显示硬件。最突出的双眼深度线索是左右眼图像间的视差。视差可以有效地传达场景的深度信息，特别是近距离的物体。物体离眼睛越近，物体在两个图像平面上投影角度的偏移或视差就越大。

2.3　需求与特点

在我们讨论已成功用于搭建增强现实的不同视觉显示器之前，理解这些显示器的一些要求和不同特性是很重要的。

一个理想的增强现实系统可以创建逼真的三维增强，能够令人信服地填充真实物理空间。增强现实的设计师可能会选择与现实迥异的增强效果，但他们肯定会欣赏能够创造与已有的物理现实无缝集成的虚拟内容的可能性。科学推理 [Sutherland 1965] 和《星际迷航》等科幻小说 [Krauss 1995] 都提出了完美的逼真显示技术的愿景，但这样的想象缺乏包含现实世界的思考。任意移动周围的原子、实时产生虚拟内容并成为真实世界的组成部分以及通过所有感官感知这些增强效果是令人惊异的。显然，大多数梦想暂时还不可能实现。

我们将在第 14 章回到未来。现在，我们来看看实际的视觉增强现实技术的特点和潜力。一个良好的增强现实显示器的设计需要对其各种性能进行取舍，不同类型的显示装置有各自的优缺点。我们首先回顾当前增强现实显示装置使用的增强方法。

2.3.1　增强方法

基于人类视觉系统的特性和增强现实应用的目标，可以得出增强现实显示装置的需求。与传统的计算机显示器相比，增强现实显示装置的一个明显不同是需要将真实环境和虚拟环境进行结合。当真实和虚拟内容的组合是通过一片用户观看环境的透镜实现时，称为透视式显示。有两种基本方式可以实现这一结果：光学透视式显示和视频透视式显示。当增强内容是被投影到实际的物理几何体上（作为虚拟的占位符对象或现实世界中的自然部分）时，称为空间增强现实、基于投影的增强现实或空间投影。以下简要描述这三种方法。

光学透视式（OST）显示通常通过半反半透光学元件来实现虚实结合。这类光学元件的一个简单示例是半镀银镜，该银镜可以让足够多来自真实世界的光线通过，因此可以直接观察到真实世界（见图 2.3）。同时，显示计算机生成虚拟图像的显示器被放置在头顶或银镜的一侧，从而可以反射虚拟图像并叠加到真实世界上。

视频透视式（VST）显示通过电子的方式进行虚实融合。这类显示通过摄像机拍摄真实世界的数字视频图像并传输到图形处理器，图形处理器将视频图像与计算机生成的图像进行结合。通常只需将视频图像复制到帧缓冲区作为背景图像，再在上面绘制计算机生成的图像（见图 2.4）。可以通过传统的观看装置呈现组合的图像。

在**空间投影**中，增强现实显示的虚拟部分是由投影装置产生的，该类显示装置不需要使用特殊的屏幕，而是直接将虚拟图像投影到真实世界的物体上（见图 2.5）。这类显示装置也是光学组合的一种形式，但是既不需要单独的光学合成器，也不需要电子屏幕。这也是一种体三维显示的案例 [Blundell and Schwartz 1999]，其中定义可感知物体外观的光点的物理分布遍及整个三维空间。

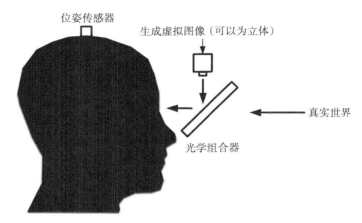

图 2.3   光学透视式显示装置使用光学元件将用户观察到的真实世界与计算机生成的图像相结合

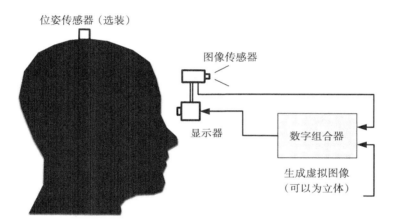

图 2.4   视频透视式显示装置通过摄像机捕捉真实世界，并用图形处理器对捕获图像进行电子化修改以向用户提供虚实融合的图像

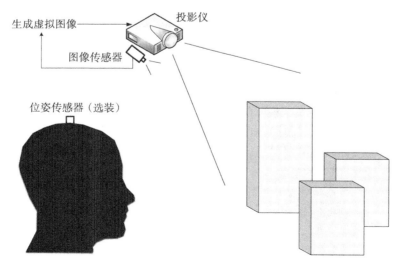

图 2.5   空间投影直接将图像投射到真实对象上，不需要组合器单元

沉浸感是视觉增强现实显示发展的关键因素。虽然已经有很多关于虚拟现实沉浸感的研究 [Pausch et al. 1997][Bowman and McMahan 2007] [Cummings et al. 2012]，但是对增强现实中沉浸感和存在感因素的组成和参数的理解还不太清晰 [MacIntyre et al. 2004a] [Steptoe et al. 2014]。本书将沿用 Slater[2003] 对沉浸感和存在感定义的区别，也就是说，沉浸感指的是虚拟现实（或本书中的增强现实）系统提供的感官保真度的客观水平，而存在感指的是用户对这种系统的主观心理反应。

2.3.2　单视和体视

伴随着近眼显示器和手持式魔法透镜等透视式增强现实显示技术，出现了单视和体视的问题，如果物理世界是借助某种光学透镜进行观察或通过摄像机进行介导的，那么将出现两个有关场景维度的问题：是否保持了真实世界的三维度？是否利用双目视觉通过立体视觉的方式展示增强效果？

单目头戴式显示器仅为一只眼睛呈现图像。单目显示器可用于增强现实，但由于缺乏沉浸感，这种方法不太受欢迎。**双目**显示器为双眼显示相同的图像，仅提供了单视的效果。这种方法有时也被用于视频透视式（VST）头戴式显示器，由于只需要一个单独的摄像机流，因此最小化了感知和处理的要求。**双目**头戴式显示器为每只眼睛提供了一幅单独的图像，能够产生立体效果。显然在这些选项中，双目显示器提供了最高质量的增强现实，但技术成本显著增加。双目头戴式显示器需要两个显示元件，或者是一个可以使用两个光学元件进行适当分割的宽幅单显示器（见图 2.6）。可以通过在一个显示单摄像机获取的真实背景的双目镜显示上进行渲染来实现立体增强（如图 2.6b 所示的手机摄像头），但全立体视频透视至少需要两台摄像机的视频输入来提供一个类似于人类双眼的视角，为了同时传送图像，成对的摄像机和显示器必须保持同步。

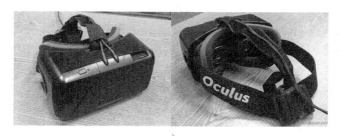

a)

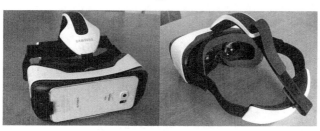

b)

图 2.6　a）Rift（图中为 DK2）是一款用于沉浸式计算机游戏的双目头戴式显示器，由 Oculus 开发，该公司在 2014 年被 Facebook 以 20 亿美元收购。此次收购引发了世界范围内对头戴式显示技术的兴趣。b）三星 Gear VR 是一款不局限于虚拟现实或增强现实的设备，使用智能手机（图中为三星 Galaxy S6）作为主要的输入 / 输出和计算引擎

在应用近眼显示器时，可以通过单目或双目方式构建增强现实。在使用双目方式进行观看时，无论是否存在视差，真实世界的背景和增强内容均可以显示，这可以用于立体视觉。在使用光学透视式显示器时可以直接观察到真实的背景，因此自然地表现出双目视差。无论是否存在立体视觉，增强内容均可以被渲染。提供立体视觉的透视式显示器的可能设计方案如图 2.7 所示，其中列出的大多数显示器样例为商业头戴式显示器（即近眼显示器），但单目视频透视式显示器还包括智能手机和基于平板电脑的手持式增强现实系统等常见案例。

视频透视式显示器可以使用一台或两台摄像机。一套带有两台与眼睛光轴对齐的摄像机的视频透视式显示器（见图 2.14）可以产生让用户立体感知的物理世界图像。众所周知的是，利用立体摄像机输入提供三维空间的逼真感受是非常困难的。人类已经习惯于不需要任何媒介就可以无障碍地观察物理世界，对高保真显示具有很高的期望，尤其是不同深度线索的相互影响。由于视场、分辨率和聚焦能力等其他沉浸因素不可避免地存在与理想值的偏离，因此会造成轻微或非常不自然的体验。

2.3.3　调焦

在计算机图形学中，通常使用针孔摄像机模型（摄像机光圈是理想点，不使用透镜）对虚拟物体进行渲染，导致不同景深的物体均完美清晰地成像。我们的眼睛和真实摄像机一样有一定范围的光圈尺寸，因此必须考虑有限景深的问题：只有一定范围内的物体才会被聚焦，而这个范围以外的所有物体都会模糊不清。当然，我们的眼睛可以根据观看距离调节焦距（调焦）。

调焦可以作为辐辏（通过眼球独立旋转使视线凝聚在空间的一个点上）的条件反射发生，也可以有意识地控制。我们通过改变瞳孔后方的弹性透镜来在一定距离内调焦。然而，当涉及立体显示屏幕时就不那么简单了，任何用肉眼或通过常规光学系统观看的显示屏都有一个固定的焦距，因此虚拟物体的图像将始终显示在这个固定的距离，尽管该物体的实际深度（到虚拟摄像机的距离）可能会变化很大。在这样的立体显示器中，物体的实际距离通过立体视差传递给人类视觉系统，从而产生一定程度的辐辏反应。这一结果是调焦和视线凝视发生冲突，即所谓的辐辏调节冲突。人们从虚拟场景的双目立体线索中得到变化的辐辏信息，这与适应显示器焦深的固定调焦发生冲突。这种现象已被证实会降低任务绩效并导致视觉疲劳 [Emoto et al. 2005] [Hoffman et al. 2008] [Banks et al. 2013]。

只要使用了固定焦平面的立体显示器，辐辏调节冲突在虚拟现实和增强现实中就会发生。使用这种立体渲染的光学透视式增强现实系统还会有另外一个相关问题：用户在观察虚拟增强图像时受到辐辏调节冲突的影响，但是用户会通过正确的调焦线索观察现实世界，为了清楚地观看虚拟的叠加物，用户需要调焦到显示图像平面。因此，为了读取位于建筑物立面前的虚拟文本标签，用户必须在建筑物立面平面和显示图像平面之间来回聚焦。在注视立面平面时用户可以看到聚焦处的建筑细节，但文本信息将是模糊的，反之亦然。任何虚实物体的共同放置都会受到这个问题的影响，除非物体的深度恰好在显示图像平面上。至今为止这个问题的严重程度尚未被详尽评估，人们可以毫不费力地调焦，但随着使用时间的增加，视觉疲劳和不适感会随之增加。

解决这个问题的一个技术途径是使用实时改变焦点平面的显示器。目前研究人员正在探索这样的技术 [Liu et al. 2008]，该技术需要通过跟踪用户的眼睛来识别用户所关注的对象，然后根据用户的关注点调整聚焦平面的位置。

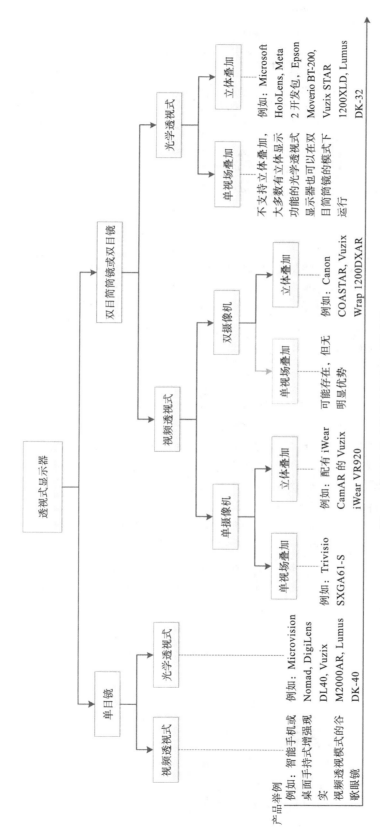

图 2.7　基于立体功能的透视式显示器分类

多焦显示 [Schowengerdt and Seibel 2012] 提出了另外一种辐辏调节冲突的解决方案，在 2.5.1 节将讨论这类技术。在体显示技术中光线从三维物体的实际位置发出或反射 [Blundell and Schwartz 1999]，因此调节与辐辏自然匹配，作为其特例，本文将在 2.5.4 节描述空间投影。

如果选用的立体显示器有一个固定的焦平面，巧妙地运用其他深度线索可能会减少由于辐辏调整不匹配带来的问题。深度线索的回顾详见 Cutting 和 Vishton[1995] 的工作，或 Blundell 和 Schwartz [1999] 撰写书籍的第 1 章。例如可以用计算机图形模拟场景深度效应度（见 Barsky 和 Kosloff [2008] 的技术报告）。和眼部跟踪相结合 [Hillaire et al. 2008]，通过实时渲染景深之外的模糊效果可以缓解辐辏调节冲突 [Vinnikov and Allison 2014]。

在视频透视系统中，摄像机光学系统负责传输具有正确焦点位置的图像。如前所述，视频透视式显示器可以采用一台或两台摄像机（见图 2.7），后者可提供真实场景的立体显示。摄像机的焦距动态范围与人眼差异很大。即使它们相同，在眼球伸展放松的眼动线索和摄像机的调焦系统之间建立联系也是一个很大的挑战。摄像机可以使用自动对焦机制，自动将焦点调整到中心物体。虽然这样的自动对焦设置通常不能由摄像机所连接的计算机来获得，但到特定物体的距离仍然可以从场景模型中确定，这些场景模型可以离线获取，或通过本书第 4 章中讨论的 SLAM 等方法在线获取。利用这些信息可以渲染对应于估计的焦距深度线索（例如景深模糊）的虚拟物体，甚至可以在摄像机流上进行图像处理以获得近似聚焦的效果。然而，在深度感知的视频透视体验方面，特别是聚焦效果上，可能不会有非常好的真实感。

2.3.4　遮挡

虚拟物体与真实物体之间的遮挡是表现场景结构的重要线索。真实物体之间正确的遮挡关系是自然形成的，虚拟物体之间正确的遮挡关系很容易通过 z 缓存的方法实现，但是如何实现真实物体和虚拟物体之间的遮挡需要特别考虑。如果可以获得真实场景的几何表示，视频透视系统可以通过使用 z 缓存的方法确定虚拟和真实物体中的哪一个在前面。在光学透视系统中，增强内容经常以半透明覆盖的形式出现，因此更难实现虚拟物体看似真正出现在真实物体之前的效果。具体实现遮挡的方法有以下三种：

- 可以将虚拟物体渲染得非常明亮，远远亮于真实物体的可见强度，从而虚拟物体将会凸显。然而，这可能会对真实场景其余部分的感知产生不利影响。
- 在可控环境中，真实场景的相关部分可以通过计算机控制的投影仪进行照明，而场景的其余部分（特别是被虚拟物体遮挡的真实物体）处于暗区域中，从而无法被察觉 [Bimber and Fröhlich 2002]。在这些暗区域中，虚拟物体看起来可以遮挡真实物体（见图 2.8）。

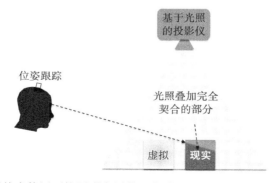

图 2.8　遮挡阴影技术使用可控照明来屏蔽现实世界中被不透明计算机图形遮挡的部分

- 光学透视式显示器可以通过选择液晶屏单个像素透明或不透明来进行增强，ELMO头戴式显示器 [Kiyokawa et al. 2003] 是这一方法的开创性成果（见图 2.9）。

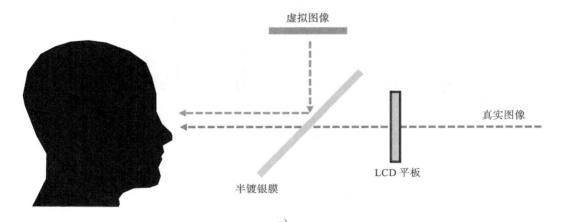

a）

b）

图 2.9　a) ELMO 头戴式显示器在显示器和光学组合器之间增加了一个液晶显示面板，可以实现真实世界物体的像素级遮挡。b) Kiyokawa 教授和 ELMO 原型（由 Kiyoshi Kiyokawa 提供）

2.3.5　分辨率和刷新率

显示的分辨率直接影响显示图像的保真度。总的来说，分辨率受显示器类型和光学系统的限制。如果使用视频透视的解决方案，现实世界的分辨率又额外受到摄像机分辨率的限制。通常，计算机生成的显示图像无法与人类直接感知真实世界的最大分辨率相匹配（见图 2.10），然而，我们总是需要足够的分辨率来抑制影响用户感知真实世界的计算机生成图像（如像素线条或文字）的干扰项。

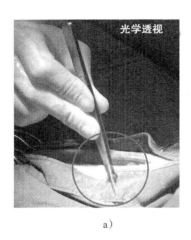 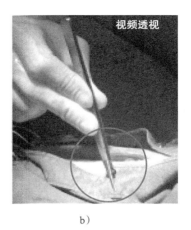

a)   b)

图 2.10   光学透视式显示器中真实世界的图像质量较高，但通常不一致。（通常被遮挡
         的）钳子尖通过渲染进行了增强。图例模型展示了增强部分（a）和整个图像
         （b）的放大分辨率效果

除了空间分辨率，时间分辨率（即显示器本身的刷新率）对于减少感知闪烁、消除图像
滞后和鬼影非常重要。闪烁融合阈值是普通人类观察者无法分辨灯光闪烁刺激的频率。许多
因素会影响这个阈值，虽然某些人类观察者感受 CRT 显示器闪烁的刷新率小于 75Hz，但类
似于 LCD 显示器的具有更高像素持久性的新显示技术可以避免在 60Hz 或更低刷新率时发
生闪烁。刷新率影响显示器渲染运动的方式。为了显示运动图像，人类的闪烁融合阈值通常
被设定为 16Hz，而不同制式的电视摄像机以每秒 25 或 30 帧工作。更高的帧率（120Hz 以
上）有利于实现无模糊的快速运动渲染，虚拟现实和增强现实大多需要 60Hz 以上的帧率。
更高的显示刷新率也常被用于虚拟现实和增强现实显示器中的时间复用信息传输，如立体显
示器中左、右眼帧的交替传输，以及场序彩色显示器中通过快速时序显示红、绿、蓝色进行
单像素颜色融合。

2.3.6   视场

潜在地说，视场（FOV）比原始分辨率更重要。视场和分辨率相互关联，因此在相同的
像素密度下，需要更多的像素来填充更大的视场。更大的视场意味着在单个视图中可以向用
户显示更多信息。在增强现实系统中，可以分为叠加视场和外围视场。在叠加视场中，计算
机生成的图像被叠加在真实世界的图像上。与之相对，外围视场是被观察环境自然的、非增
强的部分。假如图 2.11 中的总视场角为对角线方向 62°，则标记的叠加视场角大约为 30°
对角线。这样一个相对狭窄的视场意味着用户常常需要在自己和虚拟物体或真实物体之间保
持一定的距离才能完全看到它们，或者以扫描运动的方式移动头部以观察整个场景。视场限
制在虚拟现实中很常见，尤其是在增强现实显示中限制了用户在显示场景和内容中的存在
感，导致沉浸感降低。

在视频透视式增强现实中，决定可呈现的真实世界信息量的实际上是摄像机视场，而非
显示器的视场。摄像机视场通常大于显示器视场，所以摄像机的图像由于被压缩而实际上呈
现类似鱼眼的效果。例如，当使用智能手机作为手持式增强现实魔镜时，由于手臂长度的限
制，智能手机背面的摄像头视场角可能要比显示屏的大。

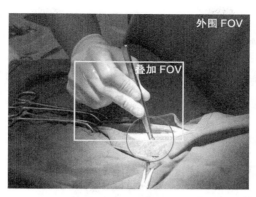

图 2.11　增强现实系统通常具有一个有限的视场，产生一个增强可见的"叠加视场"，
　　　　　以及一个增强不可见的"外围视场"

　　设计头戴式显示器的目标是覆盖尽可能宽的视场。为了避免头戴式显示器的尺寸过大，我们必须使它靠近眼睛（使用视网膜扫描显示器或增强现实隐形眼镜，详见第 14 章）或优化光学元件的设计。头戴式显示器制造商通常给出对角视场而不是水平和垂直的视场，从而可以方便地给出更大的视场角数值。当人眼与头戴式显示器的距离固定时，视场与显示器的空间分辨率决定了角分辨率。具有非常高像素密度的显示器可以使用非常简单的放大光路来呈现大视场现实。伴随着平板显示技术的进步，该方法已被用于最近的 Oculus Rift 等非透视式显示器。然而，使用固定的像素数可能需要在更宽的视场或更高的分辨率之间做出折中。例如，飞行员可能喜欢更广阔的视野，而外科医生可能需要更高的分辨率。

2.3.7　视点偏移

　　光学透视式显示器将虚拟和真实光路进行融合，由此产生的图像通过设计实现对齐。这是一个希望取得的结果，因为它符合自然的观察方式。然而，这需要对用于生成增强现实显示中虚拟部分的虚拟摄像机相对于用户眼睛的位置进行**标定**。如果标定没有仔细完成，则会产生图像之间的偏移。在视频透视式显示器中，通过使用摄像机采集的图像帧，可以实现基于计算机视觉的注册（见第 4 章），从而得到像素级的标注（见图 2.12）。

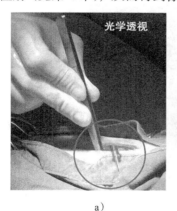 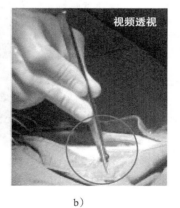

a)　　　　　　　　　　　　　　　　b)

图 2.12　眼睛到显示器校准不足会导致偏移干扰。在视频透视式显示器中，像素级的精
　　　　　确配准更容易实现

视频透视式的配置通常会在摄像机的观察方向和显示摄像机图像的屏幕的观看方向之间引起显著的偏移。这个偏移可能反映了对摄像机可以安装位置的限制（例如在头戴式显示器上）或者对增强现实工作空间预期设计的限制。例如，工作台可以通过位于用户面前垂直表面上方朝下的摄像机呈现增强图像，从而可以将用户真正的手和增强视图在用户视场看到的空间中分开（见图 2.13 ）。

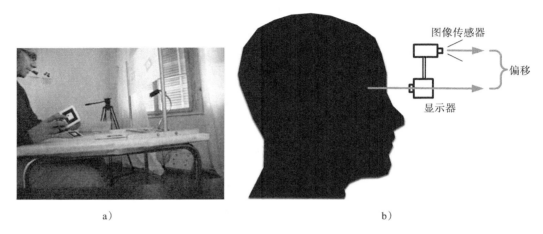

a）   b）

图 2.13   a）从显示器后方沿对角方向向下倾斜的摄像机捕捉到以用户的手为中心的增强
            现实交互空间。由 Morten Fjeld 提供。b）一般来说，不允许出现用户的观看方
            向和摄像机光轴之间的偏移

通过微型摄像机搭建头戴式显示器时，有可能保持摄像机的光学系统与用户眼睛的观看方向对齐（见图 2.14）。第一个这样的装置是由佳能 MR 实验室研发的 COAST AR 头戴式显示器（与透视式增强现实共光轴）[Uchiyama et al. 2002]，State 等人 [2005] 提出了另外一种无视差和畸变的头戴式显示器的设计过程。

图 2.14   COAST AR 是第一款商业无视差视频透视式头戴式显示器（由 Hiroyuki
            Yamamoto 提供）

一种改变视点的特殊情况是镜像配置。也就是说，增强现实使用一个面向用户的摄像机和一个垂直屏幕，通过与视频会议相类似的配置进行传输。在这种情况下，显示水平翻转的摄像机图像是有利的，用户所看到的显示类似于我们所熟悉的传统反射镜。

当然，任何类型的视点偏移所带来的问题均需要用户根据观察情况进行适应，而且这种观察不是完全自然的。

2.3.8　亮度和对比度

在透视式显示器中获得充分的对比度通常是困难的。特别是在户外环境或自然光线充足的情况下，大多数计算机显示器不够明亮，因而无法获得足够的对比度。一个常见的规避措施是减少影响观察条件的物理光线，例如利用窗帘控制室外的光线对室内空间投影的影响，或操纵头戴式显示器上一个可调节的遮光板。光学透视式头戴式显示器允许用户直接看到真实世界，显示器的最高亮度必须匹配真实世界的亮度水平，这使得获得可接受的对比度水平很难，尤其是在阳光直射的户外。在某些情况下，光学系统也可能使现实世界过于黑暗（见图 2.15）。

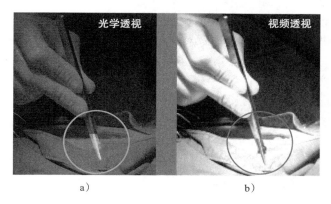

图 2.15　光学透视式显示器取决于光学合成器的透明度，而视频透视式显示器只要显示器本身能提供足够的对比度，就可以随意改变亮度和对比度。右图中对比度达到极限，一些真实世界的细节丢失

在观看视频透视式显示器时不需要直接观察真实环境，所以更容易控制观看环境下的自然光线。不幸的是，传统摄像机获取的较差对比度会变得更加明显。此外，一个视频透视式头戴式显示器通常只覆盖用户视野的某一部分，自然光可以从周围进入。此外，视频透视式头戴式显示器非常依赖于电子元件的运行。如果摄像机或显示器工作异常，则根本没有任何有意义的图像显示（见图 2.16）。

图 2.16　如果显示器工作异常，用户通过视频透视式显示器将不能看到任何东西。这在外科手术或驾驶飞机等紧急情况下是非常危险的

2.3.9　扭曲和畸变

无论光学透视式还是视频透视式显示器都包含镜片等光学元件。如果需要宽视场，这些光学元件可能会引入畸变，特别是鱼眼效应。此外，电子成像过程可能导致采样和重建伪影。例如，在电子摄像机中广泛使用的拜耳掩模会引起典型的色差。通过使用高质量组件和仔细校准，可以使这些问题最小化，但成本却很高。

2.3.10　延迟

与空间误差类似，时间误差也可能会产生不利的影响。正如空间校准不足会导致图像中虚拟与真实物体之间的偏移一样，虚拟与真实之间时间校准的不足也会产生空间偏移。如果增强现实系统中的虚拟内容因图形生成花费时间过长等原因导致显示太晚，用户可能已经发生了移动，这将导致虚拟内容被显示在图像的错误部分。

延迟对光学透视和视频透视均有影响，在这两种情况下均可能发生虚拟部分的滞后显示。不同于光学透视式，视频透视式的一个潜在优势是可以选择延迟视频来匹配虚拟画面，由此产生的增强现实显示将没有空间错位现象，但是其代价是更长时间的滞后显示。只有当误差很小时，这种滞后才是可以接受的。

高延迟已被证实会导致观看虚拟现实和增强现场景时晕动症的发生，因为不同研究的数据是在特定的案例下得出的，很难给出确切的数字，但已有较为深入的研究表明阈值处于 20 ～ 300ms 之间。通过预测性的补偿可以有效减少明显的延迟，使晕动症保持在一个较低的量级 [Buker et al. 2012]。

2.3.11　人因工程学

显然用户在使用增强现实观看设备时应该感到舒适。对于固定式的显示设备，主要需要安排合理的工作空间以便用户在使用该设备时可以找到一个方便的站立或就座的位置。对于移动设备来说，用户疲劳的风险更大，因此更难实现可接受的人因工程学特性。手持设备必须保持与眼睛水平，这会使用户的肌肉扭伤，而大多数的头戴式显示器在长时间佩戴后都会显得笨重。

2.3.12　社会接受度

你愿意被看上去有多奇怪？移动计算设备现今得到了广泛的应用，佩戴无线音频耳机已经被广为接受。即便如此，在公共场合佩戴头戴式显示器在大多数的社会环境中也依然不能被完全接受。其原因可能是头戴式显示器仍然非常笨重，遮住了用户的眼睛和大部分脸。许多对增强现实有着潜在兴趣的用户也因此在头戴式显示器变得不那么显眼前避免使用它们。研究人员已经指出，命名可能导致了有限的用户接受度。"头戴式"显示器可能比"戴在头上的"显示器更难以被公众接纳，而且事实上一些研究者也更倾向于后一个术语 [Feiner 1999] [Cakmakci and Rolland 2006]。在本书中，我们将继续使用传统的"头戴式显示器"名称而不是潜在更好的"戴在头上的显示器"。

与头戴式显示器相比，固定式增强现实显示器营造的沉浸感较低，但它们允许多用户同时观看，因此在一定意义上更适合群体应用。手持式设备介于这两者之间，尽管它们也有自身的人因工程学和社会接受的问题，但在目前和不远的将来可接受度可能更高。手持一台平板电脑或智能手机，通过镜头看穿其后方的场景会使用户的手臂感到疲劳。同样，通过配备摄像头的智能手机或平板电脑的"镜头"观察其他人周围的增强内容也会被认为十分粗鲁。用户已经感受到谷歌眼镜所配置的摄像头进行拍摄的威胁，这导致了社会认可的问题 [Hong 2013]，许多研究人员也思考了监控和隐私的问题 [Mann 1998] [Feiner 1999] [Michael and Michael 2013]。增强现实隐形眼镜（见第 14 章）等较少物理侵入的增强现实技术也许有更高的用户接受度，但这可能会带来一个完全不同的群体和社会问题 [May-raz and Lazo 2012]。

2.4　空间显示模型

我们已经回顾了增强现实视觉显示的要求和特性，现在给出通过各种坐标转换的相互作用来处理增强现实信息显示的过程。如本书前面章节所述，用户观看增强世界的过程可能包含多个间接因素。观看体验可以通过摄像机获取和显示屏幕进行调整。在增强现实中，我们依赖一个标准的计算机图形流水线 [Hughes et al. 2014] 来绘制叠加在真实世界上的覆盖画面。该流水线独立于增强现实显示器，包括模型变换、视图变换和投影变换。

- **模型变换**：模型变换描述了三维局部物体坐标系和三维全局世界坐标系的关系以及如何在真实世界中定位物体。
- **视图变换**：视图变换描述了三维全局世界坐标系和三维视图（观察者或摄像机）坐标系之间的关系。
- **投影变换**：投影变换描述了三维视图坐标系与二维器件（屏幕）坐标系之间的关系。

投影变换通常是离线计算的，但可能需要随着视场角等摄像机内参的变化进行动态更新（见第 5 章）。其他变换可以是静态的，因此可以离线确定，如果在线发生变化则必须通过**跟踪**确定。跟踪部分将在第 3 章中详细讨论。

如果我们希望在增强现实场景中移动真实物体，则需要进行**物体跟踪**，而静态物体的位置可以通过测量确定，因此不需要进行跟踪。物体跟踪用于设置模型变换。如果我们只想对被跟踪目标进行增强（而不是未被跟踪的静态物体），可以通过对被跟踪的真实物体进行视角变换来代替给定一个明确的世界坐标系（例如，在使用独立的增强现实标记点的情况下，详见第 3 章）。

由于涉及更多因素，确定视角变换可能更复杂（见图 2.17）。如果用户相对显示器运动，则有必要进行**头部跟踪**甚至是**眼动跟踪**。如果显示器相对于真实世界运动，则需要进行**显示器跟踪**。在使用视频透视式显示器时也需要进行**摄像机跟踪**，其原因在于视频透视式显示器让用户通过摄像机实现对真实世界的感知，而光学透视式显示器是用户直接看到真实世界。尽管我们可以实现一个用户、显示器、摄像机和物体都独立移动的装置，但通常最多同时使用两种被跟踪的对象，当然一个系统仍可以使用每个组件类型的多种实例（用户、显示器、摄像机、物体）。

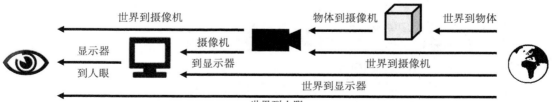

图 2.17　大多数增强现实显示器的空间模型可以被定义为最多五个组件的空间关系：用户眼睛、显示器、摄像机、待增强的物体和真实世界。我们在这里描述了最重要的坐标变换，其中每一个都可以被固定和校准、动态跟踪或不做约束

我们将在本章的后面部分持续通过图 2.17 来概要说明各种增强现实显示器和观看配置（见图 2.23 以及后续图示）。

2.5　视觉显示

要详细理解当今增强现实视觉显示技术，就必须考虑一系列的科学主题。有关光的物理属性、光学和全息原理的论述超出了本书的讲述范围，Hainich 和 Bimber [2011] 的书中详细地介绍了这些有关显示技术的主题。本书将简要阐明各种三维显示技术之间的差异，关于这些概念有一些常见的误解，而有些概念是被一些营销材料有意地混淆了。我们将特别对以下几类三维显示进行区分：立体显示、全息显示、光场显示和体显示。

我们已经简要讨论了立体显示系统。将分离的图像发送给观察者的眼睛是将三维内容呈现给观众的最普遍做法。双目近眼显示可以自然地给用户的左右眼提供不同的图像。当使用监视器或大尺寸显示器（可能由投影仪驱动）时，可以采用不同的技术来实现立体观看，例如要求用户佩戴各种形式的主动快门眼镜或被动滤光眼镜（颜色、偏振或干涉滤光片）。无论左眼和右眼的图像是通过空间还是时间复用的方式、通过同步还是匹配的滤波器的方式传输，最终的结果总是观察者会接收到适合双眼视点的相应图像。所谓的裸眼立体技术不需要眼镜，它们直接在显示器上或在显示屏幕前进行左右通道图像分离，将不同视点的图像显示在不同的观察区域，这些区域比双眼的距离要小，从而每只眼睛都只能观察到自己视角的图像，典型产品包括视差光栅显示器和柱状透镜显示器。

大多数情况下，立体显示装置依赖于具有固定焦平面的屏幕，但有时立体显示系统会与其他成像方法相结合 [Halle 1994][Huang et al. 2015]。另外一种实现三维显示的方法是真正的体三维显示，即成像在三维空间中，光在被用户感知到的三维物体的三维坐标处发射或反射 [Blundell and Schwartz 1999] [Kimura et al. 2006]。

全息显示器和光场显示器是密切相关的显示类别，它们之间的界限有时是模糊不清的。这两种方法都涉及记录（或生成）和播放代表特定场景的光波的所有特性。理想情况下，观看真实的物理场景、适当照明条件下的全息记录或正确重建的光场体验之间没有什么区别。但是实际上，每个技术仍有许多局限性 [Hainich and Bimber 2011] [Wetzstein 2015]。

全息图通常利用相干（激光）照明来产生和观察。光场显示器通常通过非相干光产生。光场显示有多种实现形式，包括体显示 [Jones et al. 2007]、多投影机阵列 [Balogh et al. 2007] 以及使用微镜头阵列的近眼显示等 [LanMan and Luebke 2013]。

"全息"一词最初指的是把光场编码为激光照明光束和场景反射激光的干涉图样的现象，通过改变感光介质的透明度、密度或表面轮廓的方式成像。全息和全息图的术语已在过去的几年里被广泛使用，并曾被（不准确地）用来指代各种栩栩如生的三维显示，包括柱状透镜和其他裸眼立体三维显示以及被称为"佩珀尔幻象"的舞美技术，该技术是通过一块简单的半透明镜子以及实时的内容匹配和灯光变换实现的。虽然这些术语的普遍含义正在随着它们的广泛使用而改变，但出于本书的目的，我们仍将坚持使用研究文献中的术语。

我们需要用哪种显示器来展示一个令人信服的增强现实？ Hainich [2009] 认为只需要一种运行良好的个人增强现实显示方式，最理想的情况是用一种非侵入、舒适、高分辨率、大视场、带有高动态范围和完美跟踪的近眼显示器来替代市面上所有的电脑显示器。这一愿景非常令人叹服，在可以预见的未来，增强现实将结合多种显示技术，包括个人近眼显示、手持显示和潜在穿戴显示、固定大屏幕显示和体显示，以及真实环境中的投影显示等。

接下来我们将回顾这些与增强现实相关的显示技术。按照 Raskar [2004] 的描述，我们将按照与人眼距离增加的顺序来组织我们对增强现实视觉显示设备的讨论（见图 2.18）。我们从头戴式显示开始，然后是手持式显示、固定式显示和投影式显示。

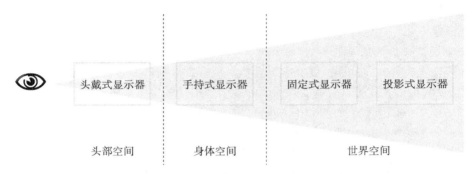

图 2.18　增强现实显示可以根据眼睛到显示器的距离进行分类

2.5.1　近眼显示器

最常见的增强现实显示器可能就是头戴式显示器。在增强现实系统中使用头戴式显示器可以追溯至 Sutherland 的开创性工作。他的"达摩克利斯之剑"头戴式显示器由于其自身重量而悬挂在天花板上，并在光学透视系统中配置了 CRT 屏幕 [Sutherland 1968]。

设计头戴式装置需要付出大量的精力 [Kiyokawa 2007]。头戴式设备应该是不引人注目且舒适的，同时还应该提供尽可能高的观看质量。在 2.3 节中讨论过的系列技术和工效学参数对头戴式显示器的设计非常重要 [Rolland 和 Cakmakci 2009]。

近眼显示器至关重要的一点是显示器穿戴的人因工程学。显然，一个头戴式显示器应该尽可能轻，特别是为了适应长时间使用。除了电子器件和光学系统外，外壳或安装组件将在很大程度上决定其重量（见图 2.19）：头盔设备是必需的，但如果任务本身需要佩戴头盔，则这类装置将会更具吸引力，例如飞行员或消防员等。卡扣式的设计可以将其附加到普通的眼镜或太阳镜上，但是当显示内容超出主要视场时会导致"看到周围"的结果。如众所周知的谷歌眼镜这样的空间布局更适用于可穿戴信息（文本）的显示，但不太适合透视增强现实显示。嵌入在面罩上的显示器是一个有效的解决方案，但是由于显示器的重量往往会累积在用户的面前，因此需要仔细设计框架，通过适当的装置保持在合适的位置。框架或外壳应当可以根据不同的头部尺寸进行调节以保证佩戴的舒适性。也应当在头部附近保证足够的空气流动以防止出汗。

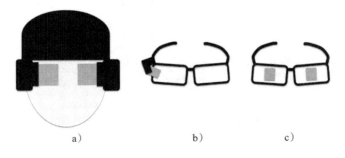

图 2.19　不同的显示器装配选项。a）头戴式显示器，类似 Rockwell Collins SimEye。
b）卡扣式显示器，类似谷歌眼镜。c）面罩显示器，类似 Epson Moverio

　　一个理想的增强现实近眼显示器应该是什么样子的呢？在我们把注意力放在与我们面前的物理环境很好集成的双目视觉支持的三维增强上时，一个较大的视场覆盖区域在这种情况下是有益的，否则大量的三维增强内容需要被剪切，导致用户需要扫描环境来理解它们。此外还需要一些其他的设计决定，首先并且最重要的是增强方法的选择：应该使用光学还是视频透视式显示器？

1. 光学透视式头戴式显示器

　　光学透视式头戴式显示器需要光学组合器来混合虚拟和现实。类似于 20 世纪 90 年代末索尼的 Glasstron 光学透视式显示器，标准的做法是用一个分束器将 LCD 显示器的影像反射到观察者的眼中，同时观察者可以自由地看到前方的景象（如图 2.3 和图 2.20 所示）。光学透视式增强现实显示器的一个非常具有挑战性的问题是，如何控制显示的光照水平以便观察者可以看到外面的世界。光学透视式显示器中的 Glasstron 系列显示器在分束器前放置了一个可调节的全局液晶遮罩（远离眼睛），用户可以调整遮罩的透明度。由于真实世界光照的高动态范围特点，即使是采用遮罩也不能提供足够的可调性。在明亮的阳光下，遮罩调整到最黑也不能保证用户看到分束器反射的计算机影像的细节特征。而在室内环境中，一个调整到最大透明度的遮罩也无法提供周边环境足够明亮的视图。这凸显了用简单的分束器作为光学透视式头戴式显示器光学组合器的一个局限性。Kress 和 Starner [2013] 回顾了头戴式显示器和部件的最新技术，比较了工业中使用的各种光学合成技术。

图 2.20　索尼 Glasstron LDI-D100B（作为哥伦比亚 MARS 系统的一部分进行了定制改
　　　　造）。由哥伦比亚大学提供

　　Lumus（见图 2.21）等近期的光学透视式显示器设计利用了更先进的光学技术，在 Lumus 的设计中微型投影机的图像输出到一个特殊的棱镜，光通过棱镜内部的反射和折射进行传播。

　　近眼光学透视式增强现实一个尚未解决的问题是如何将宽视野与一个小而轻的形状因素相结合。一个更大的视角自然会带来一个更接近人眼的显示（高分辨率）。这一愿景带来了自身的问题，例如，如何应用必要的聚焦光学器件？ Innovega 公司的 iOptik 平台将光学元件集成到隐形眼镜上，利用中央微透镜使观察者专注于眼镜式近眼显示。中心的隐形眼镜部分使用了偏振滤光器来确保仅从近眼显示器穿过的光以这种方式聚焦，而从周围环境发出的光则不会。隐形眼镜的周边部分阻挡从显示器发出的光，同时允许环境光穿过。通过这种方式，观看者可以看到注视焦点处的显示，同时保持对周围环境的自然调节。用户是否愿意为拥有广角增强现实体验而同时佩戴定制的隐形眼镜和近眼显示器还有待观察，但眼镜不需要比普通太阳镜更大。

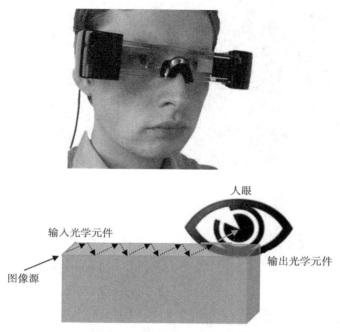

图2.21 Lumus 的波导光学器件技术通过一个特殊的光学棱镜传播图像。上图由 Jens Grubert 提供

点光（pinlight）[Maimone et al. 2014] 是一种新型的光学透视式头戴式显示器原型，同样旨在解决近眼焦点问题（见图2.22）。它使用一种新型光学设计来产生图像，类似于密集排列的投影仪。该阵列由 LCD 面板和点光源阵列组成。点光源通过向光学棱镜投射光并使其在精确制造的出光口处传出而形成。LCD 面板被放置在用户的离焦处，但投影的叠加产生视网膜上的聚焦图像。这个显示器目前只是一个研究原型，具有令人兴奋的可能性，但距离完全实用仍然存在一些障碍。为了使显示器图像具有合理的高分辨率，需要跟踪眼睛相对于显示器的位置。我们预计未来的近眼显示器将具有眼球跟踪的功能，虽然已有一些制造商的早期原型，但这种技术的集成仍处于初期阶段。真正的移动眼球跟踪解决方案目前仍处于消费虚拟现实和增强现实的价格范围之外。

另外一个最新发展是近眼光场显示器。这类显示器具有相对自由的眼球运动和自动调焦功能，在工作区域内通过其光路可以将正确的感知图像传递给用户在任意视点想要聚焦的位置。Lanman 和 Luebke [2013] 展示的 NVIDIA 原型使用折射微阵列透镜，但不适用于光学透视式系统。Maimone 等人 [2014] 指出，只要有足够的像素密度，点光显示器也可以被制成光场显示器，不但具有光学透视的无标视点的优点，还能满足人眼跟踪的要求。"无跟踪光场配置"的针孔显示器允许眼球在一个眼瞳箱区域内进行有限的运动，然而其代价是图像的某种退化和空间分辨率的显著损失。

近日公布的与微软的 HoloLens 项目[⊖]以及已收到来自谷歌和高通等公司超过5亿美元投

⊖ http://www.microsoft.com/microsoft-hololens/

资的秘密初创公司 MagicLeap[⊖]相关的消息引发了各相关技术的工作原理的猜测。

a）

b）

图 2.22　a）带有密集点光源阵列的面板。b）点光显示器原型（由北卡罗来纳大学教堂山分校 Andrew Maimone 提供）

在微软的案例中，HoloLens 的开发版为一款无线光学透视式增强现实设备，并在公司 2015 年 BUILD 开发者大会上展示了其功能。该系统令人印象深刻，它整合了重要的增强现实技术，如自定义跟踪和深度传感、空间音频和最先进的光学透视显示器（尽管叠加视场有些受限），这些都以无线眼罩的形式呈现。微软用"全息计算"来描述这个项目，并指出其 HoloLens 项目可以提供显示高分辨率全息图的功能。虽然显示光路可能使用了全息元件，但早期用户体验似乎表明第一个原型采用了立体显示。

通过访谈、与其他一些利益相关者进行沟通以及已发表的关于公司推测技术的专利表明，MagicLeap 正在围绕"数字光场技术"开展工作，声称可以解决之前讨论过的辐辏调节冲突问题。相关专利显示其研究工作主要集中在华盛顿大学的光纤扫描显示上 [Schowengerdt 2010] [Schowengerdt and Seibel 2012]。这些显示器中最适合可穿戴的版本使用一组与透镜距离不同的光纤阵列，从而形成一个叠加的多焦点光束。用于四维光场的不同深度平面的层叠波导阵列也可能是项目技术中的一部分。

MicroVision Nomad 等视网膜扫描显示器的早期商业版本没有能够得到大量的应用。视网膜扫描显示器直接在眼睛视网膜上绘制光栅图像，这是图像形成的唯一位置，用户感受

⊖　http://www.magicleap.com

到的图像是漂浮在他们面前的空间中的。2004 年的移动增强现实综述 [Höllerer and Feiner 2004] 中提到视网膜扫描显示技术是为数不多的能够在户外的阳光直射中产生足够亮度和对比度的候选技术。视网膜扫描显示器最近的商业产品包括兄弟公司的 AiRScouter 和 Avegant Glyph；该公司也可以提供其他挑战技术，如全息波导光学等。

　　不管实际的技术是什么，愿景是希望新的显示器能够克服已有方法的局限，同时尽可能保持体积小、重量轻的特点。有如此多的因素对确保愉悦感和可持续的增强现实体验非常重要，以至于很难预测哪种技术将占上风，最终需要适当的人因工程学和便捷性（轻便的"穿着性能"）使用户接受增强现实并定期使用。对于需要用户不断地在物理世界和虚拟三维增强现实之间切换焦点的应用，多聚焦图像生成（如光场或全息技术）会有益处，但可能不会是一个被大量采用的绝对需求。

　　与本章前面介绍的空间显示模型相一致，我们从光学透视式近眼显示器开始用这些组件的空间关系图来说明显示类型。某些参数可以离线校准，尽管非刚性安装或材料变形可能引入较小的误差，但它们仍被认为在操作过程中保持恒定。在空间关系图中，我们描述了这样一个常数和标定转换，将它们用标有 C 的线来描述。在每一帧中其他参数发生变化并需要被跟踪，这样的转换用一个标有 T 的线来描述。图中描述的两个组件之间没有绘制连接线意味着我们不知道或不关心它们的空间关系。

　　光学透视显示器基本组件之间的空间关系相对简单，不一定需要摄像机参与工作，当然摄像机也经常被添加进来以实现基于视觉的跟踪和场景理解（见本书第 4 章的讨论）。

　　光学透视式头戴式显示器通常包括一个被放置在相对人眼位置不变的显示器。我们可以跟踪显示器相对于世界坐标的位置，而人眼到显示器的变换必须预先标定，最好是在戴上头戴式显示器之后立即标定（见图 2.23）。最近的研究工作 [Itoh and Klinker 2014] 将眼动仪安装在头盔上，从而实现人眼 – 显示器校准的持续更新，这消除了对手动校准的需求，并且能鲁棒地避免头上头戴式显示器不经意的移动。

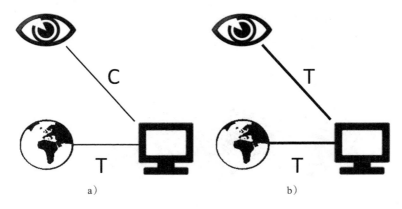

图 2.23　a）光学透视式头戴式显示器。b）带有眼球跟踪的光学透视式头戴式显示器

2. 视频透视式头戴式显示器

　　视频透视式头戴式显示器在非透视式头戴式显示器上增加了一个或多个摄像机。通过这项技术，用户的眼睛、显示器和摄像机这三个组件构成了一个刚性配置（见图 2.24）。这些组件必须进行校准，同时这个刚性装配到世界坐标的转换也必须被跟踪。尽管不是必需的，但通常通过摄像机跟踪来实现。与光学透视式头戴式显示器类似，我们可以利用眼球跟踪设

备扩展这一配置。

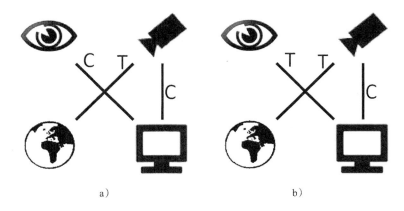

图 2.24　a）视频透视式头戴式显示器。b）带有眼球跟踪的视频透视式头戴式显示器

设计视频透视式头戴式显示器所面临的一个困难是匹配使用者所看到真实世界的视野，即使现在世界场景是通过摄像机记录的。当然，这些摄像机使用不同于放置在观众眼前显示器的视野或视线是可以接受的，甚至可能是有利的。例如，如果谷歌眼镜（见图 2.19b）被用作视频透视式显示器，显示器的摄像机视场角比用户眼睛一角的小显示窗的对角线视场角要宽得多，所以用这个更广阔的视野作为现实增强的背景才有意义。正如早期视觉实验所证实的，即使在完全沉浸式体验中，观众也会很容易适应光学畸变（甚至反转）[Kohler 1962]。然而，视频视野与用户直接观看的视野对齐（所谓无视差显示）是首选的增强现实体验，它不改变用户对世界的感知，并能模拟视频透视式显示器所提供的无缝视图。

State 等人 [2005] 设计了一个无视差的视频透视式头戴式显示器，在头部上方为每只眼睛各放置了一台摄像机，通过放置一面倾斜的镜子实现了通过摄像机捕捉并传送的两个近场显示器正确的视线和视场（见图 2.25）。数年前佳能混合现实实验室开发出第一台这种类型的商用头戴式显示器——COASTAR [Uchiyama et al. 2002]（见图 2.14）。

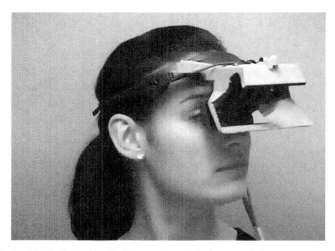

图 2.25　在带有反射镜的眼睛上方使用摄像机的视频透视式头戴式显示器示例。Andrei State 设计，2005（由北卡罗来纳大学教堂山分校 Andrei State 提供）

AR Rift [Steptoe et al. 2014]（见图 2.26）是视频透视式头戴式显示器最新的案例。它的目标不是提供准确的无视差视景，而是通过仔细调整 Oculus Rift 的摄像机和显示屏幕的视轴来创建宽视场的增强现实显示。

图 2.26　AR-Rift，由 William Steptoe 改良的有两台摄像机的 Oculus Rift（由 William Steptoe 提供）

长期以来，开发以虚拟现实和增强现实为目的的高品质近眼显示器一直被视为有利可图。除了少数例外（例如，20 世纪 90 年代末的索尼 Glasstron 系列），这种显示器的生产并未集中在一个潜在的大市场。提供高分辨率近眼显示器可能性的规则改变者是移动设备市场（智能手机和平板电脑）中更具成本效益的高分辨率 LCD 和 OLED 显示器。

为了通过附加简单光学元件将普适的高分辨率手持显示器改造为近眼显示器，南加州大学的 Mark Bolas 和他的同事们在 IEEE VR 2012 会议上首次介绍了被称为 FOV2GO 的 DIY 纸板立体虚拟现实显示器和软件，这项技术利用手机应用程序提供左右分离立体视图，将智能手机转变为头戴式虚拟现实设备。借助于大多数智能手机具有的后置摄像头，该解决方案还可以提供视频透视式增强现实显示功能。Bolas 曾于 2006 年在 Fakespace 实验室开发了 WIDE5 虚拟现实头戴式显示器，但其超过 30 000 美元的零售价格意味着它并不适用于消费电子市场。随着越来越多的低成本高分辨率显示器的出现，这直接促进了虚拟现实和增强现实头戴式显示器开发商的研发工作，包括 Oculus Rift、三星 GearVR（见图 2.6）和谷歌 Cardboard。

我们已经回顾了光学透视式和视频透视式显示器，现在重新审视我们对理想的近眼显示器所提出的问题。这显然取决于应用和背景：增强现实的使用是短暂的还是持续很长一段时间？增强现实设备启用之后能否摘下是否重要？增强现实使用的位置受限制吗，或者增强现实的交互是否可以发生在任何地方，是室内还是室外？这些只是一些可能影响我们答案的问题。如果没有技术限制，答案可能更容易确定，并且可能不需要做出折中。在这种情况下，我们可能希望拥有一个感受不到（例如，隐形眼镜设计）、舒适（不会被察觉到甚至对眼睛舒适度有益）、方便（总是开启并且不需要充电或维修）、光学透视（不影响我们观察真实世界）、高动态范围（在所有可能的光照条件下工作）、人眼极限分辨率（感受不到像素点）、全人眼观测视野（没有盲区，提供全覆盖视场）、真正的三维深度双目显示（没有辐辏调节冲突）、正确遮挡（除非有需求，没有鬼影般的透明覆盖）以及保证岩石般坚固和稳定的跟踪、场景建模和增强现实应用的各种传感器。我们是否提到这款设备的价格不要超过 100 美元？

有关现有的近眼增强现实显示技术和感知问题的细节可参考 Livingston 等人 [2013] 专著的有关章节以及一些综述报告 [Kiyokawa 2007] [Rolland and Cakmakci 2009] [Hainich and Bimber 2011] [Kiyokawa 2012] [Kress and Starner 2013]。

以上就是我们对近眼显示器的讨论。还有一种我们没有讨论的头戴式显示器是头戴式投影显示器（HMPD），在本章的后面部分讨论基于投影的增强现实时将对其进行简要的描述。接下来我们将把重点放在手持式显示器上。

2.5.2　手持式显示器

智能手机和平板电脑的迅速发展使得手持式显示器成为当今最流行的增强现实平台，通过后置摄像头的捕捉可以实现视频透视式体验（见图 2.27）。考虑到摄像机通常是在设备的背面向前拍摄，通常需要至少保持设备在胸部的高度。这个姿势可能会在相当短的时间内诱发疲劳；此外，很难一直保持手持设备平稳来观看所有的细节。事实上，显示器在不需要时可以被收起来有利有弊。这一方面消除了一直在头部等位置穿戴增强现实设备的需求，而另一方面则影响了实时性，因为把手持式显示器从口袋里拿出来对于短期使用来说可能太麻烦了。

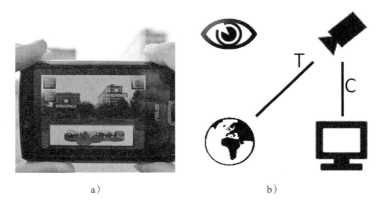

a)　　　　　　　　　　　　　　b)

图 2.27　一个手持式增强现实显示器可以通过未经修改的智能手机或平板电脑构建（由
　　　　　Daniel Wagner 提供）

手持式显示器将实际的显示器和摄像机刚性地安装在壳体上，显示器到摄像机的变换可以事先进行校准。在大多数情况下，将通过摄像机跟踪设备相对于周围世界的姿态变化，但也可以使用其他类型的跟踪方式。

最近的一个研究进展是用户视点而不是设备视点的显示器（见图 2.28）。也就是说，设备不只是从摄像机视点显示增强的视频图像而不考虑用户的位置，用户也将被跟踪 [Hil 2011] [Baričević et al. 2012]。例如，可以通过许多设备内置的前向摄像头实现用户到设备的跟踪。需要注意的是，这种配置要比传统的视点显示器贵得多，其原因在于不仅需要两个独立的跟踪系统，而且还需要渲染后置摄像头采集的影像。这可以通过对后置摄像头获取的视频进行变换来完成（必须有足够宽的视场，以保证用户相对于设备的所有可能视点都被覆盖）[Hill et al. 2011] [Tomioka et al. 2013]，或者通过重建该设备看到的三维场景来实现，例如通过深度传感 [Baričević et al. 2012] 或立体重建 [Baričević et al. 2014]。

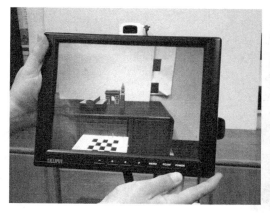

a)　　　　　　　　　　　　　　b)

c)

图 2.28　a) 带有设备视点的手持式显示器。b) 带有用户视点的手持式显示器。c) 带有
　　　　用户视点的手持式显示器需要跟踪摄像机和用户视点（图 a 和图 b 由 Domagoj
　　　　Baricevic 提供）

　　随着智能手机和平板电脑进入越来越多的背包和家庭，以及这些设备已成为上下文相关或"情境"计算的关键推动者，手持式平台作为改变游戏规则的用户与物理世界界面的增强现实的愿景并不奇怪。在接下来的章节中，我们将看到更多的手持式增强现实的应用示例。然而，手持设备的视频透视式魔镜增强现实视景范式是否会真正成为一个人们不断使用的界面仍有待观察。新发明的近眼或可穿戴类型显示器是否将进一步推进增强现实的进步？早期的研究工作比较了针对视觉搜索和选择 [Wither et al. 2007] 或移动增强现实游戏 [Braun and McCall 2010] 等具体任务的手持式和头戴式增强现实接口，比较结果表明头戴式显示技术并不具有明显优势。相比之下，已有报道表明与静态指令（平视显示器或固定平板显示器）相比，带有头部跟踪的增强现实在维修任务中具有明显的优势 [Henderson and Feiner 2009]。

2.5.3　固定式显示器

　　在前述章节中，我们提到通过使用合适的个人增强现实显示器可以将虚拟显示器放置在增强现实的对应位置来模拟其他类型的显示器。即使在这样一个未来场景，真实的物理显示也具有明显的益处，可以作为与非增强现实受众的群体交流工具。同时，我们周围的世界到处都是各种各样的显示装置，所以我们不妨考虑一下它们的增强现实应用。在本节中，我们简要地讨论桌面显示器、虚拟镜像、虚拟展柜和窗式显示器。

1. 桌面显示器

最简单的增强现实显示器是桌面显示器。例如，一个带有网络摄像头的台式电脑（见图 2.29a）或内置摄像头的笔记本电脑（见图 2.29b）足以建立一个视频透视式显示器。通过摄像装置提供视频和跟踪信息为这种经济方案提供了可能性。因此，跟踪系统必须能够提取摄像机相对于一个或多个真实物体的位姿。当然，这种方法支持的工作空间通常相当小。

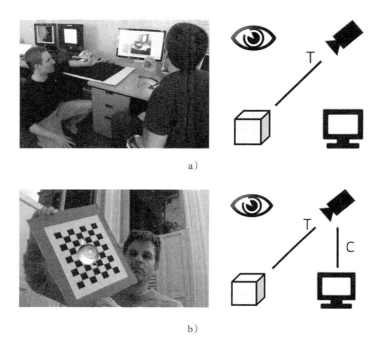

图 2.29   a）桌面增强现实显示器可以通过手上的眼球隐喻来构建，其中跟踪摄像机羡并
　　　　　将其捕捉的画面传送到显示器上。在该款应用中，我们跟踪摄像机相对于物体
　　　　　（用户的手）的位姿变化，该物体被识别为标记点并进行增强。b）摄像机经常
　　　　　是固定的，覆盖一定的工作区域，在该区域内进行现实增强。类似地，我们跟
　　　　　踪摄像机相对于移动物体（棋盘格）的位姿变化

用户手持摄像机时的配置通常被称为"手中眼球"[Robinett and Holloway 1992]。为了方便起见，摄像机通常放置在三脚架或监视器边框等固定地点。在后一种配置中，摄像机的光轴指向用户观看的相反方向，从而导致潜在的左右翻转。

2. 虚拟镜像

虚拟镜像使用前置摄像头拍摄用户的照片并沿着其垂直轴反射成像，从而创建观看镜子的效果。这种类型的设置最适合于以某种方式叠加用户的应用，例如，允许用户试穿虚拟服装或试戴眼镜之类的饰物。该系统可以方便地利用已经内置视频会议摄像头的计算机进行构建。为了相对于用户位姿正确地放置物体，需要跟踪用户的身体和头部，这可以通过一个或多个摄像机来完成，如图 2.30 所示。

当屏幕只是描述被跟踪和增强的用户时，不管用户和屏幕之间的空间关系如何，我们都不需要专门跟踪用户的视点（头或眼睛）（见图 2.30b）。相反，如果我们希望显示器真正像一个物理反射镜那样根据不同的视角反射显示器前面的空间，则需要跟踪用户的视点（见图 2.30c）。需要注意的是，图中从眼球图标发出的跟踪线也会通向盒子、摄像机或显示器图标。这些空间关系图有许多等价图表示方法。

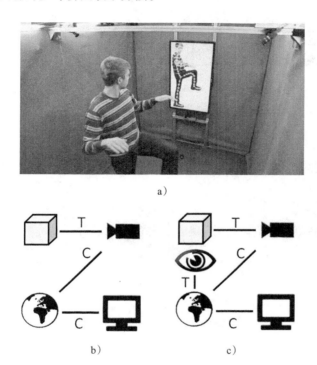

图 2.30　a）视频透视式虚拟镜像。由 Matthias Straka 和 Stefan Hauswiesner 提供。b)~ c)
　　　　　对用户（作为增强物体，在这里用盒子图标表示）必须进行相对于摄像机进行
　　　　　跟踪的原理图。如果显示器总是独立于用户视角进行呈现，则应用图 b 的方
　　　　　法。如果显示画面模拟一个实际的镜像，则用户的视点也必须被跟踪，此时应
　　　　　用图 c 的方法

还可以通过结合平板显示和半透明反射镜构建一个光学透视式虚拟镜像（见图 2.31）。在这种情况下用户的图像通过光学反射实现，因此不需要摄像机，但仍然需要对用户进行跟踪。

3. 虚拟展柜

虚拟展柜 [Bimber et al. 2001] 也是一种虚拟的镜子，但配置不同，它更像一个定点光学透视式头戴式显示器的变种，通过半透明的镜子将观察者与观察到的物体分开（见图 2.32）。屏幕安装在反射镜的上方或下方，从而使得计算机生成的图像反射到观察者处。可以通过主动快门眼镜实现立体效果，快门眼镜让左右图像按照一个与显示器同步的时间交错序列通过，为每只眼睛呈现合适的视图。

a)   b)

图 2.31   a）微软研究院的 Andy Wilson 展示 HoloFlector，用户跟踪通过微软的 Kinect
实现，由微软研究院提供。b）光学透视式虚拟镜像原理图

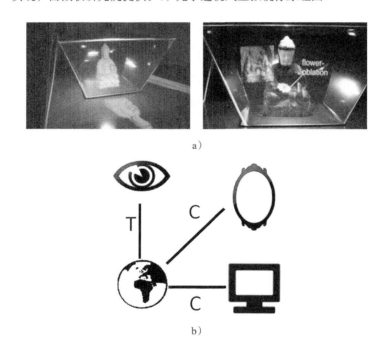

图 2.32   a）虚拟展柜是一个固定的光学透视式显示器，用于展览、博物馆和陈列室，由
Oliver Bimber 提供。b）虚拟展柜需要跟踪用户并仔细校准显示器和反射镜光
学系统

虚拟展柜需要校准显示器和镜子相对于世界的坐标，并跟踪从观众到世界（因此到镜子）
的变换。

4. 窗式显示器

窗式增强现实显示器的组件相互关系和前两个应用案例（被跟踪的用户，不间断显示）
类似。图 2.33 展示了三星 2012 年的智能窗户原型，这个透明的显示器是一个观察（模型）
城市街景的窗口。三星并没有在这个原型上演示增强现实内容，只是提供了一些触摸操作的
应用程序（包括虚拟百叶窗）。为一个观察者展示正确视角的城市街景，需要跟踪该用户的

视点。作为一个应用示例，Mark Weiser [1991] 提到用窗户记录人们在一天中运动路径的可能性以及通过匿名电子足迹来回放这些路径。

图 2.33　在 CES 2012 上展示的三星透明智能窗户

一旦跟踪到观察者的视点，就使用一个简单的可见渲染方法以任意三维增强内容实现窗户背后的场景增强。用户可以玩诸如巨型怪兽在前院践踏的增强现实视频游戏。

透明的显示器不一定会成为穿过或走过动作的障碍。图 2.34 展示了交互式双面雾屏 [Rakkolainen et al. 2005]，它将交互式图像投射到一片用户可以看到并穿过的干雾上。通过使用手柄或手部跟踪，人们可以从屏幕两侧与投射到屏幕上的物体进行交互。增加了头部跟踪后，显示内容可以根据观众视角进行渲染，提供了漂浮在空间的三维物体的效果。作为实现真正的体雾显示的第一步，Lee 和同事们 [2007] 探讨了使用多个雾屏以及头部跟踪装置来营造深度融合三维效果的概念。

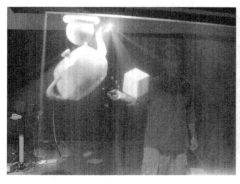

a）　　　　　　　　　　　　　　　　　b）

图 2.34　a）在 SIGGRAPH 2005 上展示的双面交互雾屏。b）两个雾屏呈 L 形放置，为被跟踪的观察者呈现一个深度融合三维渲染的茶壶。c）用户可以互相增强并穿过屏幕互动。d）屏幕和投影仪都在校准的位置，用户的视点被跟踪（如果需要正确视角的三维物体绘制）

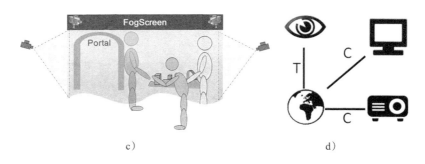

c)   d)

图 2.34 （续）

2.5.4 投影式显示器

伴随着投影仪在雾屏案例中的使用，我们的讨论进入了投影显示领域。随着投影仪性能的不断提高和价格的不断下降，它们不仅应用在传统场景（电影院、教室和礼堂）中，还开始应用在个人设备以及需要产生特殊效果和交互叙事的户外建筑投影等新型公共事件中，包括建筑外立面或工厂大厅。后者的应用有时被称为数字光雕，体现了空间增强现实的概念。

本小节将简要回顾视角相关以及视角无关的空间增强现实的概念，还将讨论头戴式投影仪显示器、动态着色灯和随处投影仪等特殊案例。

1. 空间增强现实

投影仪可以用来创建**空间增强现实** [Bimber and Raskar 2005]，而不需要其他任何显示装置。通过这种方法，投影直接从真实物体的表面反射出来，通过肉眼可见地改变外观。投影不能改变物体的形状，但增加了表面细节、纹理、阴影和明暗，如果投影动画内容，甚至还能增加动态行为的效果（见图 2.35）。

图 2.35　空间增强现实可用来改变普通物体的纹理模型（由 Michael Marner 提供）

这种方法的成功显然取决于表面材料，最好是具有中性明亮的颜色和漫反射特性。尽管可以使用深色或带有纹理的材料，但呈现的对比度将会受到影响。对比度同样还将取决于环境的整体亮度。只要真实世界是静态的，空间增强现实就不需要进行任何跟踪（见图 2.36）。我们只需要知道投影仪与物体的相对位置以及物体本身的几何形状。跟踪是不必要的，因为增强结果直接出现在物体表面上，并假定为发生漫反射。

2. 视点相关的空间增强现实

借助主动快门眼镜和用户跟踪（见图 2.37），可以实现视点相关的空间增强现实 [Bimber and Raskar 2005]。这种方法允许三维虚拟物体出现在空间中的任何地方，而不仅仅是物体表面。

通过使用多台投影仪可以实现更好的空间覆盖 [Bimber and Emmerling 2006]。在这种情况下，对于每个像素，可以选择提供最锐利图像的投影仪，即投影仪的焦平面最接近拟投影表面点的位置（见图 2.38）。

最近的相关工作解决了单个投影仪景深有限的问题。在动态情况下，很难完全避免需要单个投影仪所覆盖的区域在投影轴线方向上距离过大的情况。由于景深有限，这种情况会导致投影映射中的区域显著离焦。为了解决这个问题，Ma 和同事们 [2013] 提出了"高阶编码孔径投影仪"，在图像平面上和改进的投影仪孔径中使用了高速空间光调制器。Iwai 和同事们 [2015] 在投影仪前放置电动变焦镜头并根据焦距变化以人眼无法察觉的速度执行快速前后扫描。对投影像素的点扩散函数进行一次离线测量，就足以计算和应用扫描范围内的焦点调整。

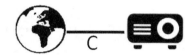

图 2.36　只要增强的场景是静态的，简单的空间增强现实就不需要任何跟踪

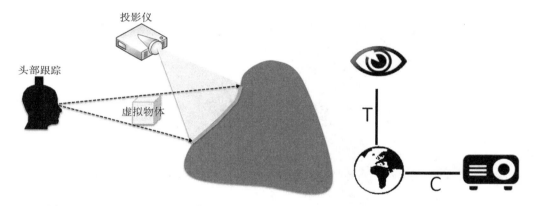

图 2.37　视点相关的空间增强现实需要跟踪用户，但可以呈现自由空间的三维物体

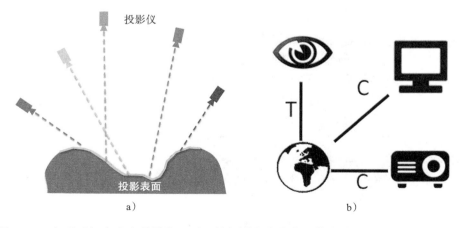

a)　　　　　　　　　　b)

图 2.38　a）通过组合多个投影仪，可以使投影焦点之外的像素数最少。b）需要知道投影表面的几何形状，在这里被表现为标定到世界坐标的显示器

3. 头戴式投影仪

作为将投影仪放置到环境中的另外一个选项，我们可以把投影仪集成到头盔上。这种装置最早出现在 1997 年 [Kijima and Ojika 1997]，从那时起投影仪技术已经实现了相当的小型化。这种方法经常与回复反射屏结合使用。因为可以将大部分入射光反射回照明光源处而不是散射或映出，所以回复反射材料通常用于交通标志和高能见度的衣服上（见图 2.39a）。通过将安装在头部的投影显示器（HMPD）与环境中的回复反射材料相结合，可以产生个性化视点的视图，甚至可以为每只眼睛实现单独的三维立体成像 [Inami et al. 2000] [Rolland et al. 2005]。因为几乎所有投射的光都被反射给观察者，所以其他视角下的旁观者看不到这些投影，而且投影仪的亮度可以优化以提供个性化的成像。

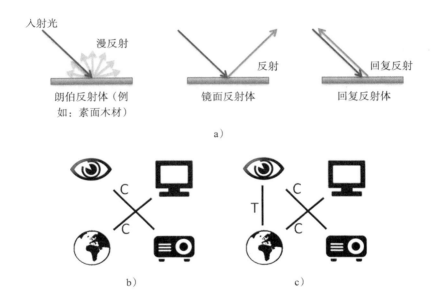

图 2.39　a）回复反射材料将入射光送回照明光源，因此它们与头戴式投影仪相结合呈现
　　　　良好的显示效果。b）~ c）无头部跟踪和带有头部跟踪的头戴式投影仪显示器
　　　　空间关系示意图。在后一种情况下（图 c），当观察者移动时，虚拟物体可以在
　　　　空间中保持稳定

在使用这种方法时，还可以通过将物体后方场景的视频画面投影到物体上来进行伪装，只要摄像机与观察方向一致就可以实现这种错觉 [Inami et al. 2000]。该头戴式投影仪的亮度可调整至非反光表面的投影不会被察觉到，包括显示器佩戴者本身，这就使正确的遮挡成为可能。例如，用户的手可以正确遮挡投影到手后方回复反射材料表面的虚拟物体。在空中悬浮的三维物体效果可以通过在观众头部安装两台投影仪利用立体视觉实现。为了在移动时保证这些物体看起来在空间中保持静止，需要跟踪用户的头部（见图 2.39c），而且大部分的周围环境都需要覆盖回复反射材料以方便用户观察任意视点。一些涉及空间稳定虚拟物体的遮挡仍然是不正确的。例如，在反光屏幕前、虚拟图像后的无回复反射干扰物体会错误地遮挡虚拟物体，破坏虚实融合效果。

4. 动态着色灯

一个带有目标跟踪（见图 2.40）而非用户跟踪的空间增强现实的变体被命名为**动态着色**

灯 [Bandyopadhyay et al. 2001]。

跟踪信息使得将动态内容投影在动态物体上成为可能。如图 2.41 所示，这可用于"光绘图"或在卡通角色的头部投影逼真的面部表情 [Lincoln et al. 2010]。

5. 随处投影仪

空间增强现实支持用户移动，动态着色灯支持物体移动，我们还可以允许投影仪移动。通过加装一个跟踪云台（见图 2.42），随处投影仪 [Pinhanez 2001] 可以实现这个功能。

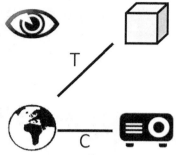

图 2.40　动态着色灯在被跟踪的物体上提供空间增强现实

通过改变反射镜的位姿，随处投影仪可以改变环境中的每一个表面，这一效果类似于空间增强现实，但工作空间更大，增强内容可以随时间改变位置（见图 2.43）。Beamatron [Wilson et al. 2012] 通过结合电动投影仪与深度传感器实现了全身跟踪和身体上的显示。

a)　　　　　　　　　　　　　　　　b)

图 2.41　动态着色灯的两个应用。a）在真实表面上用光绘画，由 Michael Marner 提供。b）带有面部投影的动画角色（由北卡罗来纳大学教堂山分校 Greg Welch 提供）

图 2.42　一个易操纵的、可跟踪的投影仪可以在任意位置投影图像

图 2.43　随处投影仪基于可跟踪、可操纵的投影，可以在任何表面显示内容。例如，在
产品货架上显示提示信息（由 Claudio Pinhanez 提供，版权所有 IBM 2001）

2.6　小结

　　本章探讨了增强现实显示。显示必须能够结合虚拟和现实，包括不同的模态。大多数增强现实的研究集中在视觉领域，但也已经有研究聚焦于音频增强现实。其他的人类感官，尤其是触觉，也在现实增强的体验中扮演着越来越重要的角色。目前，最先进的增强现实显示聚焦于视觉增强，并由空间音频支持。

　　作为我们关于这个主题讨论的一部分，我们回顾了视觉感知的基本知识，分析了视觉增强现实显示的主要要求和特性。视觉增强现实可以通过光学透视或视频透视的方法来实现，也可以通过空间投影的方式实现。许多沉浸感参数在提供有用的增强现实体验中非常重要，包括单 / 双目、视场、亮度和对比度、遮挡、延迟、聚焦机制、分辨率以及显示技术的尺寸和舒适感。

　　我们基于增强现实显示器相对用户的位置进行了归类——头部、身体（包括手持）或在环境中。最后一类包括固定式显示器和投影式显示器。没有任何一种显示器可以提供所有可能的用例。例如手持式显示器具有普适性和经济性，可以将增强现实技术的思想和潜力带给每个人，借助先进的技术和人因工程学的创新，头戴式显示器可能代表了下一代增强现实，但目前仍需要广泛的社会接受度。受益于当代微型显示器像素的分辨率越来越高，一个很有前途的新方法是光场显示。

　　我们介绍了一个用来描述不同显示技术所隐含的坐标转换和关系的空间模型。我们为每种新型显示器提供的示意图总结了增强现实体验组件之间的跟踪或固定坐标关系，即用户、显示器、摄像机和世界，以及空间增强现实中的投影仪和物体。这预示着跟踪技术至关重要，我们将在第 3 章中讨论跟踪技术。

跟　踪

跟踪指的是空间属性的实时动态测定。一般来说，在增强现实语境下，跟踪一个实体意味着连续测量该实体的位置和方向。可以跟踪不同的实体：例如用户的头部、眼睛、四肢，或者是摄像头和显示器等增强现实设备，又或者是任何占据增强现实场景的对象。本章讨论各种跟踪技术及其特点，首先研究固定系统，其次介绍移动传感器，并详细讨论视觉跟踪，最后对多传感器跟踪数据融合做简要介绍。

3.1　跟踪、标定和注册

在增强现实语境下，与对象的测量和校准相关的有跟踪、标定和注册三个重要的术语。这些术语在实际应用中有重叠，所以我们将会在本书中阐明它们的含义（见图 3.1）。

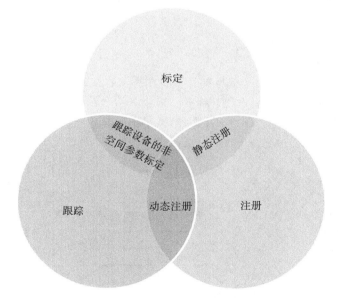

图 3.1　一个增强现实系统必须处理三个重要且部分重叠的概念：跟踪、标定和注册

首先简洁地介绍这些术语，更重要的是识别它们的不同之处。注册指的是空间特性上的对准。"在增强现实中注册"的对象会在某一坐标系下互相对齐。增强现实系统的典型目标是用户感知的物理场景对象和虚拟信息的精确注册。标定是测量的离线调整 [Wloka 1995]，根据标准的传感器或仪器的读数来检查和调整传感器的精度。标定负责静态注册，对于许多跟踪系统的非空间参数是十分必要的，而跟踪负责动态注册。

更具体地说，**跟踪**是一种用来描述增强现实系统动态传感和测量的术语。为了显示在三维空间中注册到真实物体的虚拟对象，我们必须至少了解相对位姿，即增强现实显示器相对于真实物体的位置和方向。因为增强现实需要实时操作，所以姿态测量必须持续更新（持续跟踪）。在增强现实领域，"跟踪"通常意味着"三维跟踪"，即真实物体的三维位置或者六维姿态（位置和方向），这对应着传统计算机视觉中共有的在图像空间中追踪二维物体的概念。

标定是比较两个不同设备测量值的过程，其中一个设备做参考，另一个设备被标定。参考设备可以用一个已知的参考值代替，对于几何测量，可以用一个已知的坐标系代替。其目的在于测定参数，以便在使用标定设备时能够在已知尺度下提供测量值。对于增强现实，我们需要标定增强现实系统的各个组件，特别是用于跟踪的设备。

与跟踪意味着持续地进行测量不同，标定通常只在离散的时刻进行。取决于不同测量系统，在设备的生命周期内可能只做一次标定（典型的是在制造过程中或者制造结束后），也可能在每次操作之前或与跟踪同时进行。最后一种情况不限于离散时间，为了避免干扰正常的跟踪，要求标定过程能够无监督执行，因此通常被称为自动标定。我们将在第 5 章更深入地论述对增强现实的标定程序。在本章后面的部分，我们均假定设备已经被正确地标定。

增强现实中的**注册**指的是虚拟对象和真实对象之间坐标系的对准 [Holloway 1997]。更确切地说，就是透视式显示器所显示的计算机图形元素与真实世界的对象对准。这需要跟踪用户的头部或者提供背景视频的摄像机（或两者同时）。当用户或摄像机不移动时进行**静态注册**，并需要标定跟踪系统以便在虚拟对象和真实对象之间建立一个公共坐标系。当用户或摄像机移动时进行**动态注册**，因此需要进行跟踪。

3.2   坐标系

在增强现实中，通常依靠一个标准的计算机图形流水线来生成覆盖在真实世界上的附加信息 [Robinett et al. 1995]。该流水线与捕获、渲染和组合帧的增强现实显示器种类无关（见第 2 章），包括模型变换、视图变换和投影变换（见图 3.2）。

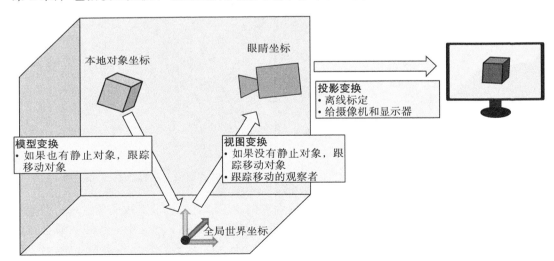

图 3.2   增强现实需要考虑多种变换。模型变换描述了静态环境下移动对象的姿态。视图变换描述了某一环境下摄像机、跟踪传感器或显示器的姿态。投影变换描述了从人眼坐标到屏幕坐标的映射。模型变换和视图变换都可以被跟踪，从而实现注册

注册意味着这些变换的累积效应必须在真实对象和虚拟对象之间匹配。如何处理这种个性化的变换取决于增强现实系统的配置和跟踪技术。某些参数可以离线标定，而其他的参数会逐帧变化并需要跟踪。

3.2.1　模型变换

模型变换描述了三维本地对象坐标和三维全局世界坐标之间的关系。模型变换确定了真实世界中对象被放置的位置。虚拟对象由应用程序控制，除了非常罕见的情况不需要跟踪。例如，当只有一个可用于跟踪的增强视频流存在时，需要进行目标跟踪。

真实对象可以成为静止真实场景的一部分，或者被允许移动。静止真实场景不需要模型变换。对于场景中每一个移动真实对象，如果我们想要注册虚拟信息就必须跟踪它的模型变换。然而许多增强现实场景只处理独立于任何全局坐标系的移动对象，特别是当使用标记时。在这种情况下，我们不需要一个单独的世界坐标系，可以通过追踪真实对象来使用视图变换。

3.2.2　视图变换

视图变换描述了三维全局世界坐标和三维摄像机坐标之间的关系。大多数增强现实场景允许观察者在真实世界中移动，因此跟踪视图变换是最重要的目标。增强现实的典型特点是需要对摄像机和用户的显示器进行独立的视图变换。如果在视频透视设备上只有摄像机需要被单独跟踪，则不需要进行显示标定。然而，其他系统可能需要标定摄像机和显示器，特别是使用立体显示器的系统。

3.2.3　投影变换

投影变换描述了三维摄像机坐标和二维设备坐标之间的关系。视锥体的内容被映射到一个单位立方体上，随后通过除去 Z 轴分量并应用视口转换（以获得有合适高宽比的屏幕单元）将其投影到屏幕上。投影变换通常通过离散标定，需要针对每一台摄像机和显示器进行。

3.2.4　参考帧

先前描述的变换定义了对象、世界和人眼坐标系。虚拟信息可以相对于整个世界、一个（有可能移动的）对象或者是一个用户的视野（增强现实屏幕）固定。如果把用户的身体作为一个特殊对象案例，我们可以谈及世界绑定、对象绑定（或在特殊情况下，身体绑定）以及屏幕绑定信息 [Feiner et al. 1993b] [Billinghurst et al. 1998a]。

我们用一个如图 3.3 所示的虚拟场景来说明这些概念。假设图中的这个人正在通过增强现实眼镜体验导航系统。增强现实界面一直在告知他目的地，示出选定路线下的进度并帮助他做出正确的转向判断。眼镜让用户看到其前方世界的注释信息，比如在出现岔路时有（虚拟）蓝色路标指示出正确的线路。这个路标对于任何没有通过用户的增强现实眼镜观看的旁观者来说是看不见的，这就构成了一个世界绑定的增强现实元素，因为它表现得就像一个物理世界的对象。用户可以走到（或绕过）这个路标，它会在场景下保持固定。

增强现实系统同样可以通过平视显示器（HUD）实现，该类系统以窗口的形式呈现在用户增强现实视图的左上角，总是作为一个屏幕绑定的增强现实元素停留在屏幕上。例如，它可以提供菜单选项，用户可以在任何地点进行实时选择（通过任意一种交互机制，包括声音指令、可穿戴式触控板或者是眼睛跟踪）。用户通过菜单可以进行诸如改变首选路线等操作。

图 3.3　移动增强现实的参考帧：平视显示器（HUD）是屏幕绑定元素的实例，总是停留在用户的视野中。虚拟的蓝色路标等"住进"三维世界的注释是世界绑定元素。随用户移动但相对于身体保持一个特定位置的注释是身体绑定元素（例如与用户膝关节等高的三个水平窗口，可以显示地图、目的地的图像或者岔路选择）

最后，这个增强现实系统的特色是身体绑定的增强现实元素：与该用户膝关节等高的三个窗口可以显示如下信息，如中间的窗口显示在岔路点正确的选项，在左边的窗口覆盖了带有当前出行进度的地图视图，在右边的窗口显示了最终目的地的画面。当用户行走时，这三个窗口随用户移动；换句话说，它们总是停留在相对于用户身体相同的距离和方位上。用户可以集中精力注视这三个窗口中之一——他的头部运动是独立于身体绑定信息的。通常为了实现这种身体绑定系统，除了需要跟踪头部姿态以外，还要跟踪身体的方向。

3.3　跟踪技术的特点

在 3.2 节中，我们确立了跟踪什么。本节我们将研究如何跟踪。我们从论述跟踪技术的特点开始。用于跟踪的测量系统使用各种物理现象和布置选项，这些决定了测量哪些坐标系，并影响了跟踪的时空特性。

3.3.1　物理现象

测量可以利用电磁辐射（包括可见光、红外线、紫外线、激光、无线电信号和磁通量）、声音、物理连接、重力和惯性 [Meyer et al. 1992] [Rolland et al. 2001] [Welch and Foxlin 2002]。对应每种物理现象都有专门的传感器。

3.3.2　测量原理

我们可以测量信号强度、信号方向和飞行时间（包括绝对时间和周期信号的相位）。需要注意的是，飞行时间测量需要次级通信信道来确保发送器和接收器之间时钟同步。此外，还可以测量机电性能。

3.3.3　测量的几何属性

我们可以测量距离或者角度，这一选项影响我们应用于测量的数学方法 [Liu et al. 2007]。**三边测量**这一几何方法通过至少三个测量距离来确定点的位置，而**三角测量**法通过两个或两个以上的测量角度以及一个假定已知的距离来确定点的位置（见图 3.4）。已知一个刚体的三个或三个以上点的位置，就可以还原该对象的位置和方向。

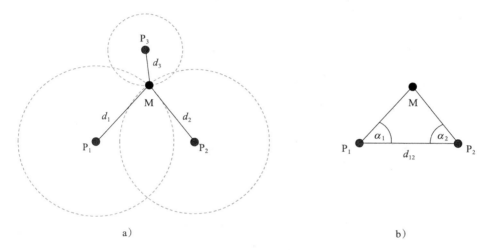

图 3.4　a）应用三边测量法，已知点 M 到点 P_1，P_2，P_3 的距离为 d_1，d_2，d_3，通过三个球体的交叉点可知点 M 的位置；b）应用三角测量法，通过在 P_1 点的角 α_1，在 P_2 点的角 α_2 以及 P_1，P_2 点间距 d_{12} 可以确定点 M 的位置

3.3.4　传感器布置

一个通用的做法是将多个传感器同时放入一个已知的刚性几何结构中，比如一个立体摄像机平台。在仅使用少量传感器时这样一种布置可以很稀疏，或者是一个密集的二维阵列的形式，例如一个有几百万像素的数码相机传感器。有时为了测量如同三个基本方向上的加速度等向量值，正交布置三个传感器是非常重要的。如果使用了多传感器配置，那么我们或者需要**传感器同步**来确保同时获得测量值，或者需要处理在些许不同时间内获得的来自两个传感器的测量值。**传感器融合**指的是组合多传感器输入以获得更完善或更精确测量的过程（见3.7 节）。

3.3.5　信号源

信号源提供可以被传感器采集的信号。与传感器相同，信号源必须被放置在一个已知的几何结构中。信号源可以是被动或主动的。

被动信号源依靠环境中的自然信号，比如自然光或地磁场等。当显然没有外部源时，比如基于惯性传感，这种测量方法被称作**无源传感** [Bachmann and McGhee 2003]。

主动信号源依靠某种电子形式产生物理信号。大多数类型的主动信号源（如声波、光学和某些射频源）需要可视，以便信号不受干扰地传播到传感器。主动信号源可以进一步分为直接主动信号源和间接主动信号源，其中直接主动信号源安装在被跟踪对象上，而间接主动信号源的对象只是反射了来自环境中其他位置信号源的信号。在间接主动信号源的情况下，我们必须了解被跟踪对象上的反射点的几何性质，而不是信号源自己的几何性质。

3.3.6　自由度

在测量系统中，**自由度**（DOF）是测量的一个独立维度。在三维空间中注册真实和虚拟对象通常需要确定对象的 6 自由度（6DOF）信息，包括 3 自由度位置和 3 自由度姿态。对于大多数增强现实应用，理想情况下跟踪系统会提供全部 6 自由度。然而，某些传感器或技术只提供 3 自由度方向（例如陀螺仪），或 3 自由度位置（例如单 LED 跟踪），或者仅有一到两个特定的自由度（例如汽车里程表）。由于具有诸如高刷新率或小尺寸等特定优势，这些技术会一直对增强现实有吸引力。它们可以与其他类型的传感器结合来满足增强现实应用可能具有的所有输入要求。

3.3.7　测量坐标

跟踪测量相对于给定坐标系的物理量。坐标系的选择取决于跟踪技术，但对于增强现实应用中数据使用的方法有重要的影响。

1. 全局坐标和本地坐标

我们需要区分全局坐标与本地坐标。本地坐标指的是由用户建立的小规模坐标系，可能采用了特别的方式。例如，我们可以测量相对于所处房间某一角落的距离。全局坐标指的是世界范围的测量（或非常宽广的区域，例如整座城市的规模），它仍然是相对的，只不过是相对于整个行星。例如，用指南针测量相对于地磁场的朝向。

全局坐标系允许更宽广的运行范围，并因此有更多的运动自由度。此外，为了实现增强现实，来自 GIS 数据库的数据等外部地理注册信息可以直接应用在虚拟对象上。相反，基于较小规模专用短距传感器基础结构的本地坐标系可能提供更准确和精密的测量。用户可以通过在周围环境放置一个相对于可移动工件（例如一个视觉跟踪标记）的虚拟对象来建立本地坐标系，从而不需要来自地理注册数据库的输入。

2. 绝对测量和相对测量

我们也要区分绝对测量和相对测量。绝对测量（例如移动对象位姿测量）指的是已提前设定参考坐标系，而相对测量指的是动态建立参考坐标系（例如相对于前一个位姿）。相对测量的例子包括增量传感器，对于诸如电脑鼠标之类的增量传感器而言，常见的形式是输出最后一次测量的变化量。尽管相对测量具有独立的移动传感器提供的便携性，但是由于希望真实和虚拟对象的注册是稳定且不连续变化的，因此相对测量通常更难应用在增强现实中。与绝对测量相比，这种对于转换的需要对精度有负面影响。

3.3.8　空间传感器布置

目前有两种跟踪系统空间布置的基本类型：由外向内与由内向外（见图 3.5）[Allen et al. 2001]。

由外向内跟踪指的是传感器被固定安装在环境中观察一个移动目标，例如头戴式显示器。传感器的布置需要保证精确位置三角测量的合适角度。如果是通过检测跟踪目标上三个或三个以上点的位置来进行方向测量的,那么环境中单个传感器对这些点测量的微小角度差异将导致方向跟踪不完全具备条件。由外向内方法的优点是用户通常不会受重量或功耗等传感器性能的影响,并且可以使用多传感器。然而,它需要改变环境,并将用户限制在有限的工作空间中。这些限制对于真正的移动增强现实来说是棘手的问题。

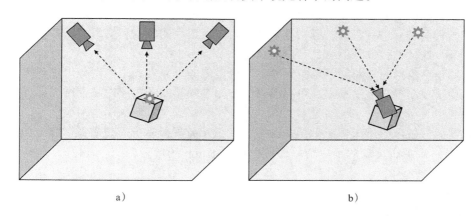

图 3.5　由外向内与由内向外跟踪的区别与放置源与传感器的位置相关。本例中,我们
　　　　考虑 LED 信标作为源,相机作为传感器。a)由外向内跟踪使用固定安装在环境
　　　　中的源。b)由内向外跟踪使用安装在手机或身上的设备传感器

与之相对,由内向外的跟踪指的是传感器随被跟踪对象一起移动并观察环境中的固定参考物。这些参考物之间通常会被隔开足够远的距离以保证精确的方向跟踪,但是位置测量不完全具备条件,特别是在比较广阔的区域内进行跟踪时。固定参考物不必是主动信号源,甚至可以由用户放置。实际上,基于计算机视觉的跟踪经常用于在一个完全无准备的环境中估计运动摄像机的位姿(见第 4 章)。运动传感器可以很好地支持移动增强现实,并使用户更加独立于任何固定的基础设施。但是,传感器的重量、大小以及数量限制了移动装置的能力。

3.3.9　工作区范围

在使用局部测量的跟踪技术当中,传感器量程(或工作范围)是重要的特征。一些传感器能够覆盖的最大范围只有 1 米(例如短距磁跟踪器),而其余的可以在更广的范围内起作用,可能可以覆盖一整个走廊(如 3rdTech HiBall)或者一个飞机库,在使用 GPS 的情况下甚至可以覆盖整个地球表面。尽管移动应用显然需要更大的工作范围,但通常需要在工作范围和跟踪精度之间进行折中。

无论室内还是室外,理想情况下用户都希望能够在一个任意尺寸的环境中漫游,并且能摆脱电子设备的连线等跟踪部件的羁绊。然而典型的跟踪系统都依靠某种基础设施,这可能是由有源器件组成,例如由外向内的跟踪系统,或者是无源目标,例如安装在环境中的或是由用户携带的标志物。如果不存在实体基础设施,至少还需要获得相关的真实对象或用户的数字模型以便跟踪系统能够探测到它们。与同时定位和地图构造类似,环境模型能够同时被构造和跟踪,(见 3.6.1 节以及第 4 章)。

3.3.10　测量误差

真实世界的传感器存在系统误差和随机误差。系统测量误差的实例包括静态偏移、比例因子误差、由于环境中可预测或可测量的影响产生的偏离理想测量值的系统误差（例如磁跟踪器工作区域中的铁磁材料），这些能够通过标定来消除。随机测量误差也被称作噪声或扰动，来源于传感系统中不可控的影响，通常呈高斯分布。准确度、精密度和分辨率是所有跟踪系统中重要的误差特性。

测量的**准确度**指的是待测量的测量值与真值的接近程度。它来源于系统误差，因此可以通过更好的标定技术进行改善，虽然这往往需要付出很高的成本和努力。在一些特殊情况或应用案例下，这样的代价并不总是合理的。

测量的**精密度**指的是对同一待测量的多个测量值的重复度。精密度与传感器类型和自由度有关，受随机测量误差的影响。可以通过滤波抑制随机误差，但通常会增加计算成本且产生更高的延迟。

传感器的**分辨率**是指可以辨别两个测量值的最小差异。例如，位置跟踪器 0.01mm 的空间分辨率指的是探头移动的距离会被跟踪器以 0.01mm 的增量探测。（当然，在这种分辨极限下为了能够看到数据实时更新，探头必须移动得极其缓慢。）因为假设没有静态或动态误差，所以分辨率只是一个理论性质，在实际应用中往往不会获得。实际上，噪声往往会超出给定的分辨率极限，特别是对于一些廉价的传感器而言。

3.3.11　时间特性

跟踪系统有两个重要的时间特性：更新率和延迟。**更新率**（或者叫时间分辨率）指的是给定的时间间隔内执行测量的次数。延迟指的是从运动等物理事件的发生到增强现实应用获取相应的数据记录所花费的时间。这两个时间特性当中，因为延迟更直接地确定系统级上引入了多少动态误差，因此对增强现实这样的实时应用更加关键。人类用户期望系统能够即时地做出反应且没有明显的延迟 [Wloka 1995]。延迟将会导致在对象或摄像机运动时本应一直注册在物理对象上的虚拟对象的运动滞后，产生令人不快的干扰效果。60Hz 的显示需要更新在 17ms 的时间内完成。如果目标画面不能被错过，那么在延迟时间上就要有严格的上限。需要注意的是，端对端的延迟不仅包括传感器的物理测量及到主机的传输，还包括所有将增强现实显示输出到终端用户的处理。

3.4　固定跟踪系统

在前一节中，我们看到在设计跟踪系统时有很多选择。这些选择确定了对给定用例的特定跟踪系统的作用，例如经常需要进行性能和成本之间的权衡，另一个重要的权衡涉及跟踪系统的尺寸、重量和功耗。建立一个不需要携带或移动的系统更加容易。毫不奇怪，出现在20 世纪 90 年代的固定跟踪系统首先大量地应用于虚拟现实应用 [Meyer et al. 1992][Rolland et al. 2001]。由于只能固定使用，目前机械、电磁和超声波跟踪系统在增强现实中的应用不是很普遍，然而这些系统可以用于理解跟踪的基本原理。

3.4.1　机械跟踪

机械跟踪可能是最古老的技术，建立在十分易于理解的机械工程方法上。机械跟踪通常跟踪 2 ~ 4 个机械关节臂的末端（见图 3.6），这需要已知每根臂的长度并测量每个关节的角度。关节可以有一个、两个或三个方向自由度，可以通过旋转编码器或电位器测量。基于已知的臂长和测量的关节角度，可以通过建立运动链的数学公式来确定末端的位置和方向。

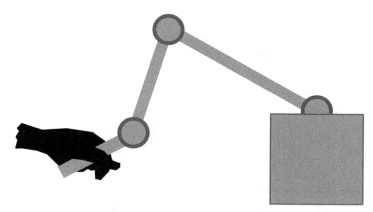

图 3.6　基于机械臂和关节布置的机械臂的例子（三个关节和三个臂）。可以感知关节上
　　　　的角度，这一结构也可以提供力反馈

这种方法精密度和更新率高，但是操作的自由度严格受限于机械结构。此外，大多数机械跟踪系统只能提供单点的测量，可能只测量位置或者同时测量位置和方向，但是机械臂的运动约束阻止了其到达工作范围的每一个位置。因此，机械跟踪可以被看作是由外而内的有严格工作区限制的系统。对于增强现实而言，不希望在虚实融合的视野中出现关节臂。

机械跟踪系统通常作为昂贵的实验室设备中的一部分，通常不适合大众使用。如今机械跟踪很少用于增强现实上。不过，考虑到机械跟踪的高精度，它有时会用于其他跟踪系统的校准或评测上。

3.4.2　电磁跟踪

电磁跟踪用固定源来产生三个正交磁场（见图 3.7）。它通过配备了三个正交线圈的小型有线传感器所测得的磁场强度和方向来同时测量位置和方向。随距离降低的场强和连线通常将其工作范围限制在直径 1 ～ 3m 的半球内。

图 3.7　Razer Hydra 是一款小范围电磁跟踪设备，主要为桌面应用设计。提供相对于球
　　　　形底座的两个手持操纵杆控制器的 6 自由度位姿

基于信号传播方向的考虑，电磁跟踪可以被归类为由内而外的工作方式。但是，相对狭小的工作空间和连线不能提供类似于其他由内而外方式的操作自由。电磁跟踪的一个显著优势是它不需要可视，因此可以用于遮挡的情况。但同时它又很容易受附近的铁磁材料或其他电磁干扰的影响。总的来说，如今电磁跟踪系统很少用于增强现实中。

3.4.3   超声波跟踪

超声波跟踪测量了声脉冲从信号源到传感器的飞行时间。当存在一个独立（有线或红外）的同步信道时，通过采用三边测量法三次测量就足够了。否则可能需要进行额外的测量。虽然多个超声波传感器可以同时对一个信号进行测量，但是多个信号源必须依次发送脉冲以避免干扰，这和较低的声速一起把更新率限制在每秒 10 ~ 50 次测量，而这必须分配给所有的跟踪对象。进一步的限制包括：为了接收清晰，需要信号源和传感器可视；易受嘈杂的环境噪声的干扰；对与空气温度有关的声速的依赖。

超声波跟踪可以采用由外而内或者由内而外的结构。值得注意的是，早期的 Intersense IS-600 和 IS-900 家族 [Foxlin et al. 1998] 等超声波跟踪系统通过融合更加快速的惯性传感器克服了超声波传播更新率相对较低的问题。另一个众所周知的由外而内的结构是由 AT&T 剑桥研究所 [Newman et al. 2001] 开发的 Bat（蝙蝠）系统（见图 3.8）。在使用这个系统时，通常佩戴在用户脖子上的无线发射器所发射的脉冲会被安装在遍及整个办公环境的天花板上的接收器采集到，通过对脉冲进行编码可以将发射器定位到每一位用户。通过结合头盔上的三个 Bat 发射器，能够提供完整的 6 自由度头部跟踪。Bat 是首个多人广域室内跟踪系统，但在使用时需要复杂的固定基础设施。

图 3.8   AT&T Bat 系统是一个超声波由外而内跟踪系统。头盔上安装有三个 Bat 发射
器。手上的发射器起指示器的作用。接收器安装在天花板上，通过分时系统提
供了建筑物级的大范围跟踪（由 Joseph Newman 提供）

3.5   移动传感器

固定跟踪系统一般适合于某些不需要用户进行太多移动的虚拟现实应用，与此相对，增强现实的跟踪系统应该是可移动的。不幸的是，在无约束环境下漫游的增强现实用户（特别是在户外）不能操控物理基础设施。同样，室外用户不能指望恒定质量的无线服务。因此，对跟踪的感知和计算必须由移动设备在本地完成，通常不会有环境中基础设施的辅助。这将应用限制在只能通过移动传感器和有限的处理能力上实现的技术。

诸如智能手机或平板电脑的现代移动设备装备了一系列传感器。虽然这些传感器的性能被外部约束严重限制，但是它们被集成在廉价的设备中且持续可用，因此这些传感器提供了一个重要的机会。我们首先讨论非视觉传感器：全球定位系统、无线网络、磁强计、陀螺仪、线性加速度计以及里程表。我们会在 3.6 节中讨论光学跟踪系统。

3.5.1　全球定位系统

全球导航卫星系统，特别是由美国开发的全球定位系统（GPS）[Getting 1993]，测量由地球轨道卫星发送的编码无线电信号的飞行时间，本质上表示了一个行星尺寸的由内而外的系统（见图 3.9）。如果能够接收来自四个或更多的已知当前轨道位置的卫星的信号，就可以计算出当前在地球表面上的位置。这种测量的精度范围从 1m 到 100m，这取决于可见卫星的数目、信号接收环境以及接收器的质量。

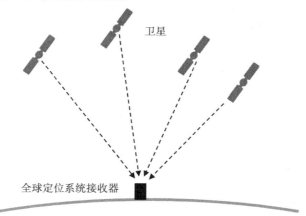

图 3.9　卫星导航系统（例如 GPS）测量从多个在轨卫星接收到的信号的飞行时间，并通过三边测量法确定移动接收器的位置

原理上可以估计 3D 位置，但是通常只使用经度和纬度，而高度由于经常会受到测量误差的影响而很少被考虑。由于卫星信号被墙壁反射并导致多径信号传播，因此通常无法在室内获得可靠的接收，这使得位置不能被可靠地获取。通过 GPS 不能确定方向，必须从其他传感器中获取。

通过采用差分全球定位系统（DGPS），可以获得更高的精度。DGPS 使用从地面站接收的单独校正信号来测量当前影响信号传播的大气扰动（见图 3.10）。校正信号可以通过商业服务获得，但是需要一个固定的网络连接（或者是额外的无线电线路）来操作移动 GPS 设备。

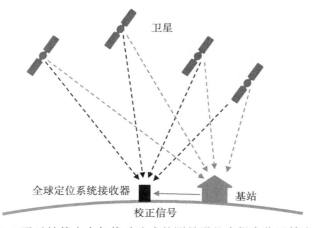

图 3.10　差分 GPS 通过补偿由大气扰动造成的测量误差来提高位置精度。校正信号由附近的基站网络计算并通过无线网络传输

实时运动（RTK）GPS 进一步提高了 DGPS 的精度，通过额外测量信号的相位将误差降到了只有几厘米。但是传统的 RTK 都需要大型接收器，通常直径在 10cm 或以上。即使是在今天，"轻量级"系统仍然有手掌大小且重达 1kg。因此，该技术对于整合进智能手机来说太笨重并且对于消费产品来说太贵（几千美元）。这种情况正在改变，随着 RTK 处理植入智能手机计算，网络化的实时动态定位（NRTK）协议将逐渐标准化 [Hwang et al. 2012]。

GPS 只测量位置，且更新率通常是 1Hz、5Hz 或 10Hz（每秒更新次数）。最近的消费级芯片组实现了 50Hz 的更新率。GPS 广泛地应用于当前的消费级基于位置服务的应用，但是其自身并不适合增强现实严格配准所需要的高精度跟踪。最近的测试表明在城市峡谷中智能手机 GPS 的精度是 5 ~ 10m，在开阔的区域是 0.5 ~ 5m [Dabove and Petovello 2014]。即便如此，它的全球可用性使其可以作为计算机视觉（见第 4 章）等其他定位技术的一种约束补充。在现代智能手机上，GPS 也与惯性传感和无线网络信号强度计算等技术相结合。

3.5.2　无线网络

目前的 WiFi、蓝牙和移动电话网络等无线网络基础设施能够用于确定个人位置 [Hightower and Borriello 2001]。每个提供无线网络的基站会广播一条独一无二的标识（ID），可以在一个关联此 ID 和特定地图位置的数据库中查阅到。在这些网络中进行通信的移动电话通常具有从被标识的基站无线网络中推断粗略全球位置的功能。

最简单的定位方法只使用观察到基站的标识。进一步的结果可以通过测量基站的信号强度来估计距离以及应用基于三边测量的几何推理。遗憾的是，专门跟踪基站的方式增加了基础设施的成本，因此很少使用。当可见基站少于三个时，位置不能被完全确定。即使有足够多的基站可见，通常精度也会在几米之内。此外，墙壁或其他结构所形成的遮挡会使得特定区域的覆盖范围发生变化。

通过"指纹识别"方式能够获得更好的结果，这需要在工作区人工绘制观察到的信号强度。基于蓝牙的低功耗、低成本标识可能会成为针对室内定位的专用基础设施，例如在零售业中的应用。

来自移动通信手机信号塔广播信号的强度为使用 WiFi 提供了选项。如果能够测量足够数量的信号塔信号，那么可以通过三边测量或概率图确定位置，但是该测量结果比较粗略且信号之间的重叠受限。辅助全球定位系统（A-GPS）使用信号塔标识作为加速 GPS 初始化的前提位置。考虑到通常在移动设备中同时可用 GPS、WiFi 和蜂窝无线功能，通常会通过整合这些信息来提高覆盖范围、速度和位置精度 [LaMarca et al. 2005] [Sapiezynski et al. 2015]。随着几家供应商（Skyhook、Google、Apple、Microsoft、Broadcom 及其他公司）长期竞争绘制世界各地主要城市街区的地图，以及来自数十亿移动设备用户的众包信息资源宝库，对世界上发达地区，智能手机和平板电脑的跟踪精度已经非常高。室内和室外的位置测量通常能够超过 GPS 接收器自身在户外能够达到的平均精度（根据 [Dabove and Petovello 2014]，平均精度为 1 ~ 10m）。

3.5.3　磁力仪

磁力仪（或称作电子罗盘）通过测量地磁场的方向来确定相对于地磁北极的方位，因此提供了全球定向。通常沿三轴进行 3 自由度测量。需要注意的是，传感器的应用界面可能仍然只有单独一个自由度。大多数移动设备中的微型磁力仪基于磁阻原理，也被称作霍尔效应。遗憾的是，在实际中由于电气和电子设备造成的局部磁场的干扰，磁测量经常是不可靠的。Scall 等人 [2009] 报道过很容易观察到高达 30° 的干扰（见图 3.11）。

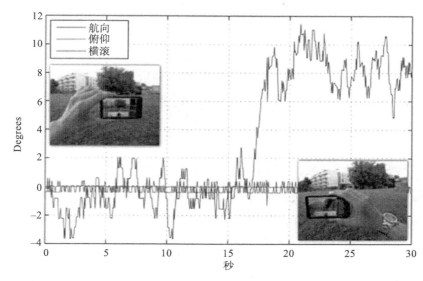

图 3.11　每一个现代智能手机都包含磁力仪，但是单独传感器的精度通常都很低。本图
　　　　显示了当佩戴在用户右手上的金属手表接近该设备时随时间产生的航向误差。
　　　　由 Gerhard Schall 提供，见彩插

3.5.4　陀螺仪

电子陀螺仪是测量旋转速度的设备。它测量微小震荡物体的科里奥利力，当设备旋转时物体会维持振动面（见图 3.12）。通过数值积分可以计算出方向。通常将三个正交的陀螺仪结合在一个微机电系统（MEMS）中来提供全部 3 自由度姿态测量。惯性传感器是无源的，但只提供相对测量值，所以很少被单独使用。它们有高达 1000Hz 的更新率。但是积分的采用使得它们易受累计漂移的影响。

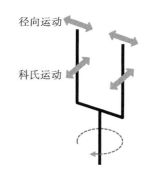

图 3.12　微机电陀螺仪测量旋
　　　　转轴正交平面外运
　　　　动的质量振动

与航空业中使用的陀螺仪类似，激光陀螺仪或者光纤陀螺仪通过在环形光纤线圈的端部观察干涉光（萨格纳克现象）来测量角加速度（见图 3.13）。基于该原理的设备提供了比机械陀螺仪更高精度的测量。但是激光陀螺仪对于消费级的增强现实应用仍然太大太贵。唯一见诸文献的应用是 TOWNWEAR 系统 [Satoh et al. 2001]，它是由日本混合现实系统实验室资助的研究原型（见第 1 章中对该设备的论述）。

3.5.5　线性加速度计

陀螺仪上进行惯性位置测量的另外一个传感器是线性加速度计。该设备也是通过微机电方式建造的，可以用于无源的加

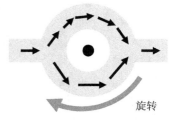

图 3.13　基于光纤中萨格纳克
　　　　现象的激光陀螺仪有
　　　　很高的精度

速度估计。加速度在微小物体上施加一个力（见图 3.14），然后分别测量沿每个主轴产生的位移。微机电传感器测量固定电极和移动电极之间电容量的变化，或者是由移动部件引起弯曲的压阻效应。在减去重力的影响并对数值进行两次积分之后，能够根据加速度测量值计算位置。

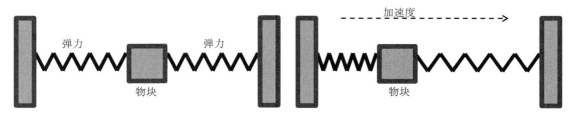

图 3.14   一维线性加速度计测量当传感器加速时弹簧之间悬停的小物块的位移

该原理可用来确定相对于起始点的位置。因为相对测量受漂移影响，所以它或者只用于非常短的时间间隔，或者与其他绝对位置测量系统相结合。

加速度计的另一个常见的应用是估计重力矢量。如果设备不移动的话，沿重力矢量方向已知的加速度大约是 $9.81m/s^2$。通过用三轴加速度计测量重力的方向，可以确定 2 自由度倾斜角。通过结合磁力计就可以确定一个稍有偏差的完整 3 自由度全球定姿。

计步器通常使用加速度计来计算用户的步数，从而推算行走距离。这可以通过在身体某处安装加速度计并分析随时间推移加速度测量的最大值来实现。

3.5.6   里程表

里程表是一个频繁应用在移动机器人或车辆上来测量地面上行进距离增量的设备，通过一个机械或光电式车轮编码器来确定轮子在地面上转过的圈数。采用多编码器可以探测到设备的旋转，例如，在传统的电脑鼠标中采用低成本的里程表用来探测鼠标中球的旋转（见图 3.15）。

3.6   光学跟踪

上一节论述的传感器具有移动性，因此非常重要。遗憾的是，它们的精度不足以满足增强现实高质量注册的要求。相比之下，数码相机体积小、价格低，提供了非常丰富的传感输入——可以实时获取数百万独立像素。在视频

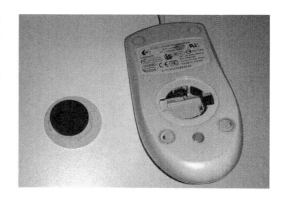

图 3.15   机械鼠标是广为人知的二维里程计，它通过观察跟踪表面上球体的水平和垂直运动来进行位置计算

透视式增强现实显示器（这在第 2 章进行了详细论述）中，摄像机已成为增强现实系统的重要组成部分，但是甚至在应用其他的显示技术时，光学跟踪仍然很容易成为当今增强现实最重要的物理跟踪设备之一。

数码相机基于互补金属氧化物半导体（CMOS）技术或者电荷耦合装置（CCD）芯片。两者都是测量从摄像机中心到每个像素方向观察的光强（见图 3.16）。因为比 CCD 传感器更快、更便宜、功耗更低，大多数移动设备使用 CMOS 传感器。如果要求有最佳的图片质量，

特别是在专业摄影中，则需要使用 CCD 传感器。除传感器自身之外，摄像机镜头对其性能也起到重要的作用。与只有 1 ~ 2mm 直径微小镜头的摄像手机相比，带有较大镜头的工业摄像机能提供更好的质量。因此传感器的类型、镜头以及快门的类型（例如全局快门、卷帘快门）决定了摄像机的物理性能。

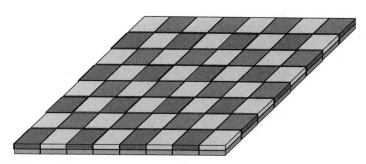

图 3.16　现代数码摄像机使用 CCD 传感器来确定入射光的强度。通过应用拜耳模式的滤波器添加颜色（见彩插）

光学跟踪的魅力源于低成本摄像机提供了非常丰富的测量这一事实。摄像机提供的像素可以通过成熟的计算机视觉技术进行分析。摄像机和运行计算机视觉算法的算力都是工业研究和产品开发的重要领域，并在持续地进行改进。特别是计算机视觉技术与计算性能共同作用的结果是在大多数情况下甚至不需要改进摄像机系统，表明摩尔定律同样预测了光学跟踪性能的提高。

在本节的剩余部分，我们探讨光学跟踪的物理和技术原理，并考虑不同的情况，诸如：

- 如果能够获得类比于摄像机图像的数字参考模型，或者如果这种数字参考模型必须即时建立（无模型跟踪）。
- 如果环境照明可控。
- 如果在环境中放置人工基准点是可接受的，或者如果环境必须"保持现状"。
- 跟踪对象怎样能被识别和区分？

有关应用在光学跟踪方法中的计算机视觉技术在第 4 章中讲述。

3.6.1　基于模型跟踪与无模型跟踪

使用从摄像机获得的图像时，需要将其与某种参考模型进行比较。如果该模型是在启动跟踪系统之前获得的，则这种方法称作**基于模型跟踪**。另一种叫做**无模型跟踪**——这名字稍微有些误导，因为在实际跟踪过程中需要临时模型。无模型跟踪不需要预先构建模型，增加了灵活性。此外，在线同时定位与地图构建（SLAM）技术能够将三维跟踪和三维扫描结合起来。与里程表类似，无模型跟踪只能相对于起始点确定姿态。如果单独使用无模型跟踪，增强现实中的虚拟对象必须自动放置且不能提前注册到真实世界中。目前，结合了基于模型跟踪和无模型跟踪优点的商用系统已经可以买到了，如 Vuforia 库。

3.6.2　照明

光学跟踪中首先讨论的是光的性质。我们必须区分依靠天然照明、被动照明的方法和主动照明的方法。

1. 被动照明

被动照明中的光源不是跟踪系统的一个组成部分。被动照明既可以来自自然光源，特别是太阳光，又可以来自人造光源，比如天花灯。与人类相似，常规摄像机看见的是由环境中物体反射的可见光谱（380 ～ 780mm）内的光。使用带有被动照明的常规数码摄像机是物理配置方面最简单的光学跟踪方法。

采用被动照明的光学跟踪的挑战是确保在图像中快速可靠地发现感兴趣的对象。这需要有足够的图像对比度，而这反过来需要环境中有显著的视觉特征以及足够的间接光来凸显图像中的这些特征。室内光学跟踪经常会遭受光照不足的困境，即使在这种环境中人类能够很舒适地看见这些对象。带有微小镜头的数码摄像机可能仅仅是不能获取足够的光来提供合适的图像质量，这与任何曾经试图在昏暗的室内环境下用不开闪光灯的手机照相的人所经历的一样。

2. 主动照明

主动照明通过结合带有主动照明光源的光学传感器摆脱了对环境中外部光源的依赖。因为可见光谱中的主动照明改变了用户感知环境的方式，从而令人烦扰，所以出现了依靠红外照明的方法。红外光源大多基于 LED 聚光灯（见图 3.17），可以在人类观察者无法察觉的情况下照亮跟踪区域。LED 标志可以安装在环境中，如果电池能够被放进设备当中，也可以安装在目标对象上。装备了红外滤光片的摄像机只获取红外线，从而可以获取容易被处理的高对比度图像。这种方法不适用于存在强烈阳光的跟踪，因为太阳光中包含可观的红外成分。

图 3.17 来自 Advanced Realtime Tracking 的跟踪系统使用红外线主动照明。LED 聚光灯与一个带有网络接口智能摄像机的图像处理器集成

3. 结构光

结构光将已知图案映射到场景上，比应用非结构光源的主动照明前进了一步。结构光源可以是常规的投影机或者是激光光源。摄像机采集到的反射影像被用于探测场景的几何结构和已有对象上。本质上，如果环境本身不足以被自然识别，那么环境中的特征会被主动标示。结构光在红外光谱和可见光谱中都起作用。

与逐像素测量光强的摄像机传感器不同，激光测距测量从表面反射的激光脉冲的飞行时间。该测量原理保证即使在距离较远也可以获得较高的测量精度，所以经常被用在机器人和测绘中。在其最简单的实现形式中只测量一段单独的距离。这种单点激光测距仪是一种手动瞄准的手提式设备，在建筑等行业中用来取代卷尺。

通过添加旋转镜激光可以被引导为一维或者二维的，这种构造有时被称为激光扫描仪。一维激光扫描仪被广泛地安装在移动机器人上作为自主导航的输入，而固定二维激光扫描仪提供了用于三维物体重建的测距图像。远程激光传感也叫 LIDAR（"光"和"雷达"的混合），主要应用在测绘应用中。

最近，低成本的测距图像传感器广泛地应用于视频游戏中自然人体运动的跟踪。其中最突出的例子是 Microsoft Kinect（见图 3.18）。第一代 Kinect 使用了红外线激光投影的结构光模式，而第二代 Kinect 使用了飞行时间摄像机。测距传感器与常规摄像机刚性结合在一个称作 RGB-D 摄像机的单一设备中（"D"代表深度）。这类设备对于增强现实而言很有吸引力，因为它们可以提供场景周围注册的图像和几何信息，目前 RGB-D 摄像机足够小，已经可以安装在移动设备上，虽然对移动应用而言功耗仍然是一个值得关注的问题。

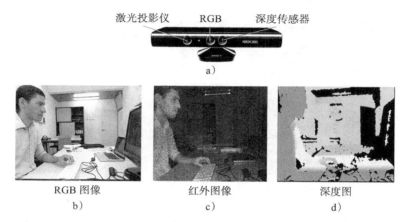

图 3.18　a）Microsoft Kinect V1 是一款 RGB-D 摄像机，通过手势识别来控制 Xbox 游
　　　　戏。b）它的 RGB 摄像机提供一幅常规彩色图像。c）激光投影仪在场景中投射
　　　　不可见的红外光点图形。d）深度传感器使用红外摄像机观测该光点图形并计
　　　　算出深度图。深度图使用颜色编码显示，由近及远为从红色到蓝色（见彩插）

3.6.3　标志点与自然特征

　　与被动照明和主动照明之间的区别类似，我们将跟踪目标分为"有自然特征"和"有人工特征"两类。后者通常被称为**标志点**或**基准点**。理想情况下，虽然我们在体验增强现实前不需要对环境进行改造，但是通过改造环境可以使用更简单、更健壮的跟踪算法。如果不使用标志点并且我们跟踪的是自然环境，这种方法被称为自然特征跟踪。标志点和自然特征跟踪都能用于基于模型的跟踪。在使用基于标志点的跟踪方法时，首先需要有数字模型（为了易于区分和识别），然后制造物理对象（例如纸板标志点）来与之匹配。在使用基于自然特征的跟踪方法时，先有物理对象，然后使用扫描仪获取与之匹配的数字模型。在许多情况下，同一摄像机首先用于扫描环境，随后用于光学跟踪。

1. 标志点

　　正如我们以前注意到的，光学跟踪需要足够的对比度来解译图像。视环境而定，跟踪对象的表面特性可能不足以可靠地用于识别跟踪对象的特征。首先，对象可能会被均匀地涂上很少或没有纹理的颜色，比如白色的墙，因此图像不会包含任何可识别的特征。其次，对象可能有高镜面反射，因此在相对摄像机移动时它们的外观是极其不稳定的。再者，对象可能有重复的纹理，比如格子桌布或者有同样窗户的房屋正面，从而导致对象的细节图像在关于该图像实际在对象上获取的位置是模糊不清的。

　　这些很难解译的情况能够通过使用标志点来克服（见图 3.19）。标志点就是放在跟踪对象表面的已知图案或者附属于跟踪对象的已知可跟踪形状。在设计标志点时，需要保证能够尽可能简单可靠地检测到图像中它们的外观，这可以通过选择有最优对比度且容易检测的图形来实现。

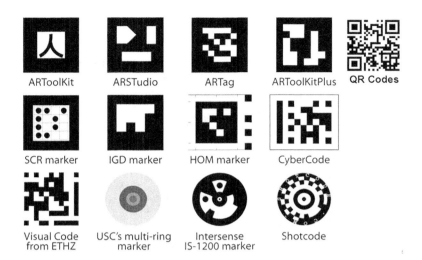

图 3.19 方形和圆形是最常用的标志点设计。有大量的设计被提出，其中大多数依靠易制造的黑白设计，通过内嵌图案或条形码进行区分（由 Daniel Wagner 提供）

最成功的标志点设计是圆形 [Hoff et al. 1996] [State et al. 1996] [Foxlin and Naimark 2003] 或者方形 [Rekimoto 1998] [Kato and Billinghurst 1999] [Wagner et al. 2008a] [Fiala 2010]。圆形形状投影为图像中的椭圆，而方形投影为图像中的四边形，这两种形状都很容易被检测到（见图 3.20）。圆形只产生一个质心，而方形产生四个拐角点。理论上恢复完整的 6 自由度位姿需要至少三个点，而实际使用时，需要第四个点来获得唯一的解，这意味着圆形必须总是以一种已知的构造成组使用，而单独的方形就足够用于检测了。但是，方形所有的四个拐角都必须被正确地标识。通过在圆形或方形形状中添加旋转不变的图案可以方便识别，以此区分多标记并确定标记朝向。

a) b)

图 3.20 标志点很容易被检测，是第一种广泛使用的光学跟踪技术。a) 2004 年，运行在 Windows CE 系统设备上的 Studierstube 跟踪器，由 Daniel Wagner 提供。b) 1996 年，北卡罗来纳大学的带有涂色圆形基准点的系统（由北卡罗来纳大学教堂山分校 Andrei State 提供）

一些印刷的标志点可以粘在平整的对象表面上，而其他的标志点设计包含能够刚性放置在跟踪对象上的球体。球体的优点是在图像中的投影总是圆形，不受视点约束。因此，球形目标广泛应用于跟踪总是相对于摄像机改变方位的敏捷对象——特别是跟踪人类或以人类为中心的设备，诸如手柄或者立体眼镜。因为单独的球形标志点只被识别为单点，所以至少需要三个这样的标记。遗憾的是，球形标志点不适合通过条形码或其他独特属性进行标识。因此，三到五个一组的球形之间的距离被用作唯一标识（见图 3.21）。这是一种相当弱的判据，且多组之间的形状差异必须显著以避免歧义。

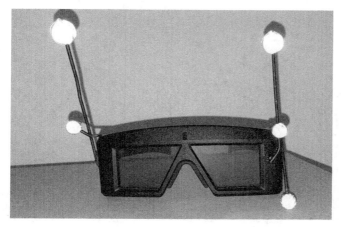

图 3.21　被动红外目标，诸如放置在立体快门眼镜上的"鹿角"，由四个或者更多（这里是五个）的回复反射球体组成

大多数的标志点被设计为黑白形状的原因是这种设计提供了良好的对比度且与摄像机内部如何处理颜色无关。此外，这种标记很容易通过办公室打印机进行打印，但是应该避免打印在光面纸上，因为它在某些视角会产生镜面反射干扰。在对图像应用二进制阈值之后，通过寻找一个白底黑框的形状就足够识别候选标志点了。

回复反射箔也可以用于制造标志点，从这种材料在安全服装中的应用就可以知道它们可以将大部分光反射回到照射的方向。当主要的照明源是被放置在靠近摄像机位置且在摄像机周围呈环形的聚光灯时，回复反射箔将会产生高对比度图像。

制造覆盖回复反射箔的球形标记并与红外照明组合使用应用十分广泛，这使得图像中有非常高对比度的、可以可靠检测的斑点，也已经出现了应用回复反射箔材料的平面标志点。

2. 自然特征

如果我们不希望或者不能够在跟踪对象上放置标志点，我们只能凭借自然发生的特征来进行跟踪。**自然特征跟踪**通常需要更好的图像质量和更多的计算资源，最近应用得越来越广泛。

使用最频繁的自然特征是所谓的**兴趣点**或**关键点**，它们在跟踪对象上是显著的点特征（见图 3.22）。兴趣点必须很容易被找到，并且它们在对象上的位置应该在变化的视角下保持静止。实际上，应用兴趣点时需要足够稠密和不规则的表面纹理。

如果轮廓很容易被检测，无装饰的立面或一些工业对象等不具有很多纹理的对象可以应用**边缘特征**来跟踪。但是，如果没有更多的知识，几乎不可能基于单一边缘进行识别，必须通过多边缘联合解译才能进行可靠的目标检测（见图 3.23）。

除了诸如兴趣点和边缘特征之类的局部特征外，我们也可以将摄像机图像和特定视点获得的**关键帧**进行整幅图像对准比较，遗憾的是，这种方法很难用于较大环境。

图 3.22　在室外场景检测的 SIFT 兴趣点。圆的尺寸是兴趣点的"尺度"估计（由 Martin Hirzer 提供）

图 3.23　来自剑桥大学的 Going Out 系统沿图像中强边缘取样，并将它们与已知的室外场景模型进行对比（由 Gerhard Reitmayr 和 Tom Drummond 提供，见彩插）

这种不需要事先准备就进行目标对象跟踪的能力提供了很大便利，将最终导致自然特征跟踪取代标志点跟踪。不过，我们必须考虑到光学跟踪的固有步骤是图像特征和给定数字参考模型的比对，其中标志点的参考模型是由设计给出的，而自然目标对象的参考模型需要从其他来源获得。对于人造对象，有时可以利用计算机辅助设计（CAD）模型。

如果这些条件不能满足，就很有必要通过单独的采集步骤来获得参考模型，比如三维扫描。这一扫描步骤不是终端用户友好的，代表了自然特征跟踪中的一个主要瓶颈。通过在跟踪初始化步骤中集成这一操作，小型目标对象的捕获可以在某种程度上对用户隐藏 [Mulloni et al. 2013]。与之相对，获得整个房间或者甚至整个城市等更大的模型需要劳动密集型的预处理。

3.6.4　目标识别

如果我们想要在宽阔的区域内跟踪多个对象或者移动的用户，目标识别就会成为光学跟踪的主要问题。首先需要做的是图像中三维点的精确测量，然后是检测正确的特征或者目标。无疑我们想要尽可能多的区分目标对象，但是必须在能被识别对象的数量和识别可靠性之间进行权衡。支持较大的对象集必然意味着它们的外观将变得更类似且更容易混淆。更高的图像分辨率能改善这一情况，但是只有当它实际上促进图像质量的改善才行。本节会考虑这一权衡对光学跟踪系设计的影响。

1. 标志点目标识别

内嵌在标志点的条形码设计有明确的信息负荷，这表现为条形码中编码位的数量。ARTag（见图 3.19）等带有二维条形码的典型方形标志点由 6×6 的网格组成，具有 36 位原始信息的存储能力，其中 2 位用来确定图案的唯一朝向，剩下的 34 位用于实际 ID 和冗余纠错信息。典型的配置是把 6 ~ 12 位分配给 ID，从而允许有几千个唯一的标志点。增加网格分辨率可以增加原始信息的容量，但这对成功地从图像中提取出有效条形码有可能带来消极影响。增加用于 ID 的位数会降低纠错能力并增加了混淆条形码的可能性，这确定了标志点数量上的实际上限。

由通过球间距离可靠区分的球形标志点组成的目标数量更少。通常使用 5 个球体的组合，从而允许至多一个球体的遮挡。但是球体之间的距离差必须大于一个最小值，而球体目标的尺寸不能太大，这实际上限制了同时使用标志点的数量。

在广域跟踪通常意味着确定相对于静态环境的移动设备摄像机的位姿，该问题可以被解释为对一个非常大目标的跟踪。因为我们假设已经建立了这个大目标的完整数字模型并且可以得到它所有的独特特征，所以只需要观测足够的特征来确定相对于这些特征的位姿。

这种考虑促使标志点挂毯设计的产生（见图 3.24），比如带有印刷标志点的大幅海报，或是固定在天花板上的个人基准点 [Foxlin and Naimark 2003]。只能辨识为数不多标志点的系统可以依靠空间分割覆盖更大的区域 [Kalkusch et al. 2002]。在这个方案中，每一部分（例如，每一个房间）中都应用了不同的模型，并且标志点可以重复利用。

当允许使用主动照明时，可以用脉冲 LED 实现时域的二进制编码。编码可以是单独 LED 的脉冲闪烁 [Matsushita et al. 2003]，也可以是多个 LED 依次闪烁。通过精心的时间同步以及高更新率，时序脉冲可以覆盖更大的范围。例如 HiBall 系统 [Welch et al. 2001] 通过在每一块天花板下使用一个 LED 来覆盖数百平米的区域（见图 3.25）。另一种实现时变主动照明的方式是在普通屏幕上显示图案 [Woo et al. 2012]。

图 3.24　如果视觉污染不是问题，广域跟踪可以通过在墙上放置基准点来实现

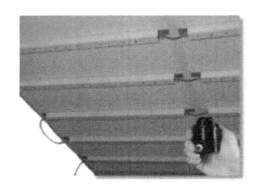

图 3.25   HiBall 使用定向光传感器来检测安装在天花板上的 LED 信标的周期性闪烁（由
北卡罗来纳大学教堂山分校的 Greg Welch 提供）

2. 自然特征目标识别

自然特征点识别的规模可达成百上千甚至百万。在这种规模下（例如当建立整个城市的特征点数据库时），查询图像中的单独特征点识别不能提供足够的判别力来可靠地识别某一位置，这时图像中的特征点共存是必不可少的。

只有来自已知在真实世界中相邻的一定数量的特征点一起出现在图像中时，我们才有足够的把握说特征已经被匹配（见图 3.26）。需要将单独的图像中提取的几十或几百个候选特征点与大型特征点数据库匹配，需要鲁棒的统计技术来排除误匹配并在内点中确定最可能的匹配。

图 3.26   在场景的新视图中特征匹配允许系统从跟踪模型中识别已知兴趣点。通过足够
多数量的点对应，该场景可以被识别且可以确定当前摄像机的位姿（由 Martin
Hirzer 提供，见彩插）

遗憾的是，在广域操作时成功率和跟踪精度都不能保证。首先，在大环境中，失败或者不正确的识别匹配的数目会更大。其次，相对于世界坐标系，特征点测量的精度取决于环境的空间范围和其他参数，从而特征点的成功匹配不会自动产生高精度的位姿估计。

第 4 章在基于标志点跟踪和无标志点跟踪之后论述了基本的计算机视觉方法。

3.7　传感器融合

典型的移动设备带有多个传感器：至少一个带 GPS 的摄像机、惯性传感器以及罗盘。假设独立的跟踪技术（光学和非光学的）有明显的优势和劣势，那么利用所有传感器的输入时会得到最佳的跟踪结果。一种显而易见改善单传感器跟踪性能的方法是同时使用多种类型的传感器。一方面，在混合跟踪系统中，这种传感器的结合导致系统重量、成本和功耗的增加，且需要在传感器之间进行额外的校准工作。另一方面，它提供了优越的系统性能，克服了单个传感器的局限。

在信号处理和机器人学中，多个传感器结合通常被称为传感器融合。这需要通过传感器融合算法和软件体系结构来支持多传感器。Durrant-Whyte[1998] 提出了一种有用的传感器融合分类方法。Pustka 等人 [2011] 描述了实时应用中多传感器如何动态融合。到目前为止，已经出现了许多针对增强现实跟踪的传感器融合的成果案例 [Foxlin 1996] [You and Neumann 2001] [Klein and Drummond 2004] [Bleser and Stricker 2008]。

3.7.1　互补传感器融合

当多个传感器提供不同的自由度时，需要进行互补传感器融合。除了融合测量数据外，传感器之间没有交互。当然，如果传感器不同步并使用不同的独立更新率，这种传感器融合仍非易事，在这种情况下，至少需要某种形式的时间内插和外推法。

互补传感器融合最常见的应用是融合位置传感器和方向传感器产生完整的 6 自由度。例如，在现代移动手机上，GPS 提供位置信息，而指南针和加速度计提供方向数据。

一些类型的传感器由多个单自由度传感器部件组成，也可以视作互补传感器融合的例子。例如，陀螺仪、加速度计以及磁传感器组成了三轴正交传感器。

3.7.2　竞争传感器融合

竞争传感器融合结合了来自类型不同但独立测量了相同自由度的传感器数据，通过某种形式的数学融合提供了优化的测量结果。

冗余传感器融合是竞争传感器融合的简单变体。当主传感器提供测量结果时，次传感器的测量数据会被丢弃。只有当主传感器停止工作时，次传感器才会接管。例如，较差或间歇性的 GPS 接收能够通过汽车的里程表以及行人佩戴的计步器来进行补偿。Hallaway 及其同事 [2004] 描述了一种广域室内跟踪系统，可以在一种精度高但工作范围有限的超声波跟踪器（InterSense IS-600）和一种惯性方向传感器、计步器与红外信标系统的组合之间切换。

竞争传感器融合的主要应用是组合多个不同特点传感器同时获取的信息。因为多传感器通常具有独立的更新率并提供不规则的交替测量结果，所以需要建立统计模型并在获得新测量值时更新模型。这种统计融合方法可以结合不同传感器的特点，如不同自由度以及绝对与相对测量的结合 [Allen et al. 2001]。在有正确参数的单状态模型情况下，最常使用的统计传感器融合方法是扩展卡尔曼滤波 [Welch and Bishop 2001]。无迹卡尔曼滤波 [Julier and Uhlman 2004] 在状态转换和观测模型高度非线性的情况下可以获得更好的结果。在代表模型可能状态的众多"粒子"必须保持同步情况下使用粒子滤波 [Doucet et al. 2001]。

在融合联合缓慢和快速传感器以及绝对和相对传感器时，统计传感器融合是一个很好的方法，后者的例子包括用于方向测量的**惯性测量单元**（IMU）。完整的 IMU 包括三个正交单元，分别是磁力计单元、陀螺仪单元和加速度计单元（虽然可以有更少的传感器配置）。通过使用卡尔曼滤波可以使用其他传感器来稳定陀螺仪的方位测量漂移。

IMU 也可以与更缓慢、更精确的传感器融合，包括 IMU 与声学跟踪融合 [Foxlin et al. 1998]、IMU 与光学跟踪融合 [Ribo et al. 2002] [Foxlin et al. 2002] [Bleser and Stricker 2008]，以及与 GPS 一起用于室外场景 [Schall et al. 2009] [Oskiper et al. 2012]。

3.7.3　协作传感器融合

在**协作传感器融合**中，主传感器依靠次传感器的信息来获得测量结果。例如，大多数现代手机包含辅助全球定位系统（A-GPS），可以通过建立了无线电通信线路的手机信号塔标识的位置约束来加快 GPS 测量的速度。同样，GPS 和罗盘技术 [Arth et al. 2012] 或者加速度计 [Kurz and BenHimane 2011] 可能被用作自然特征数据库的索引，从而使得特征匹配有更高的成功率。

在更一般的意义上，协作传感器融合可以被描述为任何不能从任意单独传感器中特性的测量。例如，应用光学跟踪的立体摄像机可以被看作协作传感器融合，因为它们已知的对极几何允许将两个二维测量转换为单独的三维测量。类似地，由 RGB 和深度传感器组成的 RGB-D 传感器 [Richardt et al. 2012] 提供的图像联合滤波可以进行深度图像的无噪声上采样，从而具有更高的分辨率。

一个类似的应用是非重叠多摄像机设置。例如，PointGrey 瓢虫摄像机（见图 3.27）利用 6 个视场重叠的摄像头元件提供全景图像，每个元件覆盖一个宽视域。多个视域中的同一个对象需要在多个子图像中进行特征检测，并被解译为一个整体。

协作传感器融合的另一个应用是由内而外和由外而内跟踪的结合，即移动传感器和固定传感器的结合。即使目标对象和移动传感器同时移动，同时使用这两种传感器也可以恢复固定传感器外部坐标系中的移动传感器观测到的目标对象的位姿。固定传感器测定移动传感器系统的运动并将结果与移动传感器确定的目标对象运动联系起来。这种配置甚至允许跟踪系统"环顾角落"并跟踪固定传感器遮挡的目标对象。

例如，Auer 和 Pinz [1999] 讨论了磁传感和红外传感的融合。Foxlin 等人 [2004] 融合了固定摄像机、头戴摄像机以及 IMU。Klein 和 Drummond[2004] 融合了固定红外摄像机和平板电脑上的普通摄像头。协作融合可以扩展到两个或者更多的互相跟踪的移动跟踪系统（见图 3.28）[Ledermann et al. 2002]。最近 Yii 等人 [2012] 提出了固定 Kinect 和多个移动手机的联合跟踪。

图 3.27　PointGrey 瓢虫（model 3 1394b）是一台全方位成像的多摄像头设备。包含 6 个摄像头，协作进行 360° 视场角成像

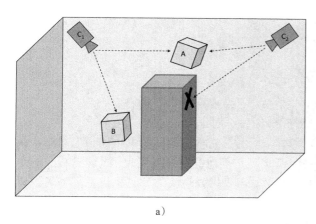 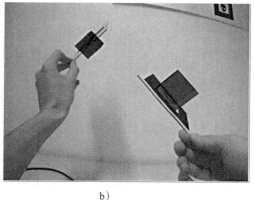

a)　　　　　　　　　　　　　　　　　b)

图 3.28　a）环顾角落的跟踪。摄像机 C_1 跟踪对象 A 和 B，而摄像机 C_2 只能看见 A。通过融合所有得到的跟踪信息可以确定 B 相对于 C_2 的位姿。b）左边的标志点的表面没有朝向摄像机，因此不能通过显示的图像跟踪。但是，在第二台摄像机的帮助下，增强的物体（蓝色立方块）可以被成功地放置在标志点位置（由 Florian Ledermann 提供，见彩插）

3.8　小结

在本章中，我们主要根据底层传感器的物理原理综述了跟踪技术。我们讨论了跟踪技术重要的分类标准，包括物理原理、自由度及时空特征。这些特征决定了尺寸、移动性、价格以及跟踪系统性能。固定系统不需要考虑重量或功耗约束，能够实现永久性的部署。但是它们不支持用户漫游，不适用于增强现实。GPS 或 IMU 等移动传感器广泛地应用于移动平台，但是其性能不足以满足增强现实的要求。如果具有满足计算机视觉算法的计算性能，基于数码摄像机的光学跟踪是增强现实最有前途的技术。另外，通过传感器融合组合光学和非光学传感器可以极大地增强移动跟踪的鲁棒性和通用性。在下一章中，我们会在更多的细节上回顾和探索与光学跟踪方法最相关的计算机视觉技术。

增强现实中的计算机视觉

本章介绍增强现实中使用的计算机视觉算法，特别是光学跟踪和场景重建，但是如同我们将在后面的章节中看到的，本章讨论的一些概念对于其他的增强现实应用（包括视觉一致性、交互、创作、导航以及协作等）同样非常重要。用于增强现实的计算机视觉能够通过摄像机传感器的图像让增强现实系统感知并理解用户及其周围的环境。增强现实需要能够实时运行的技术——本章所介绍的计算机视觉技术也体现了这样的要求。

与第 3 章中所讨论的跟踪技术类似，结合其他传感器的实时计算机视觉是增强现实跟踪注册成功的一个关键因素。光学跟踪的目的是确定真实世界中一个物体对象相对于摄像机的位姿，这需要有关摄像机以及图像处理算法方面的知识。实际上，简洁建模、描述和解决固有的概念和挑战都涉及相当多的数学知识（不想了解这部分内容的读者可以略过黑框部分）。

虽然我们试图介绍所有必要的数学概念，但是不太可能细致深入地讲解它们。希望详细了解这些知识的读者可以参阅以下计算机视觉文献：Hartley 和 Zisserman [2003]，Faugeras [1993]，Szeliski [2010]，Ma 等人 [2003]，以及 Lepetit 和 Fua [2005] 有关三维跟踪的综述。

本章旨在以简洁的形式描述真实世界系统的必要组成部分，将通过案例研究的方法逐步介绍计算机视觉技术，以讲求实效和解决问题为导向的方式介绍概念。新介绍的概念并不局限于引入它们的特定案例，而是具有广泛的应用性，使得读者可以构建与增强现实相关的计算机视觉技术知识储备。

- **标志点跟踪**案例研究：这个简单的案例介绍了基本的摄像机表示、基于轮廓的形状检测、单应位姿估计以及非线性位姿优化。
- **多摄像机红外跟踪**案例研究：这个案例研究提供了一个多视图几何的速成课程。读者可以学习到多摄像机图像中 2D-2D 点间的对应、对极几何、三角测量和绝对定向。
- **自然特征检测跟踪**案例研究：这个案例研究介绍了图像中兴趣点的检测、描述符的创建和匹配以及利用已知的 2D-3D 对应进行鲁棒的摄像机位姿解算（多点透视位姿，RANSAC）。
- **增量跟踪**案例研究：这个案例研究解释了如何在连续帧之间使用主动搜索方法（KLT，ZNCC）跟踪特征，以及如何将增量跟踪和基于检测的跟踪相结合。
- **同时定位与地图构建**案例研究：这个案例研究探索基于 2D-2D 对应的位姿计算（5点姿态，集束调整）。我们也会探讨并行跟踪与地图构建、密集跟踪与地图构建等现代技术。
- **户外跟踪**案例研究：这个案例研究介绍在广域户外环境中的跟踪技术——需要可扩展特征匹配和传感器融合与几何先验帮助等能力。

数学符号

在开始探索第一个案例研究之前，首先列出所需的数学符号：
- 标量值和函数用小写斜体字母表示：a
- 标量常数用大写斜体字母表示：A
- 向量值和函数用小写字母加粗表示：$\mathbf{a}$

  向量是列向量，向量的转置用 $\mathbf{a}^T$ 表示。
- 矩阵用大写字母加粗表示：$\mathbf{A}$；矩阵求逆表示为 $\mathbf{A}^{-1}$，矩阵转置表示为 $\mathbf{A}^T$，逆矩阵的转置用 $\mathbf{A}^{-T}$ 表示
- 角度使用小写希腊字母表示：α
- 三维空间内的平面使用大写希腊字母表示：$\prod$
- 向量和矩阵的索引写作脚标：a_i，$A_{i,j}$
- 三维欧氏空间中用小写字母 x、y、z 作为脚标：$\mathbf{a}=[a_x\ a_y\ a_z]^T$
- 在图像空间中使用 u、v 作为脚标：$\mathbf{a}=[a_u\ a_v]^T$
- 在使用齐次坐标系时使用 w 作为脚标：$\mathbf{a}=[a_u\ a_v\ a_w]^T$
- 矩阵的列向量表示为 $\mathbf{A}_{C1}, \mathbf{A}_{C2},\cdots$，矩阵的行向量表示为 $\mathbf{A}_{R1}, \mathbf{A}_{R2},\cdots$
- 如果需要进一步区别，可以使用"撇"或者上标：a'，a^{last}
- 向量归一化表示为 $\underline{N}(\mathbf{x})=\mathbf{x}/\parallel\mathbf{x}\parallel$

4.1　标志点跟踪

自从 ARToolKit [Kato and Billinghurst 1999] 和 ARToolKitPlus [Wagner and Schmalstieg 2007] 作为开源软件发布以来，基于黑白方块基准标志点的跟踪变得十分普遍。标志点跟踪不需要很多计算资源，即使使用性能较差的摄像机也能够提供有用的结果。它的吸引力来自它的简单易用：通过检测已标定单台摄像机拍摄图像中平面标志点的四个角点，就可以获得足够的信息来恢复摄像机相对于标志点的位姿。

图 4.1 展示了标志点跟踪的流程，由五个步骤组成：

1）使用一个已知数学表达的摄像机拍摄一幅图像。

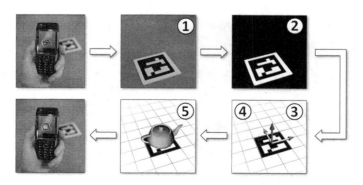

图 4.1　跟踪正方形基准标志点的流程是首先通过阈值分割图像，然后进行四边形拟合及位姿估计。通过恢复的位姿可以进行增强现实渲染（由 Daniel Wagner 提供）

2）通过搜索四边形检测标志点。

3）根据单应矩阵进行位姿估计。

4）通过非线性重投影误差最小化优化位姿。

5）使用恢复的摄像机位姿进行增强现实渲染（见第 6 章）。

下面对每一个步骤进行介绍。

4.1.1　摄像机表示

在计算机图形学和计算机视觉中的标准相机模型是针孔相机，为普通物理相机的抽象。针孔相机描述了物体空间中一个 3D 点 $\mathbf{q}$ 到图像空间中一个 2D 点 $\mathbf{p}$ 的透视投影（见图 4.2）。透视投影通常由投影中心 $\mathbf{c}$、像平面 $\prod$ 和一个主点 $\mathbf{c'}$ 定义，其中投影中心是所有 3D 点投影为 2D 点必须通过的一点，主点 $\mathbf{c'} \in \prod$ 是 $\mathbf{c}$ 到 $\prod$ 的法线投影。通过 $\mathbf{c}$ 和 $\mathbf{c'}$ 的直线称作光轴，从 $\mathbf{c}$ 到 $\mathbf{c'}$ 的距离称为焦距 f。在齐次坐标系中，我们可以将透视投影表达为一个 3×4 的矩阵 $\mathbf{M}$：

$$\begin{bmatrix} p_u \\ p_v \\ 1 \end{bmatrix} \propto \mathbf{M} \begin{bmatrix} q_x \\ q_y \\ q_z \\ 1 \end{bmatrix} \tag{4.1}$$

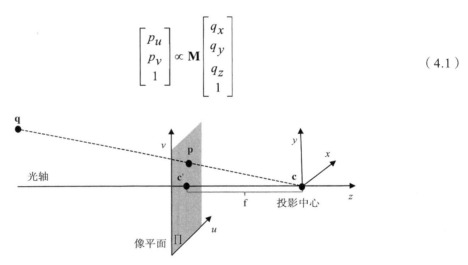

图 4.2　针孔相机模型广泛应用于计算机图形学和计算机视觉中。在另外一种表示方法中，投影中心 $\mathbf{c}$ 相对于 3D 点 $\mathbf{q}$ 可能位于像平面的同一侧，强调了相机暗箱一侧上实际的针孔关系。在数学上，两种表示方法没有区别，但是视线方向和相机及像平面坐标系会发生变化。本图假设位于 $\mathbf{c}$ 的相机看向左侧，与相机坐标系的 z 轴负方向一致

由于与一个非零比例因子相乘会得到一个等价的相机矩阵，因此 $\mathbf{M}$ 有 11 个自由度（11DOF），比矩阵元素的数量少一个。透视投影依赖于**内部和外部相机参数**。

内部和外部相机参数

内部参数描述了相机本身的几何属性，用 3×3 的相机标定矩阵 $\mathbf{K}$ 表示。外部参数描述了相机相对于世界坐标系的位姿，用 3×4 的矩阵 $[\mathbf{R}|\mathbf{t}]$ 表示，其中 $\mathbf{R}$ 是一个 3×3 的旋转矩阵，$\mathbf{t}$ 是平移向量：

$$\mathbf{M} = \mathbf{K}[\mathbf{R}|\mathbf{t}] \tag{4.2}$$

相机标定旨在确定其内部参数矩阵 **K**。在离线标定一次后假设 **K** 不发生改变。这个假设意味着透镜不应该发生变化，即没有缩放。**K** 是一个包含 5 个参数的上三角 3×3 矩阵：

$$\mathbf{K} = \begin{bmatrix} f_u & s & c_u \\ 0 & f_v & c_v \\ 0 & 0 & 1 \end{bmatrix} \tag{4.3}$$

参数 f_u 和 f_v 表示相机的焦距，分别通过一个像素在 u 和 v 方向上的大小进行缩放。像素在不同方向上大小的区别与数字相机有关，其原因在于数字相机通常逐像素采用非正方形的拜耳滤波器模式。但是在大多数情况下，相机驱动会将图像重采样为正方形像素。在这种情况下，可以认为 $f_u = f_v$。参数 c_u 和 c_v 表示图像坐标系中相对于主点 **c** 的偏移，对于现代相机，其主点通常位于图像中心。仅当图像方向 u 和 v 不垂直时需要倾斜因子 s，对于普通相机通常 $s = 0$。

投影矩阵 **M** 的 11 自由度可以分解为 **K** 的 5 自由度、**R** 的 3 自由度和 **t** 的 3 自由度。3×3 矩阵 **R** 是正交矩阵，其中冗余的 9 个元素编码了 3 自由度方向。合适的旋转矩阵是所有 3×3 正交矩阵的一个子集（对应行列式等于 1），所以当我们使用跟踪算法计算 **R** 时，我们更愿意使用三个参数的最小值表示，比如使用李群 SO(3)[Grassia 1998]。

本章假设使用一个 **K** 已知的已标定相机。所有关于标定和透镜畸变的问题将在第 5 章中进行更为细致深入的讨论。

4.1.2 标志点检测

我们假设输入单个标志点，所采用的标志点为白色背景下带有给定宽度黑边的方块。在方块内部没有采用复杂的二维条形码，而是将其内部的四分之一用黑色覆盖，通过这种方式来表示唯一的方向（见图 4.3）。

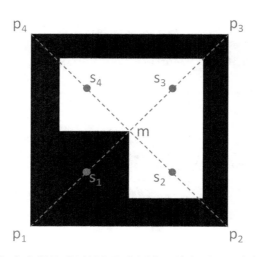

图 4.3　一个常用的标志点设计采用黑色方块围住二维条形码。本例中只在一个角覆盖黑色来确定标志点的方向

我们首先将一幅单通道输入图像（通常是 8 位灰度值）通过阈值操作转化为黑白二值图像（见图 4.4）。由于光照是变化的，选择一个合适的阈值非常重要。可以手动或自动地确定这一阈值，其中自动阈值选择可以通过分析图像直方图或基于图像强度对数的梯度阈值自适应调整 [Naimark and Foxlin 2002] 完成。这些方法甚至可以处理某些极端的情况，如标志点上的高光反射。不幸的是，这些方法的计算量都很大，一种更简单的方法是确定局部阈值（例如在一个 4×4 的子区域内），然后在整幅图像中做线性插值操作 [Wagner et al. 2008a]。

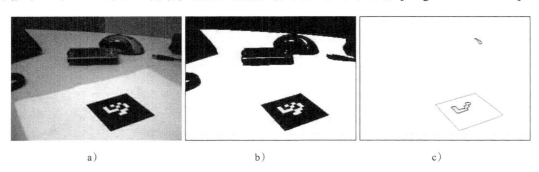

图 4.4   a）二值化前的图像。b）二值化后的图像。c）检测到的可能标志点的封闭轮廓（由
        Daniel Wagner 提供）

二值化之后在输入图像中搜索封闭的轮廓（见图 4.4）。在每一扫描行寻找边缘，即白色像素后面的黑色像素。在找到这样的边缘后继续沿着四邻域（上，下，左，右）的方向遍历这个边缘，直到返回初始像素或者到达图像边界。如果可以假设一个最小的标志点高度（如10 个像素），那么只需要每 10 条线进行一次扫描来确保没有错过任何一个标志点。扫描线检测是运算量最大的操作，所以通过采用这一方法可以显著提高速度。

当一个封闭的轮廓足够大且能够在其上拟合一个四边形时（见图 4.5），这个轮廓可能是一个标志点 [Wagner et al. 2008a]。在检查轮廓的边界框后，可以排除太小的轮廓。对于四边形拟合，我们从任意一点 $\mathbf{a}$ 开始遍历轮廓，距离 $\mathbf{a}$ 最远的点一定是第一个角，用 $\mathbf{p}_1$ 表示。我们可以求得轮廓的中心 $\mathbf{m}$，角点 $\mathbf{p}_2$, $\mathbf{p}_3$ 一定位于过 $\mathbf{p}_1$ 和 $\mathbf{m}$ 的对角线 $\mathbf{d}_{1,m}$ 的两侧。$\mathbf{p}_4$ 则是位于过 $\mathbf{p}_2$ 和 $\mathbf{p}_3$ 的对角线 $\mathbf{d}_{2,3}$ 左侧距离 $\mathbf{p}_1$ 最远的点。通过对每一条边重复搜索最远点这一步骤来确保角点之间的边不包括任何其他的角点。

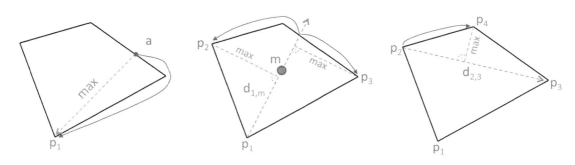

图 4.5   将四边形拟合到一个闭合轮廓的三个步骤

最后，我们可以通过沿着对角线采样四个点 $\mathbf{s}_i = (\mathbf{p}_i + \mathbf{m})/2$ 来确定标志点的方向。黑色

的采样表示了方向。可以通过平均每个角点的多个样本来处理困难的光照情况。

4.1.3　单应位姿估计

平面标志点的四个角点是常见的所有已知点 $\mathbf{q}_i$ 位于一个平面上这一几何约束的案例。我们假设标志点在世界坐标系中定义了一个平面 Π':$\mathbf{q}_z = 0$，标志点角点的坐标分别为 $[0\ 0\ 0]^T$、$[1\ 0\ 0]^T$、$[1\ 1\ 0]^T$ 和 $[0\ 1\ 0]^T$。我们可以把一个三维点 $\mathbf{q} \in \Pi'$ 表示为一个齐次的二维点 $\mathbf{q}' = [\mathbf{q}_x \mathbf{q}_y 1]^T$。从一个平面到另外一个平面的映射在数学上可以定义为由一个 3×3 矩阵 $\mathbf{H}$ 定义的**单应** [Hartley and Zisserman 2003]。

单应估计

齐次的二维点 $\mathbf{p} \in \Pi$ 和 $\mathbf{q}' \in \Pi'$ 可以通过单应矩阵 $\mathbf{H}$ 建立如下关系：

$$\mathbf{p} = \mathbf{H}\mathbf{q}' \tag{4.4}$$

对于跟踪应用，一个平面是图像平面，另一个平面包含了世界中的已知点，如标志点的角点（见图 4.6）。因为四个点被约束在同一个平面上，它们可以仅用 2 自由度表示。因此，一个带有 8 自由度（第 9 个元素是尺度）的 3×3 矩阵足够建立它们与图像平面的关系。

$\mathbf{H}$ 可以利用**直接线性变换**（DLT）[Hartley and Zisserman 2003] 从 2D-2D 对应中获得。因为我们使用的是齐次坐标系，所以两点之间的关系仅由一个单应的尺度决定。然而当解释为向量时，它们指向同一方向，因此内积为零：

$$\mathbf{p} \times \mathbf{H}\mathbf{q}' = 0 \tag{4.5}$$

我们将向量 $\mathbf{p}$ 内积的矩阵形式写为 $\mathbf{p}_\times$：

$$\mathbf{p}_\times = \begin{bmatrix} p_u \\ p_v \\ p_w \end{bmatrix}_\times = \begin{bmatrix} 0 & -p_w & p_v \\ p_w & 0 & -p_u \\ -p_v & p_u & 0 \end{bmatrix} \tag{4.6}$$

使用这种表示，我们可以将式（4.5）表示为：

$$\mathbf{p}_\times = \begin{bmatrix} \mathbf{H}_{R1} \\ \mathbf{H}_{R2} \\ \mathbf{H}_{R3} \end{bmatrix} \mathbf{q}' = 0$$

$$\begin{bmatrix} 0 & -p_w & p_v \\ p_w & 0 & -p_u \\ -p_v & p_u & 0 \end{bmatrix} \begin{bmatrix} \mathbf{H}_{R1}\mathbf{q}' \\ \mathbf{H}_{R2}\mathbf{q}' \\ \mathbf{H}_{R2}\mathbf{q}' \end{bmatrix} = 0$$

$$\begin{bmatrix} 0 & -p_w\mathbf{H}_{R2}^T\mathbf{q}' & p_v\mathbf{H}_{R3}^T\mathbf{q}' \\ p_w\mathbf{H}_{R1}^T\mathbf{q}' & 0 & -p_u\mathbf{H}_{R3}^T\mathbf{q}' \\ -p_v\mathbf{H}_{R1}^T\mathbf{q}' & p_u\mathbf{H}_{R1}^T\mathbf{q}' & 0 \end{bmatrix} = 0 \tag{4.7}$$

由于 $a^Tb = b^Ta$，我们可以将结果写作：

$$\begin{bmatrix} 0 & -p_w\mathbf{q}'^T\mathbf{H}_{R2} & p_v\mathbf{q}'^T\mathbf{H}_{R3} \\ p_w\mathbf{q}'^T\mathbf{H}_{R1} & 0 & -p_u\mathbf{q}'^T\mathbf{H}_{R3} \\ -p_v\mathbf{q}'^T\mathbf{H}_{R1} & p_u\mathbf{q}'^T\mathbf{H}_{R2} & 0 \end{bmatrix} = 0 \tag{4.8}$$

利用这个 9×3 矩阵，可以提出一个由 H 的元素构成的 9×1 的向量 **h**：

$$\begin{bmatrix} 0 & -p_w\mathbf{q}'^{\mathrm{T}} & p_v\mathbf{q}'^{\mathrm{T}} \\ p_w\mathbf{q}'^{\mathrm{T}} & 0 & -p_u\mathbf{q}'^{\mathrm{T}} \\ -p_v\mathbf{q}'^{\mathrm{T}} & p_u\mathbf{q}'^{\mathrm{T}} & 0 \end{bmatrix} \begin{bmatrix} \mathbf{H}_{R1}^{\mathrm{T}} \\ \mathbf{H}_{R2}^{\mathrm{T}} \\ \mathbf{H}_{R3}^{\mathrm{T}} \end{bmatrix} = 0 \tag{4.9}$$

通过一个 2D-2D 的对应，我们现在得到了三个关于未知系数 **h** 的方程。由于这些方程是线性相关的，所以我们只保留前两个。我们需要最少四个输入点来确定八个未知量。利用 N 对点 $\mathbf{p}_i = [p_{i,u}\, p_{i,v}\, p_{i,w}]^{\mathrm{T}}$ 和 $\mathbf{q}_i' = [q_{i,u}'\, q_{i,v}'\, q_{i,w}']^{\mathrm{T}}$，我们可以得到一个 $2N \times 9$ 的矩阵：

$$\mathbf{A} =$$
$$\begin{bmatrix} 0 & 0 & 0 & -p_{1,w}q_{1,u}'^{\mathrm{T}} & -p_{1,w}q_{1,v}'^{\mathrm{T}} & -p_{1,w}q_{1,w}'^{\mathrm{T}} & p_{1,v}q_{1,u}'^{\mathrm{T}} & p_{1,v}q_{1,v}'^{\mathrm{T}} & p_{1,v}q_{1,w}'^{\mathrm{T}} \\ p_{1,w}q_{1,u}'^{\mathrm{T}} & p_{1,w}q_{1,v}'^{\mathrm{T}} & p_{1,w}q_{1,w}'^{\mathrm{T}} & 0 & 0 & 0 & -p_{u,i}q_{1,u}'^{\mathrm{T}} & -p_{u,i}q_{1,v}'^{\mathrm{T}} & -p_{u,i}q_{1,w}'^{\mathrm{T}} \\ \cdots & \cdots & \cdots & \cdots & \cdots & \cdots & \cdots & \cdots & \cdots \\ 0 & 0 & 0 & -p_{N,w}q_{N,u}'^{\mathrm{T}} & -p_{N,w}q_{N,v}'^{\mathrm{T}} & -p_{N,w}q_{N,w}'^{\mathrm{T}} & p_{N,v}q_{N,u}'^{\mathrm{T}} & p_{N,v}q_{N,v}'^{\mathrm{T}} & p_{N,v}q_{N,w}'^{\mathrm{T}} \\ p_{N,w}q_{N,u}'^{\mathrm{T}} & p_{N,w}q_{N,v}'^{\mathrm{T}} & p_{N,w}q_{N,w}'^{\mathrm{T}} & 0 & 0 & 0 & -p_{N,u}q_{N,u}'^{\mathrm{T}} & -p_{N,u}q_{N,v}'^{\mathrm{T}} & -p_{N,u}q_{N,w}'^{\mathrm{T}} \end{bmatrix}$$

$$\tag{4.10}$$

齐次方程组 Ah = 0 在 $N>4$ 时是超定的，可以通过奇异值分解（SVD）进行求解。SVD 的目标是确定满足方程组的非零 **h** 值。将 A = UDV^{T} 分解为一个 $2N \times 9$ 的上三角矩阵 U、一个 9×9 的对角矩阵 D 和一个 9×9 的上三角矩阵 V。如果 D 的元素以降序排列，那么 **h** 是最小奇异向量，即 V 的最后一列。我们重新将 **h** 装配进最初的单应矩阵 H。

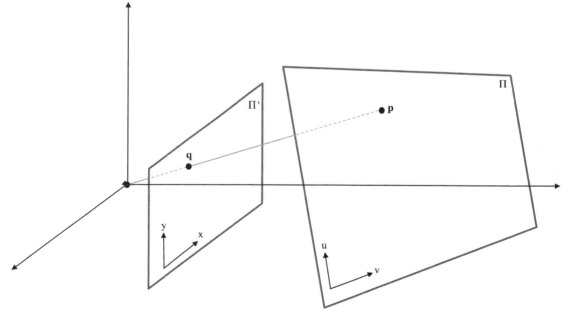

图 4.6   单应关联了三维世界中两个平面上的点

我们必须从 **H** 中恢复出用于增强现实渲染的相机位姿 [**R**|**t**]，具体解释如下。

单应位姿估计

由于所有的点都位于 z 平面上，所以旋转矩阵 **R** 的第三列 $\mathbf{R}_{C3}$ 没有作用。因此，我们能够用 **H** 和相机标定矩阵 **K** 扩展图像平面上的投影：

$$
\begin{aligned}
\mathbf{p} &\propto \mathbf{Mq} \\
&\propto \mathbf{K}[\mathbf{R}|\mathbf{t}]\,[q_x q_y q_z 1]^{\mathrm{T}} \\
&\propto \mathbf{K}[\mathbf{R}_{C1}|\mathbf{R}_{C2}|\mathbf{R}_{C3}|\mathbf{t}][q_x q_y 0\ 1]^{\mathrm{T}} \\
&\propto \mathbf{K}[\mathbf{R}_{C1}|\mathbf{R}_{C2}|\mathbf{t}][q_x q_y 1]^{\mathrm{T}} \\
&\propto \mathbf{Hq'}
\end{aligned}
\tag{4.11}
$$

由于 $\mathbf{H}=\mathbf{K}[\mathbf{R}_{C1}|\mathbf{R}_{C2}|\mathbf{t}]$，因此相机位姿可通过下式求得：

$$
\mathbf{H}^{K} = \mathbf{K}^{-1}\mathbf{H}
\tag{4.12}
$$

即恢复旋转矩阵的第三行（尺度上）作为前两列的内积：$\mathbf{R}_{C1}\times\mathbf{R}_{C2}$。然而由于点对应存在噪声，$\mathbf{H}^{K}$ 通常不是真正正交的。因此需要进行合适的旋转。我们首先使用旋转组件的几何均值缩放 $\mathbf{H}^{K}$ 的列，缩放后的第三列直接产生 **t**：

$$
\begin{aligned}
d &= 1/\sqrt{\left|\mathbf{H}^{K}_{C1}\right|\cdot\left|\mathbf{H}^{K}_{C2}\right|} \\
\mathbf{h}_1 &= d\mathbf{H}^{K}_{C3} \\
\mathbf{h}_2 &= d\mathbf{H}^{K}_{C2} \\
\mathbf{t} &= d\mathbf{H}^{K}_{C3}
\end{aligned}
\tag{4.13}
$$

我们建立正交辅助坐标系 $\mathbf{h}_{1,2}\mathbf{h}_{2,1}$（见图 4.7）：

$$
\begin{aligned}
\mathbf{h}_{1,2} &= \underline{N}\,(\mathbf{h}_1 + \mathbf{h}_2) \\
\mathbf{h}_{2,1} &= \underline{N}\,(\mathbf{h}_{1,2}\times(\mathbf{h}_1\times\mathbf{h}_2))
\end{aligned}
\tag{4.14}
$$

最后可以恢复 **R** 的列：

$$
\begin{aligned}
\mathbf{R}_{C1} &= (\mathbf{h}_{1,2}+\mathbf{h}_{2,1})/\sqrt{2} \\
\mathbf{R}_{C2} &= (\mathbf{h}_{1,2}-\mathbf{h}_{2,1})/\sqrt{2} \\
\mathbf{R}_{C3} &= \mathbf{R}_{C1}\times\mathbf{R}_{C2}
\end{aligned}
\tag{4.15}
$$

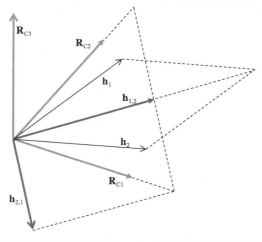

图 4.7　为了从单应中计算位姿，单应矩阵的旋转组件需要正交化

4.1.4 位姿优化

并不总是可以直接从不完全的点对应中获取符合要求精度的位姿估计，因此需要通过迭代最小化**重投影误差**来优化。当已知相机位姿的初始估计值时，我们可以利用已知的图像位置 $\mathbf{p}_i$ 来最小化其使用 $[\mathbf{R}|\mathbf{t}]$ 投影的三维点 $\mathbf{q}_i$ 的偏移。使用齐次坐标表示（通过给第三个元素增加 0 将 $\mathbf{p}$ 转换为三维向量），我们可以最小化误差：

$$\underset{\mathbf{R},\mathbf{t}}{\arg\min}\Sigma_i(\mathbf{K}[\mathbf{R}\,|\,\mathbf{t}]\mathbf{q}_i-\mathbf{p}_i)^2 \tag{4.16}$$

这类二次最小化问题通常一定可以通过迭代的方法进行求解 [Boyd and Vandenberghe 2004]。在更抽象的形式中，我们可以将投影看作一个函数 $\mathbf{f}(\mathbf{x})=\mathbf{b}$，将模型参数 $\mathbf{x}$（相机的位姿）映射到数据点 $\mathbf{b}$（测度）：

$$\underset{\mathbf{x}}{\arg\min}\|\mathbf{f}(\mathbf{x})-\mathbf{b}\|^2 \tag{4.17}$$

非线性优化

如果 $\mathbf{f}$ 是线性的，$\mathbf{f}(\mathbf{x})=\mathbf{A}\mathbf{x}=\mathbf{b}$ 可以在最小二乘意义上通过伪逆 $\mathbf{A}^+=(\mathbf{A}^\mathrm{T}\mathbf{A})^{-1}\mathbf{A}^\mathrm{T}$ 求解。然而透视投影函数 $\mathbf{f}$ 通常是非线性的，可以利用高斯－牛顿方法实现最小化。在每次迭代中，通过更新前一次的值计算 $\mathbf{x}$，从而最小化残差 $\mathbf{f}(\mathbf{x})-\mathbf{b}$。

$$\mathbf{x}^{new}=\mathbf{x}-\mathbf{J}^+(\mathbf{f}(\mathbf{x})-\mathbf{b}) \tag{4.18}$$

在式（4.18）中，$\mathbf{J}^+$ 是 $\mathbf{f}$ 在 $\mathbf{x}$ 处偏导数的雅可比矩阵 $\mathbf{J}$ 的伪逆。与高斯－牛顿法相比，Levenberg-Marquardt 的改进在于能够在高斯－牛顿步骤和最速梯度下降之间进行插值。后者虽然收敛更慢，但是更可靠，能够保证每次迭代都向最小值靠近。

4.2 多摄像机红外跟踪

一般来说，真实世界中的已知点并不会像上一节中跟踪平面标志点时所假设的那样局限在一个平面上。为了能够跟踪任意对象，我们需要通用的姿态估计方法。为此，我们利用世界坐标系中的已知点 $\mathbf{q}_i$ 及其在图像坐标系中的投影 $\mathbf{p}_i$ 之间的 2D-3D 对应关系估计摄像机的姿态。

本节将介绍一种简单的红外跟踪系统，可以用于跟踪四个或更多回射反射球所组成的刚体标志物（第 3 章中所介绍的方法）。系统使用多个红外摄像机的由外向内看设置 [Dorfmüller 1999]，至少需要两个已知配置的摄像机，即一个已标定的立体摄像机平台。通过采用这一方案，源自多个视角的额外输入和更宽广的场景覆盖范围能够提高跟踪的质量和工作范围。在实际操作中通常将四台摄像机安装在实验室的四个角落，使用两台以上的摄像机可以提高系统的性能，但与双摄像机立体配置并没有根本的不同。

立体摄像机跟踪流程包含如下步骤：

1）在所有图像中检测斑块以定位刚体标志物中的球体。

2）利用摄像机之间的对极几何建立斑块之间的点对应关系。

3）利用三角测量法从多个二维点中得到三维候选点。

4）匹配三维候选点与目标点。

5）利用绝对朝向（如 Horn [1987] 和 Umeyama [1991] 所述）确定目标的位姿。

4.2.1 斑块检测

在 3.6.3 节中我们讨论过球形标志物目标的原理。目标是由四个或者五个在已知刚性结构上覆盖回射反射箔片的球体组成，摄像机捕获球体反射回的红外光图像，每一个球体都会在图像的相应位置形成高强度的斑块。

斑块检测非常简单，有时会直接在摄像机硬件中完成：对输入的二进制图像扫描其中包含白色像素的连接区域，在排除掉太细或者太长的区域后计算剩余区域的中心作为候选点。因为所有的球体都有相似的外观，所以必须在后续步骤中解决目标识别所要求的数据关联。

4.2.2 建立点对应关系

在两张图像 Π_1 和 Π_2 中的候选二维点可以利用极线联系起来。图 4.8 展示了两个摄像机之间的对极几何，其中 c_1 和 c_2 为中心，Π_1 和 Π_2 为图像平面。三维点 q 投影到 $p_1 \in \Pi_1$ 和 $p_2 \in \Pi_2$，c_1 和 c_2 所连的**基线（e）**与图像 Π_1 交于极点 e_1，与图像 Π_2 交于极点 e_2。

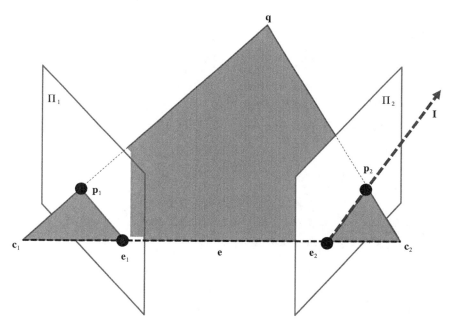

图 4.8 外极面由两个摄像机中心和一个三维空间内的点定义

使用立体摄像机进行跟踪通常需要找出给定的点 q 在两幅图像之间的对应关系。这就意味着我们知道 q 的一个二维投影点 $p_1 \in \Pi_1$，但不知道 q 在哪里，因此需要在 Π_2 中找到 p_2 点来定位 q。我们知道 p_2 一定在通过极点 e_2 的**极线 l** 上。

极线

极线定义为 $l = F \cdot p_1$，其中 F 是与摄像机相关的**基本矩阵**，H 是 Π_1 到 Π_2 的单应映射。F 可通过计算 e_2 的斜对称矩阵（ ）$_\times$ 和 H 的乘积获得：

$$F = (e_2)_\times \cdot H \tag{4.19}$$

我们讨论一个已经标定好（有关标定的细节可参见第 5 章）的立体摄像机系统。可

以选择与摄像机坐标系 Π_1 一致的世界坐标系，从而摄像机的内参 $\mathbf{K}_1$、$\mathbf{K}_2$ 和外参 $[\mathbf{R}|\mathbf{t}]$ 将第二台摄像机与第一台摄像机相关联。在这种情况下，我们可以用**本质矩阵 E**[Hartley and Zisserman 2003] 把 $\mathbf{F}$ 写成如下形式：

$$\mathbf{F} = \mathbf{K}_2^{-T}\mathbf{E}\mathbf{K}_1^{-1} = \mathbf{K}_2^{-T}\mathbf{t}_\times\mathbf{R}\mathbf{K}_1^{-1} \tag{4.20}$$

接下来可以确定 $\mathbf{p}_2$ 所在的极线 $\mathbf{l}$：

$$\mathbf{l} = \mathbf{K}_2^{-T}\mathbf{t}_\times\mathbf{R}\mathbf{K}_1^{-1}\mathbf{p}_1 \tag{4.21}$$

为了在 Π_2 中找到 $\mathbf{q}$ 的投影点 $\mathbf{p}_2$，我们沿着极线 $\mathbf{l}$ 搜索与 $\mathbf{p}_1$ 处观察场景相对应的兴趣点。在 Π_2 中比阈值更接近 $\mathbf{l}$ 的所有候选点都会被用来做三角测量。理想情况下，Π_2 中只有一个候选点可以满足此要求。在匹配中一个有用的验证方法是计算第一台摄像机到第二台摄像机的极线，反之亦然，并且仅保留在两个方向上一致的关联。在无法找到唯一的匹配时，需要通过目标的结构确定正确的数据关联。无论如何我们都需要首先计算对应于相关二维点的三维点，这一技术称为三角测量法。我们从仅包括两台摄像机的简单三角测量出发，然后推广到使用三台或更多台摄像机的情况。

4.2.3　双摄像机的三角测量

假设我们已经找到了 $\mathbf{p}_1$ 和 $\mathbf{p}_2$，利用源自 $\mathbf{c}_1$ 和 $\mathbf{c}_2$ 的两条射线的交点便能计算得到 $\mathbf{q}$。由于存在各种各样的标定误差，射线不会正好相交（见图4.9）。对于两台摄像机，我们可以沿着射线找到两个距离最近的点 $\mathbf{d}_1$ 和 $\mathbf{d}_2$，然后计算它们的中点 $\mathbf{q}$ [Schneider and Eberly 2003]。

两条射线的最近点

两条射线上距离最近的两个点分别为 $\mathbf{d}_1$ 和 $\mathbf{d}_2$（见图4.9）：

$$\mathbf{d}_1 = \mathbf{c}_1 + t_1\,(\mathbf{p}_1 - \mathbf{c}_1) = \mathbf{c}_1 + t_1\mathbf{v}_1$$
$$\mathbf{d}_2 = \mathbf{c}_2 + t_2\,(\mathbf{p}_2 - \mathbf{c}_2) = \mathbf{c}_2 + t_2\mathbf{v}_2 \tag{4.22}$$

因为 $\mathbf{d}_1$ 到 $\mathbf{d}_2$ 的连线与两条射线均垂直，所以连线与每一条射线的点积都为零：

$$\mathbf{v}_1 \cdot (\mathbf{d}_2 - \mathbf{d}_1) = 0$$
$$\mathbf{v}_2 \cdot (\mathbf{d}_2 - \mathbf{d}_1) = 0 \tag{4.23}$$

通过求解上述线性方程组可以得到 t_1 和 t_2，最终点 $\mathbf{q}$ 为：

$$\mathbf{q} = (\mathbf{c}_1 + t_1\mathbf{v}_1 + \mathbf{c}_2 + t_2\mathbf{v}_2)/2 \tag{4.24}$$

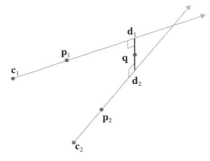

图4.9　穿过摄像机中心 $\mathbf{c}_i$ 和图像平面坐标点 $\mathbf{p}_i$ 的射线在空间中也许不会相交。我们可以找出距离最近的连线的中点

在应用非线性重投影误差最小化时，对两个摄像机的三角测量法是非常有用的初始化步骤。直线中点的计算是一个几何误差最小化问题，取决于场景设置，与跟踪质量无关。重投影误差的最小化需要更加复杂的方法（见 4.3.5 节）。

由多个二维观测点计算三维点坐标

在之前通过单应矩阵估计位姿的讨论中，如果 $\mathbf{p} = \mathbf{Mq}$，那么我们可以用叉积消除单应比例因子：

$$\mathbf{p}_x\mathbf{Mq} = 0$$

$$\begin{bmatrix} 0 & -1 & p_v \\ 1 & 0 & -p_u \\ -p_v & p_u & 0 \end{bmatrix} \begin{bmatrix} \mathbf{M}_{R1} \cdot \mathbf{q}^T \\ \mathbf{M}_{R2} \cdot \mathbf{q}^T \\ \mathbf{M}_{R2} \cdot \mathbf{q}^T \end{bmatrix} = 0$$

$$\begin{bmatrix} p_v\mathbf{M}_{R3}^T \cdot \mathbf{q} - \mathbf{M}_{R2}^T \cdot \mathbf{q} \\ \mathbf{M}_{R1}^T \cdot \mathbf{q} - p_u\mathbf{M}_{R3}^T \cdot \mathbf{q} \\ p_u\mathbf{M}_{R2}^T \cdot \mathbf{q} - p_v\mathbf{M}_{R1}^T \cdot \mathbf{q} \end{bmatrix} = 0 \tag{4.25}$$

对于从 N 个摄像机获取的每一个 $\mathbf{p}_i = [p_{i,u}\ p_{i,v}]^T$ 点，我们合并前面两个方程构成方程组 $\mathbf{AX} = 0$，其中 $\mathbf{A}$ 为 $3 \times 2N$ 的矩阵：

$$\mathbf{A} = \begin{bmatrix} p_{1,v}\mathbf{M}_{1,R3}^T \cdot \mathbf{q} - \mathbf{M}_{1,R2}^T \cdot \mathbf{q} \\ \mathbf{M}_{1,R1}^T \cdot \mathbf{q} - p_{1,u}\mathbf{M}_{1,R3}^T \cdot \mathbf{q} \\ \cdots \\ p_{N,v}\mathbf{M}_{N,R3}^T \cdot \mathbf{q} - \mathbf{M}_{N,R2}^T \cdot \mathbf{q} \\ \mathbf{M}_{N,R1}^T \cdot \mathbf{q} - p_{N,u}\mathbf{M}_{1,R3}^T \cdot \mathbf{q} \end{bmatrix} \tag{4.26}$$

4.2.4 两台以上摄像机的三角测量

我们现在考虑如何通过两台以上的摄像机进行三角测量，在这种情况下我们不能依赖于中点计算。使用多台摄像机的一个解决方案是用 DLT 方法最小化代数误差。因为具有了一个已标定的多摄像机配置，所以我们可以获得每一台摄像机的内标定矩阵以及相对于第一台摄像机所定义的世界坐标系下的外参，从而可以计算得到每台摄像机的投影矩阵 $\mathbf{M}$。

与通过 DLT 利用单应矩阵估计位姿一样，该方程组可以用 SVD 方法 [Szeliski 2010] 求解，其结果是对应最小奇异值的奇异向量。在一个刚体对象上使用这种方法计算三个或者更多的点之后，目标的位姿就能够通过采用绝对朝向的变体（见 4.2.6 节）计算得到。

4.2.5 包含球体标志物的目标匹配

通过三角测量法获得的候选点 $\mathbf{q}_i$ 必须和目标点 $\mathbf{r}_j$ 匹配。即使用了对极几何约束，也经常会出现 $j \leqslant i$，即由于模糊不清的观测造成候选点的数量多于目标点的数量。在某些图像中，由于球体的遮挡，甚至会出现一些虚假的候选点。

候选点与目标点之间的关联可以通过已知几何结构的目标对象进行求解，任意两点之间的距离和任意三点所形成的三角形都会产生一个唯一的特征签名。Pintaric 和 Kaufmann [2008] 给出了设计这种标志物的最佳方法。

我们从 i 个候选点中选择 j 个点的所有排列并计算其特征签名。然后将其与目标特征签名进行比较，误差超过阈值的排列会被排除并在剩余的排列中选择误差最小的排列。

4.2.6   绝对朝向

在关联候选点之后可以得到两组对应点——观测点 $\mathbf{q}_i$ 和目标点 $\mathbf{r}_i$。后者在参考坐标系中指定，我们希望计算观测目标相对于参考坐标系的位姿 $[\mathbf{R}|\mathbf{t}]$。

可以利用 Horn[1987] 所述的方法计算**绝对方位**。这至少需要三个点，可以使用三点的中心来确定从参考坐标系到测量坐标系之间的平移。旋转的计算分为两步：首先，我们定义一个由测量坐标系到 $\mathbf{q}_i$ 定义的中间坐标系的旋转；然后，对 $\mathbf{r}_i$ 做同样的操作。最后把两个旋转矩阵连接到一起得到 $\mathbf{R}$。

Horn 算法

平移向量 $\mathbf{t}$ 由两个中心的差决定：

$$\mathbf{q}^c = (\mathbf{q}_1 + \mathbf{q}_2 + \mathbf{q}_3)/3$$
$$\mathbf{r}^c = (\mathbf{r}_1 + \mathbf{r}_2 + \mathbf{r}_3)/3$$
$$\mathbf{t} = \mathbf{q}^c - \mathbf{r}^c \tag{4.27}$$

为了计算旋转矩阵 $\mathbf{R}$，我们假设原点在 $\mathbf{q}_1$，$\mathbf{x}$ 轴与 $\mathbf{q}_1$ 到 $\mathbf{q}_2$ 的向量方向对齐，$\mathbf{y}$ 轴与 $\mathbf{x}$ 正交并且位于 $\mathbf{q}_1$、$\mathbf{q}_2$ 和 $\mathbf{q}_3$ 决定的平面上，$\mathbf{z}$ 轴是 $\mathbf{x}$ 与 $\mathbf{y}$ 的叉积。

$$\mathbf{x} = \underline{N}(\mathbf{q}_2 - \mathbf{q}_1)$$
$$\mathbf{y} = \underline{N}((\mathbf{q}_3 - \mathbf{q}_1) - (((\mathbf{q}_3 - \mathbf{q}_1) \cdot \mathbf{x})\mathbf{x}))$$
$$\mathbf{x} = \mathbf{y} \times \mathbf{z} \tag{4.28}$$

3×3 的矩阵 $[\mathbf{x}|\mathbf{y}|\mathbf{z}]$ 定义了测量坐标系到中间坐标系之间的旋转。我们可以计算从参考坐标系到中间坐标系的等价旋转矩阵 $[\mathbf{x}_r|\mathbf{y}_r|\mathbf{z}_r]$，所需的旋转矩阵为第二个旋转矩阵与第一个旋转矩阵逆的积：

$$\mathbf{R} = [\mathbf{x}_r|\mathbf{y}_r|\mathbf{z}_r]\,[\mathbf{x}|\mathbf{y}|\mathbf{z}]^\top \tag{4.29}$$

由于实际的测量可能并不精确，因此在考虑所有测量的情况时，该方法必须利用最小二乘法进行优化。

现在我们已经得到了单个目标的位姿 $[\mathbf{R}|\mathbf{t}]$ 并且可以将其用于增强现实渲染。只要多个目标对象的特征签名之间的差异足以用于识别，系统便可以同时处理多个对象。

4.3   自然特征检测跟踪

在前两个案例中我们使用了人工标志物，这些方法运行良好且不需要太大的计算量。但在大多数的应用中，我们都希望能够避免人工标志物引入的视觉杂乱。我们可以利用跟踪图像的自然特征来确定摄像机的位姿，从而无须在环境中安装标志物。与先建立跟踪的数学模型，然后通过将物理标志物放入物理环境进行模型匹配不同，自然特征跟踪采用了相反的方法：首先通过扫描物理环境重建一个合适的数学模型，然后在运行时将所跟踪模型匹配到摄像机的拍摄画面中。

本节研究使用单台摄像机的单目跟踪。现在广泛使用的移动设备上都内置了摄像机，使其成为移动增强现实的首选硬件。当然，立体摄像机或多摄像机也可以用于自然特征跟踪。然而，使用多台摄像机会增加硬件开销和计算需求，同时只有少数的移动设备带有多台摄像机。

只有单台摄像机的限制意味着跟踪目标是找出摄像机拍摄图像中的二维点和世界中已知的三维点之间的对应关系。这种对应关系可以是稠密的或稀疏的。**稠密匹配**意味着我们希望找到图像中每一个像素的对应关系，而**稀疏匹配**则要求我们去寻找为数不多但足以使用的显著兴趣点。

多年前以来，稀疏兴趣点匹配的方法受到更多研究者的关注，具体原因如下：第一，包含稀疏兴趣点的跟踪模型更容易创建，其原因在于只需要生成一些兴趣点的数学表示即可，而物理对象的其余部分可以忽略，所得到的跟踪模型更加紧凑，易于高效存储和匹配处理。第二，对稀疏兴趣点的处理是独立进行的，即使由于遮挡或者亮度改变导致特定的兴趣点丢失，跟踪算法本身也不会受到严重的干扰。第三，兴趣点的离散特性提供了对杂乱背景的容忍度。只需要有足够数量的正确匹配点，一些错误的匹配可以作为外点移除，从而不会影响姿态估计。

与稀疏匹配相比，稠密匹配的一个突出优点就是能更好地处理极端情况，例如缺少纹理、重复结构和金属等高反射表面的物体对象用稠密匹配的方法能够更加鲁棒地解决。对稠密匹配中稠密图像点的处理虽然会增加计算开销，但许多冗余点的匹配能够更好地克服由于较差光照条件引起的噪声。最近的发展又重新点燃了对半稠密或者稠密匹配研究的兴趣，在本章后续讨论 SLAM 方法的章节会重新回到这个主题，在此我们仅考虑稀疏匹配。

具体来说，我们首先介绍**通过检测跟踪**的方法，在这种方法中相机位姿是通过匹配新的每帧中的兴趣点来确定的，不依赖于从先前帧收集的**先验信息**。兴趣点用**描述符**来表示，描述符指的是为了快速可靠匹配而设计的数据结构。创建描述符的目的是在新的摄像机图像中找到兴趣点并与跟踪模型中的兴趣点进行匹配。

该方法简单明了并且不需要任何关于摄像机运动的假设。假如无法确定某一帧中相机的姿态（例如用户无意遮挡了相机），这并不会影响到下一帧的跟踪。与利用先验信息进行跟踪相比，因为不需要存储任何历史记录，通过检测进行跟踪更加易于实现。利用先验信息进行跟踪将会在 4.4 节中进行介绍。

通过检测稀疏兴趣点进行跟踪的流程通常包含五个步骤：

1）检测兴趣点。

2）创建描述符。

3）匹配描述符。

4）多点透视摄像机位姿确定。

5）鲁棒位姿估计。

在下面的章节中将会详细讨论每一个步骤。需要注意的是，最后两个步骤（多点透视摄像机位姿确定和鲁棒位姿估计）通常一起执行，在这里我们分开讨论是为了便于理解。

在开始进行跟踪流程时需要从摄像机中捕获新的一帧图，然后应用兴趣点检测器检测用于匹配的候选点。对于每个候选点创建特征描述符并与跟踪模型数据库中的描述符进行匹配。每一对匹配都会生成一个二维到三维的对应关系，然后将其输入到使用多点透视算法的位姿估计器中。如果有足够数量的匹配则位姿估计问题是超定的。然而，有时不正确的匹配会导致外点数量过多。在这种情况下，就必须使用鲁棒的位姿估计技术来抑制外点的影响。

4.3.1　兴趣点检测

对于好的"兴趣点"或"特征"应该是什么样的问题，研究人员已经投入了很大的努力去探索。Shi 和 Tomasi [1994] 从实用主义的角度认为：正确的特征应该是能够可靠匹配的。在实际操作中，这意味着兴趣点周围的区域在视觉上应该有很大不同。兴趣点需要具有充足的纹理，在小的局部邻域中具有高对比度的强度变化，以及可靠的辨识结构，比如角点、T 形节点或圆斑。

一些额外的期望属性会考虑更多的全局图像信息，因此很少用作兴趣点检测器。例如，在理想情况下兴趣点不应该是重复结构的一部分，从而不易和场景中其他的兴趣点混淆。此外，兴趣点应该相对均匀地分布在整幅图像中。

兴趣点的选择应该是可重复的，即无论视点和光照条件等观测参数如何变化，检测算法都应该能选择到同样的兴趣点。此外，点检测算法应该对旋转、缩放、透视变换以及光照变化具有鲁棒性。检测到的点不应该过于稀疏（为了计算出可靠的结果）或者过于稠密（为了系统能够实时处理计算）。

现在有多种方法能够满足某些或大部分上述要求。为了深入评价不同的兴趣点检测器，可参见 Mikolajczyk 和 Schmid [2004] 或 Gauglitz [2011] 等的工作，我们首先回顾经典的 Harris 角点，然后介绍基于高斯差分和 FAST 算法的兴趣点。

1. Harris 角点

假定图像具有两个维度，检测一个点意味着在水平和垂直方向都必须具有强梯度。因此，合适的兴趣点形状通常是圆形的斑点或角点。Harris 检测器 [Harris and Stephens 1988] 利用图像的自相关确定角点。

基于自相关的角点检测器

最常用的角点检测器形式基于自相关矩阵 $\mathbf{A}(x, y)$，描述了一幅图像 $I(x, y)$ 和它自身平移后维度为 $W_x \times W_y$ 的图像块 $I(x \pm W_x/2, y \pm W_y/2)$ 的相似度：

$$\mathbf{A}(x, y) = \begin{bmatrix} \sum_{i,j} I_x(x+i, y+j)^2 & \sum_{i,j} I_x(x+i, y+j) I_y(x+i, y+j) \\ \sum_{i,j} I_x(x+i, y+j) I_y(x+i, y+j) & \sum_{i,j} I_y(x+i, y+j)^2 \end{bmatrix} \quad (4.30)$$

I_x 和 I_y 描述了 I 在 x 和 y 方向的偏导数。主曲率（图像梯度的强度）通过 $\mathbf{A}$ 的本征值 λ_1、λ_2 进行描述。如果两个本征值都很小，则意味为该区域较为均匀，没有明显的弯曲；如果一个本征值大，则检测到的区域为边缘；如果两个本征值都大则意味着检测到了角点。本征值的计算量较大，因此 Harris 角点检测器采用了记分函数 ρ，通过 $\mathbf{A}$ 的迹而不是其本征值进行表示：

$$\rho(x, y) = \lambda_1 \lambda_2 - k(\lambda_1 + \lambda_2)^2 = \det(\mathbf{A}(x, y)) - k \cdot \text{trace}(\mathbf{A}(x, y))^2 \quad (4.31)$$

之后对 8 连通邻域执行非极大值抑制。先预定义一个最大响应值的百分比阈值，响应值低于阈值的候选点会被移除。

Shi 和 Tomasi [1994] 提出的"好的跟踪特征"与 Harris 角点检测类似，但是由于使用了本征值，因此需要更大的计算量进行评估，并且评估值要求两个本征值都比最大响应值的百分比 τ 大：

$$\rho(x, y) = \min(\lambda_1, \lambda_2)$$

$$\rho(x, y) > \tau \cdot \max_{x, y} \rho(x, y) \quad (4.32)$$

2. 高斯差分

由于不具有尺度不变性，Harris 角点检测不太适用于相机沿着观察视点平移的情况。作为 SIFT 工作的一部分，Lowe[2004] 提出利用高斯差分（DOG）滤波器检测图像的局部极值，通过尺度空间上的操作获得图像金字塔。

> **尺度空间搜索**
>
> 首先，图像金字塔 $I_d(d \in [0..N])$ 通过图像 I 以及由 σ 和 $k(k > 1)$ 定义的不同尺度高斯差分滤波器 G 卷积得到。该图像金字塔由一系列的图像卷积和差分得到：
>
> $$G_\sigma(x,y) = \frac{e^{\frac{-x^2+y^2}{2\sigma^2}}}{2\pi\sigma^2}$$
> $$I_d = I * G_{k^{d+1}\sigma} - I * G_{k^d\sigma} \qquad (4.33)$$
>
> 图像差分计算不同尺度下的对比度，在金字塔中每一个像素的 26 连通邻域的尺度空间中检测局部极值。在找到极值点后通过二次最小化确定其精确位置。低对比度（绝对值小）的候选点和边缘上的候选点（自相关矩阵中只有一个大的本征值）会被抑制。DOG 具有尺度的概念，因此是具有较高性能的检测器，但是高斯卷积使得其计算量很大。

3. FAST

Rosten 和 Drummond [2006] 提出了一种加速的检测器——FAST（加速分割测试特征，Features from Accelerated Segment Test）。这种算法计算速度快，非常适合于实时视频处理，尤其是移动增强现实等计算资源有限的情况。FAST 使用了以候选点为中心选取一个离散圆（见图 4.10），假如离散圆中超过四分之三的连续弧线上的像素与中心像素相比对比度很高，那么该点就被定义为角点。FAST 有多种变体，依据其弧线长度所占的像素数分别命名为：FAST9、FAST10、FAST11 和 FAST12。在选择连续像素数 N 和对比度阈值 d 之间需要折中，如果检测到的角点数量过多会导致特征缺少重复性，而我们的目标是使计算尽可能简单高效。FAST 特征检测器的缺点是对噪声和运动模糊不够鲁棒，很容易丢失特征。图 4.10c 所示的高速测试方法会导致检测到的多个特征互相邻近。

图 4.10　FAST 在圆环上搜索连续的、比中心点亮或暗的像素序列。通过只检测上下左右（图 c 所示）四个点可以加快检测速度。通常使用的是基于机器学习和预编译决策树的改进算法，在弧线长度小于 12 个像素时具有更好的泛化性能（由 Gerhard Reitmayr 提供）

Rosten 和 Drummond[2006] 提出了一个简单高速测试方法的改进算法，利用机器学习方法创建一棵决策树用于确定弧线上像素的测试顺序，其目标是尽可能早地退出测试。这个算法的机器学习版本应用十分普遍，特别是当设定的弧线长度小于 12 时。在没有使用机器学习版本时，常用弧长为 12 个像素的版本（FAST12）。

FAST12 角点

FAST12 使用一个包含 16 个像素 s_i ($i \in [1..16]$) 的圆环。假如连续的 12 个像素与中心点相比亮或者暗的数值大于阈值 d，则认为该中心点为角点。通过先检测上 (s_1)、下 (s_9)、左 (s_{13})、右 (s_5) 可以快速决策。因为 FAST 检测本身并不决定兴趣点的长度，因此用评分 ρ 来度量像素与中心点的亮暗程度差别，中心点更亮设为 S^D，中心点更暗设为 S^L：

$$S^D = \{s_i(x,y) \mid s_i(x,y) \leqslant I(x,y) - d\}$$

$$S^L = \{s_i(x,y) \mid s_i(x,y) \geqslant I(x,y) + d\}$$

$$\rho(x,y) = \max\left(\sum_{s_i \in S^D} |s_i - I(x,y)| - d, \sum_{s_i \in S^L} |s_i - I(x,y)| \, d \right) \tag{4.34}$$

4.3.2 创建描述符

选定兴趣点之后，需要计算描述符，即将兴趣点与跟踪模型或其他图像进行匹配的一种合适的数据结构。在理想情况下，跟踪模型的每一点都应该有独一无二的描述符，并且与视点和光照条件无关。一个好的描述符能够捕获局部邻域的纹理，同时对光照、尺度、旋转和仿射变换具有不变性。最简单的描述符是兴趣点周围的图像块，但是因为这些图像块不具有旋转和尺度的不变性，因此它们大多用于增量跟踪方法（见 4.4 节）。

现在我们讨论最常用的稀疏兴趣点描述符，即 Lowe[Lowe 1999, 2004] [Skrypnyk and Lowe 2004] 提出的尺度不变特征变换（SIFT）。在此也建议读者了解其他常用方法，例如 SURF[[Bay et al. 2006]、BRIEF[Calonder et al. 2010] 以及 Ferns[Ozuysal et al. 2007]。一些综述和描述符对比的文献给出了很好的概述 [Mikolajczyk and Schmid 2005][Moreels et al. Perona 2007][Gauglitz et al. 2011]。

对于一个点 $\mathbf{p} = [x\,y]^{\mathrm{T}}$，SIFT 从 DOG 检测算子中得到一个尺度因子 σ_p。对以 $\mathbf{p}$ 为中心的图像块中的每一个像素计算其旋转 θ 和幅值 g。将旋转角度插入到直方图中，并通过 g 和该像素与 $\mathbf{p}$ 之间的高斯距离进行加权。直方图的峰选为旋转 θ_p 的描述符（见图 4.11）。接下来的操作与 x、y、σ_p 和 θ_p 有关。

图像块被细分为 $K_x \times K_y$ 的网络，然后分别计算具有 K_b 个柱形条的加权取向直方图。连接 $K_x \times K_y \times K_b$ 个柱形条组成的特征向量便是描述符，之后将其归一化以最小化光照变化的影响。标准的 SIFT 描述符有 $4 \times 4 \times 8 = 128$ 维。

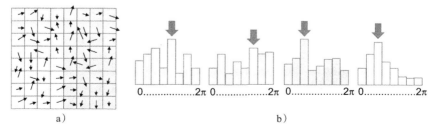

图 4.11　SIFT 确定图像块（图 a）中每一个像素（8×8）的梯度向量，建立一个带有将累计梯度向量幅度与梯度朝向相关的（8 位）直方图的描述符数组（2×2）。在本例中，描述符的维度为 $2 \times 2 \times 8 = 32$

Wagner 等人 [2008b] 提出了 SIFT 算法的一个变种（Phony SIFT），针对移动手机等嵌入式设备进行了优化。Phony SIFT 仅仅利用 $3 \times 3 \times 4 = 36$ 维和 FAST（而不是 DOG）进行检测。因为 FAST 不需要尺度估计，输入图像直接通过平均下采样获得金字塔而不需要使用卷积，并且 FAST 单独应用于每一层上。该方法在检测兴趣点时有效地减少了计算成本，但是会产生大量外点。这些外点可以通过几何校验加以排除，因此最终的位姿估计精度并不会受到影响。

4.3.3　匹配描述符

给定图像中检测到兴趣点的描述符，我们必须在跟踪模型中找到与其匹配的兴趣点。最简单的匹配方法是计算两个描述符之间的欧氏距离，对于给定的图像描述符，其与跟踪模型中的描述符距离越小则匹配越好。互相匹配的描述符应该是独一无二的，如果最小距离与第二小距离的比值大于阈值（通常设为 80%），则对应的兴趣点将会被丢弃。

如果跟踪模型的描述符数量太多，按穷举搜索进行匹配会非常耗时，此时需要使用启发式搜索结构。经典的启发式搜索方法包括 **k-d** 树。可以在对数时间上进行搜索，但这样做可能会丢失小部分匹配点。如果 k-d 树的效率不够高，可以使用**溢出森林** [Wagner et al. 2008b] 的方法搜索多个溢出树（带有随机维度旋转的、具有一定重叠的 k-d 树）并将结果组合起来。

任何近似的搜索结构都可能导致不正确的匹配结果，产生影响位姿计算的外点，因此鲁棒和高效的外点去除非常重要。可以应用去除外点的级联技术，从代价最低廉的方法开始，并通过代价最为昂贵的技术完成。

一个较为简单的检测方法依赖于全局旋转检查。SIFT 等依赖方向直方图的描述符已经提供了兴趣点的朝向。因此检查图像中的所有匹配兴趣点是否与跟踪模型具有一致的旋转方向（见图 4.12a）是很容易的。接下来的测试是任意选择两对对应的特征画一条直线，所有其余的特征对必须位于直线的同一侧（图 4.12b）。

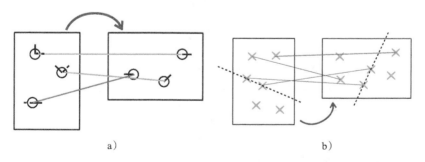

a)　　　　　　　　　　　　　　b)

图 4.12　a）通过 SIFT 描述符提供的主方向，可以简单地检查旋转是否正确。所有的关键点必须具有同样的相对旋转。b）直线检查对应的特征是否位于连接两个随机选择特征直线的一侧（由 Daniel Wagner 提供）

4.3.4　n 点透视位姿

n 点透视（PnP，Perspective-n-Point）问题指如何通过 N 组二维到三维（2D-3D）的对应点重建已标定相机的 6 自由度位姿，其中"n"描述了对应点的数量。考虑到每组对应点提供两个约束，因此至少需要三组 2D-3D 对应点才能够解决 6 自由度匹配问题。然而，在仅有三组对应点时，P3P 只提供了四组不明确的解，还需要第四组对应点来确定唯一解。

P3P 算法

P3P 算法有多个版本 [Quan and Lan 1999]，这里介绍最简单的版本（见图 4.13）：

1）从给定的三个点中选两个点 $\mathbf{q}_i$、$\mathbf{q}_j$。

2）通过选定的两个点和（未知的）摄像机中心 $\mathbf{c}$ 构造三角形 $\mathbf{cq}_i\mathbf{q}_j$。

3）确定 $d_{ij} = |\mathbf{q}_j - \mathbf{q}_i|$ 和 $\cos\theta_{ij}$：

$$\cos\theta_{i,j} = \underline{N}(\mathbf{q}_i - \mathbf{c}) \cdot \underline{N}(\mathbf{p}_i - \mathbf{c}) \tag{4.35}$$

4）通过两个未知的 $d_i = |\mathbf{q}_i - \mathbf{c}|$ 和 $d_j = |\mathbf{q}_j - \mathbf{c}|$ 建立式（4.36）：

$$d_{ij}^2 = d_i^2 + d_j^2 - 2d_i d_j \cos\theta_{ij} \tag{4.36}$$

5）考虑另两对输入点，每一对都可以生成一个 4 自由度的多项式方程，组合后形成关于 d_1、d_2、d_3 的包含三个方程的方程组。这个方程组最多可以求出四个解析解。在实际应用中利用四个点可以得到唯一解：P3P 问题针对每一个包含三个点的子集进行求解，之后保留公共解。

6）计算 $\mathbf{q}_i$ 点在摄像机坐标系下的位置 $\mathbf{q}_i^c$：

$$\mathbf{q}_i^c = \mathbf{c} + d_i \cdot \underline{N}(\mathbf{p}_i - \mathbf{c}) \tag{4.37}$$

7）利用绝对朝向方法（见 4.2.6 节）通过校准 $\mathbf{q}_i$ 和 $\mathbf{q}_i^c$ 计算位姿 $[\mathbf{R} \mid \mathbf{t}]$。

8）对位姿使用非线性优化（见 4.1.4 节）。

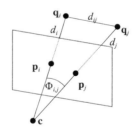

图 4.13　P3P 算法需要计算摄像机中心 $\mathbf{c}$ 到三维点 $\mathbf{q}_i$ 的距离 d_i

4.3.5 鲁棒的位姿估计

更多的数据点有利于数值优化，但是更大的输入数据集会引入更多的外点，从而影响结果的准确性。我们希望在存在较多数量外点的情况下找到一个好的初始化方法，然后通过对结果进行迭代来获得精确的结果。其目标是从杂乱的数据点集合中选取所有内点的子集。

1. RANSAC

随机抽样一致性（RANSAC）[Fischler and Bolles 1981] 就是这样一种足够鲁棒的初始化方法。RANSAC 的主要思想是从一个随机选择的数据子集中估计模型参数 $\mathbf{x}$。对于摄像机位姿估计，由于仅需要三组 2D-3D 对应，我们通常使用 P3P 方法。根据利用三组选定点计算的摄像机位姿计算其余对应点的残差。残差小于阈值则被认为是内点。如果内点与外点的比率太小则重复这个过程。只有找到了足够多的内点或者达到了最大的迭代次数后，RANSAC 才会终止。最后利用迭代得到的所有内点重新估计模型参数 $\mathbf{x}$。

2. M 估计

为了得到更加精确的结果，位姿估计的初始结果（本文指用 RANSAC 所得到的结果）需要进行鲁棒的迭代优化，这一过程类似于 4.1.4 节中所述的内容。为此我们可以使用 **M 估计**（"M"代表"最大似然"）[Triggs et al. 2000]。它的基本思想是使用另一个最小化函数 $\rho(f(x) - b)$ 代替残差中的 L2 正则 $|f(x) - b|^2$，从而在最小化过程中降低产生较大残差数据点的权重。一个常用的 M 估计是 Tukey 估计（式（4.38）），本质上是一个抛物线函数与常数函数的组合（见图 4.14）。

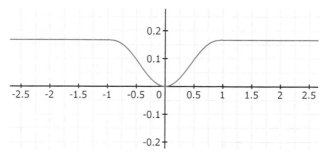

图 4.14　K=1 的 Tukey 估计

Tukey 估计

$$\rho(x) = \begin{cases} K^2/6(1-(1-(x/K)^2)^3), & |x| \leqslant K \\ K^2/6, & |x| > K \end{cases} \qquad (4.38)$$

在使用 Tukey 估计时必须注意到 Tukey 估计不是凸函数，这意味着优化可能会陷入局部最小值。此外，在解远离极值点时该函数是扁平的，因此不能使用梯度计算。只有在解足够接近全局最小值或者一个合理的局部最小值时才使用 Tukey 估计。

4.4　增量跟踪

许多增强现实跟踪系统使用通过检测进行跟踪的方法，其原因在于其简便性以及其便于同时处理外点识别和位姿估计——候选特征中的大多数外点会在鲁棒位姿估计中被排除。然而这种方法的难度不应该被低估。通过检测进行跟踪对于用到方块标志点的应用场合等真正的简单跟踪模型非常成功，在这种情况下匹配十分简单。将匹配推广到大型的自然特征模型要更加困难，这将会在 4.6 节中进行讨论。

由于增强现实要求实时更新速率，所以摄像机位姿和特征点到图像的投影都不能在相邻两帧之间剧烈变化。通过检测进行跟踪的方法忽视了这种一致性，导致了跟踪问题变得更加困难：忽视了帧与帧之间的相关性不仅浪费了珍贵的计算资源，而且跟踪系统也可能会遇到使用孤立的单张图像很难解释的场景。通常这样的场景可以更简单地通过前一帧的信息进行解释。

一个使用前一步信息的跟踪系统称作**增量跟踪**或者递归跟踪。如果上一次跟踪迭代是成功的，那就有足够的理由相信我们能够再次成功地利用上一帧中内点的位置定位内点。这种方法可以显著改善跟踪的两个步骤：

- **本地搜索**。将搜索区域限制到前一位置周围的一个小窗口有助于兴趣点提取。

- **直接匹配**。匹配可以通过简单地比较兴趣点周围图像块和目标图像中的图像块完成，这避免了创建和比较描述符的计算资源消耗，尽管这种方法只适用于简单的跟踪模型和小的摄像机运动。实际上，增量跟踪一般依赖于相机位姿的良好先验信息。

增量跟踪需要两个步骤：一个是增量搜索，另一个是兴趣点匹配。增量（主动）搜索在上一帧中兴趣点的附近进行。对于这么近的距离，合适的匹配方法经常基于 Kanade-Lucas-Tomasi（KLT）技术或者零归一化交叉相关。

4.4.1　主动搜索

使用运动模型从上一个已知位姿推断一个初始的相机位姿称作**主动搜索**。零阶运动模型能够在摄像机静止时做出预测，而一阶运动模型提供了一个简单但是有效的预测：摄像机被假定以恒定的空间和角速度持续移动，可以通过上一帧或几帧的差分近似得到。如果能够从陀螺仪传感器中获得额外的加速度信息，二阶运动模型可能会产生更好的结果。我们也可以应用加速度特性的某些假设——例如一台安装在大型车辆上的摄像机。

在最简单的情况下，如果没有可用的三维跟踪模型，可以仅通过二维兴趣点的位置获取运动模型（见图 4.15a）。在这种情况下，运动可以直接利用特征点的图像空间平移获得。

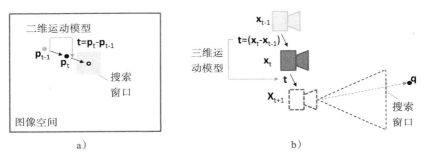

图 4.15　a）二维主动搜索；b）三维主动搜索

然而在可以获得三维跟踪模型时，对应的三维运动模型通常可以给出更好的结果（见图 4.15b）。通过预测得到的新摄像机位姿可以用于将对应于上一帧内点的跟踪模型中的特征点重投影到当前帧中的新二维位置。如果运动模型是精确的，我们想要寻找的兴趣点很可能出现在这些二维位置的附近。因此，将兴趣点的搜索范围限制在二维位置周围的小窗口就足够了。

如果跟踪模型由场景的几何描述组成，可以通过从预测的相机位姿合成一张场景图像获得模板图像。这样的**通过合成进行跟踪**的方法只依赖于边缘等简单的几何特征 [Drummond and Cipolla 2002]。如果可以获得纹理模型，通过 GPU 可以有效地生成一张合成图像 [Reitmayr and Drummond 2006]。

4.4.2　Kanade-Lucas-Tomasi 跟踪

经典的增量跟踪方法是 Kanade-Lucas-Tomasi（KLT）跟踪器 [Lucas and Kanade 1981] [Tomasi and Kanade 1991] [Shi and Tomasi 1994] [Baker and Matthews 2004]，该方法从一张初始图像中提取特征点并使用光流跟踪它们。

KLT 跟踪旨在找到使一个模板图像 T 变换为输入图像 I 的变形 $\mathbf{w}$ 的参数 $\mathbf{x}$。这个变形 $\mathbf{w}$ 经常被局限为仿射变换，这足以对图像块在摄像机轻微运动后的变形进行建模。对于这样小的增量运动，仿射变换非常类似于透视畸变效应，会增加一定的计算量。

Lukas-Kanade 算法

在使用 $\mathbf{w}$ 对兴趣点 $\mathbf{p}_i$ 进行变形后，最小化强度差值误差可以计算跟踪参数 $\mathbf{x}$：

$$\sum_i (I(\mathbf{w}(\mathbf{p}_i, x)) - T(\mathbf{p}_i))^2 \qquad (4.39)$$

增量的 Lucas-Kanade 跟踪假设前一个估计是已知的：$\mathbf{x}^{new} = \mathbf{x} + \Delta\mathbf{x}$。对其进行一阶泰勒展开可以得到：

$$\sum_i (I(\mathbf{w}(\mathbf{p}_i, \mathbf{x} + \Delta\mathbf{x})) - T(\mathbf{p}_i))^2 \qquad (4.40)$$

$$\approx \sum_i \left(I(\mathbf{w}(\mathbf{p}_i, \mathbf{x}) + \left(\frac{\delta I}{\delta\mathbf{w}}\frac{\delta\mathbf{w}}{\delta\mathbf{x}}\right)\Delta\mathbf{x} - T(\mathbf{p}_i)\right)^2$$

$$= \sum_i (\mathbf{J}\Delta\mathbf{x} + \mathbf{r}(\mathbf{p}_i, \mathbf{x}))^2 \qquad (4.41)$$

在式（4.41）中 $\mathbf{r}$ 是变形的输入图像和模板图像之间的残差，$\mathbf{r}(\mathbf{p}_i, \mathbf{x}) = T(\mathbf{p}) - I(\mathbf{w}(\mathbf{p}, \mathbf{x}))$，$\mathbf{J}$ 是最速下降图像，梯度图像 $\delta I / \delta\mathbf{w}$ 随着变形函数 $\delta\mathbf{w} / \delta\mathbf{x}$ 的雅可比矩阵变形。结合最速下降图像的伪逆 $\mathbf{J}^+$，这个方程能够以闭合形式对 $\Delta\mathbf{x}$ 进行求解：

$$\Delta\mathbf{x} = \mathbf{J}^+\mathbf{r}(\mathbf{p}_i, \mathbf{x}) \qquad (4.42)$$

式（4.42）用于在误差 $||\Delta\mathbf{x}||$ 足够小之前更新 $\mathbf{x}$ 的估计值。在其最一般的形式中，$\mathbf{J}$ 取决于图像梯度和当前的参数 $\mathbf{x}$。然而，如果我们限制 $\mathbf{w}$ 是仿射变换 $\mathbf{w}^{affine}$，则雅可比是常数且可以预先计算得到：

$$\mathbf{w}^{affine}(\mathbf{p}, \mathbf{x}) = \begin{bmatrix} x_1+1 & x_3 & x_5 \\ x_2 & x_4+1 & x_6 \end{bmatrix}\begin{bmatrix} p_x \\ p_y \\ 1 \end{bmatrix} \qquad (4.43)$$

近期一项可以替代 KLT 的重要发展集中在描述符域 [Crivellaro and Lepetit 2014]。通过这种新方法可以用描述图像局部的新局部描述符代替匹配中的图像强度。描述符域显著提高了包含许多镜面反射等复杂条件下的匹配性能，同时计算效率也很高。

4.4.3 零归一化交叉相关

使用光流搜索一个特征点的最优位置需要求解优化问题。这可能会更简单一些（因此也更快一些），仅扫描最佳位置的整个搜索窗口。这样的扫描可以通过一个鲁棒的图像比较测量方法完成，这种方法对两幅图像的对齐程度进行打分。理想情况下，这样的测量方法应该具有图像强度局部变化的不变性，这种变化一般来自模板图像和输入图像之间的光照差别。

对于一个在位置 (x, y) 周围的 $V_x \times V_y$ 尺寸的图像块零归一化交叉相关（Zero-Normalized Cross-Correlation，ZNCC）有如下优点。典型的图像块尺寸是 5×5 或 7×7。

使用 ZNCC 的主动搜索

对于一个输入图像 I 和一个模板图像 T，我们用 $\bar{I}$ 和 $\bar{T}$ 表示平均值，用 σ^I 和 σ^T 表示标准差。ZNCC 的分数 ρ^{ZNCC} 可以通过下式计算：

$$\rho^{ZNCC}(x,y) = \frac{\frac{1}{V_x V_y}\sum_{x,y} I(x,y)T(x,y) - \overline{IT}}{\sigma^I \sigma^T} \tag{4.44}$$

我们使用 ZNCC 在一个预测位置 (x,y) 周围的主动搜索窗口（$x \pm W_x/2 \times y \pm W_y/2$）中搜索最佳的匹配：

$$\underset{i \in \pm W_x/2, j \in \pm W_y/2}{\arg\min}\ \rho^{ZNCC}(x+i, y+j) \tag{4.45}$$

使用 ZNCC 的主动搜索相比 KLT 的一个优势是只需要考虑图像平面的平移。如果运动包括了剧烈的旋转或缩放，纯粹的 ZNCC 的结果可能不理想。然而，主动搜索中的运动模型也能用于对图像块进行变形。我们计算了一个变形后的模板图像并将其和输入图像进行比较。如果 ZNCC 是足够有效的，则变形后的模板图像和输入图像足够相似。在 KLT 中，计算的变形差由运动模型预先决定，与优化无关。因为变形只表示一个向目标更进一步的中间步骤，所以通常仿射变形是足够的（见图 4.16）。这样的仿射变形可以通过双线性差值重采样模板图像迅速计算得到。

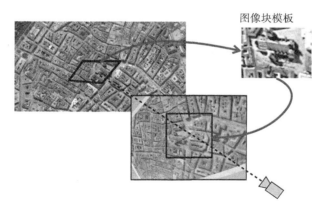

图像块模板

图 4.16　模板图像中的一块（左上）通过运动模型估计得到的摄像机位姿进行仿射变形（右上）。变形后的图像块和当前摄像机中的图像块进行比较（由 Daniel Wagner 提供）

4.4.4　分层搜索

即使是使用手持摄像机以 30Hz 采集的分辨率为 640×480 像素的中等质量的视频流通常也会包含数以百计的特征，这些特征通常在帧与帧之间移动 50 或更多的像素。朴素的跟踪需要很大的搜索窗口，从而跟踪的计算量很大。因此，有必要采用分层的方法，通过不断减少幅度的步骤确定摄像机的位姿。

通常使用一个简单的两层图像金字塔（见图 4.17）就足够了，通过对输入图像进行下采样可以将其分辨率降为原始图像的四分之一 [Klein and Murray 2007]。在这一分辨率下，只有一小部分强特征（比如 20 ~ 30 个特征）可以通过运动模型利用预测的摄像机位姿跟踪。与之相对，搜索窗口会很大——比如 5×5 像素（对应于原始分辨率上的 20×20 像素窗口）。与来自运动模型的位姿相比，来源于这个粗糙跟踪步骤的摄像机位姿会被改善，但是还不够精确。即使这样，也足够在完整分辨率上完成跟踪的初始化。在完整分辨率上的跟踪利用所有的特征（例如 200 个最强的特征），但是使用更小的搜索窗口（例如 2×2 像素）。在移除外点之后，可以使用非线性优化操作来获得最终的摄像机位姿。

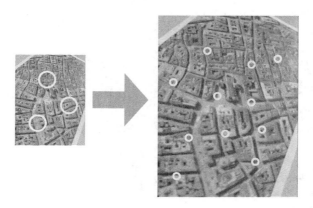

图 4.17   一个两层分层搜索始于一张 2×2 的子采样图像，只采用少量的兴趣点获取摄像机位姿的初始估计。之后在完整分辨率上考虑所有的兴趣点，但使用更小的搜索窗口（由 Daniel Wagner 提供）

4.4.5　联合检测与跟踪

除非我们从已知的摄像机位姿出发，纯粹的增量跟踪不能被初始化。早期的方法采用人工初始化的办法，但现代跟踪系统 [Wagner et al. 2009] 结合了检测跟踪和增量跟踪方法（见图 4.18）。

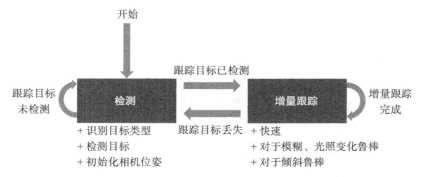

图 4.18   跟踪和检测是互补的方法。在成功的检测之后，目标被增量地跟踪。如果目标丢失，检测会被再次激活

由于不需要满足严格的帧率，检测方法不需要先验的位姿，但是需要一定的计算周期。检测可以通过目标识别进行拓展，使得可以从一个潜在的巨大数据集中检索到正确的跟踪模型。

增量跟踪需要先验的位姿信息，但是可以依赖时间一致性。在初始化阶段，可以使用该方法从视频流中提取模板图像，从而不用依赖存储的跟踪模型。新鲜的模板图像反映了光照等当前环境的情况，使得跟踪对于模糊、镜面反射或强烈的倾斜等恶劣的环境具有弹性（见图 4.19）。

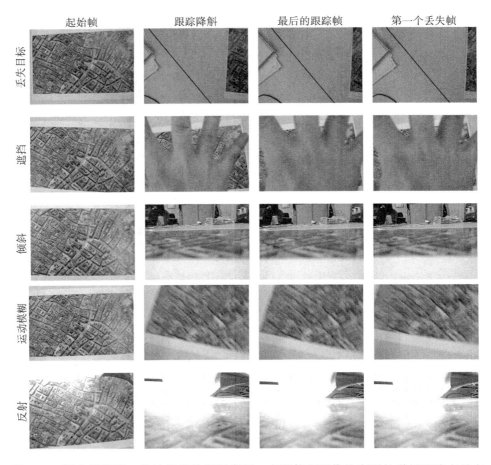

图 4.19　图中展示了一些被跟踪的视频序列，直到使用图像块变形的增量跟踪在最右边的列被打断。跟踪对于目标丢失、遮挡、倾斜、运动模糊及反射很鲁棒（由 Daniel Wagner 提供）

4.5　同时定位与地图构建

到现在为止，我们都假设跟踪开始之前我们已经得到了一个用于参考的跟踪模型，而在无模型跟踪的情况下我们没有这样的一个跟踪模型。最简单的无模型跟踪可以视为同时定位与地图构建（SLAM）的前身，有时也称为**视觉里程计** [Nistér et al. 2004]。概括地讲，视觉里程计指的是从任意点开始对摄像机的 6 自由度姿态进行连续跟踪的方法。该方法源自移动机器人领域，视觉里程计对环境进行三维重建，但所得的结果仅用于增量跟踪。一个基本的视觉里程计流程包含以下步骤：

1）在第一帧中检测兴趣点，如利用 Harris 或者 FAST 角点（见 4.3.1 节）。

2）在先前的帧中二维追踪兴趣点，如利用 KLT（见 4.4.2 节）。

3）利用嵌套在 RANSAC 循环（见 4.3.5 节）中的五点算法（见 4.5.1 节）确定当前帧和先前帧对应特征的本质矩阵。

4）从本质矩阵中估计摄像机的增量位姿。

5）本质矩阵只能确定位姿中的平移参数的尺度变化，而尺度必须单独估计才能保证它在所有跟踪的图像序列中保持一致。为此，使用三角测量法（见 4.2.4 节）对同一图像特征在随时间变化的多个三维观测点进行计算，这种方法也称为**基于运动的结构重建**（SFM，Structure From Motion）。

6）转入下一帧。

除了五点算法之外的其他算法均在本书中进行了介绍，接下来将讨论五点算法。

4.5.1　本质矩阵的五点算法

为了通过二维点的对应确定摄像机的相对运动，Nistér[2004] 算法利用五组对应点计算本质矩阵 $\mathbf{E}$。由于 $\mathbf{E} = \mathbf{t}_\times \mathbf{R}$，通过采用 SVD 把 $\mathbf{E}$ 分解为 $\mathbf{R}$ 和 $\mathbf{t}$ 就可以计算摄像机的相对位姿 $[\mathbf{R}|\mathbf{t}]$。两台摄像机的光心不能相同（即 $\|\mathbf{t}\| > 0$），否则会构成一个隐式三角，$\mathbf{E}$ 的求解成为不适定问题。为此，必须将 SLAM 系统初始化为独特的（向两边或者向前）"旅行"运动，不能让摄像机单纯地旋转。

Nistér 算法

已知内参 $\mathbf{K}_1$、$\mathbf{K}_2$ 的两台摄像机对应的观测点 $\mathbf{p}_1$、$\mathbf{p}_2$ 可以用本质矩阵 $\mathbf{E}$ 联系起来：

$$\mathbf{p}_2^{\mathsf{T}} \mathbf{K}_2^{-\mathsf{T}} \mathbf{E} \mathbf{K}_1^{-1} \mathbf{p}_1 = 0 \tag{4.46}$$

把五组对应点代入式（4.46）中生成一个 5×9 的矩阵。由于 $\mathbf{E}$ 有 9 个元素，用 SVD 或 QR 分解可以计算出该矩阵的零空间，从而可以把 $\mathbf{E}$ 改写为四个 3×3 的矩阵 $\mathbf{X}$、$\mathbf{Y}$、$\mathbf{Z}$、$\mathbf{W}$ 和四个标量 x、y、z、w：

$$\mathbf{E} = x\mathbf{X} + y\mathbf{Y} + z\mathbf{Z} + w\mathbf{W} \tag{4.47}$$

由于 $\mathbf{E}$ 是齐次的，因此可以设 $w = 1$。考虑到每一个基本矩阵或本质矩阵的行列式都是 0，因此可以给式（4.47）施加一个约束条件：

$$det(\mathbf{E}) = 0 \tag{4.48}$$

通过将式（4.47）与下式相结合可以得到多于 9 个约束条件，用 $\mathbf{E}$ 的特殊结构写为：

$$2\mathbf{E}\mathbf{E}^{\mathsf{T}}\mathbf{E} - tr(\mathbf{E}\mathbf{E}^{\mathsf{T}})\mathbf{E} = 0 \tag{4.49}$$

由此生成一个包含单项式 $x^i y^j z^k$ 的 10×20 矩阵，这里 $i + j + k \leqslant 3$。这个矩阵可以用高斯–约旦消除法简化（细节参看 Nistér 的论文）。我们得到自由度为 10 的多项式，可以得到关于 z 的 10 个解。最终将这些多项式的解代回求解 $\mathbf{E}$。用 SVD 把 $\mathbf{E}$ 分解为 $\mathbf{R}$ 和 $\mathbf{t}$：

$$\mathbf{E} = \mathbf{U}\mathbf{D}\mathbf{V}^{\mathsf{T}}$$

$$\mathbf{W} = \begin{bmatrix} 0 & -1 & 0 \\ 1 & 0 & 0 \\ 0 & 0 & 1 \end{bmatrix} \tag{4.50}$$

$$\mathbf{R} = \mathbf{U}\mathbf{W}^{-1}\mathbf{V}^{\mathsf{T}}$$

$$\mathbf{t}_\times = \mathbf{V}\mathbf{W}\mathbf{D}\mathbf{V}^{\mathsf{T}}$$

如果对 Nistér 算法望而却步的话，也可以选择其他的方法，例如 Li 和 Hartley[2006] 或者 Stewenius 等人 [2006] 的方法。

4.5.2 集束调整

如前文所述的朴素视觉里程计随着时间的增加可能会累积漂移误差。通过**集束调整** [Triggs et al. 2000] 最小化重投影误差可以解决这一问题。对于标定参数为 **K** 的摄像机，定义三维点 $\mathbf{q}_i$ 在摄像机位姿 $\mathbf{X}_k$ 时拍摄帧中的投影为 $\mathbf{p}_{k,i}$。我们希望最小化如下的重投影误差 ρ：

$$\arg\min_{\mathbf{x}_k,\mathbf{q}_i} \sum_k \sum_i \rho(\mathbf{KX}_k\mathbf{q}_i - \mathbf{p}_{k,i}) \tag{4.51}$$

函数 ρ 是一个鲁棒的估计（如 Tukey 估计），$\mathbf{p}_{ki}$ 为包含三个元素的齐次向量。

正如 4.1.4 节所述，这个问题通常用高斯 – 牛顿或者 Levenberg-Marquardt 方法进行求解。但是问题空间很快会变得过于庞大，如果把参数按照摄像机位姿和三维点进行分类则可以高效地解决，同时，计算局限在一定的空间区域。**有窗口的集束调整**只在固定数目的邻近帧中优化（见图 4.20）。

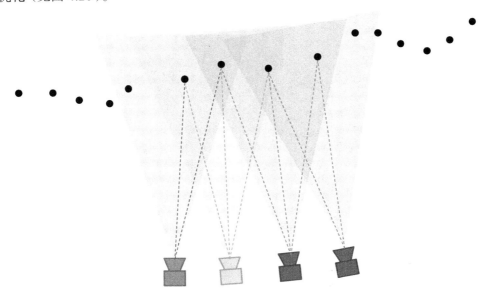

图 4.20　有窗口的集束调整只优化相邻摄像机的位姿，减少了计算量

对于非常大的场景，**位姿图优化** [Kummerle et al. 2011] 更进一步：只对选取关键帧的摄像机位姿进行优化。在图中关键帧为节点，而两个关键帧之间的边缘代表两者观察的场景公共部分。与全局位姿优化不同，该方法只考虑沿着边缘的相对位姿变化。

4.5.3 并行跟踪与地图构建

前文描述的朴素视觉里程计算法只考虑被追踪到的点，如果一个点在移出视线后又被重新检测到，朴素的视觉里程计算法无法将第二张视图与第一张视图联系起来。与之相对，SLAM 旨在利用观测点与场景中点的数据一致性创建地图 [Davison et al. 2007]。遗憾的是，这样的地图会随着摄像机探索场景的过程快速增长，很快全局的集束调整计算变得不可行。

并行跟踪与地图构建（PTAM）[Klein and Murray 2007] 是一个现代方法，将跟踪与地图构建分离（见图 4.21）。PTAM 让二者在并行线程中同时执行，但允许它们有不同的更新频率。

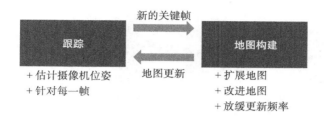

图 4.21   并行跟踪与地图构建使用两个并行线程，一个用于跟踪，另外一个用于地图构建，两者运行速度不同

跟踪线程以全帧速率（例如 30Hz）工作，使用运动模型将存储在地图中的点投影到当前帧中并搜索对应关系，然后利用这些对应关系计算摄像机位姿。

建立地图的线程以较慢的速度运行，每一次迭代需要数秒。它通过关键帧（即视频流中代表不同摄像机位姿的帧）耦合到跟踪线程。如果存在所有其他关键帧的最小基线并且跟踪质量足以获得可信的摄像机位姿，则会加入新的关键帧。

获取新的关键帧后，地图构建线程通过两种方式扩展地图。第一，对于在新的关键帧中找到的已有地图中的点，使用新的观测点改进三角测量值。第二，在关键帧中寻找新的地图点并添加到地图中。将这些点投影到邻近关键帧中以获得三角测量值，然后使用集束调整在后台优化扩展地图。当摄像机不再搜索新的区域并传送新的关键帧时，地图构建线程通过使用空闲时间逐渐检查所有关键帧中的所有点来完善地图，从而可以改善位置估计、识别伪数据关联和外点。

4.5.4   重定位与闭环

有两个不同的问题要求 SLAM 中的数据关联一致，第一个问题是重定位，例如暂时的遮挡或快速的移动导致该点丢失从而需要重新跟踪。跟踪需要在同一个地图坐标系下重新开始，才能使地图数据有意义。

第二个问题是闭环，指的是识别摄像机当前访问的场景是否为已构建地图的一部分，从而可以保证地图中的点不会被重构两次。在数学上，这个问题与重定位类似，但在实践中这个问题会带来截然不同的挑战。在跟踪工作时，闭环可以利用已有的摄像机位姿正确信息，避免错误的数据关联。与之相对，重定位在跟踪消失时调用，因此必须能够可靠地搜索整个模型，跟踪失败后用户可能会移动任意距离。

基于关键帧的 SLAM 将特征重新投影到邻近的关键帧，从而隐式地处理闭环。这一重投影不能无限制地扩展关键帧的数量，因此这种形式的闭环只适用于小场景。

重定位可以通过从当前帧提取兴趣点并将其与所有的点进行比较来实现。而基于关键帧的 SLAM 通常使用关键帧中获取的块进行模板匹配，从而避免了代价昂贵的 SIFT 等描述符计算。但随着地图尺寸的增加，该方法不能很好地扩展。

在基于关键帧的 SLAM 中，一个常用的重定位方法是对整个关键帧生成一个代价较小的描述符。将关键帧下采样为一张小的（如 40×30 像素）模糊图片（SBI，Small Blurry Image）[Klein and Murray 2008]，为了抑制高频信息将其高度模糊（见图 4.22）。由于关键帧的间距足够密集，因此与当前摄像机图像进行简单的 ZNCC 比较就可以得出好的重定位结果。一旦识别出足够相似的关键帧，就可以利用其摄像机位姿搜索当前图像中已知的地图点并重新开始跟踪。

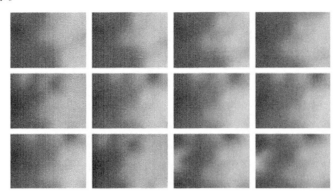

图 4.22   对像素数为 640×480 的源图像重新采样为 40×30 像素后计算得到的小模糊图像，使用大小为 5 个像素的高斯核进行模糊（由 Daniel Wagner 提供）

对于大的工作场景，需要一种可扩展的检测方法。标准方法是计算地图点的描述符并使用 k-d 树 [Lowe 2004] 或词汇树 [Nistér and Stewenius 2006] 等分层搜索结构，从而可以有效地搜索非常大的地图。

4.5.5   稠密地图构建

PTAM 等基于兴趣点的方法依赖稀疏点云，在缺乏纹理的区域不能正常工作。对一幅图像中所有的点进行密集跟踪可以纳入更多的信息，因此对条件差的图像更有容错性，但是不利之处在于密集跟踪的计算量很大。

硬件的两个最新进展使实时密集跟踪成为可能并具有极大的吸引力。第一，Microsoft Kinect 等廉价的 RGB-D 传感器可以直接测量深度，无须通过软件进行点三角测量计算。第二，GPU 可以用来做大量的并行数值计算，这让稠密和半稠密地图构建算法得以复兴，甚至是在移动计算平台上的计算能力持续显著地提升更进一步助长了这一趋势。半密集的 SLAM 技术已经被证明是可以实时运行的，不需要复杂的硬件支持 [Engel et al. 2014]。

第一个成功利用新硬件做密集 SLAM 的方法是 KinectFusion[Newcombe et al. 2011]。该技术的概述如图 4.23 所示。KinectFusion 的跟踪部分将 RGB-D 传感器获得的深度图像理解为点云。通过使用**迭代最近点**（ICP，Iterative Closest Point）算法 [Arun et al. 1987] 将当前深度图像与前一帧深度图像进行对准来确定摄像机位姿：

1）对当前深度图像上的每一个点确定其在先前深度图中的最近点。使用有限差分计算输入数据上每一点的法线，然后利用其计算点到面的距离度量以确定数据关联。

2）利用这些点之间的关联计算最小化残差的刚性变换。

3）将变换应用到所有的点中。

4）重复这个过程直至误差足够小。

KinectFusion 构建地图部分将场景表示为一个内部存储**截断的符号距离函数** $t(\mathbf{q})$（见图 4.24）的卷。在利用跟踪结果把新的深度数据转换到全局坐标系后，借助辅助卷 w 利用滑动平均（见图 4.25）把 t 集成到 v 中 [Curless and Levoy 1996]。

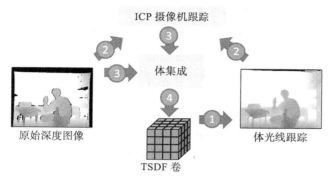

图 4.23   KincetFusion 利用深度传感器实时获取场景的几何估计。深度图被转换成点云并使用 ICP 算法进行跟踪。通过将新的深度观测值融入卷中进行重建

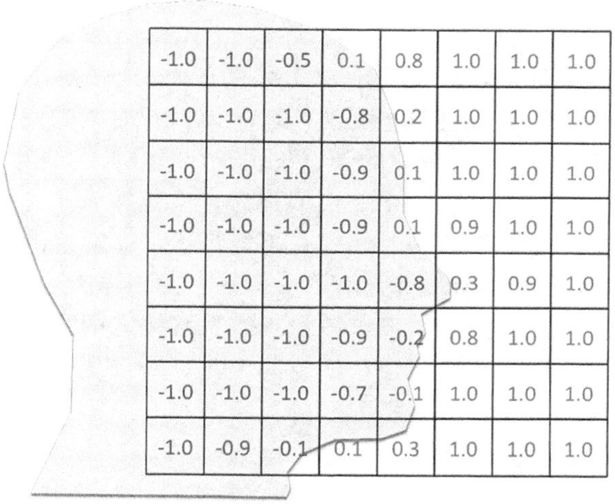

-1.0	-1.0	-0.5	0.1	0.8	1.0	1.0	1.0
-1.0	-1.0	-1.0	-0.8	0.2	1.0	1.0	1.0
-1.0	-1.0	-1.0	-0.9	0.1	1.0	1.0	1.0
-1.0	-1.0	-1.0	-0.9	0.1	0.9	1.0	1.0
-1.0	-1.0	-1.0	-1.0	-0.8	0.3	0.9	1.0
-1.0	-1.0	-1.0	-0.9	-0.2	0.8	1.0	1.0
-1.0	-1.0	-1.0	-0.7	-0.1	1.0	1.0	1.0
-1.0	-0.9	-0.1	0.1	0.3	1.0	1.0	1.0

图 4.24   截断的符号距离函数定义了空间中每个点到最近等值面的距离

深度图像融合

截断符号函数 $t(\mathbf{q})$ 用法线 $\mathbf{n}$ 描述从 $\mathbf{q}$ 到最近表面点 $\mathbf{s}$ 的距离，距离仅在 $\mathbf{s}$ 附近 $\pm\delta$ 的区间内考虑：

$$t(\mathbf{q}) = \min(1, \delta \| q-s\|) \cdot \mathrm{sgn}(\underline{N}(\mathbf{q-s}) \cdot \mathbf{n}) \tag{4.52}$$

由于不是每个体素在每一帧中都会更新，因此用另一个卷 $w(\mathbf{q})$ 存储逐体素计数器：

$$w^{\text{new}}(\mathbf{q}) = \min(W^{\max}, w(\mathbf{q})+1)$$

$$v^{\text{new}}(\mathbf{q}) = \frac{v(\mathbf{q}) \cdot w(\mathbf{q}) + t(\mathbf{q})}{w(\mathbf{q})+1} \tag{4.53}$$

对于可视化或增强现实，利用 GPU 光线跟踪可以从 v 中提取重建场景的深度图。由于积分是随着时间进行的，因此深度图不会受到传感器伪影的影响，可用于在下一帧中确定 ICP。

近期的研究工作探索了其他形式的**稠密** SLAM，DTAM[Newcombe et al. 2011b] 不需要深度传感器就可以直接通过 RGB 图像计算稠密地图。RGB-D SLAM[Kerl et al. 2013] 是基

于关键帧的 SLAM 方法，使用 RGB-D 图像而不仅仅是 RGB 图像，并且可以较少的计算量在 CPU 上运行。LSD-SLAM[Engel et al. 2014] 探讨了**半稠密**地图构建——在稀疏和稠密地图构建之间的有效折中。借助 LSD-SLAM 可以通过 RGB 相机序列帧的小基线立体匹配获得深度估计，所有带有合适深度估计的像素都会被用于与关键帧的深度匹配。

4.6 户外跟踪

我们到目前为止描述的跟踪方法主要用于室内应用。当然，增强现实也有许多如旅游导航或工程检查等户外应用案例，需要在户外进行跟踪。户外跟踪通常比室内跟踪更加困难，其原因在于：

- **移动性**。用户可以随意去任何地方。跟踪需要覆盖非常宽广的领域，需要在智能手机等移动设备上运行，这些移动设备计算速度相对较慢且存储空间小。智能手机上的 GPS 和罗盘等微型传感器的精度较差，并且大多数摄像机的视场角都很窄。无线网络的连接是不可预测的。
- **环境**。户外环境中的许多区域可能缺乏或存在无法使用的纹理（街道、草坪）和重复结构（窗户、篱笆），在视觉上无法区分。此外，时间的变化很容易使跟踪模型过时——例如，移动的汽车、变化的天气条件或者季节性的树叶。
- **定位数据库**。区域覆盖广泛的跟踪模型称为定位数据库，其数据量可能非常大。搜索这样一个数据库需要很长的时间并且不容易扩展。通过系统地获取户外图像来创建定位数据库是一个劳动密集型过程，并且这样的数据库通常不支持增量更新。
- **用户**。通常情况下，我们难以奢求增强现实系统的入门级用户能够深入理解系统的操作。在室内时，用户仅在一个小的空间工作，增强现实设备必须指向的工作区通常清晰明了。但是在户外时增强现实的覆盖范围并不十分清晰，无法启动跟踪或者看到增强现实重叠信息可能会令用户感到沮丧。

总而言之，这些问题提高了可接受的户外增强现实跟踪解决方案的门槛。最成功的解决方案使用的是依赖于定位数据库、基于模型的自然特征跟踪方法，通常采用描述符等信息标注的大量点云表示（见图 4.25）。

图 4.25　利用 SFM 从大量全景图像中计算得到的奥地利格拉茨大广场（由 Clemens Arth 提供）

跟踪或定位基于我们前面讨论的自然特征匹配技术，但必须通过额外的措施进行增强来使方案具有可扩展性。增强措施包含以下四个方面：可扩展的视觉匹配策略；使用传感器的先验信息修剪搜索空间进行视觉匹配；利用几何先验信息；同步跟踪、地图构建和定位。

4.6.1　可扩展的视觉匹配

当跟踪模型的尺寸太大（例如整个城市）时，简单地利用兴趣点计算描述符然后进行特征匹配的方法变得不可行。这种方法的效率很低，其原因在于与整个数据库逐一匹配需要太长时间，同时也是无效的，因为即使使用像 SIFT 这样复杂的描述符依然没有足够的区分度。

为了提高效率（即搜索速度），数据库通常通过特征的 k-means 聚类组织为树状结构。在这样的树中搜索一个特定特征所需的步数与特征数是对数关系。为了提高线性搜索的效率，树的分支宽度通常非常宽，例如 10 ~ 50 个分支。

从查询图像中提取的特征会受到测量噪声的影响，因此可能不会与数据库中的特征完全匹配。匹配需要能够容忍输入特征和数据库特征之间的微小差异。随着特征数量的增加，特征之间的平均差异变小，因此很难将这种容忍性囊括其中。其结果是匹配可能不会返回唯一的结果，而是返回输入特征相似度排序的推定匹配列表。在前文提到，通常只有当第二最佳匹配的比率小于 0.8 时，最佳匹配才会被接受。取决于树中旋转元素的选择方式，由于搜索了树中的错误路径，有时输入特征可能甚至不会返回最接近的匹配。

为了提高匹配的有效性，我们必须找到可以容忍一定数量的不良数据关联的方法。用于此目的的最常用方法是**词袋**模型。它建立在图像特征的共现之上，在这一情境中通常被称为"视觉词汇"来强调与文本检索的关系。虽然检测单个图像特征可能不足以确保数百万特征的可靠定位，但图像中特征的共现可以提供必要的辨别力。

词汇树 [Nistér and Stewenius 2006] 是一棵搜索树，与特征 1:1 对应的原始叶子被忽略。原始叶子上方的中间节点与一个视觉词汇（量化描述符）相关联并成为新的叶子。每个视觉词汇具有**反向文件结构**作为其载荷而不是特征列表。树是利用与三维点云相关的特征创建的，而三维点云又是在从源图像集合中提取兴趣点后通过 SFM 创建的。视觉词汇的反向文件指向提取描述符的图像索引。源图像是指从中提取三维点的图像。

来源于同一图像的包含特征的视觉词汇将投票给该图像。因此通过将从查询图像中获得的所有特征在词汇树中进行搜索，可以得到该图像的投票直方图。我们选择直方图中排名最高的源图像，其原因在于它最有可能显示与查询图像相同的场景。然后将查询图像的特征与所选源图像的三维点关联的特征进行匹配。通过考虑排名靠前的多幅源图像，可以让这一方法对外点更加鲁棒。我们只保留查询图像中的兴趣点与实际出现在一幅源图像中三维点的关联，然后将此过程产生的 2D-3D 关联传入常用的 RANSAC P3P 算法，并附加额外的几何验证（见 4.3.4 节）。

Irschara 等人 [2009] 改进了初始的词汇方法，即所谓的**虚拟视图**。在预处理时从 SFM 中获得的三维点被重新投影到通过设置虚拟摄像机的规则网格创建的"虚拟视图"中。这些虚拟视图仅仅作为容纳可能的视点空间中具有几何邻近特征的共现容器。因为虚拟视图的数量可能变得非常庞大，所以通过将虚拟视图与类似的特征集进行贪婪融合，可以获得虚拟视图集的压缩版本。这种增强的最终结果能更好地表示词汇树中特征的空间相干性。

Sattler 等人 [2011] 提出通过直接匹配源图像代替间接匹配来加速数据关联。视觉词汇直接存储关联特征的列表，在查询图像找到的视觉词中先检查仅有几个描述符的词汇。成功的匹配会启动主动三维搜索，附近的三维点被反向投影到查询图像中以寻找更多的匹配 [Sattler et al. 2012]。

对于更大范围的位姿估计，Li 等人 [2012] 引入了一个世界范围的位姿定位流程。通过估计摄像机相对于大范围地理注册的三维点云的 6 自由度位姿，解决了确定未标定摄像机拍摄位置的问题。

4.6.2   传感器先验信息

现代移动设备通常配备有多种传感器：GPS、磁力计和线性加速度计。虽然这些传感器的性能受环境变化的影响很大，但是它们通常适用于获取户外定位的先验信息。所获得的先验信息随后通过基于图像的定位得到改善。利用传感器的先验信息修剪本地数据库能够显著地减小数据库的规模，从而提高运行效率和定位成功率。此外，修剪后的数据库规模在很大程度上与整体数据库的规模无关。因此这种修剪技术可以根据需要将云端的相关特征下载到移动客户端。

GPS 是先验信息的主要来源。给定地理对齐的 SFM 重建后，可以确定三维点和摄像机位姿的全局注册坐标。使用类似于 4.6.1 节讨论的虚拟视图的想法，可以利用该信息将数据库组织成规则或不规则的地理网格（见图 4.26）。仅考虑虚拟视图中与 GPS 先验信息足够接近的特征点进行匹配。如果在有限距离内可以观察到大多数特征，我们甚至可以仅通过量化三维点的地理坐标来组织数据库 [Takacs et al. 2008]。

图 4.26   重建后城市区域的相关部分可以细分为单区，通过基于 GPS 测量结果预先选择作为源的单区，可以大体上修剪重建数据库中的相关部分（由 Clemens Arth 提供）

由磁力计测得的水平方向估计也可用于数据库修剪。根据特征点法线投影到地平面上的朝向可以对特征进行预分类。Arth 等人 [2012] 使用间隔 45° 的八个重叠扇形，每个扇形覆盖 60° 的视场角（见图 4.27）。

通过使用线性加速度计测量重力可以获得垂直方向估计。重力在增强现实中有两种用途。第一，它可以取代 SIFT 类特征中的主梯度方向 [Kurz and BenHimane 2011]。在城市环境中大多数的特征都是在建筑立面上，因此具有垂直朝向，利用重力对齐的特征可以提高匹配性能（见图 4.28）。第二，重力可以用来估计视图的倾斜度。类似于磁力计可以提供水平裁剪，这提供了特征垂直修剪的可能。然而由于建筑物下方的街道和上方的天空不包含可靠的兴趣点，因此垂直修剪的收益较小。

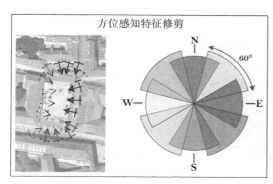

图 4.27   磁力计（罗盘）可以用作先验信息的来源，将对应点的搜索范围缩小到正常朝
向用户的区域（由 Clemens Arth 提供，见彩插）

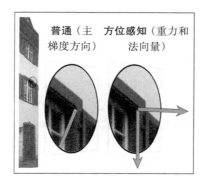

图 4.28   与梯度等视觉属性相比，带有重力校准朝向的特征可以得到更可靠的匹配（由
Clemens Arth 提供）

综合来看，使用传感器作为先验信息的来源可以将定位的成功率提高 15% [Arth et al. 2012]。然而，这项技术带来的好处主要是通过修剪数据库获得更快的搜索速度。由于移动设备的存储带宽通常非常有限，因此采用这种技术。

4.6.3   几何先验信息

Google Maps 和 OpenStreetMap 等广泛使用的在线地理信息系统（GIS）为先验位置数据提供了另外一个来源。GIS 可以提供建筑物的轮廓，有时还可以提供数字高程模型（DEM）。通过推算建筑物轮廓并将其与 DEM 整合，可以计算出城市环境的粗略三维模型。

当该信息与来自 GPS 和磁力计的先验位姿数据组合时，所得到的模型可以用来修剪定位数据库。利用先验信息估计的相机位姿先确定模型的哪一部分（例如室内模型的外立面或墙）可见，进而计算出潜在可见集 [Airey et al. 1990] 并修剪相应的搜索空间。与使用先验位置信息相比，这样的计算可以更大程度地减少数据量 [Arth et al. 2009]（见图 4.29）。此外，足够接近 GIS 获取的外立面三维点会被标记为属于外立面，这在点云上施加了额外的语义结构，可用于在匹配时改进内点验证。外立面也可以直接与 GIS 数据匹配 [Arth et al. 2015]。

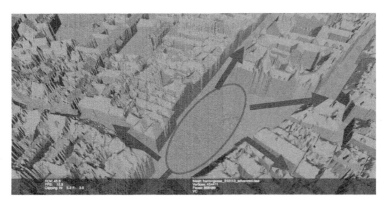

图 4.29   中心广场的潜在可见集合包含与广场直接相连的街道区段（蓝色箭头），但是不
包含一到两个转弯之后的街道区段（红虚线），见彩插

4.6.4   同时跟踪、地图构建及定位

在 4.5 节中我们讨论了 SLAM，它能够进行无模型跟踪，但只是相对于一个局部的起始点。对于全球配准信息（比如街道名称）的户外增强现实显示系统，只有 SLAM 并不可行。

当然，如果我们有一种方法可以将 SLAM 的相对坐标系至少连接到全球配准信息一次，那么 SLAM 就能够提供进行户外跟踪的有用机会。SLAM 不需要预先做好的跟踪模型，但依赖当前环境中的视觉信息，这些信息包含与天气有关的效应等仅在短时间内有效的现象。除此以外，SLAM 能够独立运行在一台移动设备上，不需要额外的支持设备。最后，由 SLAM 创建的地图将许多空间相邻视点的信息集成到单数据结构中。如果一台视场较小的摄像机不足以在一个大数据集上完成定位过程，那么在地图上汇集的信息可能已经足够成功了。

通过采用同时跟踪、地图构建及定位可以抓住这些机会（见图 4.30）。使用这一方法时，一个客户端 SLAM 系统需要和服务器端定位相结合。客户端和服务器端通过无线网络松耦合，每个主机以其自身的速度异步运行。服务器端定位能够充分利用可扩展服务器技术，不会影响客户端的移动性。

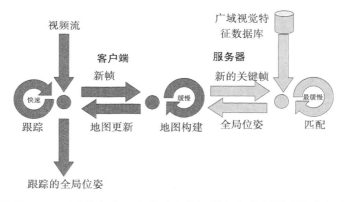

图 4.30   传统的 SLAM（蓝色）在一台移动客户端设备上进行同时跟踪与地图构建。通过增加一台定位服务器（橘黄色），可以加入第三个并发活动：为广域定位匹配一个视觉特征的全局数据库。客户端和服务器独立运行，所以客户端能够一直以最高帧率运行，见彩插

一旦地图被扩展，客户端就连续地更新服务器。这些地图更新仅由一条包括关键帧和相关本地位姿的信息组成。服务器收集这一信息并重复地尝试从其中获得全局位姿。服务器成功后会通知客户端，然后客户端能够将本地位姿升级为全局位姿并开始显示全局配准信息。即使服务器不再提供任何额外的位姿更新，客户端也可以在全局坐标系中继续运行。客户端甚至可以在全局坐标系下仅通过其局部地图信息进行重定位。

最简单的客户端 SLAM 实现方法是全景定位和地图构建 [DiVerdi et al. 2008] [Wagner et al. 2010]，可以实时创建如图 4.31 所示的全景图。用户被限制为直立并只能使用摄像机做旋转运动（见图 4.32），从而不需要通过 6 自由度运动获取局部结构。这样的探索式增强现实用法对户外用户非常普遍。

图 4.31　实时全景 SLAM 获得的全景图（由 Clemens Arth 提供）

图 4.32　在使用全景 SLAM 时用户只能做旋转运动，就像探索当前环境那样（由 Daniel Wagner 提供，见彩插）

将运动约束为只能旋转把 SLAM 问题缩小到 3 自由度的图像对齐，只需要计算一个单应并且甚至能够在慢设备上实时处理。全景的 SLAM 也不要求在初始化 SLAM 地图前建立基线，尽管众所周知，这一操作对没有训练过的用户十分困难 [Mulloni et al. 2013]。能够与户外定位数据集匹配的特征数量大概随摄像机的视场线性增加 [Arth et al. 2011]，这并不令人惊奇。构建更大的全景地图提高了最终成功定位的机会（见图 4.33），因此最好重复尝试利用单个窄视场图像计算定位。

图 4.33   图中的线显示了从全景图中获得的特征匹配。注意，在外立面可以被直接观察
到的方向上效果很好，但是在面向街道时效果不好。这说明为什么大视场是可
靠的户外定位所必需的（由 Clemens Arth 提供）

如果可以使用一个全 6 自由度的 SLAM 系统，用户不必被约束在一个特定的区域，因
此可以获得更广阔的视点，同时用户也能够自由地探索环境。图 4.34 展示了一个正在访
问多视点的用户。正如在 4.5 节中讨论的那样，利用一个 6 自由度的 SLAM 地图计算全局
位姿在算法上等效于环闭合 [Ventura et al. 2014a]。SLAM 地图与全局重建通过一个 7 自由
度相似变换（3 自由度位置 +3 自由度方向 +1 自由度尺度）关联。这个变换可以通过点云
对齐 [Umeyama 1991] 来确定，但是利用一个小的 SLAM 地图获得所要求的匹配会有些困
难。Ventura 等人 [2014b] 提出了一种使用最优 Gröbner 基求解四个 2D-3D 对应的有效方法，
Sweeney 等人 [2014] 提出了一种高精度地求解带有 $n \geqslant 4$ 对应的更一般问题的方法，将其
转化为一个最小二次代价函数的最小化。

图 4.34   客户端利用 6 自由度 SLAM 跟踪的视频序列中的多幅图像，定位服务器提供
用于透明黄色结构覆盖楼房轮廓的全局位姿（由 Jonathan Ventura 和 Clemens
Arth 提供，见彩插）

如果服务器成功地进行了定位，作为副产品，计算得到的闭环信息可以被客户端用来进
行局部集束调整以限制局部地图的漂移。地图本质上固定在由服务器匹配的三维点上，使得
地图构建更加稳定和可扩展。与此同时，地图包含了不能存储在全局数据集中的近期观察信
息（见图 4.35）。

图 4.35　该 SLAM 序列从外立面跟踪（黄色覆盖区域）开始，全局位姿由服务器确定。
　　　　第二行的图像不能利用服务器已知的信息连续跟踪；集成在 SLAM 地图中的前
　　　　景海报用于跟踪（由 Jonathan Ventura 和 Clemens Arth 提供，见彩插）

　　SLAM 系统的一个局限性就是对摄像机基线的基本需求，要求基线相对于要建模的物体具有有意义的尺寸。在户外场景中的物体很容易就有几十米或者几百米的距离。SLAM 系统需要依赖移动的视点，如果摄像机只能旋转则 SLAM 算法不能成功运行。

　　考虑到在户外环境中建立足够的基线很困难并且用户可能更喜欢通过旋转运动来探索周围的环境，将全景和 6 自由度的 SLAM 集成到单个系统中会很有帮助。当用户无意中做出了"错误"的动作，一个可以在全景模式和 6 自由度模式之间动态转换的系统可以避免跟踪失败（见图 4.36）。根据 GRIC 分数，这样的组合 SLAM 可以通过分析运动来构建 [Gauglitz et al. 2014c]。

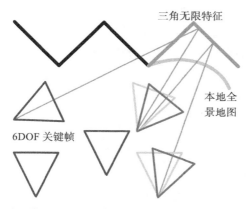

图 4.36　SLAM 系统可以处理通用的 6 自由度运动和纯粹的旋转运动，其优点在于用户
　　　　不被局限于某一类型的运动上。当额外的视点可用时，也提供了从全景特征（蓝
　　　　绿色）中恢复三维特征（品红色）的机会（由 Christian Pirchheim 提供，见彩插）

　　通过适当的地图构建也有可能从全景图部分恢复三维信息，这有助于进一步使地图稠密并拓展地图 [Pirchheim et al. 2013]，同时，跟踪的鲁棒性也会显著增加（见图 4.37）。

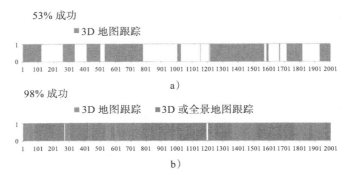

图 4.37　任意的用户运动中 6 自由度与全景 SLAM 的结合更有助于鲁棒的跟踪。a）传统的 6 自由度 SLAM 仅仅能跟踪 53% 帧中的位姿。b）组合的 SLAM 可以跟踪 98% 帧中的位姿（由 Christian Pirchheim 提供，见彩插）

4.7　小结

本章讨论了用于三维跟踪的计算机视觉算法，研究了影响深远的使用案例并讨论了相关的数学技术。

正方形标志点跟踪依赖于从一张图像中通过简单的阈值提取一个多边形形状，根据标志点四个角点估计得到单应并计算位姿。这种方法也可以从一个初始的估计中对摄像机位姿进行优化。

多摄像机红外跟踪使用两个或多个摄像机通过目标反射的红外线进行三角测量。假设摄像机的几何配置是已知的，可以从两个或多个观察中使用对极几何对三维点进行三角测量。目标的本地坐标系也可以通过绝对朝向与全局坐标系进行关联。

通过检测的自然特征跟踪通过将摄像机图像与通过真实环境建立的运动模型进行匹配，不需要对场景进行人工制备。在从图像中提取兴趣点（比如 Harris、DOG 或 FAST）后，可以创建 SIFT 等描述符。这些描述符为搜索与之匹配的运动模型提供了一种有效的方法。成功匹配的点可以用来借助多点透视算法计算摄像机位姿，通常这一算法嵌在一个带有鲁棒估计的 RANSAC 循环中。

增量跟踪使用主动搜索方法在帧与帧之间跟踪兴趣点，通常使用 KLT 或 NCC 进行匹配。支持这种增量搜索的摄像机先验信息可以从一个运动模型或从一个分层搜索中获得。增量跟踪通常与检测跟踪相结合，但是增量跟踪需要初始化才能运行。

SLAM 不依赖预先构建的模型，但在摄像机探索环境时使用从运动中恢复结构的方法构建跟踪模型。SLAM 首先需要通过 2D-2D 兴趣点对应估计摄像机的相对位姿（比如使用五点算法），然后对三维点进行三角测量点，最后使用集束调整限制地图漂移。现代 SLAM 通常被分解成并行跟踪和地图构建线程，并集成了重定位和潜在的闭环能力。基于关键帧的 SLAM 运行在稀疏的三维点上，与之相比，稠密的地图构建需要考虑输入图像的所有像素。尽管这增加了困难环境中的鲁棒性，但是通常需要额外的硬件或非常高效的对齐技术。

户外跟踪必须处理搜索一个非常大的定位数据集带来的额外挑战。最受欢迎的可拓展视觉搜索方法依赖于词汇树的使用。这个数据集可以通过来自 GPS 或磁强计等移动传感器或来自地理信息系统的先验数据进一步修剪。移动设备可以通过在本地运行小尺度的 SLAM 并与一台获取全局坐标的定位服务器合作拓展户外跟踪。局部 SLAM 应该同时支持全景运动和 6 自由度运动，使得用户可以随心所愿地自由探索环境。鉴于来自领先再现地图供应商的系统地图构建和重建工作已经取得进展，我们认为户外跟踪系统将在不久的将来得到迅速发展。

标定与注册

在使用跟踪系统时，首先需要掌握多坐标系。为了保证虚拟的对象可以正确叠加在被跟踪的真实对象上，需要多个坐标系之间的相互协作，这个过程称作注册，将跟踪的位姿信息转换到渲染应用的坐标系中。为了将渲染摄像机与被跟踪的显示器对准，同样需要进行注册。在第 4 章中，我们已经看到如何通过绝对朝向算法把跟踪坐标系注册到对象坐标系中。

增强现实中的注册指的是对组件的标定。本章首先分析摄像机内参和镜头畸变的标定方法，然后讨论没有辅助指向装置和有辅助指向装置两种情况下光学透视式头戴式显示器的标定。本章还将讨论手－眼标定，这可以用于同时使用由外向内和由内向外的跟踪系统的情况。最后，讨论增强现实注册中的问题和误差来源。正如在第 3 章中提到的那样，想要快速学习的读者可以跳过铺灰底中的内容。

5.1　摄像机标定

我们从摄像机的内部工作原理开始讨论。标定一个摄像机包括测量摄像机内参以及镜头畸变导致的非线性。

5.1.1　摄像机内参

在第 4 章中讨论跟踪技术时，我们假设摄像机内部标定矩阵 $\mathbf{K}$（见 4.1.1 节）是已知的。投影矩阵由内参和外参组成：$\mathbf{M} = \mathbf{K[R|t]}$。在没有任何先验信息的情况下，可以通过先确定 $\mathbf{M}$，然后将 $\mathbf{M}$ 分解得到 $\mathbf{K}$、$\mathbf{R}$ 和 $\mathbf{t}$。

使用最广泛的摄像机标定算法由 Tsai[1986] 和 Zhang[2000] 提出。假定有一组已知参考物体的 2D-3D 点对集合，该参考物体被称为**标定靶**。使用最广泛的标定靶类型是棋盘格或者点阵构成的矩形网格，其原因在于在这样的图案中可以很容易地将间隔规律的点提取出来。与单应估计不同，不要求 3D 点共面，可以通过将两个标定靶正交排列或者对同一个标定靶在不同角度进行多次拍摄来进行标定（见图 5.1）。

图 5.1　对于包含已知尺寸的规则网格点的标定图案，不少于 2 幅图像就能满足执行摄像机内参标定算法的要求

TSAI 算法

根据第 4 章，3D 点 **q** 和它的 2D 图像 **p** 之间的关系：

$$\mathbf{p}_x \mathbf{M} \mathbf{q} = 0$$

$$\begin{bmatrix} p_v \mathbf{M}_{R3}^T \cdot \mathbf{q} & -\mathbf{M}_{R2}^T \cdot \mathbf{q} \\ \mathbf{M}_{R1}^T \cdot \mathbf{q} & -p_u \mathbf{M}_{R3}^T \cdot \mathbf{q} \\ p_u \mathbf{M}_{R2}^T \cdot \mathbf{q} & -p_v \mathbf{M}_{R1}^T \cdot \mathbf{q} \end{bmatrix} = 0 \tag{5.1}$$

可以利用这些关系采用类似单应的 DLT 方法求解 **M**。将 **M** 调整为一个 12×1 的向量 $[\mathbf{M}_{R1}, \mathbf{M}_{R2}, \mathbf{M}_{R3}]^T$：

$$\begin{bmatrix} 0 & -p_w \mathbf{q}^T & p_v \mathbf{q}^T \\ p_w \mathbf{q}^T & 0 & -p_u \mathbf{q}^T \\ -p_v \mathbf{q}^T & p_u \mathbf{q}^T & 0 \end{bmatrix} \begin{bmatrix} \mathbf{M}_{R1}^T \\ \mathbf{M}_{R2}^T \\ \mathbf{M}_{R3}^T \end{bmatrix} = 0 \tag{5.2}$$

式（5.2）只有两个自由度，所以需要至少 6 组对应点构成一个方程组来确定 **M** 的 11 个自由度。这个方程组可以使用 SVD 来求解，而且方程的解可以通过 Levenberg-Marquardt 最小化方法迭代优化。

M 左边的 3×3 子矩阵由一个正交旋转矩阵 **R** 和一个上三角标定矩阵 **K** 组成，即 $[\mathbf{M}_{C1}|\mathbf{M}_{C2}|\mathbf{M}_{C3}] = \mathbf{KR}$。可以使用 RQ 因式分解来进行分解。为此，将旋转矩阵的逆 $\mathbf{R}^{-1}$ 表示为三个正交旋转矩阵的积：

$$\mathbf{R}^{-1} = \mathbf{R}_x \mathbf{R}_y \mathbf{R}_z = \begin{bmatrix} 1 & 0 & 0 \\ 0 & \cos(\theta_x) & -\sin(\theta_x) \\ 0 & \sin(\theta_x) & \cos(\theta_x) \end{bmatrix} \begin{bmatrix} \cos(\theta_y) & 0 & \sin(\theta_y) \\ 0 & 1 & 0 \\ -\sin(\theta_y) & 0 & \cos(\theta_y) \end{bmatrix} \begin{bmatrix} \cos(\theta_z) & -\sin(\theta_z) & 0 \\ \sin(\theta_z) & \cos(\theta_z) & 0 \\ 0 & 0 & 1 \end{bmatrix} \tag{5.3}$$

通过选定这三个正交矩阵，可以保证当与 **M** 相乘时对角线下的三个数值之一为零。这个乘法运算的结果是一个上三角矩阵 $\mathbf{K} = \mathbf{M} \mathbf{R}^{-1} = \mathbf{M} \mathbf{R}_x \mathbf{R}_y \mathbf{R}_z$。我们首先选择 θ_x，使得 （3，2）变为零：

$$\cos(\theta_x) = -\frac{m_{3,3}}{\sqrt{m_{3,2}^2 + m_{3,3}^2}}, \quad \sin(\theta_x) = \frac{m_{3,2}}{\sqrt{m_{3,2}^2 + m_{3,3}^2}} \tag{5.4}$$

类似地，我们选择 θ_y，使（3，1）变为零；选择 θ_z，使（2，1）变为零。

5.1.2　校正镜头畸变

真实摄像机的镜头是不完美的，不能用足够精度的针孔模型表示。如果畸变校正没有在数码摄像机出厂时通过出厂标定固化到固件当中，则必须在使用时进行镜头畸变的校正工作。当考虑镜头畸变时，必须分清径向畸变和切向畸变这两种不同形式的畸变。径向畸变扩展或者压缩图像，与到镜头中心的距离有关，这将导致枕形或者桶形畸变效果（见图 5.2）。切向畸变将图像点沿着围绕镜头中心某个圆的切线方向移动。需要注意的是，这些畸变效果在图像中不一定是对称的，其原因是传感器中心与镜头中心有可能并未对齐。通常，我们需要对径向畸变进行补偿，由于切向畸变要小得多，因此往往可以忽略不计。

为了处理径向畸变，我们可以通过畸变图像点 **d** 和投影中心 **c** 来计算非畸变图像点 **p**。最常用的方法是使用下面的多项式近似：

$$r = \sqrt{(d_u - c_u)^2 + (d_v - c_v)^2}$$
$$p_u = d_u + (d_u - c_u)(K_1 r^2 + K_2 r^4 + \cdots)$$
$$p_v = d_v + (d_v - \dot{c}_v)(K_1 r^2 + K_2 r^4 + \cdots)$$

（5.5）

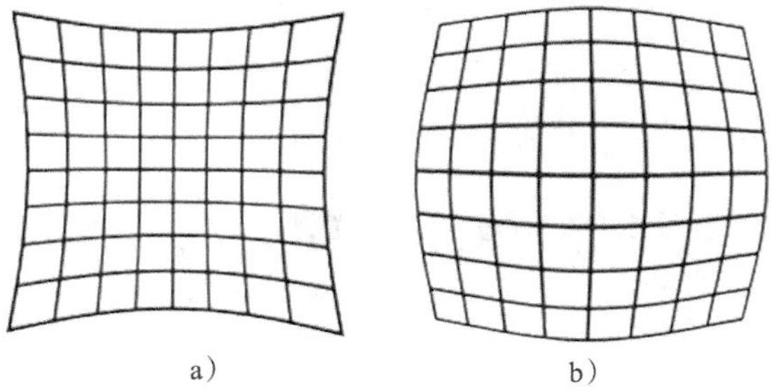

图 5.2　径向畸变：a）枕形畸变；b）桶形畸变（由 Gerhard Reitmayr 提供）

正如前面所述，畸变点可以通过一个标定图案得到。对于传统的摄像机，通常只需要考虑一个系数 K_1 就能满足需求。但是对于广角镜头，就需要考虑两个系数 K_1 和 K_2。通常情况下，考虑两个以上的系数不仅不会改善结果，还会使标定过程更加不稳定。图 5.3 展示了被校正过的视频图像，它将图像映射到一个常规的 10×10 的网格上，其纹理坐标通过式（5.5）获得。

图 5.3　a）失真视频图像，其镜头畸变在弯曲的门和门框处清晰可见。b）校正过的视频图像，使用了通过镜头畸变标定获得的纹理映射参数（由 Anton Fuhrmann 提供）

5.2　显示器标定

对增强现实系统的完整标定，不仅包括输入端标定，还包括输出端标定，即显示器标定。基于已知的摄像机内参和外参，我们完全能够在一个视频透视式显示器上呈现配准的增强现实叠加信息。

对于光学透视式显示器，需要将摄像机跟踪改为头部跟踪来确定增强现实叠加信息的配准情况。头部跟踪可以通过由外向内的方式完成——例如把一个摄像机安装在头戴式显示器上。然而，头部跟踪自身并不能确定每只眼睛相对于头戴式显示器的位姿。考虑到头戴式显示器将显示器放置在距离眼睛很近的位置，所以需要准确标定出人眼 – 显示器的转换关系。幸运的是，我们可以假设这个转换是静态的，并且佩戴头戴式显示器后就可以标定出来。在标定期间只要头戴式显示器没有相对头部进行较大的调整，这个假设就是有效的。

因为用户只能在光学透视式显示器上看到合成图像，所以不能再使用通常的基于图像的标定方法，需要将用户放在整个标定回路中。在标定时，系统显示一个标定图案，用户需要把物理环境中的一个特定结构与标定图案对齐。这个步骤可以采用不同的形式，每种形式给用户的自由度是不同的。

在 Oishi 和 Tachi [1995] 的工作中，用户的头部被固定在一个指定的位置，并且在一个"靶场"中的不同距离上为用户展示标定图案（见图 5.4）。Azuma 和 Bishop [1994] 使用"瞄准线"方法，需要将一个十字叉丝与物理视线对齐（见图 5.5）。

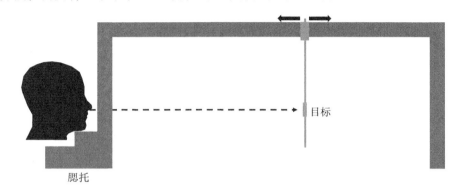

图 5.4　使用"靶场"方法标定 HMD。用户头部固定在腮托上，必须瞄准显示在不同距
　　　　离上的目标

图 5.5　使用"瞄准线"方法标定 HMD。用户必须将 HMD 的视向与盒子边缘对齐

本节将分别讨论两个允许用户自由移动但仍能提供标定约束的方法。Tuceryan 等人 [2002] 提出的单点主动对准法要求用户将十字叉丝和真实世界中的一个已知点对齐，而 Fuhrmann 等人 [2000] 采用了额外的跟踪瞄准装置。与那些需要用户在标定中保持静止的方法相比，以上两种方法提供了更多的便利，应用十分广泛。将以前的标定结果存储下来可以进一步提升这些方法的性能，这使得标定结果可以从一个时间段传播到另一个，甚至是从一只眼睛传递到另一只（针对立体显示器）。这样的复用性可以进一步减少用户的标定工作 [Fuhrmann et al. 2000] [Genc et al. 2002]。

近年来，可以实时检测用户与显示器相对位置的跟踪系统得到了广泛的应用。在虚拟展台 [Bimber et al. 2005]、手持显示器和头戴式显示器等固定的光学透视式显示器中可以使用用户跟踪系统。Baričević 等人 [2012] 描述了一个带有头部跟踪功能的手持显示器，可以实现用户视角的渲染。亚马逊的商用 Fire Phone 采用了类似的方法，同时使用了 4 个前置摄像头。Itoh 和 Klinker [2014] 利用一个安装在 HMD 内部的瞳孔跟踪器来实时调整注册信息。Plopski 等人 [2015] 介绍了一个眼部跟踪系统，其摄像机被安装在 HMD 内，用于检测显示器的标定图案在人眼中的反射（见图 5.6）。

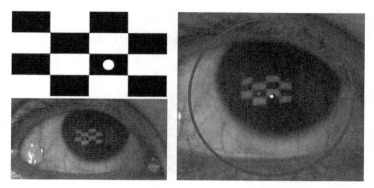

图 5.6   在 HMD 上安装一个朝向内部的摄像机，可以用来检测棋盘图案的投影，进而
推导出眼球相对于显示器的位置和方向（由 Alexander Plopski 提供，见彩插）

5.2.1   单点主动对准法

单点主动对准法（SPAAM）[Tuceryan et al. 2002] 是当前使用最广泛的头戴式显示器标定方法之一。该方法假设光学透视式头戴式显示器可以在世界坐标系 W 中被跟踪。头戴式显示器上的被跟踪点记为 H，且跟踪变换关系被描述为 $\mathbf{M}^{W \to H}$。用户的眼睛 E 可以观察到世界坐标系中的一点 $\mathbf{q}$，且该点的 2D 位置为 $\mathbf{p}$（见图 5.7）。

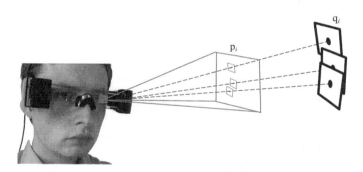

图 5.7   在单点主动对准法中，需要在显示器上显示一系列的十字叉丝目标，用户必须
将每次显示的十字叉丝目标与真实世界中的一个已知点对准（由 Jens Grubert 提供）

标定的目标是确定从头部坐标到眼部坐标的投影矩阵 $\mathbf{M}^{H \to E}$：

$$\mathbf{p} = \mathbf{M}^{H \to E} \mathbf{M}^{W \to H} \mathbf{q} \tag{5.6}$$

正如 4.1.1 节所描述的那样，一般的投影矩阵有 11 个自由度，包含内参及外参。通常显示器并不能准确地放置在人眼前方的中央位置，从而导致离轴投影（即式（4.3）中内参的 c_u 和 c_v 不能与屏幕中心准确对应），由此产生的视锥是不对称的（见图 5.8）。

SPAAM 的目标是通过至少 6 组由用户交互获得的 2D-3D 对应点（12 ~ 20 组对应点会更好）来计算 $\mathbf{M}^{H \to E}$。用户会在屏幕上看到一系列处于位置 $\mathbf{p}_i$ 的十字叉丝标记，并且需要将十字叉丝标记与一个已知点 $\mathbf{q}$ 对准。当用户通过按下触发按钮来确认对准时，系统会记录这组 2D-3D 对应点 $(\mathbf{p}_i, \mathbf{q}_i)$，其中 $\mathbf{q}_i = \mathbf{M}^{W \to H} \mathbf{q}$，之后进入下一个标定点循环。

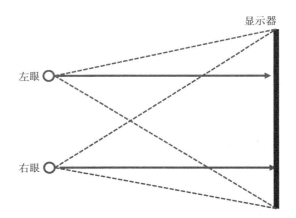

图 5.8   通常情况下，用户会以离轴投影的方式来观看 HMD 内部的显示器。因为观察
方向是垂直于像面的，所以并没有位于视口中心，因此必须使用斜视锥体

所需的投影矩阵可以通过 5.1.1 节中介绍的 DLT 算法从这些对应中计算得到。

5.2.2   使用指向装置的头戴式显示器标定

Fuhrmann 等人 [2000] 提出的标定方法需要一个附加的跟踪指向装置。与 SPAAM 中用
到的静止标定点不同，该方法需要将指向装置与显示器上的十字叉丝对准。这种指向装置
经常作为增强现实设备的一部分，包括一个确认对准的触发器。指向装置的优势是用户不
必再通过移动头部来完成对准，而是通过移动手臂来完成，这通常会更加精确和方便（见图
5.9）。因为该方法要求用户在执行标定输入时看向一个固定的显示器，因此也可以用于 "魔
镜" 的视频透视式标定。

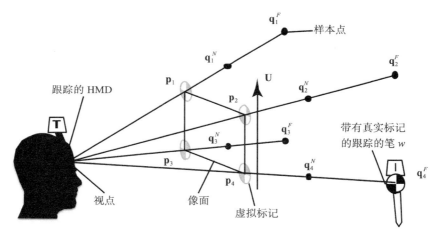

图 5.9   当系统中包括指向装置时，可以通过用户的直接输入来代替 SPAAM 中世界坐
标系下的已知固定点。用户可以通过伸手来手动选择 3D 点的距离（由 Anton
Fuhrmann 提供）

这个方法需要用户确定一系列线而非孤立点，确定线的方法是为同一个十字叉丝位置确
认两个点：一个是在手臂靠近头部时得到的近点 $\mathbf{q}^N$，另一个是在手臂完全伸展开时得到的

远点 $\mathbf{q}^F$。十字叉丝的尺寸指示当前是需要输入近点还是远点。这个步骤需要重复 4 次，为每个靠近屏幕角落的十字叉丝点 $\mathbf{p}_i$ 获得一条直线 $(\mathbf{q}_i^N, \mathbf{q}_i^F)$，因而可以估计出视锥体。

如果指向装置 D 的转换关系可被跟踪且表示为 $\mathbf{M}^{W \to D}$，我们分别将 8 个输入点存储为 $\mathbf{M}^{W \to H}(\mathbf{M}^{W \to D})^{-1}$。

基于几何关系或者与 SPAAM 中相同的 DLT 方法可以恢复从 H 到 E 的转换关系，几何方法计算速度更快。首先这四条线应该相交于视点，因此可以在最小二乘意义上进行计算。通过对这些直线取平均可以获得一个合理近似的视线方向，它在初始时被假设为与像面 Π 正交。通过直线与像面 Π 的交点可以估计出像面的垂直和水平方向，基于这些信息可以获得摄像机向上的向量，再加上后续的非线性优化，通常这些估计就足够了。

5.2.3　手 – 眼标定

通过 4.2.6 节可知，如果通过两个跟踪系统得到一组对应点，就可以使用绝对朝向方法来对准两个跟踪系统的坐标系。在增强现实中，这项技术经常被用于将跟踪坐标系与建模的真实环境对准。在其他情况下，两个跟踪系统可以部署为刚性连接，但是不能观测到共同的参考点。举例来说，一个摄像机可以被安装到显示器上，在这种情况下，摄像机由内向外来跟踪世界中的物体，而显示器则通过由外向内的外部跟踪器来跟踪，我们想要获得从显示器到摄像机的转换关系。

在机器人学中也会遇到类似的情况，此时摄像机（眼）E 固定在机器人 R 的末端执行器（手）H 上。机器人单元通过机械方式跟踪 R–H，摄像机针对标定目标 T 以视觉方式跟踪 E–T。由于静态变换 R–T 和 H–E 是未知的，我们需要在没有共同参考物的情况下，通过两个跟踪系统的测量数据来标定 H–E（见图 5.10）。

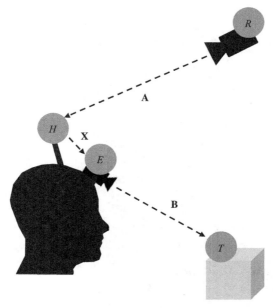

图 5.10　当两个跟踪系统同时使用但是没有共同的参考点时就会用到手 – 眼标定。这里我们的关注点是用户的头部 H 到头戴式摄像机 E 的静态变换 $\mathbf{X}$。外部跟踪系统 R 测量其自身到用户头部 H 的变换 $\mathbf{A}$，而摄像机 E 测量其自身到目标物体 T 的变换 $\mathbf{B}$。根据 $\mathbf{A}$ 和 $\mathbf{B}$ 可以计算得到 $\mathbf{X}$

我们可以通过获取一些观测值 $\mathbf{M}_k^{R \to H}$ 和 $\mathbf{M}_k^{E \to T}$ 来实现手 – 眼标定，将成对的测量值（k, k'）连接成相对变换：

$$\mathbf{A} = (\mathbf{M}_k^{R \to H})^{-1}\mathbf{M}_{k'}^{R \to H} \quad \mathbf{B} = (\mathbf{M}_k^{E \to T})^{-1}\mathbf{M}_{k'}^{E \to T} \tag{5.7}$$

通过这些相对变换可以使用下式计算手 – 眼标定的最小二乘解 $\mathbf{X} = \mathbf{M}^{H \to E}$：

$$\mathbf{A}_i\mathbf{X} = \mathbf{X}\mathbf{B}_i \tag{5.8}$$

Tsai 和 Lenz [1989] 的经典算法解决了这个问题，该算法首先确定 $\mathbf{X}$ 的旋转部分，然后确定 $\mathbf{X}$ 的平移部分。

Tsai-Lenz 算法

我们首先将测量值分为旋转和平移：$\mathbf{A} = [\mathbf{R}^A|\mathbf{t}^A]$，$\mathbf{B} = [\mathbf{R}^B|\mathbf{t}^B]$。旋转用四元数来表示。一个绕单位向量 $[w_x w_y w_z]^T$ 所表示的轴角度 θ 的旋转可以用四元数 $\mathbf{q}$ 表示为

$$\mathbf{q} = [q_w q_x q_y q_z]^T = \left[\cos\frac{\theta}{2} \quad \sin\frac{\theta}{2}w_x \quad \sin\frac{\theta}{2}w_y \quad \sin\frac{\theta}{2}w_z\right]^T \tag{5.9}$$

它可以从旋转矩阵 $\mathbf{R}$ 中得到：

$$q_w = \frac{\sqrt{1 + \mathbf{R}_{0,0} + \mathbf{R}_{1,1} + \mathbf{R}_{2,2}}}{2}$$

$$q_x = \frac{\mathbf{R}_{2,1} - \mathbf{R}_{1,2}}{4q_w}$$

$$q_y = \frac{\mathbf{R}_{0,2} - \mathbf{R}_{2,0}}{4q_w}$$

$$q_z = \frac{\mathbf{R}_{1,0} - \mathbf{R}_{0,1}}{4q_w} \tag{5.10}$$

由于一个单位四元数只有 3 个自由度，因此可以仅使用 3 个元素 q_x，q_y，q_z 来计算辅助 3– 向量 $\mathbf{q}'$。假设 $\mathbf{q}^A$ 和 $\mathbf{q}^B$ 分别是 $\mathbf{R}^A$ 和 $\mathbf{R}^B$ 的三元素表示，可以通过下式计算 $\mathbf{q}'$：

$$(\mathbf{q}_i^A + \mathbf{q}_i^B) \times \mathbf{q}' = \mathbf{q}_i^B - \mathbf{q}_i^A \tag{5.11}$$

由于 $()_\times$ 是奇异的，所以要想在最小二乘意义上解出这个问题，至少需要两组测量值 $(\mathbf{A}_i, \mathbf{B}_i)$。我们可以根据 4– 向量必须是单位长度这个约束使用 $\mathbf{q}'$ 的另外三个元素来恢复它的第四个元素。所需要的旋转 $\mathbf{q}^X$ 与 $\mathbf{q}'$ 有如下的关系：

$$\mathbf{q}^X = \frac{2\mathbf{q}'}{\sqrt{1 + |\mathbf{q}'|^2}} \tag{5.12}$$

获得的四元数可以转换回旋转矩阵的形式：

$$\mathbf{Rot}(\mathbf{q}) = \begin{bmatrix} 1 - 2(q_y^2 + q_z^2) & 2(q_x q_y - q_w q_z) & 2(q_w q_y + q_x q_z) \\ 2(q_x q_y + q_w q_z) & 1 - 2(q_x^2 + q_z^2) & 2(q_y q_z - q_w q_x) \\ 2(q_w q_y - q_x q_z) & 2(q_y q_z + q_w q_x) & 1 - 2(q_x^2 + q_y^2) \end{bmatrix} \tag{5.13}$$

要求的平移 $\mathbf{t}^X$ 可以使用另一最小二乘解得到：

$$(\mathbf{Rot}(\mathbf{q}_i^A) - \mathbf{I})\mathbf{t}^X = \mathbf{Rot}(\mathbf{q}^X)\mathbf{t}_i^B - \mathbf{t}_i^A \tag{5.14}$$

5.3　注册

现在，我们已经知道在使用一个增强现实应用程序之前需要执行的离线标定步骤，下面介绍能够保证在实时运行时正确注册的技术。

系统组件之间复杂的相互作用表明存在众多影响注册的潜在的误差源。正如 3.3.12 节中提到的，我们可以区分静态误差（影响准确度）和动态误差（影响精密度）。校正静态误差主要靠改善标定，即消除测量和参考坐标系之间的所有误匹配。目前还没有解决的主要静态误差源是跟踪系统测量数据的系统非线性。由于不能通过静态标定来解决，因此动态误差的影响更加严重，本节主要针对误差传播和延迟。

5.3.1　几何测量失真

传感器系统会遭遇一些具有挑战性的环境。例如，电磁跟踪系统会受到环境中金属和磁场的影响。Kinect 等深度传感器在工作空间的远端会有明显的偏差。

这些几何失真通常是非线性和单调的，这表明对其校正的概念与校正光学镜头畸变类似。首先，执行一个标定步骤来获得描述畸变的数学函数。然后，在实时运行中，每一个测量值都使用该函数的逆来恢复真实值。

标定步骤包含失真测量数据的采样，以保证跟踪系统的整个工作区域都能被覆盖，该测量必须与另外一个独立跟踪系统所提供的真实数据相关联。这个额外的独立系统可以是：一个值得信赖的测量系统，例如机械系统（比如机械臂）；一个手动装置，例如由测量尺创建的规则网格。

标定测量得到的数组可以直接以查找表的方式使用，也可以转化为一个插值函数。查找表方法需要查找测量值的最近邻，通过这些相邻数据的插值来修复失真。另一种方法是采用一个低阶多项式来拟合这些测量值，通常在每个维度分别进行。Bryson [1992] 的报告中指出使用 3 ~ 4 阶多项式可以给出电磁跟踪器的最佳结果，Kainz 等人 [2012] 也给出了 Kinect V1 深度数据的相似发现。

5.3.2　误差传播

很多实际的增强现实系统会受到误差传播问题的困扰。这会使得因跟踪抖动和标定不足产生的小误差成数量级放大。尽管原始误差可以小到被忽略的地步，但是放大的相关误差可能不能再被忽略。

系统组件之间的各种相互作用会导致误差放大，但是最常见的是小的旋转误差导致大的平移误差。在使用由外向内的方式对头戴式显示器进行跟踪时，如果用户面向定点跟踪系统但是距离较远，由于摄像机分辨率的限制，跟踪系统给出的用户视线方向将包含一个小的旋转误差。位于定点跟踪系统附近的一个虚拟物体将会被错误地放置于真实世界中的某个位置，其误差与用户到跟踪系统的距离成正比（见图 5.11）。

误差传播的影响可以通过避免坐标系统动态级联来最小化，即避免将一个坐标系统在另一个坐标系统中的关系直接表示出来。例如，真实世界的物体应该在跟踪坐标系中直接存储和操作，而不应通过一个中间的世界坐标系。如果采用本地对象坐标系，平均的坐标量级应该是最小的。这个效果可以通过将物体的重心作为本地对象坐标系的原点来实现。

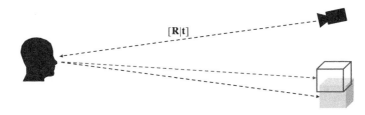

图 5.11   因为小的角度误差会导致大的位置误差，误差传播会严重干扰注册质量。由外
         部跟踪系统产生的旋转误差导致虚拟方块与其在真实世界的对应物体明显失配

5.3.3   延迟

当用户的运动被跟踪器观测到后，对应的图像并不能立即显示出来。在系统能够根据所
测到的用户运动显示增强现实图像之前，会有一定数量的延迟。这种端到端的延迟 [Jacobs
et al.1997] 由以下几个部分组成：

- 传感器执行的物理测量过程和测量数据传输到主机的时间。
- 主机对于测量数据的处理过程。
- 主机执行的图像生成过程。
- 图像生成器和显示器之间的视频同步会引发一帧的附加延迟（例如，对于 60Hz 的更
  新速度，延迟高达 16.7ms）。
- 在图像最后显示之前的显示器内部延迟。

对于移动用户来说，延迟导致的时间误差会直接传递到空间误差，增强的图像会在一个
错误（过时的）位置或者错误（过时的）摄像机位姿下显示。

尤其是对于人的头部运动，例如佩戴着头戴式显示器时转动头部，延迟很容易成为最大
的空间误差来源。峰值速度为 500mm/s 或 50°/s 的头部运动会导致高达 20 ~ 60mm 的注册
误差。Holloway [1997] 引用 1mm/ms 的延迟作为经验值。与之相对，不正确的标定或跟踪
抖动导致的误差等大部分其他误差均小于 10mm。

延迟的影响与运动速度相关，所以会随着用户的活动而动态改变。用户感觉到的现象是
"像泳"，即图像的呈现滞后于用户的实际运动，并在运动停止后赶上。这种系统表现会产生
三维交互中的超调，在严重时会导致晕动症。

5.3.4   滤波和预测

如果在测量中出现抖动，必须通过对传感器数据滤波来进行平滑。类似地，如果多个跟踪
系统一起使用，我们需要滤波器来补偿不具有系统互相关性的单个跟踪系统测量噪声，从而获
得平滑的跟踪数据，这对于高质量的增强现实体验更加适用。更重要的是，通过剔除滤波器
诱导的噪声，我们能够使用合适的运动模型（见 4.4 节）来预测和补偿一定数量的延迟。

广泛使用的传感器数据统计滤波方法包括卡尔曼滤波和粒子滤波，两者都能归为"递
归"滤波器，它们依赖最近的计算状态，因此在一个跟踪回路中内存需求是恒定的。

卡尔曼滤波 [Kalman 1960] 假设误差可以使用正态分布描述，并且系统状态和测量值的
线性组合可以用来识别和剔除误差。该滤波器分两步操作：预测步骤和校正步骤。预测步
骤基于之前的值预测系统未来状态，以时间作为权重。校正步骤使用新测量值的信息来更
新状态和防止漂移。大多数的实际传感器系统具有非线性表现，可以使用**扩展卡尔曼滤波**

[Welch and Bishop 1995] 和**无迹变换** [Julier and Uhlmann 2004] 等更加先进的模型来解决。

当误差不能用正态分布来估计时，可以采用**粒子滤波器** [Isard and Blake 1998]。这是一种序列蒙特卡罗技术 [Doucet et al. 2001]，它把系统状态建模为离散粒子的集合。每个粒子根据其动态行为对测量中所观测到的系统状态的推断程度进行迭代加权。

滤波的结果是通过推断来预测运动 [Azuma and Bishop 1994] 以及补偿延迟。在获得一个测量值后，将会做出反映估计延迟的对应于摄像机位姿系统状态的预测，所得的结果是图像呈现时刻最可能的摄像机位姿。

为了进行精细化的预测，这个过程可以分解为更细的步骤，包含通过推断和插值同步的数据流 [Jacobs et al. 1997]。首先，跟踪系统必须配置为比显示器所需更高的频率 [Wloka 1995]，特别是作为次跟踪源的 IMU 设备可以提供非常高的更新速率 [Azuma and Bishop 1994]。其次，图像生成时的渲染视口必须比最后用于在显示器上显示的视口更大。最后，会基于最新的跟踪数据对摄像机的位姿进行预测更新来生成并呈现一幅修正图像（见图 5.12）。图像修正可以通过使用立方体贴图 [Regan and Pose 1994] 或者逐像素的图像扭曲 [Mark et al. 1997] 从宽视场图像中裁剪 [Mazuryk et al. 1996]。在视频透视式增强现实中，也可以延迟视频流的显示 [Bajura and Neumann 1995]。

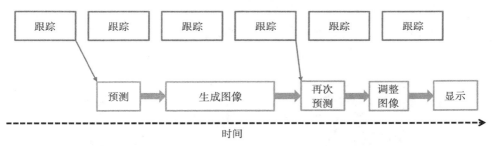

图 5.12   如果跟踪系统的更新率足够高，通过预测可以补偿延迟导致的注册误差。首先基于预测的摄像机位姿生成一幅图像，在图像生成后，另一轮根据更新的跟踪信息的预测会被用于调整图像，以保证图像在最终显示时与用户视点匹配

如果使用了多传感器融合，各传感器之间必须强制进行时间配准，这通常通过在数据获取时为每个单独的测量值加盖时间戳来实现。理想情况下，传感器更新率足够高，在进行传感器融合时，只需要把同一时间或最邻近时间的测量值简单结合。如果使用统计滤波器，可以把滤波器设置为无论何时有新数据，都允许分离传感器的测量值在不同的时间导入滤波器中 [Welch and Bishop 1997]。

5.4   小结

为了实现用于增强现实的合适标定，所有的系统组件都必须仔细标定。离线标定包括跟踪系统（摄像机内参、镜头畸变和其他跟踪系统的系统失真）、显示器（透视式头戴式显示器标定、手-眼标定）和相对于跟踪系统的真实世界中的对象（绝对朝向）。应该尽量避免产生大量传播误差的配置。

在运行中，所有系统组件的良好同步对于保证正确的时空注册是十分必要的。这可能需要通过运动预测（经常基于卡尔曼滤波或者粒子滤波）来补偿不可避免的延迟所带来的影响。

视觉一致性

本章讲述如何在增强现实系统中实现视觉一致性的输出。特别是虚拟物体和真实物体如何结合，从而实现虚拟物体与真实环境的无缝融合。虽然并不是所有类型的增强现实应用都期望实现无缝融合，但是视觉一致性对于娱乐、教育和商业领域的应用非常重要。第 5 章已经讨论过视觉一致性中的一个重要内容——空间注册。本章重点讨论材质外观的相关知识，主要基于实时的真实感计算机图形学技术。

6.1 注册

构建增强现实系统的一个必要条件是真实和虚拟场景之间的注册。前文提到的增强现实显示中每一帧都需要空间注册，这表明了实时位姿跟踪的必要性。给定观察者（或摄像机）和场景的相对位姿后，就可以按照准确的位姿将虚拟物体放置在输出图像中（见图 6.1）。为了把一个三维物体嵌入真实场景的图像，一般情况下，需要在与真实摄像机具有同样内外参数的虚拟摄像机中渲染虚拟物体。

图 6.1　一个简单的增强现实渲染流程。获取的现实世界视频与独立渲染的计算机图形
元素（绿巨人）相结合（由 István Barakonyi 提供）

利用这样一个标定过的摄像机可以生成必要的深度线索。深度线索是允许人类理解所观察场景中三维结构的刺激 [Goldstein 2009]，共有大约 15 ~ 20 种不同的深度线索，可以概括地分为单目深度线索和双目深度线索。单目深度线索能够通过单张图片观察（见图 6.2），而双目线索需要借助一对图像。这些线索必须通过特殊的显示系统生成，例如只有通过立体显示装置才能产生双目视差（双眼看到的差异）。

考虑到现有的大部分增强现实显示利用单目视频透视模式，因此单目深度线索在增强现实中更为重要，它们可以仅仅通过计算机图像软件产生，其中最重要的深度线索包括：

- 相关尺寸：物体距离观察者越远，物体越小。
- 相关高度：越远的物体在图像中的起始点越高。
- 透视关系：平行线在远处相交于一点。

- 表面细节：较近的物体具有更加密集的表面细节或纹理梯度。
- 大气衰减：由于大气的影响，越远的物体越模糊并且更蓝。
- 遮挡关系：在屏幕区域内，距离观察者近的物体会遮挡较远的物体。
- 明暗对比：物体的明暗与光源的位置和方向相关。
- 阴影关系：物体的阴影投射在其他物体上。

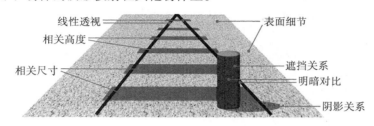

图 6.2   通过单目深度线索隐喻可以在单张图片中观察到场景结构（见彩插）

三维计算机图像能够很好地传送这些线索。诸如尺寸、透视、高度和表面细节等线索是通过一个与真实摄像机几何注册的虚拟摄像机直接产生的。大气衰减主要应用在大范围户外增强现实中，本书不展开讨论。然而，在增强现实渲染中，遮挡、明暗和阴影等其他深度线索需要进行特殊处理。

为了实现虚实融合，增强现实渲染需要对传统的计算机图像处理流水线进行扩展（见表6.1）。因为允许对目标图像的外观进行全面的控制，视频透视式流水线比光学透视式流水线要更加适合虚实融合。为此，本章提出针对视频透视式增强现实的流水线，由以下几个阶段组成：

1）获取：获得真实场景的模型（几何、材质、照明）。
2）注册：在真实场景和虚拟场景之间建立通用的几何和光度特性的关系。
3）合成：将虚拟场景和真实场景融合为单张图像。
4）显示：将融合图像呈现给用户。

表 6.1   视觉一致性流水线必须进行获取、注册和多数据源融合

数据源	获取	注册	合成
几何	几何重建 SLAM	几何注册	遮挡，消隐现实
光源，材质	光探针	光度注册	通用照明
图像	视频捕捉	摄像机标定	摄像机仿真，风格化

很明显，该流水线比标准的计算机图像渲染流水线更为复杂，标准流水线只需要处理虚拟场景。增强现实渲染流水线中虚拟场景和真实场景都需要渲染，且需要提供场景的几何注册和光度注册。

前述章节已经奠定了几何注册（通常称为注册）的基础，包括第3章提到的如何获取几何位姿的更新、第4章介绍的如何提供几何的实时获取，以及第5章讨论的如何将真实场景和虚拟场景进行配准。基于真实场景几何和虚拟场景配准的相关知识能够直接处理几何融合。首先，讨论如何解决虚拟物体和真实物体之间的**遮挡**问题，即图像合成在增强现实中的主要应用。

光度注册更为复杂，描述了对虚拟场景和真实场景感知亮度和颜色的配准，因此是视觉

一致性的关键组成部分。为了实现光线是如何在虚拟物体和真实物体之间传播并最终到达观察者眼中的可信仿真，不仅需要获取真实场景的几何信息，还需要获取表面材质和真实光源。不仅要获取真实场景的几何形状，还需要获取其表面材质和真实光源。

在实现了几何注册和光度注册之后，我们对虚拟场景和真实场景具有了全面的描述。合成（即，将虚拟物体和真实物体一起渲染）需要解决光线在真实物体和虚拟物体之间传播的**通用照明**问题。有关增强现实中的相片级渲染可参见 Jacobs 和 Loscos [2004] 以及 Kronander 等人 [2015] 的工作。

与处理通用照明不同，**消隐现实**去除场景中的真实物体。被需要去除物体覆盖的背景通常无法观察到，需要通过其他（例如概率）方法进行恢复。

由于获取和注册中的近似和误差通常不可避免，合成阶段必须注意结果的差异，至少要使其对感知的影响最小。一种解决这个问题的手段是**摄像机仿真**，在渲染虚拟场景时考虑真实摄像机的行为，从而使结果能够匹配真实场景的图片，另一种手段是将**风格化**滤波器应用于整张合成图片。

6.2　遮挡

在一个已注册摄像机的视频背景上简单绘制虚拟物体，不足以创建一个虚实共存场景的印象。如图 6.3 所示，虚拟乐高男孩渲染的屏幕位置和透视关系都是正确的，然而图 6.3a 没有考虑真实世界中乐高女孩的遮挡关系，导致合成图像不适，不能有效传达虚拟物体的三维位置。该问题源于缺乏根据真实世界经验预期的合适深度线索。

a)   b)

图 6.3　a）虚拟角色被放置在正确的位置，但是没有考虑被真实物体的遮挡。b）正确的
遮挡渲染产生了无冲突的更真实感受（由 Denis Kalkofen 提供）

遮挡是最强的深度线索之一，是创建逼真的增强现实场景时必须解决的问题。遮挡可以分为两种情况，即一个虚拟物体处于真实物体的前面或者后面。虚拟物体在真实物体之前的情况比较容易处理。在最简单的情形下仅仅需要在视频背景上绘制虚拟物体，从而将遮挡视频中所有的真实物体。在虚拟物体在真实物体之后的情况下处理合适的遮挡关系更加困难，而且在渲染中需要解决方案以从被遮挡的虚拟物体中区分可见部分。

实现这一效果的基本算法是**幻影** [Breen et al. 1996]。幻影渲染利用现代图像处理单元（GPU）的标准 z 缓存（深度缓存）能力。幻影是真实物体的虚拟表示，被不可见地渲染，即只有 z 缓存区被修改。这为视频中可见的真实物体建立了正确的深度值，因此虚拟物体能够被渲染为完全遮挡或部分遮挡。如果幻影物体被正确注册，利用 z 缓存算法，虚拟物体的隐藏部分就不被渲染。以下伪代码解释了细节：

1）绘制视频图像至颜色缓存。

2）禁用颜色缓存写入。

3）仅将真实场景幻影渲染至 z 缓存。

4）启用颜色缓存写入。

5）绘制虚拟物体。

幻影通常使用传统多边形模型来定义，能够通过标准的图形硬件渲染（见图 6.4）。然而只要能建立深度缓存，也可以使用其他的幻影模型表示。例如 Fischer 等人 [2004] 在体模型上采用第一次命中等面光线投射，从而不需要显式模型就可以动态提取深度信息。这类方法的综述在 6.2.3 节给出，下面首先讨论如何用遮挡细化和概率遮挡来解决基本的遮挡问题。

图 6.4　幻影渲染用一个真实物体虚拟模型的深度值填充 z 缓存（由 Denis Kalkofen 提供）

6.2.1　遮挡细化

利用幻影绘制方法获得的遮挡质量取决于输入数据的质量。错误遮挡的主要来源是模型自身、静态注册误差以及动态注册误差（即跟踪误差）。

- 不能如实反映真实世界中对应物体的虚拟模型无法产生正确的遮挡掩模。
- 虚拟世界和真实世界坐标系之间不准确的静态注册意味着幻影物体将在错误的地点或错误的方向渲染。
- 由于摄像机位姿被错误估计，跟踪误差导致的动态注册误差会恶化原本正确的静态注册结果。

这些误差会导致屏幕空间的遮挡掩模与真实物体不符。不幸的是，人类十分擅长检测这种失配，因此需要为其提供某种类型的误差修正，这种修正称为遮挡细化。细化方法是基于启发式的，但在很多实际应用中产生了良好的结果。

通常遮挡细化的主要思想是幻影物体的轮廓必须足够准确以便产生非穿透虚拟物体和真实物体之间的正确遮挡。因此，构成轮廓的多边形模型的边缘必须被校正，这可以在图像空间中估计得出。概念上来说，作为遮挡边界的一部分，对于一个遮挡多边形的每一个外部边缘，需要通过搜索视频图像来获取相应的、代表真实遮挡边界的临近边缘。然后通过调整多边形来匹配图形中找到的边缘。此外，在渲染遮挡多边形的过程中可以在遮挡边缘附近的 alpha 缓存区应用透明梯度，从而通过模糊边缘使得剩余的误差变得不明显。

Klein 和 Drummond[2004] 使用边缘跟踪来识别视频中必须和幻影对应的边缘，然后通过修改幻影的几何来匹配观察。与之相对，DiVerdi 和 Höllerer[2006] 仅在图像空间操作，他们使用一个像素着色器顺着边缘分别进行每个像素的边缘校正（见图 6.5）。

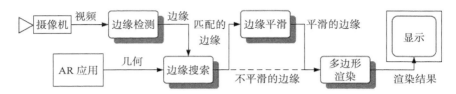

图 6.5　一种仅在 GPU 中完成的遮挡细化方法。首先，在视频图像中检测边缘并与虚拟
模型的边缘匹配。然后正确的边缘通过 alpha 混合在由它们衍生的多边形顶部进
行融合

着色器沿着梯度最大值的边缘法线方向搜索，在辅助纹理中存储搜索结果。利用每个像素的边缘遮挡修正进行遮挡多边形渲染（见图 6.6）。如果检测的边缘噪音过多，则需要引入额外的边缘平滑步骤。Zheng 等人 [2014] 通过计算摄像机图像和纹理模型渲染之间的光流进一步获得遮挡细化的稠密对应。

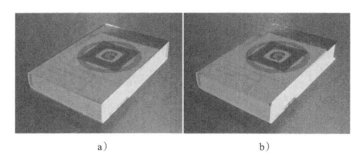

图 6.6　a）通过在幻影物体的投影边缘附近搜索对应真实物体的边缘，b）可以修正遮挡
边缘（由 Stephen DiVerdi 提供，见彩插）

6.2.2　概率遮挡

Fuhrmann 等人 [1999] 描述了一种用于幻影渲染的概率方法，可以用来处理诸如带有实时获取运动四肢位姿的动作捕捉系统的移动人物的铰接模型。对于人手等不能进行精确跟踪的区域，使用了概率模型（见图 6.7）。该模型由多重嵌套表面构成，从最里面到最外层的表面透明度越来越高，从而最终图像被观察到的透明度与手处于特定区域的概率大致对应。通过现代图形学，硬件可以在着色器中使用体纹理或者计算三维距离场来实现同样的目的，这种方法能够简单地改善带有手部跟踪的增强现实应用或应用于某种跟踪不确定的场合。

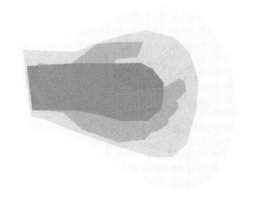

图 6.7　一种幻影渲染的概率方法。对于
手部等没有精确跟踪的区域，可
以应用由逐渐增加的透明层表面
构成的概率幻影模型

6.2.3　无模型遮挡

增强现实应该应用在动态真实世界环境中，由

于并不总是能够预先获得幻影物体，因此，一些便于动态获取场景深度图像的技术得到发展，这可以通过特殊硬件设施或者通过做出某种假设来实现。

一方面，物体分割可能依赖于通过用户输入选择前景物体。Leptit 和 Berger [2000] 提出一种方法，让用户在至少两个关键帧的图像中手动分割前景物体。系统在连续帧中跟踪该物体的轮廓并利用这些信息计算正确的遮挡关系。该技术的优点在于不需要明确的三维模型。最近的一些研究工作是场景中物体的半手动重建方法 [van den Hengel et al. 2009][Bastian et al. 2010]，通过类似的方法能够确定遮挡关系。

另一方面，能够全自动实时获取深度图像显而易见的方法是利用专用深度传感器，包括立体摄像机 [Wloka and Anderson 1995] 和飞行时间摄像机 [Gordon et al. 2002][Fischer et al. 2007]。如图 6.8 所示，如果无法实现深度传感器和用于视频透视式增强的摄像机的刚性连接，那么必须通过动态跟踪信息实现深度图像和视频图像之间的注册，同时深度图像必须被重投影在摄像机的视场空间中。重投影深度图像必须被传送到 GPU 中，用于计算每一帧的深度。目前深度传感器在出厂时都已经得到了校正。

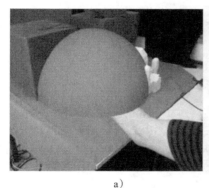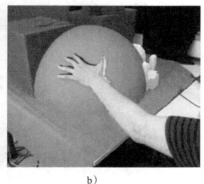

a)   b)

图 6.8   a）手部被虚拟物体错误地遮挡。b）深度传感器提供了一种实时帧率的像素级真
实世界物体深度的简单解算方案（由 Lukas Gruber 提供）

一些应用将前景和背景的分割作为二进制的 z 缓存，之后该前景掩模可以用来计算遮挡效果。因为深度信息非常粗糙，因此该方法主要适用于前景和背景物体不会随着时间改变的静态相机设置。

满足该要求的一个应用领域是为广电产业提供数字背景的虚拟演播室。Grundhöfer 等人 [2007] 描述了使用不可见的灯光闪控来检测背景前演讲者轮廓的虚拟演播室配置（见图 6.9）。前景通过与摄像机同步的 60Hz 闪光灯进行照明，从而该系统能够通过有无闪光灯图像对的差异进行背景分割。

分割也可以通过检测场景中某些确定的物体或物体类型来实现。例如，在计算机视觉领域，大量的研究工作集中在手部检测。由于用手或手指进行指示是非常具有吸引力的直接交互形式，因此手部检测被广泛地应用于增强现实中。例如，Weir 等 [2013] 研制的系统使用了基于肤色的手部分割（见图 6.10）。可以使用手部检测来决定正确的遮挡，通常启发式的假设是手部为前景物体，因此会遮挡所有的虚拟物体。尽管基于颜色的分割直接利用摄像机，不需要附加的硬件，但该技术的一个缺点是鲁棒性较差，而且在明亮的环境中容易失败。

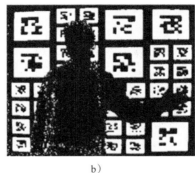

a)　　　　　　　　　　　　　　　　b)

图 6.9　a）演讲者在虚拟演播室中的动态背景前。b）通过使用结构光可以实时分割前景中的演讲者（由 Oliver Bimber 提供）

图 6.10　发表在 IEEE ISMAR 2011 的 "BurnAR"，基于肤色实现了用户手部的分割，检测到的手部被虚拟地点燃（由 Peter Weir、Christian Sandor、Matt Swoboda、Thanh Nguyen、Ulrich Eck、Gerhard Reitmayr 和 Arindam Day 提供）

6.3　光度注册

仅仅计算虚拟和真实物体之间的遮挡并不足以提供增强现实应用中的写实图像，我们还必须计算光度注册，从而可以解决虚拟物体如何被连续照明的问题。为此，我们不仅需要知道虚拟和真实物体的几何信息，还要知道真实场景的入射光照，即光源。光源的数量和特征对光线仿真计算的复杂度具有很强的影响。

可以通过假设对于典型的小型增强现实工作空间，所有光源都处在场景外部且距离遥远来限制复杂度（见图 6.11）。当光源仅为太阳光或天花板灯时，这种假设是合理的，但不适用于台灯或蜡烛。远距离光源的限制极大地简化了光照计算。

为了理解简化的重要性，首先讨论**局部照明**和**全局照明**。局部照明仅仅考虑光线从光源传播到场景中的表面，与之相对，全局照明也会考虑光线与场景中其他物体复杂的交互作用。因此，全局照明自然会产生反射、折射以及阴影等。例如，软阴影来自多个不同方向的光线照射，其中有些光线被遮挡，而其他光线没有被遮挡。根据反射物体的材质不同，全局光照也能够产生反射：有光泽的物体产生**镜面反射**，亚光物体产生**漫反射**。因为可以忽略反射和观看的方向，纯粹散射（朗伯体）的反射较容易计算。

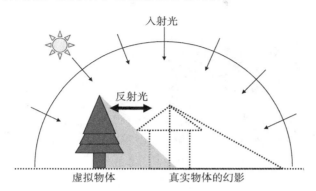

图 6.11   仅在本地真实场景中考虑虚拟和真实物体之间多种光线的交互作用，远距离场
　　　　　景只发送光线

　　由于局部场景并不包括任何光源，远距离光源的假设限制了光照计算的需要。首先，所有入射光线可建模为定向光并存储在一个二维表（**环境贴图** [Blinn and Newell 1976] 中），仅通过方向而不是通过场景中的位置进行检索（见图 6.12），即场景中表面一点接收到的光线被假设与点的位置无关。其次，不需要计算离开场景的光线。根据光源的定义，仅仅当光线离开场景后再被反射回来时是相关的。与此相反，从场景外远距离物体反射而来的光线和环境贴图的光源共同被编码。再者，考虑到遥远区域光源产生硬阴影的场景很少见，远距离光源通常被限制在低频段。

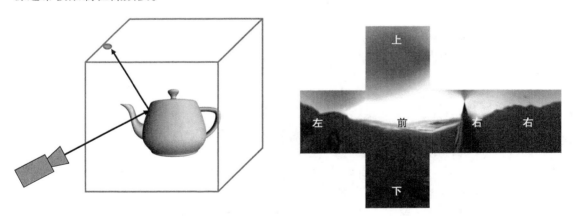

图 6.12   环境贴图足以表示物体从周围环境接收到的光照

6.3.1　基于图像的光照

　　为了将环境贴图应用于**基于图像的光照**，通常需要使用**高动态范围**（HDR），HDR 指的是用浮点精度的有效物理单位表示环境贴图的亮度，而不是采用任意固定精度的数值。如果环境贴图表示从观察者视点的入射光（**辐射**）则被称作辐射图。已经预先与合适内核进行卷积直接表示反射后出射光（**辐照**）的贴图被称作辐照图。

　　利用辐照图可以实现场景中虚拟物体的基于图像的光照，其最简单的形式是基于图像的光照仅被用作局部光照，即只考虑场景中光线从光源到表面点的传播。在这种情况下，不考虑全局照明的作用，例如间接光的反射或场景中其他物体的阴影。在辐射图中，发射光源和远处环境表面反射的共同作用仍然能产生令人瞩目的结果（见图 6.13）。

图 6.13　基于图像光照的两个例子，两种照明条件下水果盘的辐射图（由 Thomas Richter-Trummer 提供）

首个正确地将被照明的虚拟物体和数字图像进行结合的工作由 Nakamae 等人 [1986] 提出。这项早期工作旨在将建筑物叠加在户外场景的静态图片中。辐射能够通过已知的太阳位置进行精确的计算，从而不需要存储在环境图中。

20 世纪 90 年代出现了真正的基于图像的光照方法。例如，State 等人 [1996a] 展示了采用一个铬球体反射通过球形纹理映射实现的实时光照。Debevec[1998] 介绍了一种 HDR 和差分渲染驱动的基于图像的光照方法（后文详述）。Sato 等人 [1999] 采用周视立体相机进行立体重建，利用不同快门速度获得一系列周视图像，在获得环境的组合几何和辐射图后，利用光线追踪计算真实光照。

在本世纪初，基于 GPU 的可编程纹理映射已经可以实现交互式基于图像的光照。Agusanto 等人 [2003] 利用辐射图在虚拟物体上产生高光反射。Pessoa 等人 [2010] 实现了特定物体独立环境图的动态渲染。这些合成环境图不仅包含环境光，还包括了其他虚拟物体的反射光。Meilland 等人 [2013] 提出了类似的想法，利用真实场景的光场表示合成了每个对象的环境图。

6.3.2　光探针

辐射图可以通过**光探针**有效地获取，这可以通过被动光探针（用一个摄像机拍摄放置在场景中的一个反射"凝视物体"）或者主动光探针（摄像机放置在场景中或场景附近）的形式实现。其目的是获取辐射的全向表示，因此需要选用能够提供大视场角的光探针。

被动光探针经常采用反射球（见图 6.14）作为凝视物体。球体能够提供 300° 的水平视场角并能够通过带有传统镜头的摄像机进行拍摄。直接放置在场景中的摄像机需要特殊的鱼眼镜头。

光探针的典型目标是获得高动态范围图像。Debevec 和 Malik[1997] 描述了在标定摄像机的非线性曝光响应函数后，如何从一系列持续增加曝光时间的静态图像中快速计算高动态范围图像。近年来，已经出现了通过硬件计算高动态范围图像的摄像机，这在很大程度上缓解了这项应用的挑战。

在硬件支持的球形环境图上，球形凝视物体的图像能直接用于环境贴图 [State et al. 1996a]。由于视角独立，近年来立方体环境图的使用更加普遍，尽管这要求对光探针获得的源图像进行重新采样。

a)   b)

图 6.14   a）通过漫反射球和镜面球捕捉真实世界光照的光探针。b）Point Grey Ladybug
全景相机能够作为主动光探针（由 Lukas Gruber 提供）

凝视物体的材质取决于应用场景。最常应用的是记录高光反射的类镜面材质，如带有铬涂层的金属 [Debevec 1998] [Agusanto et al. 2003]。为了记录高动态范围图像，必须采用高光材质。Kanbara 和 Yokoya[2004] 采用涂黑的镜面球记录强光源并滤掉低频光照。该球面上带有标志点，从而可以实时识别图像中的凝视物体。Aittala[2010] 采用漫反射球（乒乓球）获取漫反射光照，并利用简单的循环检测提取球形图像。

一些研究人员利用扁平物体作为漫反射光探针。例如，Aittala[2010] 提出凝视物体也可以作为基准标志点，从而可以更容易地利用现有的标志点跟踪技术来进行检测。Pilet 等人 [2006] 采用已知纹理的平面物体，可以很容易地被跟踪到（见图 6.15）。当用户移动物体时，在跟踪目标的法线方向进行辐照采样。考虑到被跟踪物体可以和场景进行实时交互且不需要被移除，因此在光照改变时可以用来递增地更新辐射图。

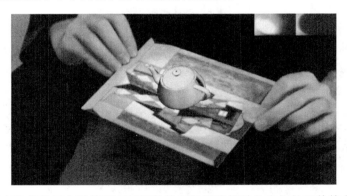

图 6.15   带有纹理的正方形等平面跟踪物体可以用作简单的光探针以估算主光照方向。
虚拟物体可以具有写实的明暗和阴影（由 Julien Pilet、Andreas Geiger、Pascal
Lagger、Vincent Lepetit 和 Pascal Fua 提供）

Pilet 等人 [2006] 和 Alttala[2010] 直接通过观察到的凝视物体计算光照。他们计算了一系列点光源并进而获取了高光亮点和投射阴影等效果。此外，Aittala 将没有被光源显式捕获的剩余能量投射到用来表示周围光照的环境图中。

与被动光探针不同，主动光探针可以直接获取环境图。通过将带有鱼眼镜头的相机或者全景反射镜直接放置在场景中，可以同时获得全向图像 [Sato et al. 1999]。一些应用在运行时允许在场景中持续放置全景相机，全景相机应尽可能靠近场景，但要在提供增强现实视频反馈的摄像机视场角之外 [Supan et al. 2006] [Grosch et al. 2007] [Knecht et al. 2010] [Kán and Kaufmann 2012a]。采用特殊的高动态相机能够动态地为应用提供高动态范围环境光照。

6.3.3　离线光照采集

如果预处理是可以接受的，可以使用传统的多图像拼接来采集环境图 [Szeliski 2006]。拼接也可以实时进行 [DiVerdi et al. 2008] [Wagner et al. 2010]，但不能保证覆盖用户所有可能的视线方向。

环境图是一个二维**光场**的实例：描述了光线从任意方向到达单点的强度或颜色。在远端光源的假设下，这对于整个场景几乎都是有效的。然而，在更大的场景中，位置信息不能忽略。在这种情况下，可以使用五维光场为空间中多个三维位置存储独立的环境图 [Löw et al. 2009]。很明显，这种方法要消耗大量的存储空间。

四维光场能提供给定二维表面上位置的二维环境图，可以在覆盖和存储的需求之间折中。Meilland 等人 [2013] 利用深度相机 SLAM（RGB-D SLAM）系统采集这样的光场，他们采用深度数据配准重叠关键帧，使用每个表面点的冗余观察值计算所有关键帧的曝光和高动态范围值。结果可以被解释为合成环境图所需的非结构化的流明图 [Buehler et al. 2001]。

6.3.4　基于静止图像的光度注册

对于许多实际的增强现实应用，使用光探针或者离线采集都过于复杂。在理想情况下，我们希望能够仅从单张图片或视频帧中恢复入射光照。这是一个经典的计算机视觉问题，最早可以追溯到 Land 等 [1971] 提出的 Retinex 算法，该算法基于光照在图像空间的频率比表面纹理更低的假设。很明显，Retinex 方法面临的问题是单张图像包含的信息不足以在任意场景下自动地恢复光照。因此，使用了许多形式的额外信息来推导几何先验数据，以便有助于将图像分解为光照和表面纹理 [Barron and Malik 2015]。

一些方法依赖于用户输入。例如，用户能够交互地识别表面和光源，从而使得系统可以恢复场景中光照和位置都可信的虚拟物体 [Karsch et al. 2011]。通过众包用户标注可以在图像数据库 [Bell et al. 2014] 中收集来指导图像分解。

带有深度信息的图像也提供了由可以推出观察图像的几何先验信息 [Chen and Koltun 2013] [Lee et al. 2012]。如果没有深度通道，可以通过匹配数据库到图像中物体的三维模型来获得几何先验信息，从这些几何信息中可以推出漫反射 [Kholgade et al. 2014]。深度和光照估计也可以通过分别与深度图像数据库和环境图进行匹配得到 [Karsch et al. 2014]。

预先获得几何先验信息的另一种方法是检测物体的轮廓 [Lopez-Moreno et al. 2013]。轮廓提供了一个估算其表面向量的良好线索，能够用来追溯光源的位置。

这些方法提供了令人印象深刻的结果，但是它们都是为单张图像光照恢复而设计的，需要额外的处理。在增强现实中，与单张图像不同，我们通常是在视频序列上进行处理，因此需要下节讨论的保证时间相干性的实时方法。

6.3.5　基于镜面反射的光度注册

在观察已知物体的高光反射时，允许直接从反射方向估计入射光，该原理不仅可以用于光探针，也可以用于场景中任意形状已知的高光物体。

例如，Tsumura 等人 [2003] 以及 Nishino 和 Nayar[2004] 利用人眼反射作为自然的光探针。Laager 和 Fua[2006] 在小的运动物体上检测高光反射。Hara 等人 [2003, 2008] 在假设没有远点光源的情况下利用单张图像估算光源位置和反射参数。Mashita 等人 [2013] 通过检测平面物体的高光反射推断真实环境光照。

Jachnik 等人 [2012] 捕捉一块小平面（有光泽的书的封面）的四维光场。这些研究者假设漫反射变化仅与位置有关而与观察角度无关，而高光反射变化仅与观察方向有关而与位置无关，从而启发式地将观察值分成漫反射和高光反射。高光反射用于重建环境图，漫反射用于颜色扩散效果。

6.3.6　基于漫反射的光度注册

如果无法确定场景中的高光反射，可以尝试进行漫反射光度注册的计算。漫反射表面更为普遍——特别是在室内场景。因为必须分离各个方向的光照贡献，从这样的表面恢复入射光是更难的反渲染问题，通常只估计单个主光源的方向。

首个能够利用场景几何自动估计单个远点光源和环境光的系统是 Stauder[1999] 开发的视频会议系统。该系统通过从背景分割估计椭圆几何模型来进行定向光估计。

一种更加数学连续的存储定向光照的方法由**球谐**（SH）函数提供，通过一系列基函数的线性组合来表示一个球面上所有可能方向的二维函数 [Ramamoorthi and Hanrahan 2001]。通常仅仅存储低频表述就足够了，对于每个缓存器仅仅通过几个（如 9、16 或 25）数值系数就能被压缩至球谐函数形式（见图 6.16）。此外，漫反射光传播能够毫不费力地通过球谐函数形式进行计算 [Sloan et al. 2002] 并存储在表面纹理图中（如每个三角形网格的顶点）。

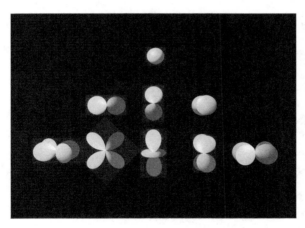

图 6.16　球谐函数是球形域中的基函数。三行代表了球谐函数的 0,1,2 波段（见彩插）

Gruber 等人 [2012] 的研究表明球谐函数框架能够利用彩色深度相机实时恢复真实世界光照（见图 6.17）。这些研究人员通过深度图像重建场景，他们假设只有漫反射，通过从重建表面选定的采样点在球谐函数形式下计算了入射定向光。这些采样点必须具有良好的表面法线分布。由于漫反射会聚各个方向的光，对于每个采样点必须计算场景中其他物体形成的阴影。通过图像空间最优化 [Gruber et al. 2015]，这样的系统能够在台式机 GPU 上以每秒 20 帧估计动态真实物体的动态入射光和投射阴影。

Boom 等人 [2013] 提出了一种从任意场景几何中估计单点光源的系统。他们假设整个场景都是漫反射，该方法假设**反照率**（即漫反射）不变，通过颜色将图像分割为超像素，已知反射比，就可以合理精度恢复光源。

图 6.17   利用教堂模型等漫反射物体能够估计定向光，并应用到白球等虚拟物体。右面
的列显示了作为立方图的入射光估计。通过环境图中的红点表示如何改变最强
的光照方向，对应圆顶上白色高光的运动（由 Lukas Gruber 提供，见彩插）

Knorr 和 Kurz[2014] 通过人脸估算入射光，该方法使用离线机器学习不同光照条件下各种各样的脸部。在线方法应用面部跟踪，将检测到的脸部的特征观察点和训练数据库中的进行匹配以通过球谐函数估算真实环境光照。

6.3.7   基于阴影的光度注册

另外一种估算光源的方法是观察图像中的阴影。该方法主要基于阴影投射几何的全部或者部分信息以及图像中阴影形状的正确分类及测量。实际上，这意味着检测图像中的阴影和轮廓。轮廓上的表面点可以回溯到阴影投射物体的几何边界，这也应该是可见的。进而，可以估计一个或者多个光源的方向（见图 6.18）。例如，Hartmann 等人 [2003] 利用了一个称为"阴影捕捉器"带有特殊几何特性的光探针，能够可靠地从任意方向捕捉阴影。在自然图像中检测阴影通

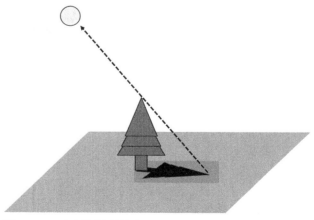

图 6.18   通过将阴影轮廓上一个唯一点到对应的投射阴影表面上的点形成射线，可以估计光源的方向

常更具有挑战性 [Wang and Samaras 2006] [Ikeda et al. 2012] [Arief et al. 2012] [Okabe et al.

2004] [Mei et al. 2009]。

6.3.8　室外光度注册

在户外增强现实场景中，通常无法获得场景的完整几何模型，这使得光度注册更加困难。然而，简单的光照模型可以基于在白天太阳光是最强光源这一事实进行推算。在已知时间日期和地理位置之后，太阳的分析模型可以用作初始估计值 [Nakamae et al. 1986] [Madsen and Nielsen 2008] [Liu and Granier 2012]。天空可以近似为次级大范围光源，可以利用图像中的阴影线索来对结果进行改进 [Cao and Shah 2005] [Cao and Foroosh 2007]。

6.3.9　重建精确光源

从环境图再继续前进一步的全局光照效果通常需要精确的光源位置而不是定向辐射（见图 6.19）。我们可以通过假设光源位于固定的远离场景中心的位置将辐射图中每个像素（方向）转换为精确光源。然而，对于高分辨率辐射图，光源的数量可能过多。

图 6.19　通过将环境图细分为等辐射区域并检测每个区域中的代表点可以估算精确光源（由 Lukas Gruber 提供）

限制光源数量的一种方法是对辐射图做有规律的下采样 [Supan et al. 2006]。借助该方法，细分后将包含在环境图一个区域内的像素平均并被位于该区域中点处的光源代替，其强度与平均像素值成正比。这种方法可以产生固定数量的光源，但是没有考虑环境中光源的不均匀分布。

更成熟的方法依赖于自适应细分 [Debevec 2005]。环境图沿着最长轴被递归地细分，从而生成的区域具有近似相等的辐射。重复该过程直到区域的数量达到需要的数值，最终估算前述每个区域的光源。

6.4　通用光照

建立了真实场景、虚拟场景和入射光模型之后，就可以根据真实世界的光照环境计算出虚拟和真实物体之间的**通用光照**。我们首先讨论涉及的光线传播。

直接光照描述的是光线从光源直接传播到物体，然后再反射入观察者眼中。间接光照描述的是光线从第一个物体反射到第二个物体，光线不断反射并最终到达观察者眼中。如果光线由于被另一个离光源更近的物体反射而没有到达第一个物体，则第二个物体投射阴影。完整的全局光照仿真涉及很多物体之间光线的反射，尽管间接光照通常要远弱于直接光照，但是间接光照对写实效果贡献巨大——特别是室内环境并不是直接由太阳照明的。

前述的第一个和第二个物体都可以是虚拟或者真实的。这意味着有四种可能的组合：真实到真实、真实到虚拟、虚拟到真实、虚拟到虚拟。在这些组合中只有真实到真实的情况可以通过视频图像直接得到；其他三种涉及虚拟物体的组合必须通过光照仿真进行计算。这包括虚拟到真实的组合，可能仅仅导致真实物体的细微变化。

真实物体和虚拟物体的混合基于接下来描述的差分渲染，然后介绍全局光照的原理和方法。

6.4.1　差分渲染

即使进行了精心的光度注册，由于几乎不可能充分考虑到场景中光线的所有交互，通用光照不可能总是完美的。尽管如此，我们至少应该保持真实场景摄像机图像自然呈现的细微光照效果，即使这些效果并没有延续到场景中的虚拟部分。允许保留真实世界光照效果的处理过程称为**差分渲染**，由 Fournier 等人 [1993] 首次提出，本书使用 Devevec[1998] 提出的差分渲染公式。

在给定场景的几何和材质以及相机参数和光源后，可以计算对应原始场景（即没有任何虚拟物体）的光照仿真 L_R。在场景描述中加入虚拟物体后，可以计算第二个光照仿真 L_{R+V}，代表场景中包含虚拟和真实物体。所有显示虚拟物体的像素能够用 L_{R+V} 来代替。对于所有显示真实物体的像素，差值 $L_{R+V}-L_R$ 代表加入虚拟物体后场景中真实部分的光照变化，这一差值作为相机图像 L_C 的修正值加入（见图 6.20）。

- 对于显示虚拟物体的像素：$L_{final} = L_{R+V}$。
- 对于显示真实物体的像素：$L_{final} = L_C+L_{R+V}-L_R$。

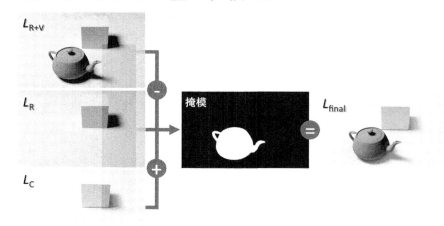

图 6.20　差分渲染结合新添加虚拟物体的光线贡献，通过物理场景 L_R 的虚拟表示和动态视频输入进行计算（由 Peter Kan 提供）

代表显示真实物体的像素的公式可以解释为通过在仿真结果 L_{R+V} 上叠加误差项 L_C-L_R 来校正原始场景 L_C 模型 L_R 中的误差。被虚拟物体间接照明的像素将变亮（$L_{R+V}-L_R$ 为正），被虚拟物体投射阴影的像素将变暗（$L_{R+V}-L_R$ 为负）。

如果在场景改变时允许**重光照**则差分渲染将更加困难，即改变的是光源而不仅仅是场景中的物体。特别是删除光源将会导致阴影消失，这很难避免产生伪影。与之相对，由于光源可以线性叠加，添加新的虚拟光源实际上可以很好地操作。因此，下节介绍的方法通常需要保持真实光照不变或者将其限制为仅添加数个次级光源。

6.4.2　实时全局光照

两种光线仿真均需要通过全局光照方法来计算差分（见图 6.21）。实时全局光照面临两个主要维度的复杂度。

- 光线传播。第一个维度和被仿真的光线传播类型有关。因为仅仅允许删除光源，阴影算法是最简单的一类。漫反射全局光照允许软阴影和颜色扩散，即光线从具有显著颜色的表面反射到附近的物体。通用的扩展是仅为选中的物体添加高光效果（反射、折射和焦散）。允许整个场景的任意漫反射和高光反射光线传播是最为复杂的。
- 场景。当静态照明下的静态场景中只有相机允许移动时，所有的光线传播都能被计算。预计算能够克服所有的在线性能问题，但是可能需要额外的计算资源和内存，特别是如果要支持高光效果的话。在场景中有动态物体时，至少需要计算每一帧中这些物体对光线传播的影响。既有动态物体又有动态光源的场景的计算量是最大的。

　　　a）局部光照渲染效果　　　　　　　　　　b）全局光照渲染效果

图 6.21　实时路径跟踪能实现真实的全局光照（由 Peter Kan 提供，见彩插）

这两个维度和场景的尺寸决定了全局光照的计算量。拥有复杂光线传播特性的大型动态场景的实时更新即使采用高性能工作站仍然十分困难，更不用说在移动计算机上。为了使全局光照更易处理，大多数同期的全局光照方法引入因式分解来进行两步渲染。第一步渲染在场景中计算光线传播，第二步渲染收集光分布的信息来形成最终的图像。这种分步渲染具有以下优点。

第一，可以为每个渲染步骤独立选择光线传播类型。例如，第一步仅能模拟从光源发出的散射光传播，而第二步能够通过集成高光效果来提升主观视觉的真实感（尽管不是所有可能的光线传播种类都能模拟）。由于第一步与视点无关，因此这种处理非常方便并更加高效。

第二，能够独立地为每一个过程选择渲染方法。例如，第一步可以仅针对限制数量的光线使用昂贵的光线追踪，而第二步可以使用更高效的 GPU 着色器进行光栅化。

第三，可以独立地为每一步选择刷新率。当第二步往往必须以高帧率运行时，第一步可以选择低刷新率。在极端情况下，第一步可以针对完全静止的场景进行预计算。即使必须顾及动态物体，第一步也可以运行低于第二步的频率，或者第一步采用懒惰更新策略，即只有当场景变化时才传递更新。

连接两个步骤的数据结构决定了第二步用到的方法和取得的效果。如果从第一步得到的结果是多帧分摊的，取决于储存的光照是出射还是入射，结果数据结构有时被称为**辐射缓存**或**辐照缓存** [Ward et al. 1988]。缓存必须能应答关于场景中特定三维点和特定二维方向光照的问询。与光场类似，由于该技术占用大量的缓存，因此出现了各种各样的下采样缓存表示。

当缓存仅由位置索引时，因为反射方向是不相干的，结果组织适用于表示漫反射传播。许多方法使用这种纯粹的空间组织方案。例如，**光子图** [Jensen 1995] 一般由稀疏的 k-d 树组成。阴影体允许查阅三维点是否在阴影内。经典的**辐射度方法** [Cohen et al. 1993] 存储表面点或小表面块的辐射。

当缓存仅由方向索引时，结果组织是环境图，通常采用立方图的形式，由 GPU 直接支持。立方图由六个正方形纹理组成，每个面与对向的夹角为 90°。用于基于图像光照的辐射图是仅针对定向缓存的一个重要应用。

当缓存由投影空间索引时，从给定视角来看，它由与 2D 深度图条目相关联的 3D 位置组成。该组织结合了位置和方向的属性。深度图仅表示场景中表面点的一个子集，因此不能作为通用缓存。然而，可以使用 z 缓存从任意场景生成 GPU 上的深度图，并使用阴影映射硬件进行有效的转换。**即时辐射图** [Keller 1997] 就采用了这种方法。

如果需要同时具有位置和方向的缓存，则位置通常是主索引。所有方向的信息都紧凑地存储在缓存条目中。**辐照体** [Greger et al. 1998] 和**光传播体** [Kaplanyan and Dachsbacher 2010] 属于这一类别，通常使用球型谐波表示来减少内存需求。

我们已经介绍了实时全局光照的重要概念，这些概念将应用于常见的光照问题。在接下来的讨论中，我们将逐渐增加光传播的复杂性。首先在场景中加入阴影，然后是漫射全局光照，最后介绍高光全局光照。

6.4.3 阴影

阴影是显著的深度线索，帮助观察者理解场景的三维结构。Sugano 等人 [2003] 通过用户研究确认阴影的确增加了增强现实场景的现实感知。如果同时计算反射和阴影的成本太高，仅需要计算阴影是一个有吸引力的选项。首先计算阴影表示，然后通过最终图像中表面点的明暗来参考该表示。已经出现了许多阴影技术 [Eisemann et al. 2011]，其中的创始技术是阴影体 [Crow 1977] 和阴影贴图 [Williams 1978]。

阴影体是一个平截头体，它围绕着相对给定的阴影投射多边形和光源的阴影区物体。平截头体的侧面称为阴影体多边形。Everitt 和 Kilgard [2002] 的阴影体技术基于模板缓冲区，这是现代 GPU 的标准特征。阴影体技术包含四个步骤：

1）进行无照明的场景绘制（如同在阴影里）。

2）通过前向阴影体多边形的光栅化增加模板缓冲区。

3）通过背向阴影体多边形的光栅化减少模板缓冲区。

4）再次绘制场景，并且其模板缓冲区值为零的所有片段都不在阴影区，因此被渲染照明。

在通用光照中，不仅要考虑真实物体之间以及虚拟物体之间的阴影，还要考虑从真实到虚拟以及从虚拟到真实的阴影。虽然真实物体间的真实光线造成的阴影在视频图像中自然可见，并且使用前面提到的标准阴影方法之一很容易创建虚拟物体之间的阴影，虚拟和真实之间的混合阴影交互需要特别考量。

Haller 等人 [2003] 改进了由 Everitt 和 Kilgard 开发的适用于通用照明的方法。在第一步中渲染从虚拟物体到真实物体的阴影。在第二步中渲染所有虚拟对象，包括来自虚拟或真实对象的任何接收到的阴影。

在使用视频初始化帧缓冲区之后，第一步将幻影转换成 z 缓存。虚拟物体的阴影体被绘制到模板缓冲区。通过使用模板缓冲区掩模，创建从虚拟物体到真实物体的阴影，这可以通过将来自视频的所有通过模板掩模标记为阴影的像素与黑色透明颜色进行混合来实现，从而可以创建阴影区域的印象。

第二步与传统的基于模板的阴影体渲染类似。包括虚拟对象和幻影对象在内的整个场景都被渲染到彩色缓冲区中。虚拟对象和幻影对象的阴影体均被绘制到模板缓冲区中。使用生成的模板缓冲区作为掩模，整个场景再次被绘制为环境和反射部分，从而阴影中虚拟物体所在的区域在场景光照下显示为未被照明（见图 6.22）。

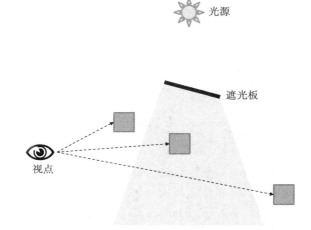

图 6.22　阴影体算法通过模板缓冲操作计算进入但没有离开阴影体视图的视线来确定阴影中的对象

因为底层投影纹理映射在 GPU 上完全加速，大多数现代渲染系统建立在名为阴影映射的替代技术上。阴影映射是一种两步技术，首先从光源的视角渲染场景的深度缓冲区，然后在第二步中使用该阴影图，其中场景从观察者的视点进行渲染，以确定片段是否被光源的视点遮挡（见图 6.23）。如果光源坐标中的片段深度大于阴影贴图中的数值，则片段处于阴影中。

a)　　　　　　　　　　　　　　　　b)

图 6.23　a）带有阴影贴图效果的虚拟场景。b）从光源看到的阴影贴图视图，距离被编码为灰度值（由 Michael Kenzel 提供）

State 等人 [1996] 使用阴影贴图将虚拟物体的阴影投射到真实物体。Gibson 等人 [2003]

和 Supan 等人 [2006] 通过从光探针估计的大量光源叠加阴影图创建软阴影。如果场景是静态的并且阴影接收机可以被预先确定，这种用于创建软阴影的混合方法即使在动态照明改变时也可以被预先计算 [Kakuta et al. 2005]。

如果虚拟到真实的阴影与真实到真实的阴影发生重叠，则通过混合描述虚拟到真实物体投射阴影变暗像素的方法无法正常工作。已经自然变黑的像素会因为这种技术而变得更暗，导致阴影印象不一致，这个被称为**双重阴影**的问题（见图 6.24）是省略半全局光照方法的结果，没有考虑其中某些光照对象交互（在这种情况下为遮挡）。

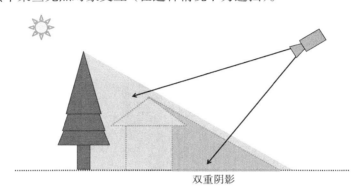

图 6.24　简单地将虚拟树的虚拟阴影添加到已经在真实物体（这里是一个房屋）阴影中
的区域将导致不正确的双重阴影

一些作者通过扩展阴影映射方法来抑制双重阴影。Jacobs 等人 [2005] 建议利用模板掩模来防止真正的阴影进一步变黑。该掩模利用遮挡的幻影和光源进行几何估计，并使用输入图像上的 Canny 边缘检测器来进行细化。Madsen 和 Laursen[2007] 提出了另外一种避免双重阴影的方法。他们基于来自真实光源的阴影映射采用有限形式的逆渲染来估计表面反照率。在获得反照率的估计值后，可以考虑真实和虚拟物体阴影的影响。

6.4.4　漫射全局光照

如果除了阴影之外还要得到反射的效果，则需要进行完整的全局光照仿真。采取这种方法也可以消除双重阴影等问题。本节专注于漫射光传输的全局光照算法。

经典的辐射度方法将场景中的表面变成离散的小多边形斑块并解决了斑块之间的光线传输问题。虽然第二步可以简单地渲染照亮的斑块，但第一步需要在大量斑块之间计算全局可见性，这非常耗费计算资源。因此，基于斑块的辐射度很少用在当今必须处理动态场景的实时系统中。

Fournier 等人 [1993] 描述了第一个模拟常见全局光照的辐射度方法应用。这项早期的工作不是针对实时性能的，同时使用了一些简化的假设。场景几何通过物体边界框进行估计，并通过人工估计了图像的各种参数，包括相机位置、反射率和光源强度等。后续的改进允许动态物体 [Drettakis et al. 1997] 和更准确的光传输 [Loscos et al. 1999]。

较新的方法的目标是在第二步达到实时性能。一种广泛使用的方法利用阴影映射可以在 GPU 上有效地计算直接光照这一事实，而间接光照可以通过有限精度进行仿真。例如，Grosch 等人 [2007] 提出将间接光照存储在辐照体中。在第一步中，从所有可能的方向到静态场景的辐射传输被预先计算并与球型谐波形式的一组基础辐照体相结合。在第二步中使用阴影映射来计算直接光照，而间接光照通过实际光强度加权的基础辐照体的总和获得。利用每个样本的阴影映射，可以计算辐照体的贡献。

　　Nowrouzezahrai 等人 [2011] 提出了一种利用简单实数几何的场景光因式分解算法。他们工作的关键贡献是将现实世界的光照分为直接光照和间接光照。通过从基于图像的光照中提取点光源并将其应用于阴影映射来处理直接光照。单个物体的辐射传输是预先计算的并通过球型谐波的形式表示 [Sloan et al. 2002]，允许其与同样以球型谐波形式表示的间接光照进行有效组合。动画物体可由球体的集合来进行近似，这使得它们的累积辐射能够被快速近似。

　　Knecht 等人 [2010] 将即时辐射与差分渲染相结合。即时辐射通过重复硬件阴影映射来计算漫射全局光照的近似值。在第一步中，虚拟光子从主光源射出并在场景中反弹。光子撞击表面点时会产生**虚拟点光**（VPL）。在第二步中，通过聚集 VPL 照明来遮蔽表面点。通过计算每个 VPL 的单张阴影贴图可以加速会聚。Knecht 等还提出了一种称为差分即时辐射的改进方法，其中每个光子的路径在有无虚拟对象的情况下被估计两次。这种方法是将虚拟对象添加到场景之后计算光照的有效方式。主要光源可以被附加到明确已知的光源（例如手电筒）或者是用主动光探针获得的辐射图中的最亮点。

　　Lensing 和 Broll [2012] 也使用了 VPL 方法，但与 Knecht 等人 [2010] 不同，他们在应用 VPL 的光照时使用纹理融合而不是阴影映射。他们主要的贡献是使用彩色深度相机获得动态移动甚至可变形的真实物体的几何形状，从而可以用于移动的真实物体。因为在计算光照时深度图像的噪声过大，所以他们用导向边缘保持滤镜来平滑深度图像，从而具有更好的表面法线估计。在当前视野之外没有真实世界的几何信息，所有的光源都是虚拟的，因此仅能实现向场景添加虚拟光照的效果。

　　Franke[2013] 提出了一种使用体而不是表面取向的光传输全局光照方法。与 Grosch 等人 [2007] 使用的辐照几何体不同，Franke 使用光传播体 [Kaplanyan and Dachsbacher 2010]，即代表辐射的体积。在计算一个 VPL 集合并将每个 VPL 贡献注入由球型谐波建模的定向辐射的小体后，为了实现差分渲染，计算了添加虚拟物体之前和之后光传播的差异。

　　Gruber 等人 [2015] 描述了一种利用彩色深度相机的具有可变形实物和动态光照的实时常见场景光照方法（见图 6.25）。他们的流程包括三个步骤：几何重建、光度注册和全局光照。通过将体重建与图像空间深度滤波相结合，该方法无须预先计算，即可应用于大型场景和移动对象。在屏幕空间中使用定向遮挡的差分渲染变体来计算全局光照 [Ritschel et al. 2009]。全局光照也用于通过球型谐波形式的反渲染的光度配准 [Gruber et al. 2012]。

a)　　　　　　　　　　　　　　　　b)

图 6.25　a）在床下面的龙上投射的软阴影。b）从乒乓球拍到漫画人物的脸部颜色漫射。在这两个例子中，真正的几何和光照被实时重建（由 Lukas Gruber 提供，见彩插）

6.4.5 镜面全局光照

上一节中描述的视点无关方法的主要限制是不允许出现有光泽表面（例如金属）和半透明材料（例如玻璃）的镜面效应。这些效应可以通过 Knecht 等人 [2013] 提出的将高光扩展到差分即时辐射来实时计算。遗憾的是，Knecht 等描述的光栅化方法不能支持散射和镜面光传输的任意组合，达到这样的目的通常需要一种更昂贵的基于光线跟踪的方法。

Grosch[2005] 提出了首个非实时的镜面全局光照方法。第一步使用光子映射差值版本的光线跟踪。表面可以分为漫射表面和镜面表面。光子会被镜面反射或折射，但存储在漫反射面上。如果一个光子碰到一个虚拟物体，那么在光子应该碰到真实物体的位置就会存储负光量（反辐射）。第二步使用来自眼睛的光线跟踪，从而可以产生作用于真实图像的带有虚拟物体反射、折射和焦散的最终图像。

Kán 和 Kaufmann [2012a] 使用基于实时光线跟踪器 OptiX 的类似方法 [Parker et al. 2010]。和 Grosch 类似，他们在这两步中使用光线跟踪，并将其与光子映射相结合（见图 6.26 和图 6.27）。然而，他们在第二步使用虚拟和真实图像单独的阴影光线，而不是反辐射来评估差分渲染。之后，用差分辐照缓存扩展了他们的方法 [Kán and Kaufmann 2013]。借助这种技术，第二步通过光线跟踪获得直接光照，通过辐照缓存计算间接光照。辐射度是在策略选择的位置上计算的，并使用光栅化而不是光线跟踪有效地纹理融合到屏幕空间。

图 6.26　通过实时光线跟踪产生的真实镜面中虚拟和真实物体的镜面反射（由 Peter Kán 提供）

图 6.27　通过实时光线追踪计算的折射使用户的手通过虚拟玻璃真实地呈现（由 Peter Kán 提供）

Franke[2014] 的 delta 锥体跟踪改进了他以前在 delta 光传播方面的工作，可以支持任意光泽或漫反射特征表面之间的所有光传输的组合。这项工作将光传播体与锥形跟踪相结合。在锥形跟踪中，并没有通过对多个光线平均来进行屏幕空间中像素对向立体角的滤波，与之代替的是通过多分辨率辐射体投射单个光线。随着射线距离眼睛越来越远，通过分层采样较粗的层次来隐式地执行滤波。这项工作可以处理有光泽的真实物体并实时渲染逼真的图像，但光传播仍然是预先计算的。

6.5　消隐现实

大多数增强现实应用研究在真实场景中添加虚拟物体的问题，而**消隐现实**描述了相反的概念——即从名称上看，从真实场景中无痕迹地移除真实物体。这个术语是由 Fung 和 Mann[2004] 创造的，用于描述通过移除不需要的物体来对视觉场景进行的有意修改。这些研究者提出了一种从视频序列中移除平面物体并用另一种纹理替代它们的方法。

通常，不需要的物体在美学上不能令人满意。例如黑白标志点具有高对比度，因而在日常环境中不自然地凸显出来，这些标志点可以被移除 [Siltanen 2006]。在协作增强现实中，头戴式显示器阻碍了多用户之间建立面部和眼神接触，已经出现了尝试移除头戴式显示器的研究工作，通过合成的面部表情来代替头戴式显示器 [Takemura and Ohta 2002]。

消隐现实的概念在技术上与图像修复相关。例如，在媒体制作中，经常需要从图像中消除不想要的效果，如模拟电影胶片上的划痕或保险丝等其他物体。不同于大多在后期离线制作的图像修复，消隐现实聚焦于用户最小介入的实时移除，所以消隐现实必须解决如下三个问题：

- 确定需要被移除的感兴趣区域（ROI）。
- 对 ROI 隐藏的区域进行观察或建模，为接下来的合成步骤提供输入数据。
- 含有代替被移除 ROI 内容的新图像合成。

在接下来的章节中将详细讨论这些任务。

6.5.1　感兴趣区域的确定

感兴趣区域是屏幕上的连续像素集合，包括了需要被消隐现实系统移除的物体。感兴趣区域可以是精确的（即准确地包含被物体遮挡的像素），也可以是保守的（即囊括了被物体遮挡像素的超集）。并且，如果物体或相机是移动的，感兴趣区域也会随着时间改变。这需要一种持续跟踪感兴趣区域的机制，从而使得问题更加复杂。

感兴趣区域可通过几种方法确定。一种方法是让用户手动在图像中指出这个区域。用户可以直接绘出该物体的轮廓，或者给出一个间接的规格，例如一个长方形边界框或者是在物体上的一系列点击。长方形边界框可用作一个保守的感兴趣区域 [Zokai et al. 2003]，或用于初始化物体轮廓的主动确定 [Herling and Broll 2010]。点击可以用于物体的初始化分割 [Lepetit et al. 2001]。一旦确定了轮廓之后，就可以在一系列帧中被跟踪 [Lepetit et al. 2001] [van den Hengel et al. 2009]。

感兴趣区域也可以通过被移除物体的模型来确定。该方法假定可以获得感兴趣区域的几何模型或者基于外观的模型。对于一个静态物体，它的模型如同幻影一样被投射到当前视野中，但是它在图像中的印迹可用来描述感兴趣区域。必须跟踪一个移动的物体以便在帧与帧之间辨认并消除。基于模型的感兴趣区域跟踪的优点是这经常是确定摄像机位姿过程的一项副产品。

最后，如果感兴趣区域是力反馈臂等铰链式物体，那么通过模拟铰链装置的链连接角度可确定感兴趣区域。

6.5.2 隐藏区域的观察与建模

为了消隐一个场景并移除一个特定物体，该场景必须被替换为背景图像的视图。在增强现实装置中，由于摄像头的实时视频反馈中不能直接观察到背景，因此必须通过其他渠道来获得关于背景的必要信息。

最简单的方法是不直接观察背景，而是通过对感兴趣区域附近的观察合成隐藏区域。该方法基于图像具有充分的空间一致性的假设，通常以**图像修复**的形式实现——也就是说，从图像的其他部位复制合适的像素。

对于静态场景，一个简单的典型方法是通过离线步骤进行事先重建。例如，Cosco 等人 [2009] 尝试建立简单的代理几何，与一系列图像一起用作投影纹理。类似的 Zokai 等人 [2003] 运用了多张参考照片和一个简单的几何模型，通常这种几何以背景平面的方式给出 [Enomoto and Saito 2007]。

Lepetit 等人 [2001] 描述了一种更加复杂的离线方法。他们采用在场景中四处移动的单个摄像头捕捉到的图像序列，从而可以显示随时间变化背景的不同部分。通过重建摄像机路径以及三角化背景特征，他们获得了背景的有纹理几何。但是仅使用单个摄像机很难保证在摄像机路径上覆盖足够的背景。

为了实现运行时对背景的直接观察，有必要采用多个摄像机。静态摄像机的优点是可以离线进行外参校准，而在运行时无须给予更多关注。然而，运动摄像机可以更好地覆盖动态场景。例如，Enomoto 和 Saito [2007] 利用标志跟踪和多个单应变换相关的手持摄像机将图像信息从一个视图传递到另外一个视图。还有一些系统 [Kameda et al. 2004] [Avery et al. 2007] [Barnum et al. 2009] 利用多个摄像机的信息让物体在视觉上变得透明而不是完全移除它们（见第 8 章的讨论）。

6.5.3 感兴趣区域的移除

如果感兴趣区域需要利用有效的背景替代而不是简单的覆盖，可以使用以下两种方法：图像修复和基于图像的渲染。

图像修复不需要获取背景模型，但是需要依赖感兴趣区域临近区域的采样来填充空白区域。一个非常简单的方法是从感兴趣区域的每个边界进行像素的线性插值。该方法可以通过扫描线导向等算法执行。尽管该方法十分简单，线性插值通常能够得到非常小或者狭窄区域的合理结果。但可惜的是，对于大面积区域，细节的缺失变得非常明显。

Siltanen [2006] 提出了一种方法，通过镜像边界周围的区域到需要隐藏的区域来覆盖一个长方形感兴趣区域，该区域的每一个边界都进行这种镜像。通过对这四个翻转区域进行插值，可以生成隐藏区域像素的最终值。Korkalo 等人 [2010] 拓展了该工作来处理动态光照，通过线性插值估算隐藏区域的低频纹理。细节纹理利用翻转技术产生，但通过低频纹理进行比例缩放。运行时计算每一帧的低频纹理并调节光照的动态变化，然后通过调整细节纹理来仿真一致的表面细节。

由 Herling 和 Broll [2012] 介绍的 PixMix 方法将图像修复表达为一个实时最优问题（见

图 6.28）。这些研究人员搜寻从源（感兴趣区域附近）到目标（感兴趣区域）的像素映射并最优化了两个限制：目标的临近像素应该来源于源的临近像素；目标像素的邻近外观应该与它们对应的源像素附近的外观相似。在初始的粗略估算中，源位置的随机变化被迭代测试。如果发现有提升，将会被传递给附近的目标像素。该方法只进行了局部改进，并没有进行全局最优化搜寻。尽管如此，一项运用了图像金字塔的由粗到精的方法使得这个算法实时收敛到一个可信的成果上。Herling 和 Broll 进一步描述了如何通过视频序列的后续帧跟踪一个本地的平面感兴趣区域，通过运用单应跟踪来保证时间上的一致性。

图 6.28　PixMix 从移除物体的周围拷贝像素，从而可以在实时摄像机视频流中产生消隐现实的效果（由 Jan Herling 和 Wolfgang Broll 提供）

基于图像的渲染依赖从一个不同的摄像机或者摄像机位置获取的图像来填补空洞。这些图像被变形以匹配当前摄像机位置，二次投影需要某种形式的背景场景几何近似。这种基于图像算法的核心理念是运用投影纹理映射或者一种类似的映射形式将辅助摄像机中的图像应用到代理几何，然后通过在当前视点描绘纹理代理来合成新的图像。这里可以采用基于图像技术的多种形式，包括网格的应用 [Cosco et al. 2009]、结合阶层式背景划分的半透视投影 [Zokai et al. 2003] 以及平面扫描算法 [Jarusirisawad et al. 2010]。

6.5.4　基于投影的消隐现实

消隐现实也可以通过基于投影机的增强现实实现。这里的挑战是确定投影到场景中需要被移除物体上的正确图像内容。在正确的配置下，当用户观察投影图像时，会产生接收投影后真实表面消失或者至少变得近乎透明的印象。

一种配置包括头戴式投影机及覆盖回射反光材质涂层的物体。该方法被称作"光学伪装" [Inami et al. 2003]，由于回射反光涂层具有反射性质，头戴式投影机投射的图像大部分反射回观察者。这种配置的优点是在没有头部跟踪和投影图像动态调整的情况下允许观察者有限范围的移动。例如，这种配置曾用于伪装触觉输入设备 [Inami et al. 2000]，也用于隐去汽车的驾驶室 [Yoshida et al. 2008]。

另一种配置使用了投影的漫反射面。强光投影机的应用使得可以基于辐射度测量来补偿已存表面的纹理 [Bimber et al. 2005]。该方法可使得物体在视觉上消失 [Seo et al. 2008]。这样的效果仅能应用于平放在实体表面的物体，否则就是与视角相关并需要对移动用户的头部进行跟踪。

6.6　摄像机仿真

即使我们使用最先进的渲染技术完全解决了常见的光照问题，由于物理摄像机的图像质量有限，在视频透视式增强现实中仍然存在着显著的光度不一致。视频摄像机背景中的像素外表应该与使用计算机图形渲染的增强图像匹配。虚拟和真实物体之间的任何图像质量差异将显示为虚拟世界和现实世界之间的裂痕。这种裂痕在某些增强现实应用中可能是有意为之的，但在许多其他应用中是不需要的。

"图像质量"特指基于真实摄像机成像过程的伪影，与生成虚拟物体的理想虚拟摄像机相对。例如，在计算机图形学中，假设存在一个完美的针孔相机，而实际上相机镜头可能会引入明显的失真。在典型的消费级摄像机中也存在许多其他缺陷，其中最引人注意的干扰包括镜头失真、模糊、噪点、光晕色差、拜耳掩模伪影和色调映射伪影，这些将在后续几节中进行讨论。

6.6.1   镜头畸变

目前，在增强现实应用中使用的大多数数字摄像机都是相对低成本的消费级产品，如智能手机中内置的摄像头或网络摄像头。这些摄像机具有非常小的透镜和短焦距，通常会引入显著的桶形畸变。头戴式显示器的光学系统产生的失真也存在类似的问题。

增强现实有以下两种失真补偿方法：

- 在视频透视式增强现实系统中，可以通过反转失真来纠正出现径向失真的视频图像，如图 6.29 所示。
- 如果视频图像不应被修改，或者使用的是光学式透视显示器，则可以通过修改计算机生成的图像来匹配感知真实场景中存在的失真。

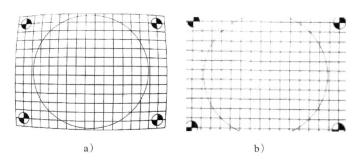

图 6.29   a) 校正模式的失真视频图像；b) 修正图像（由 Anton Fuhrmann 提供）

Tsai [1986] 描述的经典摄像机标定技术使用分析模型确定径向畸变。该模型可以直接对图像的每个点进行畸变校正（纠正）。遗憾的是，对于图像的每个点计算单独的校正不是一个非常经济的解决方案，我们更愿意采用与摄像机相同的方式有效利用图形硬件来校正增强现实的重叠图像。

为了实现使用图形硬件的通用图像失真机制，我们可以利用纹理映射机制 [Watson and Hodges 1995] [Fuhrmann et al. 2000]。使用源图像作纹理并将其映射到屏幕对齐的四边形网格上（见图 6.29）。通过确定网格每个顶点失真函数的倒数可以纠正图像，需要注意的是，这种纠正不可避免的副作用是由于变焦效应在角落附近损失少量的图像信息。

如果不能够获得失真的闭合形式描述，则可以通过测量摄像机所获取的方形网格组成的校准图案的屏幕位置来手动获取失真。在测量网格角的位置后，这些位置可以直接作为纹理坐标映射到未失真的四边形网格上。纹理硬件通过在四边形内部进行线性内插校正失真图像。

6.6.2　模糊

摄像机引起的模糊效应来自两个主要来源：散焦和运动模糊。由散焦引起的模糊取决于摄像机焦平面到物体的距离。运动模糊由图像传感器中颜色强度的时域积分产生。模糊的两个来源都导致了与增强现实场景中计算机生成部分的碎片化和清晰的外观形成鲜明对比的特征，而不仅仅是图像的全部锐利部分。真实和虚拟图像自然整合的最简单解决方案是模糊计算机生成的对象，以便在测量到必要的模糊量之后匹配其真实世界的外观。

如果摄像机的焦距是已知的，在给定其在场景中的深度后，很容易确定应该如何表示失焦的虚拟对象。不幸的是，自动对焦摄像机通常不会给出其当前的焦距，可以通过观察场景中的已知物体来测量散焦和运动模糊。Okumura 等人 [2006] 描述了具有圆形黑白边界的特殊标志点的设计，可用于通过确定沿边界观察到的强度梯度来估计图像中的模糊。

Fischer 等人 [2006] 通过跟踪信息估计运动模糊。在存在被跟踪的摄像机和静态场景的假设下，他们确定每个对象中心的屏幕空间运动。如果物体的速度超过每帧 5 ~ 10 个像素的阈值，他们将模糊应用于与其运动成正比的对象。Klein 和 Murray [2010] 同样处理了跟踪信息，但只考虑了旋转运动并将运动模糊应用于整个图像。他们利用低分辨率（24×18）网格确定采样点的屏幕空间运动，并应用了沿局部模糊切线方向的模糊滤镜。在静态背景前移动物体造成的运动模糊在上述任何一种方法中都没有被考虑过，尽管可以直接考虑这个因素。

模糊可以通过几种不同的方式进行渲染。一种方法是多次绘制同一个对象，每次在模糊方向上稍微偏移并逐渐增加透明度（alpha 值）。绘制可以在物体空间中进行，也可以在屏幕空间中首先渲染到纹理，然后将结果多次显示为告示（即纹理映射、视图平面对齐的四边形）。也可以通过已渲染图像上的像素着色器在后处理中应用模糊。为了提高处理速度，通常应用可分离的高斯滤波器。

这两种方法都只在图像空间中考虑模糊。如果需要正确的三维运动模糊，可以应用 Park 等人 [2009] 描述的方法：该方法重叠多个带有 alpha 混合的告示。给定时间 t_0 和 t_1 创建的两个告示 B_0 和 B_1，在时间 t（$t_0 < t < t_1$）的对象之间模糊的真实形状通过渲染之前变形的 B_0 和 B_1 来估计，并交叉解析结果。这可以很容易地利用纹理硬件来完成。使用了基于将对象边框的角投影到期望位置的仿射变形来近似正确但更昂贵的透视翘曲。

Kán 和 Kaufmann [2012b] 使用实时光线跟踪在增强现实中实现基于物理的深度场效应，对图像的所有组件应用正确的模糊效果。他们通过分层抖动的光线采样来仿真孔径，并通过区分不同的射线类型（真实/虚拟）来计算差分渲染所需要的 L_{R+V} 和 L_R 分量。

6.6.3　噪声

具有小型传感器的数字摄像机也可能会受到相当大噪声的干扰。这种噪声具有一定的特性，随相机型号、强度和颜色通道变化 [Irie et al. 2008]。为了重现特定摄像机的噪声种类，必须进行预先校准，这可以通过在不移动相机的情况下观察 N 帧的合适静态场景来完成 [Fischer et al. 2006]。对于每个像素 $\mathbf{p}_i$，通过求取 N 个观测值 $o_{i,j}$ 的平均值来确定均值 μ_i，然后根据它们的平均值 μ_i 将像素 $\mathbf{p}_i$ 量化为 M 位 B_k 并计算对于每个 B_k 的平均值 μ_k 和标准差 δ_k。这些计算针对每个颜色通道（红色、绿色和蓝色）分别进行并使用统计值 μ_k，δ_k 确定噪声强度和变化的设置。

在运行时，对属于虚拟对象（而不是背景像素）的计算机生成图像中的每个像素应用适当缩放的高斯噪声。作为噪声源，预先计算包含高斯噪声的纹理。为了确保每个像素 $\mathbf{p}_i$ 都受到噪声的影响，运行了像素着色器。该着色器在噪声纹理中选择随机偏移，从而不会感觉到重复的图案。纹理的噪声值根据从 $\mathbf{p}_i$ 所属的 B_k 位的统计量 μ_k，δ_k 进行缩放并加到 $\mathbf{p}_i$。这为每个颜色通道单独完成。

为了最佳匹配特定摄像机，经验观察到的噪声可以引入一些改变。第一个改变涉及扰动的大小。观察到的噪声通常大于单个像素，因此噪声修正也可以在多个像素上分层。第二个改变涉及干扰的持续时间。通过在几个连续帧显示特定的噪声干扰来避免高频闪烁可能是合适的。这些变化量同样可以通过随机数分布来控制。

6.6.4 渐晕

术语渐晕描述了透镜几何对变暗图像的角和边缘的影响，可以通过获取均匀照射的平面图像并在多个帧上进行强度平均来观察由某个照相机镜头引起的渐晕量。可以通过与预先计算的渐晕掩模混合，也可以按照与着色器中图像中心的径向距离成比例地变暗，来为虚拟对象模拟渐晕。

6.6.5 色差

通过物理镜头的不同颜色（波长）光的折射差异导致轻微的颜色异常，特别是在物体边界处更容易观察到。在标定步骤中，可以通过观察摄像机中保持中性灰色调的图案并对齐在各颜色通道中略微偏移的图案测量色差。假设绿色通道没有像差，通过校准可以确定图像中每个位置红色和蓝色通道的偏移。利用该校准数据可以通过渲染相应地模糊或偏移来仿真色差。

6.6.6 拜耳模式伪影

拜耳掩模是放置在某些相机传感器前面的彩色滤光器阵列，用于捕获红色、绿色和蓝色通道各自的贡献。通过混合这些贡献可以获得像素的最终颜色。拜耳掩模通常在颜色通道之间产生一定量的串扰以及模糊。如果拜耳模式是已知的，则图像可以被下采样到单独的拜耳通道中，并且可以在该描述中仿真摄像机芯片的行为。在这个过程中应该考虑两个步骤。

首先，摄像机芯片执行各种视频处理操作，通常涉及锐化及量化。这种行为并不十分明确，需要通过观察进行反推。

其次，大多数摄像机通过 YUV 格式（亮度 Y 和色度 U、V）提供数据。数据通过摄像机芯片从 RGB 转换为 YUV 并通常返回到主机上的 RGB。在 YUV 格式表示中，Y 分量的空间分辨率要比 U 和 V 分量高得多，通常的比例是 4 : 1 : 1。因此，前一步骤获得的拜耳图像首先被转换为 YUV 格式，然后被转换为 RGB 格式，进行最终合成。

6.6.7 色调映射伪影

除了以上缺陷外，在将摄像机的物理辐射值转换为 RGB 值的任意色调映射时，会出现合成增强现实图像不一致。在大多数情况下，对消费级摄像机的任何准确的颜色校准都是不可行的。这将导致虚拟和真实物体颜色之间明显不一致。这种不一致会降低现实感，特别是在基于物理模拟（如全局光照技术）进行虚拟对象的渲染时。

为了解决这个问题，Knecht 等人 [2011] 提出了一种近似于摄像机图像中观察到的色调映射的虚拟物体颜色自动校准技术。他们假设使用如 Debevec [1998] 所描述的差分渲染方法。回想一下，通过这种方法可以获得仅包含真实物体场景的全局光照仿真 L_R，并且可以

与相机图像 L_C 进行比较。通过对来自 L_R 和 L_C 的对应像素进行采样，可以获得从模拟辐射值到观察到的颜色值的映射函数的描述。L_R 中不存在的辐射值，它是通过基于颜色通道交换的简单启发式方法来合成的。最后，通过对样本应用多项式回归来生成色调映射函数。

6.7 风格化增强现实

虽然大多数计算机图形技术都针对逼真的渲染，但非真实感渲染（NPR）与生成风格化图像有关。例如，NPR 技术可以模拟铅笔画、油画或卡通。这种 NPR 风格可以应用于增强现实中的虚拟对象 [Haller and Sperl 2004]。如果将风格化同时应用于增强现实场景的虚拟组件和实际组件，则该方法被称为**风格化增强现实** [Fischer et al. 2008]。

虚拟物体和真实物体之间表示或外观的差异可以通过应用这种统一的风格化而被隐藏，从而改善了沉浸感或满足了艺术欲望。技术上来说，有两种可能的创建风格化增强现实的方法。一种方法对图像的真实和虚拟部分分别应用风格化技术，这样可以使用关于内容的特定知识。例如，虚拟对象的渲染算法除了生成彩色缓冲区外还可以生成普通缓冲区，然后可以将普通缓冲区用于 NPR 着色。或者是整个图像可以在合成虚拟和真实部件之后在图像空间中进行 NPR 算法操作（见图 6.30）。这种方法具有操作简便的优点，并且消除了对两种独立渲染技术进行协调的需要。

图 6.30　风格化的增强现实可以用于艺术表现，场景的真实和虚拟部分采用了相同的风格（原始场景图像由 Peter Kán 提供，见彩插）

近年来，已经出现了一些风格化增强现实的例子。例如，Haller 等人 [2005] 提出了基于粗略地跟随对象轮廓的画笔笔触的宽松粗略渲染。Fischer 等人 [2005] 使用许多小笔触创造了一个点画家的印象。Fischer 等人 [2008] 讨论的卡通动画使用运动挤压和拉伸、运动模糊和运动路线来传达虚拟物体的运动。Chen 等人 [2008] 提出了一种仿真增强现实中水彩效果的方法。他们通过将图像细分为不规则的拼块并平均每个拼块中的颜色来创建流体颜色的印象。使用原始图像中提取的边缘来确保拼块时域行为的一致。

6.8 小结

本章讨论了增强现实场景中视觉一致性的概念。增强现实渲染流程汇集了图像中虚拟和真实的部分。为了获得视觉一致性，我们必须进行几何和光度注册。如果具有高精度跟踪和真实场景的精确模型，则几何注册是可行的。因为必须仿真真实和虚拟物体之间的光传输，光度注册的要求更高。最简单的技术只涉及虚拟对象和真实对象之间的阴影，这样的阴影可以通过改进计算机图形中标准阴影仿真技术获得。如果需要获得阴影以外的高级通用光照效果，则需要对环境光照进行建模，然后将该光照应用于虚拟对象。使用从组合增强现实场景中无缝地去除真实物体的技术可以实现消隐现实。

除了考虑虚拟和真实物体共享的场景空间之外，值得采用相干技术仿真用于获取真实图像摄像机的属性，并将这种仿真（例如几何失真、模糊或噪声等）应用于虚拟对象。风格化的增强现实旨在通过艺术手段来统一真实和虚拟图像的外观。

情境可视化

第 6 章研究了在假设已知增强现实需要展示何种信息的情况下，如何将计算机图形无缝地嵌入真实场景，这是一个重要的问题。作为一种新型用户界面范式，增强现实的潜力主要来自对当前环境、任务以及用户相关信息的显示能力。为了成功地传达所需信息，必须将这些信息以适当的视觉形式呈现，这可以通过应用合适的可视化技术来实现。

与传统的可视化技术不同，用于增强现实的可视化技术需要与真实环境进行交互，这已经成为可视化技术的一个内在组成部分 [Kalkofen et al. 2011]。本章把真实环境考虑在内来研究**情境可视化**技术。

情境可视化一词最早由 White 和 Feiner[2009] 提出，用来描述一种上下文感知计算，这里的上下文定义为物理场景的一部分。这样的上下文不一定必须是单一物体，可以是空间中一个孤立的点（见图 7.1）或是如同一个特定城区的大面积区域，只要在真实环境中有一定的语义即可。

图 7.1　对游客感兴趣的地点进行文本标注是情境可视化的一个范例（由 Raphael Grasset 提供）

作为某种特定追踪技术的结果，只在三维空间注册的可视化并不属于情境可视化。例如，许多用到基准标记的增强现实应用将其虚拟内容相对于特定标记点进行注册（见图 7.2）。很明显这些标记是物理实体，除了方便追踪，它们在真实环境中并没有实际意义。这类增强现实应用可以被转移到任何位置而不会改变其语义，这也是为什么上述实例不能被称作情境可视化。这种类型的可视化技术与虚拟现实可视化技术没有明显的不同，因此本章将不会对其进行进一步讨论。

本章将从情境可视化技术必须面对的挑战开始，这使得我们可以对设计中面对的问题有所理解。在本章余下的章节中将对这些问题逐一解决。我们首先讨论如何解决基本的注册问题，然后探索增强现实中信息的标记及铺设方法，接着介绍如何使用 X 射线可视化技术显示隐藏信息，之后概述一种替代的场景空间操纵方法，可以在不希望使用 X 射线可视化方法时显示隐藏信息。最后将讨论如何在包含众多信息的场景中进行有效的信息过滤。

图 7.2   检验三维数学模型的增强现实可视化技术是一项引人注目的应用，但这不是情境可视化技术，因为缺乏带有显著语义的真实世界参考对象（由 Anton Fuhrmann 提供）

7.1   挑战

与传统可视化技术类似，情境可视化技术同样面临数据过载的问题，当呈现过多数据时会造成显示错乱及理解错误。为了进行必要的理解，用户还必须能够交互地探索数据。

此外，将情境可视化嵌入真实世界还需要解决另外几个问题。影响可视化布置的注册误差会导致错误的信息传递，即使可以完美地注册，真实和虚拟环境之间的视觉干扰也会降低用户从不相关信息中轻易辨识重要信息的能力。除此之外，可视化需要随着真实环境（包括用户的视角）的不断改变进行调整。为了避免干扰，调整必须要在确保时域一致性的条件下进行。以下章节将更为详尽地讨论以上问题。

7.1.1   数据过载

在增强现实中提供大量的信息将迅速导致纷乱的呈现，使得用户很难直接从这些数据中获取有效信息。由于增强现实经常采用智能手机等有限的显示空间，这个问题变得尤为严重。Azuma 等人 [2001] 将其定义为数据密度增加。他们给出了两种互补的数据处理解决方案。第一种解决方案是通过**数据过滤**来减小数据量 [Feiner et al. 1993a] [Julier et al. 2002]。第二种解决方案是创造一种可视化**布局**来避免与其他重要信息之间的干扰。Spence[2007] 将这种信息可视化中的数据密度问题称为数据过载。

在早期的可视化研究中，通过开发架构模型来解决数据过载的问题 [Haber and McNabb 1990] [Card et al. 1999]。这些模型通常包含三个步骤：*数据转换*、*视觉映射*以及*视角转换*（见图 7.3）。

- 数据转换通过过滤或聚集数据点来减少数据量。
- 视觉映射创建颜色和形状等数据可视结构。

- 视角转换决定了位置和比例等视觉结构特性，解决了布局问题。

图 7.3   可视化流程包含三个阶段：数据转换、视觉映射以及视角转换

7.1.2   用户交互

与手绘注释不同，计算机支持的可视化的核心部分是交互式探索数据的能力。在信息可视化领域，用户界面的设计主要受 Shneiderman[1996] 的"信息搜索准则"的影响：

- 概述：获取整个集合的概述。
- 放大：放大感兴趣区域。
- 过滤器：滤除不感兴趣的项。
- 根据需求的细节：选择单个项或群组，并在需要时获取细节。

Shneiderman 并没有打算将这些步骤定为规范 [Craft and Cairns 2005]，然而很多成功的可视化方法都是基于这一准则设定的。因此，情境可视化的设计者也应参照这些建议，因为它们也可能会支持用户获取数据集中有价值的数据。

7.1.3   注册误差

与传统可视化相比，情境可视化有一个额外的需求，即需要注册在真实环境中存在的物件。跟踪误差可能导致注册的不准确，造成增强与真实环境中物体的失配。为了解决这个问题，可视化需要考虑注册的准确性。例如，误差可能会通过将真实世界上下文的虚拟副本整合到可视化传递给用户（见图 7.4）。

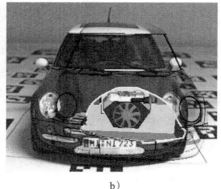

a)   b)

图 7.4   a）注册误差导致虚拟内容和真实世界上下文的失配，在这个例子中指的是发动
　　　　　机舱。b）注册误差可以通过整合情境副本来解决，在这个例子中将车的轮廓进
　　　　　行可视化（由 Denis Kalkofen 提供）

7.1.4   视觉干扰

可视化通常以某种方式强调数据的相关部分来引导用户注意这些信息。因为这类信息在

其他信息中并不突出，如果没有这种强调，类似的信息就可能被忽略。在情境可视化中，用户的注意力被引导至场景的重要部分，而真实环境中不相关的方面不会分散注意力。实现这一结果需要避免可视化和真实环境之间的视觉干扰。Kalkofen 等人 [2007] 将这种挑战定义为增强现实中的聚焦以及上下文可视化问题：场景的相关部分为用户的聚焦，而其余场景则提供了上下文。如图 7.5 所示，通过强调焦点部分的内容来引导用户的注意力，通过虚化其余部分来避免干扰。

图 7.5   通过强调可视化的焦点可以避免背景的干扰，引导用户的注意（由 Denis Kalkofen 提供）

增强信息的放置也可以导致可视化和真实环境之间的视觉干扰，这可能会导致被增强的真实世界的对象和其他重要地标的遮挡。通过开发视图管理技术，可以利用重组虚拟内容来避免这种遮挡 [Bell et al. 2001] [Grasset et al. 2012]。

7.1.5   时间一致性

与传统可视化相比，增强现实可视化的一个重要区别是真实环境并不是静止的，而是随时间改变的。例如，人或车可能会从视频图像中经过，或者照明条件可能会改变。图 7.6 展示了一辆车内部的可视化，从中可以清晰地看出黄车的内部结构，然而同样的可视化在红车中却被遮蔽。

a）黄车   b）红车

图 7.6   a）可视化清晰地展示了车内部情况。b）颜色选择不当严重影响了遮挡部分可视化的感知效果（由 Denis Kalkofen 提供，见彩插）

因此，静态增强可能在一定时间内是有效的，而在一段时间之后将不再有效。如果我们想要确保一致有效性，情境可视化必须可以适应变化的环境条件。然而过于频繁或强烈的适应也是不可取的，因为这样会干扰用户。可视化必须以时间一致的方式展现。这对于约束布局是非常重要的，即简单的视点改变会引入显著的变化。

7.2　可视化注册

我们从注册的问题开始来讨论情境可视化方法。需要注意的是，情境可视化是在真实环境上的叠加，增加的物体可能移动也有可能不移动。我们可以在此基础上区分两种情况：

- 潜在移动对象的本地坐标可视化。
- 相对于静止物体或物理位置的全局坐标可视化。

这两种情况导致了不同类型的可视化设计。

7.2.1　本地注册情境可视化

在本地情况下，为了应用情境可视化，我们必须首先检测到相对于本地参考坐标系的目标的存在。当这一检测步骤依赖动态识别（例如图像搜索）时，则参考的结果具有潜在的不唯一性。这种二义性可以是有意为之的。例如，广告可以通过相对特定品牌标志进行表示。只要这个标志出现就会进行情境可视化。另一个有关可视化动态目标检测的例子来自 White 等人 [2006]，通过描述虚拟单据来支持植物学家的野外考察。该系统可以通过图像识别的方法来识别置于仪表夹板上不同种类的叶子。

7.2.2　全局注册情境可视化

如果可视化是相对于一个固定的目标或一个特定的位置进行的，那么可以在全局绝对坐标中表达。在这种情况下，需要具备一个全局定位系统，不严格要求必须检测到参考目标。如果没有进行目标检测，那么在一个数据库被创建后就面临着环境已经被改变的危险，例如相关目标已经不在那里。全局定位的一个可能的解决方案是首先需要建立一个粗略的全局定位（例如，使用 GPS），然后在附近搜索已知目标物体。

全局参照的一个优点是情境可视化可以很容易地被放在相对于其他全局注册可视化的几何关系中。这种关系可以通过动态布局的生成等算法获得（见 7.3 节）。

列举一个全局参照可视化的例子，即在增强现实下考虑地下基础设施的可视化 [Schall et al. 2008]。公用事业公司等基础设施供应商为他们的地下资产维护地理空间数据，如电力线或燃气管道。在维护过程中，需要在现场定位这些资产的位置。维修人员可以导航到指定位置，并观察到相关基础设施的情境可视化。在这种情况下，可视化数据精确地参照全局地理坐标，但不一定与任何（可见）对象相关。

另一个增强现实可以参照全局信息进行可视化，而不是依赖于一个特定物理对象的例子是传感器数据可视化。假定环保工作者、城市规划者和其他专业工作人员定期访问某一地点以收集与其专业活动相关的信息。作为专业工作人员现场调查的一部分或者作为永久监测基础设施一部分的传感器被部署在整个环境中，可以提供重要的环境信息，例如，空气污染或潮湿度水平。与将这些传感器现场观测的数据带回规划办公室进行分析相比，在现场直接观察环境中收集的传感器数据更为有益。

这种方法由 White 和 Feiner[2009] 应用于 Sitelens 中，该系统使用从移动和固定的传感器获得的数据来显示纽约市的一氧化碳含量。Veas 等人 [2012a] 提出了 Hydrosys 系统，该系统基于一种广泛布置的全局传感器网络显示瑞士阿尔卑斯山的水文信息，收集了与冰川检测相关的水平面或温度信息（见图 7.7）。

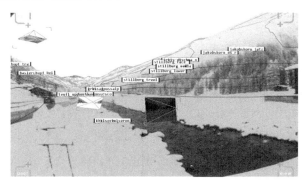

图 7.7   Hydrosys 系统展示了全局传感器网络中各个站点的位置以及绘制的插值温度测
线轮廓（由 Eduardo Veas 和 Ernst Kruijff 提供，见彩插）

7.2.3   注册不确定性

情境可视化需要精确地对虚拟场景和真实场景元素进行注册。影响注册准确性的原因
有两种。首先，虚拟对象的位置和方向可能与其在真实场景中对应部分的位置和方向不是
完全匹配对应。其次，虚拟摄像机的位置和方向可能与真实摄像机的位置和方向不是完全
匹配对应。这两种类型的误差都会降低可视化的质量，因为它们都会导致叠加的图像无法
与真实场景中的物体正确对准。因此，如果它们指向错误的物体则增加的内容就会混淆甚
至误导用户。

通过使情境可视化适应这种注册的不确定性，可以在一定程度上解决上述问题。在许多
跟踪技术中都可以量化评估追踪误差。利用几何关系（例如在场景图像中编码）可以将误差
估计转换为屏幕空间误差。这样的屏幕空间误差可用来将可视参数化，从而达到增加容错能
力的目的。

MacIntyre 等人 [2002] 提出了多种可容错的可视化类型。其中一种方法放大了幻影对象
的轮廓，从而保证最终的屏幕配准图像在出现注册误差时仍然可以覆盖对应的真实物体。另
一个想法是动态地将放置在一个真实对象上方的文本标签切换为使用标签和对象之间连线的
代理。后者对注册误差的鲁棒性更强，因此可用于注册误差超出一定阈值的情况。

7.3   注释和标记

情境可视化的一个主要优点是可以通过**注释**的形式呈现真实场景中物体附近的信息。根
据 Wither 等人 [2009] 给出的定义，注释必须始终包含一个与真实物体锚接的空间位置相关
组件，以及一个介绍真实场景中不存在的额外信息的空间位置独立组件。这个定义非常广
泛，它包含了许多交互导航系统领域的应用，如导航、旅游或维修指示。或许最重要的一类
注释就是文本标签，它可以解释或提示一些真实场景相关的信息。

7.3.1   标记基础

在传统的 2D 地图中，对文本标签的放置已经有了广泛研究，但在 3D 的情况下，标签
的放置有很大不同，因此变得更为复杂。本节将解释这些应用中的基本考量。首先，我们必

须分辨外部标签和内部标签。其次，我们需要找到合适的标签目标位置。再次，我们需要选择放置标签的屏幕空间的适当表现形式。最后，我们必须选择可以适应任何连线的锚点。

1. 内部标签和外部标签

标签放置的准则有两个：内部和外部。内部标签直接放置在目标的轮廓内。如果目标被部分遮挡，标签应被放置于可见部分的轮廓上以避免混淆。与内部标签相反，外部标签应被放置在目标轮廓外部临近目标的位置以避免混淆。外部标签使用连线将标签和所指向的目标轮廓内部的锚点相连。

2. 放置目标

在三维场景的视图中，放置标签应遵循以下通用规范：

- 标签应放置于所指向的目标附近。
- 标签不应重叠。
- 外部标签不应置于其他重要目标上。
- 每条连接线的长度应尽可能的短。
- 尽量避免连接线以及标签的交叉。
- 应保持时间连贯性，即标签位置不应在帧间突然地改变。

上述准则在数学上形成一个约束优化问题，即 NP 难准则，这可以通过启发式优化策略来解决。一些已经发布的方法在给定标签的某种排序的情况下，使用简单的贪婪算法就可以找到每个标签最为合适的位置 [Azuma and Furmanski, 2003]。

3. 区域表征

为了解决优化问题，必须有某种屏幕区域的表征方法来确定该点是否被需标注目标、不应被干扰的其他重要目标或是标签和连线可以随意放置的背景（如草地或天空）占用。这种区域表征可以是离散的，即基于屏幕对齐的物体包围盒 [Bell et al. 2001]，也可以是采样的，通过任意间距的二维数组给定（不需要与屏幕分辨率相同）。在这两种情况下，必须去除隐藏表面以保证准确识别目标间的遮挡。

采样表征可通过在 GPU 上将光栅化场景目标写入 id 缓冲区来确定。不幸的是，读取 id 缓冲区会引入明显的延迟。因此，Hartmann 等人 [2004] 在 CPU 上进行光栅化，而 Stein 和 Décoret [2008] 在 GPU 上执行整个算法。

4. 选择锚点

如果应用程序没有给出与连接线相连接的锚点，需要通过合适的方式进行确定。一般情况下，锚点应当在当前帧中目标的可见表面选取。对于凸目标（或是只能获取目标的包围盒），质心是一个合理的选择。相反，对于任意形状的目标，在目标完全消失前需要使用一个更加鲁棒性的迭代方法来进行形态细化并将锚点分配到最后剩余的位置。

7.3.2　优化技术

在理解了目标标签放置之后，我们可以将其构想为一个优化问题。因为该问题需要针对每一帧图像进行求解，因此需要高效进行。适当的优化方法包括：使用力场或包围盒的稀疏规划；可在 GPU 上进行平行评估的稠密方法。

1. 使用力场优化

Hartmann 等人 [2004] 将标签放置表示为图像空间中力场的优化问题。应用于标签放置的力场模型包括：

- 从物体的二维投影到屏幕空间的吸引力。
- 对象边界的一个排斥力（使标签完全被放置在内部或外部）。
- 来自其他物体投影的排斥力。
- 来自屏幕边界的排斥力。
- 来自其他标签的排斥力。

所有的力场通过加权平均进行求和。首先对标签位置进行启发式初始化。然后，标签沿联合力场梯度方向运动，直至找到极小值。使用偏向于更大标签的简单贪心启发式算法来动态调整覆盖在屏幕空间的内部标签。

2. 使用包围盒优化

Bell 等人 [2001] 使用屏幕对准二维包围盒估计二维投影。减去包围盒占据的空间后的剩余部分被认为是可以放置标签的部分。Bell 等的算法首先确定需要加标签对象的可见部分的大小。如果可见部分足够大就可以放置内部标签；否则算法搜索合适的位置来放置外部标签。外部标签通过贪心算法按照从前到后的顺序放置，也可以使用其他优先级。在放置一个标签后，被占用的区域禁止放置其他标签。

3. 在 GPU 上的优化

Stein 和 Décoret[2008] 利用现代 GPU 的计算能力实现了一种考虑到标签所有可能放置位置的实时贪心优化。标签放置的顺序利用 Voronoi 图来近似地由内（即从场景中心）向外（即朝向屏幕边缘）排列锚点。这种算法将标签的禁用区域渲染为纹理表征，考虑到了重要的对象、其他标签和连线。最后，GPU 程序系统地测试剩余位置并做出优化。

7.3.3   时间一致性

如果针对每帧图像独立进行优化问题求解，标签的放置会在帧间出现显著的变化，从而导致遮挡的出现（见图 7.8）或跳跃式的变化（见图 7.9）。为了解决这种问题，可以引入一个针对较大标签偏移的滞后约束。此外，如果标签必须移动较大距离，可以用连续几个动画来平滑过渡。

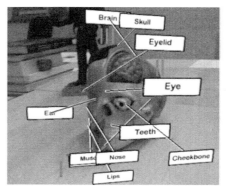

图 7.8   即使在一个视点中找到合理布局，也会在其他视点中产生遮挡，如（I）标签互相遮挡；（II）标签遮挡感兴趣目标；（III）连接线互相交叉（由 Markus Tatzgern 和 Denis Kalkofen 提供）

二维图像空间中的标签布局不能解决在三维场景中运动物体的时间一致性问题。因为在世界空间中标签可以随物体移动，三维布局可以更好地解决这个问题 [Pick et al. 2010]。由此，具有时间一致性的视图管理方法可以计算一个具有三维几何的标签的约束布局。一个三维标签包含一个三维注释牌、一个三维极线（相当于二维连接线）和一个真实场景中物体的锚点。在图像空间中只允许调整极线的长度和注释牌的微小位移，而在对象空间中极线的方向是固定不变的。图 7.10 说明了上述问题，看起来像是一个"刺猬"[Tatzgern et al. 2014b]。标签放置具有足够的自由度来生成高质量的布局，同时没有受到时间一致性问题的影响。

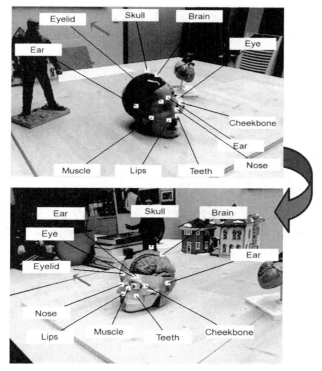

图 7.9   在没有考虑到时间一致性时，旋转相机可能会导致两个标签（图中用红色和蓝色箭头标出）意外颠倒顺序（由 Markus Tatzgern 和 Denis Kalkofen 提供，见彩插）

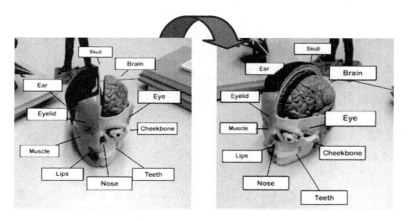

图 7.10   在密集标签放置时强制使用了时间一致性（由 Markus Tatzgern 和 Denis Kalkofen 提供）

7.3.4 图像导引放置

在增强现实中，通常会出现只有环境中对象的一个子集是应用程序所了解的。在这种情况下，应该分析视频图像本身中具有较少视觉关注度的区域，标签只需要被放置在不遮挡应用程序未知的显著对象的区域即可。为此，Leykin 和 Tuceryan [2004] 使用机器学习方法自动确定纹理背景下文本的可读性。Rosten 等人 [2005] 同样为了实现这个目标提出一种图像搜索方法，根据兴趣点的特征来搜索图像中不具有这些特征的区域。Tannka 等人 [2008] 将屏幕按照矩形网格细分并通过 RGB 值、HSV 颜色空间中饱和度方差以及 YCbCr 颜色空间中每一个网格的亮度方差加权计算可视度。然后注释被放置在一个具有低可视度的网格中。Grasset 等人 [2012] 分析了输入视频的显著性并将标签放置在显著性较低的位置，这样就不太会覆盖真实场景中的重要信息。例如，可以在天空中放置标签（见图 7.11）。

a)   b)

图 7.11   a）单纯地放置标签遮挡了感兴趣的对象。b）显著性引导放置的标签更倾向于
天空等空旷区域，避免了遮挡（由 Raphael Grasset 提供）

7.3.5 易读性

叠加的信息应该处于一个容易理解的水平。然而，我们不仅需要确保支持有效的认知，也要保证**易读性**。这里的易读性指的是底层感知因素，包括足够大尺寸和对比度的叠加信息。

首先文本标签必须由用户阅读，因此易读性与文本标签有关，同时也与各种图形信息相关。如果背景过于显著，使用了强烈的色彩或包含高频纹理，那么将计算机生成的信息加在直播视频背景上就会带来很多问题。由于无法获得一个完全不透明的叠加，色彩的最大保真度受限，因此这种不受欢迎的情况在光学透视系统中更为严重。

如果可以事先了解真实世界中物体及其在场景中的全部视觉特性，视图管理就可以确定标签的最佳放置等重要元素，从而在很大程度上避免易读性较低的情况。

Gabbard 等人 [2007] 研究了光学透视式显示系统中不同背景下的文本易读性。与预想的结果类似，他们所进行的用户研究结果表明用户在搜索任务中的表现在很大程度上受背景纹理和文字绘制风格的影响。Gabbard 等考虑了在单一颜色背景告示板下遮挡背景的文字，利用轮廓和阴影强化了文本信息。背景和强化颜色（例如告示板的颜色、轮廓或阴影）的对比以及强化颜色和文本颜色的对比是易读性的决定性因素。需要注意的是，使用告示板文本时不可以大面积遮挡背景区域。

同一个研究组 [Gabbard et al. 2006] 早期的研究表明饱和的绿色可以成为一种效果很好的强化颜色，特别是在动态的环境中，通过将强化颜色适应背景可以取得最好的效果。例如，Mendez 等人 [2010] 确认了前景物体（如标签）和背景物体的视觉显著性仅存在极其微小的差异。

7.4　X 射线可视化

增强现实的一个重要应用就是人工移除真实场景中物体的遮挡，这被称作 **X 射线可视化**，类似于在许多科幻小说中的超能力，像超人一样可以看穿固态物体。被隐藏物体的合成视图可以显示在真实场景的上下文中，从而可以帮助观察者推断可视物体和隐藏物体间的空间和语义关系。由于不能满足深度感知的基本规则，单纯在一个真实场景上叠加一个虚拟物体（见图 7.12a）并不能获得满意的结果。类似地，单纯使用透明虚拟物体也无法解决这个问题（见图 7.12b），Buchmann 等人 [2005] 的研究结果表明单一的透明会破坏空间关系，同时也会对显示产生干扰。

一个更好地实现 X 射线可视化的方法是自适应地渲染遮挡物体的透明度，其目标是示出被遮挡物体的足够信息以便于理解，同时保留叠加物体的主要结构特征，这种表示方法在基于计算机的绘图中常被称为**幻影** [Feiner and Seligmann 1992]。

a)　　　　　　　　　　　　　　　　　b)

图 7.12　a）单纯在真实场景上叠加了隐藏合成物体。b）使用均匀透明的合成物体叠加
（由 Denis Kalkofen 提供）

7.4.1　物体空间幻影

通过扩展本书第 5 章中介绍的幻影渲染方法可以实现增强现实幻影。标准的幻影渲染仅仅通过 z 缓存分为全部可视信息和全部遮挡信息。与之相对，幻影可以通过决定每一个虚拟物体遮蔽像素的遮蔽（或透明）程度来产生，之后用于遮蔽物和被遮蔽物的 alpha 混合。

例如，可以通过基于物体主要曲率的线性方程设置透明度来产生幻影。对于一个给定的幻影，曲率可以以独立的顶点或纹理的方式被提前计算并存储。在应用一系列的尺变换度和偏差补偿后，通过查找或插值每个片段的曲率转换成透明度。这种方法的基本原理是幻影表面强烈弯曲的部分定义了其形状和不透明性，而平坦的区域可以更为透明。

另一个可以用来控制透明度的方法是表面法线和观看方向的点积。当幻影物体轮廓的表面法线和观看方向垂直时，点积为 0。与之相对，在法线向量方向观察的表面的点积为 1。这种属性可以很容易地转换为透明度。轮廓和主曲率在传达物体形状信息方面是互补的，二者可以同时使用。

7.4.2　图像空间幻影

在物体空间中计算的所有属性（包括轮廓或曲率等）通常会受注册误差的影响。任何真实物体和其幻影的失配都会导致幻影几何的局部偏移，这些偏移会对用户产生干扰。此外，在增强现实中，场景中部分（或所有）真实物体通常是未知的，因此不能用作幻影。有关这些真实物体的信息只能通过其在视频中的图像得到。然而，我们可以利用下述假设，即我们需要显示隐藏的物体并将视频中所有可见物体视作遮蔽物。

为了实现这一目标，我们可以尝试识别视频图像中传达可视物体形状的**形状线索**，同时设置与其重要性对应的每个像素的透明性作为形状线索。一个寻找形状线索的简单方法是使用边缘检测器。在识别出一幅图像中边缘的像素之后（例如使用 Canny 边缘检测），边缘可以被强化。例如，在渲染一幅以视频图像为背景、虚拟物体叠加在其上的基础图像后，可以使用一种不透明颜色在基础图像上对边缘进行渲染，产生一种类似于隐藏线图形的风格化效果。通过这种方法，可以制造一种粗略的幻影，保留了真实和虚拟物体之间某种重要的深度关系。

人工着色边缘是一种强烈的视觉干扰，然而从整帧视频中提取所有边缘可能会导致过于杂乱的干扰。抑制杂乱干扰是所有强调形状线索技术的统一要求。合理防止过度使用形状线索的方法就是将其限制在虚拟物体周围的区域。这些区域可以手动确定，例如让用户放置一个魔镜 [Mendez et al. 2006]，或者计算虚拟物体在屏幕上的投影区域。将虚拟物体渲染到模板或 id 缓冲区并在缓冲区应用距离转换，可以产生一个边缘倾斜的区域，以此确定形状线索的透明度，在本书中指的是边缘像素（见图 7.13）。距离转换计算可以在 GPU 上进行 [Rong and Tan 2006]。

图 7.13　本例中，真实的车身是虚拟发动机的遮蔽物。在提取轮廓作为重要的形状线索之后，应用了二维距离转换来使得遮蔽物看起来更为真实（由 Denis Kalkofen 提供，见彩插）

从图像中提取边缘是一种传达形状信息的有效方法，但是容易产生杂乱干扰，同时无法传送稠密遮蔽物的观感。如果这种稠密遮蔽物是可以接受甚至是有意为之的，则可以对边缘图像应用距离转换来确定透明度。这一操作将导致边缘附近更大的遮挡区域，从边缘向外透明度逐渐增加。这样产生的可视化效果类似于前面提到的通过曲率得到的透明度。

边缘是重要的图形线索，但并不意味着是支持空间感知的唯一有价值的信息。一般情况下，我们需要保留图像的视觉**显著**区域特征，这些通常被定义为以下对比属性的联合效应，包括色调、光度、方向或运动。已有研究结果表明显著特征可以吸引用户的视线 [Treisman and Gelade 1980]。

显著性可以通过分析图像金字塔对比度水平并添加金字塔不同级之间的影响进行计算 [Itti et al. 1998]。为此，需要将图像转换至诸如 $L^*a^*b^*$ 的颜色空间，直接编码亮度和红-绿和蓝-黄反色，并在这种表示下计算图像金字塔。确定每个金字塔水平和每个 $L^*a^*b^*$ 通道的中心差异并组合所有的差异。随着时间的推移，可以通过计算光度的变化来考虑位移。所有这些计算都可以在片段着色器上有效地进行。

Sandor 等人 [2010b] 使用这种显著性计算方法来确定幻影的透明度。一个片段的透明度水平主要通过遮挡图像和被遮挡图像的显著性之间的差异进行计算。

与 Sandor 等人 [2010b] 提出的针对每个像素确定显著性的方法不同，Zollmann 等人 [2010] 针对每个区域基于图像的超级像素分割计算显著性。这种策略的优势是图像中一致区域的特征可以被幻影利用。文本化是一个重要的提供额外显著性测量的区域属性。此外还可以针对每个区域确定透明度（见图7.14）。因为区域是通过分割视频图像中的自然边界得出的，通过透明度调制没有引入额外的空间频率，从而导致比较少的杂乱结果。

图 7.14 将具有同质纹理的区域赋予某一特定透明度水平达到一致效果的 X 射线可视化技术（由 Stefanie Zollmann 提供，见彩插）

7.4.3 G 缓冲器实现

幻影的实现建立在用于非真实感绘制的几何缓冲器（G 缓冲器）的基础上 [Saito and Takahashi 1990]。在一个三步渲染过程中，第一步将场景中独立的物体渲染入一系列缓冲器，第二步对缓冲器应用图像处理技术，第三步通过深度顺序扫描缓冲区并从独立缓冲器中汇总结果。

1. 缓冲器渲染

渲染使用多个 G 缓冲器，每个都包含属于特定群组的场景物体的近似。通过使用这种技术，我们可以分离出应用于不同群组的风格，而所有的 G 缓冲器集合可以近似整个场景。在缓冲器渲染阶段，我们使用常规的渲染管线来提取所有用于缓冲器处理阶段的必要信息。场景在单一步骤横切多个渲染目标，即多 G 缓冲器。每个物体通过一个指定的 G 缓冲器渲染，具体使用哪一个由其组内成分决定（见图7.15）。

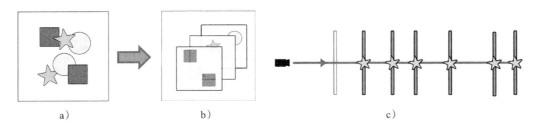

图 7.15　a）场景说明。b）一个可能的 G 缓冲器。注意，G 缓冲器不代表一个深度层。
c）从前至后一系列 G 缓冲器的布局（由 Erick Mendez 和 Denis Kalkofen 提供）

2. 缓冲处理

对于每一个缓冲器都可以应用图像处理技术计算附加信息，例如检测边缘或者高曲率边缘，提取特定颜色或深度值的区域，或者标记一个可以用来与用户进行交互的特定区域。某些技术不仅仅考虑特定片段的值，还考虑到其邻域、同一 G 缓冲器中其他缓冲器的片段值或是不同 G 缓冲器的片段值。通过这种方法，多个附加的包含辅助信息的图像可以被添加到 G 缓冲器中。

3. 场景合成

在最后的合成阶段，通过应用一个从前至后的 G 缓冲器布局将一系列 G 缓冲器中的信息合成为最后的图像（见图 7.15b）。需要注意的是，简单的 G 缓冲器组合是不够的：逐像素的遮挡对于需要获得的效果十分必要。由于 G 缓冲器可以在视图坐标和屏幕分辨率中使用，因此这个问题被简化为 G 缓冲器深度组件的排序。一旦获得了这种排序，我们就开始将所有片段组合为一个单一的输出。在这个过程中用到的合成规则可以任意改变一个 G 缓冲器中特定像素的贡献。例如，一个特定像素的颜色或透明度可以基于当前帧之前沿射线方向访问像素的重要性进行修正。

7.5　空间操作

如果一个场景中密集地布满了物体，一些临近的可见和隐藏对象必须被同时显示，使用幻影不足以显示所有的信息。相反，将未被占用的屏幕空间与相关对象的可见性增加进行折中可能会更有帮助。在增强现实中，可以通过重置场景实现对场景中物体的精确空间操作。我们可以制造出某些物体已经移动或以其他方式为隐藏对象腾出空间的假象。移动的物体和显示出的对象可以是真实的也可以是虚拟的。在本节中，我们主要研究两种类型的空间操作：爆炸图和空间扭曲。

7.5.1　爆炸图

作为一种呈现对象组件的技术，爆炸图最先起源于手绘插图技术。爆炸图的核心思想是通过整理复杂对象的部件使得可以通过想象重新组合对象。从而，可以用来显示视觉信息的屏幕空间的作用就被最大化，同时还可以很好地支持物体空间结构的感知，找到一个各部件密切相关的爆炸部件的合理布局，对于生成成功的爆炸图十分重要。

在增强现实中使用爆炸图作为可视化技术时，找到爆炸部分的合理布局并不是面临的唯一挑战：增强现实也需要重新布置真实场景的部件。为了达到这个目标，视觉信息必须从初始位置转移到目标位置（见图 7.16）。在可视化信息转移之后，其所在的原始位置必须被新图像填充。最后，必须解决虚拟和真实之间的正确遮挡。

可以使用**视频纹理幻影**来实现真实世界部件的放置 [Kalkofen et al. 2009] [Tatzgern et al. 2010]。这是一个真实世界中对象的虚拟表示，将其纹理映射到直播视频图像中。从对应当前摄像机图像的视点对于每一个视频纹理幻影表面点计算映射纹理坐标，即每个顶点的幻影被转换到转移之前被占用的位置。

在一个顶点着色器中，可以很容易完成这种计算并在幻影对象被转移到新位置之后应用到其几何形状。视频纹理幻影使用纹理映射进行渲染，但是没有任何阴影，因为我们可以假设在真实对象的视频纹理中已经包含了照明效果，而且只需要单一步骤的渲染。因此，视频纹理幻影的渲染计算量很小。此外，这种技术处理零位移的效果和使用传统幻影渲染方法时相同。这种属性可以使其从未经调整的真实对象开始直接生成动态爆炸图。

图 7.16   a）使用基础阴影渲染爆炸幻影。b）使用视频纹理双重幻影渲染，可视像素爆炸并显示黑色的背景像素（由 Markus Tatzgern 和 Denis Kalkofen 提供，见彩插）

视频纹理幻影可以让我们在屏幕上移动真实场景部件到新位置并在原有位置显示被隐藏的物体。然而，被显示的区域通常不会完全被虚拟物体占用。没有被虚拟对象占据的像素不应该显示原始视频图像，而是应该显示背景颜色。为此，需要执行第二步渲染，利用背景颜色从未被覆盖区域初始化未被覆盖像素。这种**双重幻影渲染**算法的步骤如下：

1）切换到渲染目标 T_1。

2）清空渲染目标 T_1。

3）渲染视频纹理（移动的）幻影到 T_1。

4）渲染虚拟对象到 T_1。

5）切换到渲染目标 T_2。

6）使用当前视频图像填充 T_2。

7）使用背景颜色在初始位置渲染幻影。

8）将 T_1 叠加至 T_2 顶部。

如果在屏幕空间有多个幻影覆盖，双重幻影渲染可能不会生成正确的结果，如图 7.12a 所示。在这个例子中，一个未经移动幻影的视频信息被传递到另一个移动的幻影，所以在同一帧中出现两次。为了抑制这种伪影，需要只从原始视频帧中复制可见像素。这可以通过首先渲染幻影到 id 缓冲区来实现。对视频渲染幻影的每个片段，在从视频帧向新位置写入信息之前，修正算法首先决定对应原始位置的相关片段是否可见。如果在原始位置片段是不可见的，则需要使用替代色彩、合成阴影或修复（见图 7.17）。这个算法被称作**同步双重幻影渲染**：

1）切换至渲染目标 T_1（id 缓冲区）。

2）清空渲染目标 T_1。

3）渲染所有幻影到 T_1。

4）切换至渲染目标 T_2。

5）使用当前视频图像填充 T_2。

6）在 T_2 中使用背景颜色填充与被移动幻影对应的像素。

7）渲染视频纹理（移动的）幻影到 T_2，依靠 T_1 控制视频图像的使用。

8）渲染虚拟物体到 T_2。

图 7.17　a）错误的纹理爆炸幻影。b）同步双重幻影渲染可以识别不能被视频纹理的
像素并对这些像素使用不同类型的渲染风格（由 Markus Tatzgern 和 Denis
Kalkofen 提供，见彩插）

7.5.2　空间扭曲

有时需要显示被隐藏的信息，但是没有可用的空间，此时不能使用爆炸图。然而，一个视频纹理幻影可以按比例缩小以达到占用较小空间的目的，从而可以有足够的空间来显示隐藏对象。这种想法被应用于 Sandor 等人 [2010a] 提出的**熔解**可视化技术。在他们的案例中，将室外环境中遮挡的建筑在垂直方向按比例缩小来显示隐藏物体，这种缩放给人的感觉就好像这些建筑被"熔解"一样。Sandor 等人指出该技术在多层遮挡时效果特别显著，因为它避免了传统 X 射线可视化的杂乱干扰。

增强现实可视化技术中的**可变透视视角** [Veas et al. 2012b] 被开发用来将不同视角的视图整合成为一幅单一图像。它组合了两台虚拟摄像机，即主摄像机（mc）和次摄像机（sc，也称作远摄像机）。这种方法采用了用于骨骼动画的蒙皮算法，如图 7.18 所示。它使用一个具有如下参数的双骨单关节：d 表示到旋转轴的距离（主摄像机到关节的距离），α 表示旋转角度，φ 表示效果区域（旋转会被插值）。

在虚拟场景中，根据从主摄像机到旋转轴的距离对所有顶点进行加权。顶点插值的权定义了它们是落在主摄像机的视图中、次相机的视图中，还是在过渡区域中。为了进一步扩大概述，次摄像机被放置在距离增强现实视点较远的位置，使其能够从数据中捕捉更多的信息，同时正确注册真实世界上下文的视频。

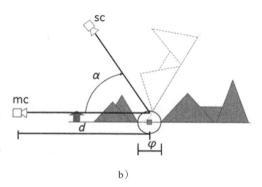

图 7.18   a）可变透视视图集成了在一幅图像中前景和远方场景的虚拟自顶向下视图的第
一人称视点，由 Eduardo Veas 提供。b）通过在场景几何的倾斜部分应用骨骼
动画原理获取可变透视视图

7.6   信息过滤

增强现实中过多信息的显示会导致杂乱显示问题，从而阻碍而不是帮助用户对环境的理解。旨在减少增强现实信息数量使其控制在一个合理范围内的技术通常被称作**信息过滤**。信息过滤可以通过以下两种策略实现：基于用户或应用对信息重要程度的知识进行过滤（基于知识的过滤），或是基于屏幕空间和物体空间的空间认知。本节研究这两种信息过滤机制并给出其应用示例。

7.6.1   基于知识的过滤

Feiner 等人 [1993] 提出了用于增强现实的基于知识过滤的方法。KARMA（基于知识的增强现实维修辅助）根据一系列由基于意图的说明生成器生成的交流性目标来自动创建适用于增强现实的技术说明。该生成器使用基于规则的方法来合成说明。在内部，它试图满足交流性目标（例如展示一个特殊对象）和当前真实世界情况（例如在用户当前视角哪些对象是可视的）的一系列约束。KARMA 以规则的形式呈现知识，这种规则指出了什么样的说明（或说明风格）可以满足特定的约束。因此合成一个特定说明成为了一个从可用集中搜索和回溯到规则正确应用的过程。

构建 KARMA 说明引擎最初的目的是为虚拟现实提供说明，但通过某种系统无法改变的约束，可以将其扩展到增强现实领域，例如物理对象的位置。图 1.4 展示了一个通过光学透视式头盔对激光打印机叠加维护指示的例子。

7.6.2   空间过滤

空间过滤使用几何或地理信息来减少信息的数量，这些信息都是直接来自增强现实场景表示。一个简单的例子是标记算法（见 7.3 节），按照与观察者距离增加的顺序标注对象，直到占据了所有屏幕上的可用空间。

通常，空间过滤会结合一定程度的交互控制。一个经典的例子就是**魔镜**技术。魔镜是二维或三维环境中被渲染成与周围环境不同风格的区域，最初由 Bier 等人 [1993] 作为一种二维用户交互界面提出。魔镜的典型应用包括增强感兴趣的数据、显示隐藏信息以及抑制干扰信息。

在三维环境中，魔镜可以被定义为一个在屏幕空间或物体空间的区域 [Viega et al. 1996]。在屏幕空间的魔镜称为平面魔镜，对每一个其投影落入魔镜覆盖区域的对象都有影响。在物体空间的魔镜称为体魔镜，魔镜覆盖区域内的每个物体都会受到影响。这两种类型的魔镜都可以用来在增强现实中限制某种类型的感兴趣区域的增强或注释。

例如，Looser 等人 [2007] 讨论了一种用于放大物体、选择物体以及发现隐藏信息的手持式魔镜。在他们的方法中，佩戴头盔的用户手持跟踪棒。跟踪棒的端点连接到魔镜，从而可以很容易地被放置在环境中。

Bane 和 Höllerer [2004] 展示了另一种类型的空间过滤——X 射线通道（见图 7.19）。通道在屏幕空间定义一个有界区域，从用户的位置向视线方向扩展通道。它本质上是一种特殊的魔镜，适用于在一定距离内显示隐藏结构。这种可视化类似于通过通道向下看场景的内部。在通道内部，靠近观察者的区域是空的，而中间区域显示对象的框架来提供上下文信息。最后，在感兴趣的远端区域渲染虚拟对象，通过显示均匀着色的背景来保证足够的对比度。深度感知通过远景透视线索的"轨道"以及到隐藏对象的距离数据给出。用户可以选择语义对象，例如内部房间的整体，而不是随意描述的切片几何，这样可以显著提高对隐藏信息的理解。

图 7.19   X 射线通道可以使用户看到建筑的内部并给出隐藏几何的距离线索

Mendez 等人 [2006] 描述了增强现实中上下文驱动的可视化魔镜的使用（见图 7.20）。他们讨论的多步渲染技术可以渲染任意凸透镜。此外，这些透镜可以根据物体的属性被动态地赋予特效（例如，幻影效果）。这些属性作为场景物体的附加信息被应用提供。该方法非常容易结合某些类型的魔镜效果和应用选择效果。例如，生成删除场景中一些不重要的物体的效果，同时重要的遮挡物体通过透明效果进行渲染。

图 7.20   魔镜展示了肝脏模型中的血管，由 Erick Mendez 和 Denis Kalkofen 提供

7.6.3　基于知识的过滤与空间过滤的结合

Julier 等人 [2002] 提出的焦点 – 晕染技术结合了基于知识的过滤和空间过滤。这些研究人员认为场景中为特殊物体提供的信息细节应该考虑用户当前任务的重要性和与用户的距离。对于一个对象来说，不重要或距离太远的注释应该被隐去。为了计算这种组合方法，使用当前用户的位置和任务来确定一个焦点区域，利用每个对象的属性定义一个晕染区域。对象注释的显示程度取决于焦点和晕染区域的交叉部分。与特定任务相关的属性会影响焦点区域和晕染区域的范围，从而导致与用户高度相关物体的晕染区域增大。Julier 等在城市战争场景中描述了他们技术的应用（见图 7.21）。

a)　　　　　　　　　　　　　　　　　　b)

图 7.21　a）未过滤的信息叠加会对显示造成杂乱干扰。b）通过使用焦点 - 晕染过滤，
叠加只限定用于具有高相关性的区域，在这里指的是建筑的轮廓和内部（图片
由 Simon Julier 提供）

任何形式的过滤（包括焦点 – 晕染方法）都会导致潜在相关信息的抑制。理想情况下，不相关的信息应该被改写而不是被抑制。为了达到这个目的，Tatzgern 等人 [2016] 提出通过聚类汇集相关数据点而不是使用过滤器移除数据。与过滤相比，聚类的优势是可以保留完整的信息空间。一些商用增强现实浏览器使用聚类来控制杂乱干扰，尽管这样并不一定会产生一个更好的效果，而且也并不适用于大数据集。然而，Tatzgern 提出了通过递归聚类来创建一个信息分层。这种方法在概念上类似于语义的细节层次。聚类结合了用户控制的空间属性（例如距离）和非空间属性（例如语义标签）。这些属性的加权和提供了数据与用户关联的等级。

为了避免视觉杂乱，显示算法更为详细地展示了和用户相关的数据，同时调整可用于屏幕空间显示的信息量。这是通过求解增大优化问题来实现的，决定了层次结构中用于显示的节点。用户可以互动地调整优先级来最终找到相关数据，并根据需要显示所有的细节信息（见图 7.22）。

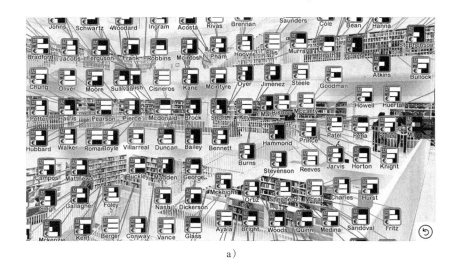

a）

b）

图 7.22　图标表示在图书馆中选择的图书的位置。a）同时显示所有匹配当前检索书籍
产生杂乱干扰。b）通过聚类的方法只显示某一种类图书，视觉上更易于理解，
用户可以点击聚类进一步展开（由 Markus Tatzgern 和 Denis Kalkofen 提供）

7.7　小结

可视化决定了信息的显示形式。因为用户已经从真实场景中接收了所有信息，在增强现
实中，这主要意味着确定哪些增加的信息应该被显示。情境可视化是信息与真实场景紧密关
联的增强现实可视化的一个原则。注释和标签技术对于这种可视化技术非常重要，可以避免
难读的布局和杂乱的显示。另一种用于增强现实的重要可视化技术是 X 射线可视化，可以
用来显示隐藏信息或其他不可感知的结构，例如，爆炸图和幻影的使用。最后，魔镜等信息
过滤技术可以用来将正确数量的与任务相关的信息传递给用户。

交　互

在理解了计算机视觉技术对增强现实输入影响很大，计算机图形学技术对增强现实输出起到决定性作用之后，我们将研究重点转移到连接输入和输出的人机交互上。我们从设计师而不是工程师的视角对输入和输出模态重新审视，然后将讨论可触摸用户界面和与增强现实密切相关的其他用户界面，包括书写、触觉和代理界面。

本章之后的几章将基于本章的基本观点进行特定主题的深入探讨，其中第 9 章将讨论建模和注释，第 10 章探索开发，第 11 章检视导航，第 12 章聚焦在协作上。

8.1　输出模态

增强现实交互的效果只能通过由此产生的增强看到，因此增强信息的放置至关重要。正如我们在第 2 章中提到的，增强现实提供了多种为用户呈现增强信息的方式，随交互模式的改变而有所不同。接下来我们将开始讨论增强信息放置的位置。

8.1.1　增强放置

作为注册目标的实物为增强信息提供了参考坐标系（见图 8.1）。为了便于用户直观理解这个参考坐标系，增强信息通常放置在实物上或接近实物的地方。当然我们可以将增强信息放在自由空间的任何地点，但是在多数情况下，实物支撑的虚拟物体更容易被用户理解。

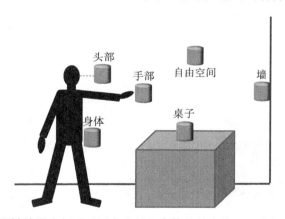

图 8.1　增强信息可以被放置在相对于用户头部和身体的某个位置，或相对于环境的某个位置

最简单的场景是放置在桌面等水平表面上。水平表面可以通过二维平面内容进行增强，也可用作虚拟三维物体的支撑表面。类似地，也可以将虚拟物体放置在垂直平面上来模拟悬挂在墙壁上的画像或墙挂式物体。

如果真实环境中所有物体的详细几何模型都是已知的，可以将虚拟物体放置在环境表面的任何地方。通过与仿真物理行为相结合，可以让虚拟迷你汽车在房间中竞速 [Wilson et al. 2012] 以及将家具饰物转化为迷你高尔夫中的障碍物 [Jones et al. 2010]。用户周边环境的所有表面都是可以被增强的，就如同交互式戏剧体验那样 [Jones et al. 2014]。

移动物体在被增强之前必须被跟踪或者重建，这一步骤通常是必要的先决条件，其原因在于移动物体会带来动态的体验。除此之外，用户可以通过操控真实物体来控制应用行为，这一概念被称作**可触摸用户界面** [Ishii and UIImer 1997]。直接对可触摸物体的增强会产生**可触摸增强现实** [Kato and Billinghurst 1999]，这将在本章后面的部分进行详细讨论。

人类的身体是进行增强的一个重要对象。当作为增强参考对象的身体部分在移动时，增强信息也随之移动，从而保持与身体位姿的一致。尽管从概念上理解，对人体进行增强与对没有生命特征的物体（例如虚拟姓名标签）进行增强是相似的，但是对人体自身进行增强在以下几个方面是相当有吸引力的。第一，人体自身是随时可以获取的。第二，基于身体部位可以避免对用户的测量。第三，人类对自身具有充分的了解并可以准确地控制自己的身体——这是一个称为**本体感受**的现象，即对肢体间相对位置的感知 [Mine et al. 1997]。通过选择不同的人体区域可以实现增强方式，通常的选项包括头、躯干、手臂和手的位置。

以头作为参考的显示总是在用户的视野当中保持静止，这对于放置状态信息等持续可见的增强信息非常方便。然而，用户无法观察到自己的头部并且无法感知真实和虚拟物体之间的注册关系。因此，尽管这种显示类型被广泛使用，但常常不能视为"真正"的增强现实。

以躯干作为参考的显示采用将虚拟对象直接显示到躯干上的方式，例如采用虚拟工具带的形式。另一种方案是将身体形状扩展到空间，例如采用供应商托盘的形式。后者与以头作为参考的显示器有一些相似之处，因为它们似乎都缺少作为参考的真实对象。当用户相对于躯干移动头部将视野调整到虚拟显示器时，这一差异将变得明显。

以手作为参考的显示将信息放置于用户的手掌当中，就像手中持有真实物体那样。虚拟物体可以灵活移动并通过用户的另外一只手进行操控。**以手臂作为参考的显示**具有相似的特性，但并不自然。当用手操控真实物体时，这种显示模式非常具有吸引力，但是在虚实物体之间进行快速切换时，需要保证增强仍在用户的视野中。

人体的其他部位也可以用作参考，但是人因工效因素导致将它们用作自身增强缺乏吸引力。除此之外，将增强信息直接放在特定身体区域对于医疗和健康应用程序十分有用。甚至可以实现全身增强，这对于舞蹈和体育指导来说是一个具有吸引力的解决方案（见图 8.2）。

图 8.2   骨骼跟踪提供了全身输入，用户身体的运动被转化为运动箭头（由 Denis Kalkofen 提供）

8.1.2   灵巧显示

在讨论增强信息放置时，我们假设具有在任何位置显示增强的技术能力。实际上，增强现实体验设计师必须考虑环境中的哪一部分可以被给定的显示覆盖。移动显示器可以由用户携带或穿戴，提供了最大的灵活性。通过广角投影机或覆盖每个感兴趣表面的投影机阵列，可以构建具有宽覆盖范围的固定显示器。

静态投影机阵列具有任意数量的用户可以直接无阻碍地观察增强信息的优点。此外这样的阵列还可以被扩展成**投影机 – 摄像机系统**（见图 8.3），该系统使用的摄像机和投影机的视场角是重合的。投影机 – 摄像机系统结合了百万数量级像素的密集输入和密集输出。摄像机可以解析投影机投射结构光所照明的场景，或是与深度传感器相结合。在这两种情况下，自适应投影系统能够对用户的移动和环境的改变做出反应。但是，投影增强受物理表面的限制并且无法生成多个用户的个性化体验。同时投影还需要对环境进行改造，并且在户外日光条件下工作效果较差。

图 8.3　投影机 – 摄像机系统由小型投影机（中间）和一组立体摄像机（左边和右边）组
　　　　成（由 Christian Reinbacher 提供）

与投影机相比，头戴式和手持式等**移动显示器**更加经济且具备可以提供给多个用户个性化体验的优点。透视式头戴显示器通常仅为用户提供环境的单一（增强）视角（见图 8.4a），而手持式显示器提供了环境的增强**备份**（见图 8.4b）。这种模式有优点也有不足。手持式显示器的携带对于用户来说是个障碍，同时由于显示器尺寸的限制，只能覆盖用户视野中很小的一部分区域。用户必须在真实世界和虚拟图像之间分配注意力。手持式设备可以提供额外的输入通道，从而在一定程度上弥补了其不足。用户可以单手独立于视线方向对显示器进行移动并用另一只手通过设备触摸屏进行操作。这些输入能力部分地补偿了在其他活动中用户双手使用不便的状况。

第三种显示模式通过**灵巧投影机**构建，结合了上述两种显示模式，其投影图像的位置可以随着时间改变。例如，可摆动的投影仪被放置在马达驱动的转动平台上，从而可以将投影图像投射到安装点可见视野环境中的所有平面上。只要感兴趣对象移动或者改变不是特别迅速，可转动的投影仪都可以持续地对其进行增强。微型投影仪是手持式设备，可以像手电一样使用（见图 8.4c）。安装在肩部的投影机解放了用户的双手，可以对用户面前的对象进行增强。头戴式投影机也可以实现类似的功能，同时其投影方向总是与用户的主视方向一致。通过将这一工作原理和环境中的回射表面相结合，可以获得高对比度。但不幸的是，时至今日使用电池供电的投影机只能生成低对比度图像，而连线的投影机显然无法适用于严格的移动操作。

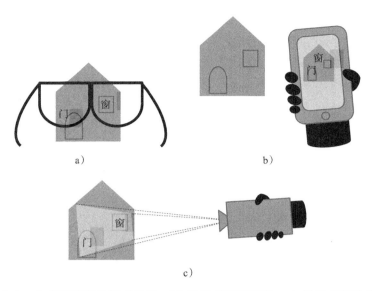

图 8.4　a) 增强现实头戴式显示；b) 手持式增强现实；c) 投影式增强现实

8.1.3　魔镜

增强现实可以用来连续不断地提供与用户周围环境注册的额外信息流的环境显示。来自用户的输入被局限于观看或将摄像机指向特定对象，这种交互方式称为**增强浏览**。虽然浏览的交互很少，但却十分有效，其原因在于允许用户进行无需过度专注的思考。很多重要的增强现实应用案例实质上都是基于浏览的——例如医疗诊断 [State et al. 1996b]、导航 [Mulloni et al. 2012]、旅游 [Feiner et al. 1997]（见图 8.5）和地下基础设施检查 [Schall et al. 2008]。增强浏览的信息通常来自包含地理配准信息或人物对象信息的数据库。"世界之窗"[Feiner et al. 1993b] 甚至已经将传统的二维桌面应用程序作为增强信息显示在三维环境中。

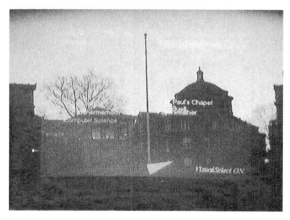

图 8.5　哥伦比亚导览机是第一个增强现实浏览器（由哥伦比亚大学提供）

使用头戴式显示器进行浏览的优势在于不占用用户双手的同时通过跟踪用户的视线方向自然地确定用户的观察焦点。遗憾的是，简易实现的"持续开启"增强会受到杂乱环境的干扰，用户至少需要一个易用的开启和关闭增强的方式。

使用手持显示器进行浏览会导致使用模式略有不同：手持显示器成为物理**魔镜**，用户可借此查看真实环境的更改（增强）版本（见图 8.6）。我们可以将魔镜解释为**聚焦 + 上下文**显示的一个实例 [Kosara et al. 2003]，并排呈现两组信息显示。通过直接观看真实世界和观看屏幕之间的交替，用户可以选择是否需要增强——这是一个必须通过头戴显示器来进行明确控制的选择。

图 8.6　魔镜让用户观察到人体的骨骼结构（由 Anton Fuhrmann 提供）

当然，魔镜也可以通过头戴显示器来实现。一个流行的解决方案是通过物理剪切板或者物理棱镜等被跟踪的被动道具来代表魔镜。在这种情况下，用户不能在魔镜之外看到非增强对焦区域。

基于投影机的增强现实也存在与应用魔镜类似的限制。通过使用手持式投影机（一个**手电**），用户可以选择进行增强的焦点区域，但是无法观察周边区域的增强。即使这样，通过暂时移开手电来显示未被修改的真实世界，要比在头戴显示器中关闭增强更加直观。

魔镜焦点区域的放置在概念上非常类似于通过光线投射在三维环境中选择对象 [Bowman et al. 2005]。通过头戴显示器上的注视方向、手持显示器上的图像中心（或任何其他点）或手持道具或手电筒的方向来隐含地定义光线。光线投射通常用于选择沿光线方向遇到的第一个对象。另一个选项是将这一选择扩展到视锥体或手电筒锥体中包含的所有对象。三维选择和魔镜操作之间的主要区别在于浏览体验中应用魔镜的效果立即显现出来。与之相对，对象的选择通常是调用命令（例如移动或删除对象）的准备步骤。然而，如果用户配备有用于在增强浏览期间选择焦点区域特定对象的显式触发器（如按钮），则可以将魔镜操作和选择组合成单一的交互。

有几个案例在光线投射时没有应用魔镜，而是直接使用了其在环境中的位置。直接在环境中通过手持设备进行交互的一个实例是 Henrysson 等人 [2005] 开发的增强现实乒乓球应用程序。在这个应用只有通过魔镜才可以看见虚拟乒乓球在空中运动，同时使用魔镜作为球拍来击打虚拟乒乓球。

通常，用户以这种方式在三维中进行交互的能力会受到手持设备小视野的限制。然而，光线投射的某些变体使用有限长度的光线进行选择，与手持手杖指向类似（见图 8.7）。

Leigh 等人 [2014] 认为从操纵者到被操纵物体的距离实际上是一个连续量。在一种极端情况下，范围为零，即操纵者接触到被操纵的物体，从而导致有形的相互作用。 在另一种极端情况下，被操纵的物体超出了操纵者的操纵范围，必须用魔镜或光线投射来解决。作为有形魔镜的一个实例，Leigh 等通过检测屏幕上显示的小颜色块来展示智能手机如何用于在屏幕前方几厘米的距离进行交互。

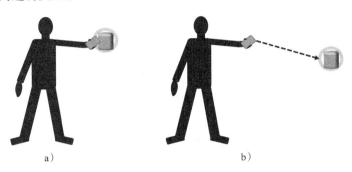

图 8.7　a）触碰方式选择；b）光线投射选择

8.2　输入模态

在讨论输出模态时，我们提到用户连续改变视点或者增强的焦点区域——例如，在佩戴头戴式显示器后通过移动头部来实现。这种形式的交互是大多数增强现实体验不可或缺的一部分。如果我们想超越增强浏览，将用户的角色设定为被动观察者，我们必须考虑合适的输入设备和方式。增强现实可以从已经为虚拟现实和自然用户界面开发的各种技术中进行选择。其中**自然用户界面**是超越经典桌面的用户界面的概括性术语，特别是包含了手势和触摸。

8.2.1　刚体的跟踪和操控

在第 3 章中，我们深入地讨论了如何测量刚体的 6 自由度位姿。这些稀疏的跟踪方法可以提供高刷新率和高精度，但是只针对较少的点或对象。

稀疏跟踪最重要的应用场景是通过对用户头部或摄像机的跟踪来控制视点。除此之外，交互常常依赖于跟踪在三维中进行指向或运动的手持设备。手本身同样可以被使用——例如，将跟踪目标放置在手背上，两者之间是刚性连接。为了达到这个目的，姿态跟踪通常还需要按钮或开关等传统控制设备的辅助，例如任天堂的 Wiimote 是一个手持式设备，看起来像是一个具有 6 自由度跟踪和几个按钮的遥控器（见图 8.8）。

Pinch 手套实现的功能与带有电极的指尖接触类似，因此用户可以通过将两根手指捏合来触发操作。例　如，Tinmith Hand [Piekarki and Thomas 2002] 使用的手套通过检测捏合手势来操控注册到头部的菜单（见图 8.9）。每个手套的拇指都设计了一个用于虚拟对象图像平面操作的基准标记 [Pierce et al. 1997]。

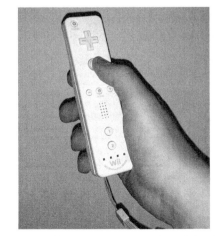

图 8.8　任天堂 Wiimote 是消费者级别的视频游戏中的 3D 输入设备

图 8.9　Pinch 手套检测用户是否将指尖捏合在一起并将手势解译为选择指令

8.2.2　人体跟踪

显然，稀疏跟踪将交互限制为一个或几个离散点，类似于三维版本的鼠标光标。这种最小的输入能力无法捕捉人类与现实世界的丰富交互。因此，最近的开发方向是尝试结合稠密跟踪方法，这种方法依赖于来自摄像机或深度传感器的丰富感官输入来处理全身运动以及潜在的环境任意变化。

人体运动捕捉通常通过**骨骼跟踪**来完成，其原因在于获取人体骨骼中每根骨头的位姿对于大多数交互应用已经足够。考虑到可能的骨骼配置极大地受结构的限制，跟踪骨骼要比跟踪整个人体形态更加容易。

对于某些应用来说，仅仅跟踪头、胳膊或手等身体的相关部位已经足够了。由于我们主要通过双手对环境进行操作，因此手部跟踪尤为重要。手部跟踪可视为骨骼跟踪的特例。总的来说，手和手指的自由度超过 20 个，并且人手还可以进行非常准确和精细的操作。因此对整个手（见图 8.10）的可靠跟踪问题受到了研究人员的关注 [Oberweger et al. 2015]。

图 8.10　手和手指跟踪（由 Markus Oberweger 提供）

Song 等人 [2014] 讨论了在手持式设备前识别自由手空中手势的系统。Song 的方法可用于菜单栏的选择或平移等交互中。将这种方法应用于移动增强现实交互中的优点是，只有当手部进入移动设备的视野内，手势才会被识别，从而可以避免误识别。

8.2.3　手势

　　身体和手部跟踪的一个重要应用场景是手势交互。早期的研究关注于姿态，即静态的人体或手部的姿态，例如表示字母。这样的姿态很少会用于我们的日常自然交互。如今随着计算性能的提高，已经可以检测运动人体的动态手势。动态手势的优点是可以同时提供定量和定性的输入。例如用户做出"框架"动作（见图 8.11），可以同时表达执行取景器操作和通过两只手之间的距离来实现想要的缩放等级。Kolsch 等人 [2004] 展示了通过可穿戴摄像机和计算机视觉技术对手势进行跟踪识别的应用实例。

图 8.11　采用两只手的取景器手势

　　手势语言可以表达丰富信息，但是与传统基于菜单栏的交互界面相比，需要更多的学习。White 等人 [2009b] 建议采用可能手势的半透明动画让手势学习变得更加简单。一般来说，手势使用不便且难以记忆。除此之外，来自用户身体的自遮挡会影响可靠手势识别系统的应用。

　　HandyAR[Lee and Höllerer 2007] 是用于增强现实手势交互语言的一个案例，HandyAR 跟踪用户伸出的手并建立一个适合手掌的坐标系统（见图 8.12）。可以将虚拟对象附加到张开的手上以进行检查和操纵。通过做出握拳手势可以触发动作。手部跟踪系统还允许将张开的手掌心向下放在表面上，从而提示系统使用 SLAM 方法获取手周围的地图 [Lee and Höllerer 2008]。在地图初始化之后，可以在手不存在的情况下进行自动跟踪。通过这种方式，可以将虚拟对象放置在环境中的任意位置。

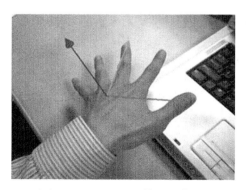

图 8.12　HandyAR 使用手作为与物体交互的坐标系统（由 Taehee Lee 提供）

8.2.4　触控

自由空间手势的精度经常受到缺乏物理支撑的干扰，从而影响精细的操作。 鉴于人类具有良好的触觉，因此需要构建触控界面（即感应触碰的表面），同时提供被动触觉反馈。早期触控解决方案只能识别表面上的单个点，但如今的表面交互受益于**多点触控**检测。小型触控表面使用电容感应，而较大的显示器通常使用全内反射等光学方法。

通常将触控表面与显示器相结合来创建**触摸屏**，触摸屏将输入和输出集成到同一个自然空间中。由于屏幕可以显示注册到触摸手指上的任意交互信息，因此触摸屏几乎满足了增强现实的全部要求，除了注册是二维而非三维的。

将传统图形用户界面与二维手势相结合的多点触控表面已成为移动计算事实上的接口标准。鉴于如今的许多增强现实系统使用带有触摸屏的手持电脑，触控输入成为控制屏幕体验的自然选择：用户双手操作魔镜，非主导手粗略地用 6 自由度移动魔镜并观察所需的聚焦区域，主导手操作触摸屏来提供相对于非主导手的 2 自由度偏移。最终产生的结果是基于光线投射的手指下方物体的选择被感知为“触摸”图像平面中的物体 [Pierce et al. 1997]。此外，按钮之类的传统控制可以放置在屏幕的指定区域中，或者根据需要在物体附近出现。

触摸屏的一个众所周知的问题是“胖手指问题”：即手指会遮挡住交互对象及其周边的环境，使得精确操作目标变得困难。LucidTouch [Wigdor et al. 2007] 通过在平板式手持设备的**背面**放置触摸屏克服了这个难题（见图 8.13）。

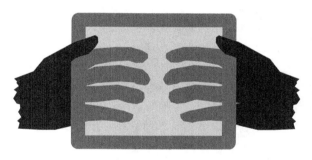

图 8.13　LucidTouch 使用背面触摸界面仿真了半透明屏幕

将空间增强现实和触控界面相结合的主流方式是通过投影机－摄像机系统将常规非功能性平面转化成为虚拟触摸屏 [Pinhanez 2001]。例如，系统将菜单栏投影到用户张开的手附近（见图 8.14）。

LightSpace[Wilson and Benko 2010] 通过多个深度传感器让用户在一个交互表面选择数字项，并通过简单的表面触摸将其放置到另外一个表面上。如果观测到交互表面上一定数量的深度样本，则创建触控事件。系统并不会区分人类用户与其他物体，仅仅通过物理规律来操作虚拟物体。例如，用户可以通过将物体从桌子边缘扫到张开的手上从桌上拾取虚拟物体。LightSpace 也可以确定交互表面之间的自由空间内用户的动作。

全身的触摸可以通过压力传感表面来感应。例如 GravitySpace [Branzel et al. 2013] 使用事先布置好的检测表面（地板、家具），通过检测重力的分布和其他的物理属性来推断用户的身体姿态。通过将信息投影显示在表面上，实现注册后的输出。

GravitySpace 表明真实世界的物理规律可用来设计自然人机交互界面。通过这种类型的应用，我们对真实物体物理行为的全部经验都可以用来直观操控虚拟物体。

图 8.14   使用投影机 – 摄像机系统将普通界面转化成为触摸屏，由 Claudio Pinhanea 提
供（IBM 版权所有，2001），见彩插

8.2.5   基于物理的界面

基于物理的接口通过用于计算机游戏的商用仿真软件来实现虚拟对象与真实对象的交互。用于仿真不需要非常精确，因此计算较为轻量。然而，与实现视觉一致性类似，为了实现**物理一致性**同样需要表示真实世界的**幻影几何**。

幻影几何可以被提前重建。Jones 等人 [2010] 开发的系统让用户将虚拟对象放置在表面上。对象被一直放置在表面上，同时可以展现出任何想要的物理行为。例如，用户可以选择相册中的照片或者玩增强迷你高尔夫。

如果使用深度传感器在线测量幻影几何，则物理一致仿真也可以处理人类用户等移动和可变形的对象。为了避免复杂的可变形模型，非刚性实体可以通过刚性球体的集合等简单的几何近似来表示。在大多数情况下，用户将无法注意到这种近似。这种交互设计已应用于 Beamatron [Wilson et al. 2012]——带有可操纵的投影机以及类似 HoloDesk [Hilliges et al. 2012]（见图 8.15 ）和 MirageTable [Benko et al. 2012] 等桌面大小装置的一个房间大小的布置。

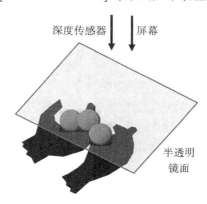

图 8.15   HoloDesk 将光学透视式显示器和深度传感器相结合来仿真用户手部与虚拟物
体的物理交互

8.3　有形界面

增强现实和虚拟现实之间的一个重要区别是增强现实用户可以自然地与环境中的物理对象进行交互。这种真实的交互是直接和便捷的，并且可以很容易地用于影响增强现实体验。因此，与虚拟世界的交互变得可感触。**有形用户界面**最初由 Fitzmaurice 等人 [1995] 以及 Ishii 和 Ullmer[1997] 作为一种普适计算形式提出。通过改造或感测用户周围的日常物体可以将其转换成计算机的输入或输出设备。增强现实将用户周围的物理世界结合到交互中，因此与有形用户界面息息相关。当我们操纵被跟踪的增强物理对象时所产生的就是**有形增强现实**。

8.3.1　有形表面

在大幅面触摸屏出现之前，使用桌面形式显示器的有形对象是一种主流的方法。这些桌面通常配备有用于物体检测、跟踪甚至重建的投影机 – 摄像机系统 [Leibe et al. 2000]。将投影机 – 摄像机系统放置在桌子下面可以隐藏该系统，同时避免了站在投影机 – 摄像机单元和桌面之间的用户引起的遮挡问题。只要跟踪系统可用，就可以使用大屏幕或头戴式显示器。

在将有形物体放在桌面上后，可以将其留在那里。通过这一方式可以建立输入，同时可以解放用户的双手。麻省理工学院的有形媒体研究组开发了一系列桌面形式的有形界面。metaDESK [Ullmer and Ishii 1997] 展示了一个其位置、朝向和比例由两个著名校园建筑的比例模型放置位置决定的校园地图。目前广为人知的一个等效方法是用于多点触控显示的双指手势。Urp [Underkoffler and Ishii 1999] 是一款建筑规划应用程序，允许用户放置有形物体作为建筑物的替身，从而可以检查交通、阳光和风力变化的影响。Illumination Light [Underkoffler and Ishii 1998] 仿真了带有激光源、棱镜和反射镜等有形装置的光学工作台，所有这些场景都具有特定的特征：它们仅在桌面的二维空间上运行。与之相对，有形增强现实可以在第三维中扩展交互范围。

8.3.2　通用有形物体

早期有形增强现实使用多种正方形标志板作为有形物体。标志板被放置在桌面上，其配置与上一节讨论的桌面上放置的有形物体相似（见图 8.16）。标志板可以被拿起并具备 6 自由度跟踪。在只使用单个摄像机时，只有视野范围内的标志板才会被跟踪。某些设计使用带有标志的壁毯或者桌布作为全局参考坐标。因为壁毯上标志的位置是已知的，单个标志的观察可用来决定全局位姿。

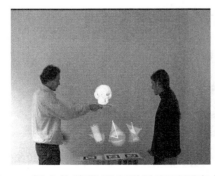

图 8.16　标志物等通用有形界面可用来共同操纵虚拟物体（由 Gerhard Reitmayr 和 Hannes Kaufmann 提供）

通用形状的正方形标志上必须具有传递信息的图案来向用户传达某种含义。此外，还必须具备适合直接操作的多自由度。因此，这种设置具有各种各样的创造性的用途（见图 8.17）：

- 通过旋转和平移单个有形物体或者修改其参数来操控物体对象，这通常在水平面上完成。拿起有形物体后，其距离水平面的高度可用作额外的参数 [Spindler et al. 2012]。
- 通过摆放多个标志板可以表达关联物体之间的相对空间位置，例如仪表盘上设备的放置。
- 两个标志之间的距离可用来表示尺度值。两个标志移动到非常接近的位置时，可以触发"关联"指令。例如，"红色"标志被放置在虚拟物体附近时用来将物体的颜色变为红色。
- 快速地将标志板从视野中移开或者用手将其覆盖可以被解译为触发某一指令。系统也可以保存上一次已知的位置并将虚拟物体摆放在那里。
- 手持的标志可用于表达手势输入。摇晃、旋转、画圈、倾斜或者前推等动作可以很容易通过分析运动轨迹并与模板对照来确定。例如，可以通过搜寻移动速度很快但物体移动位移很小的动作来识别摇晃。

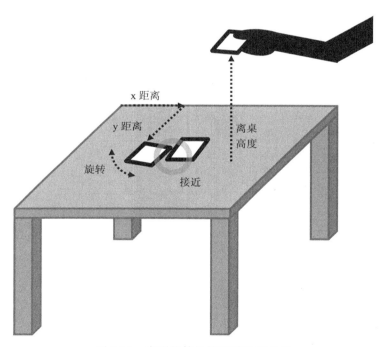

图 8.17　有形物体操控及其关联参数

8.3.3　特定有形物体

通用有形物体可以支持创造性的解释，但是如果有形物体具有可以立即识别并表明某种用途的有意义形状，则有形界面可以具有额外的表达能力。有形物体的形状可以类似于拍子或手电筒等工具，或者是平板电脑、书籍或盒子等容器。

魔法书是页面被跟踪的真实书籍（见图 8.18）。增强内容被注册在书页上，可以是由计算机产生的平面内容（例如动画），也可以是放置在书页上或者从页面上弹出的三维物体对象，如同打开儿童书籍后从书本中弹出的硬纸板。

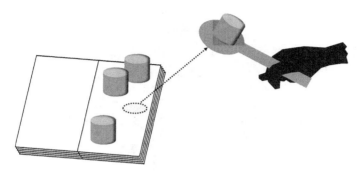

图 8.18　魔法书和拍子

标志附在其上的**拍子**为物体对象操控提供了丰富的手势语言。VOMAR [Kato et al. 2001] 使用拍子从魔法书中拿取家具并将其放入玩具屋中，之后将其摆放到用户满意的位置。Field 和 Voegti [2002] 讨论了针对化学教育的应用，使用拍子进行三维对象搭建：用户将单个原子放置在空间中以组成分子，通过化学规律来确定其合理的位置。

个人交互面板（见图 8.19）将触摸笔和平板电脑相结合 [Szalavári and Gervautz 1997]。该解决方案通过类似的方式实现了双手交互。平板电脑为触摸笔提供了移动参考坐标系，可以被各种各样的对象增强，包括按钮和滑动条等二维对象以及体数据库等三维对象。

图 8.19　个人交互面板（由 Zsolt Szalavári 和 Michael Gervautz 提供）

用于 MagicMeeting 环境 [Regenbrecht et al. 2002] 旋转碟（见图 8.20）允许多个围坐在桌子周围的用户调整放置在盘子中虚拟物体的方向以便进行设计检查。

图 8.20　与 MagicMeeting 旋转碟类似的交互

CoCube [Brown et al. 2003] 从本质上来说只是一个手持式盒子（见图 8.21）。可以将三维虚拟物体放置在盒子内部并将盒壁渲染成透明材质。文本等二维内容可以被渲染在盒子的表面。通过旋转盒子可以让文本跟着滚动，使得盒子看起来像是一卷手稿。

图 8.21   CoCube 是多用途有形对象，既可以显示其内部的三维对象，也可以在其表面
　　　　　显示文本等二维信息

Looser 等人 [2007] 设计的双手魔镜使用两个真实的手柄来代表棱镜的左右边缘。通过移动手柄用户可以改变棱镜表面的尺寸和形状，类似于连接把手的橡胶薄片的效果。

8.3.4　透明有形物体

有形物体和其下方的表面常常构成焦点区域 + 上下文的关系，这对于界面设计十分重要。为了充分利用这种关系，我们希望将增强信息同时显示在有形物体及表面上。如果我们不希望使用头戴式和手持式显示并希望用户没有被束缚，这种增强可以通过投影机来实现。不幸的是，仅仅使用单台投影机的解决方案无法满足要求。从上方进行投影时，有形实物会对表面造成遮挡，内置显示器的表面不能增强有形对象。

如果我们只想使用单一的显示器，显示桌面上的透明有形对象提供了一个便利解决这个问题的方式：有形物体下方显示的增强信息被用户感知为属于有形实物对象。例如，metaDESK [Ullmer and Ishii, 1997] 在显示器上放置透明魔镜来显示地图的焦点区域（例如，放大）。

DataTiles [Rekimoto et al. 2001] 在交互式显示器上放置透明砖块。该系统可以感知砖块的放置和接受触控笔的输入。这种结合方式将砖块转化为交互式装置。每一个砖块显示的用户界面元素都可以被触控笔操控。通过摆放多个砖块，用户可以选择和连接应用程序组件。CapStones [Chan et al. 2012] 使用了可以被放置和堆叠在一起的类似透明有形物体。

Schmalstieg 等人 [1999] 的触控笔 – 桌面界面是个人交互面板的透明版本。用户在立体式背面投影桌面上方的立体空间内工作，配有透明材料制作的平板电脑和触控笔（见图 8.22）。从人因工效学角度来看，这种配置与画家工作室内配备的画刷、调色板和油画布类似。作为主要交互工具的触控笔在桌面和平板电脑之间来回

图 8.22   通过使用透明平板和触控笔
　　　　　界面，立体投影可以被转化
　　　　　成为有形三维界面

切换，执行拖动或者放下物体对象等操作。平板电脑还可以被直接用作魔镜。

8.4　真实表面上的虚拟用户界面

将虚拟触控装置放置在平板电脑或桌面等真实表面上，是为增强现实体验增加复杂接口的便捷方式。桌面应用或者移动用户界面里已有的解决方案可以被重新使用，同时大多数用户对这些界面的操作都是熟悉的。

可以将虚拟用户界面放置在通用有形物体上。在最简单的实例中，这可能仅仅是平板电脑 [Szalavári and Gervautz 1997] 或空白墙 [Newman et al. 2001] 等平面。Penlight [Song et al. 2009] 将与上下文相关的虚拟用户界面放置在用于制图桌的触控笔上。增强的触控笔可以触发虚拟制图层，当触笔在表面位置上悬浮时，可以用作动态提示或者测量工具。

Marner 等人 [2009] 探索了虚拟空中刷等更多不同形状有形工具的使用。他们将这种有形实物称作**虚拟 – 物理工具**，表明其将物理形状和虚拟用户界面元素结合起来。

将虚拟用户界面放置在真实表面上的想法可用作驾驶舱的界面设计和虚拟原型设计。用户可以通过放置通用有形实物 [Poupyrev et al. 2002] 来实验不同的界面布局，能够在运行时重新对接口功能进行编程设定 [Rekimoto et al. 2001] [Walsh et al. 2013]。与有形实物不同，表面上的手势也可用来指定新的工具 [Xiao et al. 2013]。通过将虚拟用户界面投影到驾驶舱的实物模型上，可以研究探索虚拟原型的人因工效属性。

虚拟用户界面的体验可以通过引入物理表面的被动触觉来加强。例如，通用有形实物对象通过使用滑轨的直线轨道或者旋转拨号盘的转盘等用户界面部件上的凸凹结构等特殊用途的有形实物得到增强。Henderson 和 Feiner[2010] 提出是时候通过重新定义真实表面上的已有物体结构来放置工具。例如，两个面板之间的折痕可以被解译为滑动器，而螺丝头和把手可以被解译为按钮对象。在这些物理结构上叠加虚拟按钮比仅仅操纵虚拟对象要更加快速和可靠。

在移动应用等应用中如果没有合适的表面可以使用，用户的手或者胳膊可以作为替代品使用。SixthSense [Mistry and Maes 2009] 和 OminTouch [Harrison et al. 2001] 探索了将界面投影到用户的手上或小臂上（见图 8.23）。通过使用深度感知，用户自身可以被转化成为触摸屏。例如，用户可以将手掌作为键盘进行拨号。

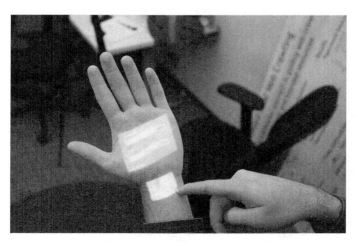

图 8.23　OmniTouch 使用投影机和深度相机将用户的手转换为触摸屏（由微软提供）

8.5　增强纸

　　纸张是我们日常生活中的重要人工制品。尽管桌面计算范式可以在一定程度上模拟纸质类文件，但物理纸张的处理和数字文本的处理通常是分离的。Wellner [1993] 提出将物理文本和虚拟文本管理相结合，引入了 DigitalDesk 系统来达成这一目的。DigitalDesk 由装备了投影机 – 摄像机系统的桌面组成，物理文件可以放置在桌面上并被摄像头捕捉到，而投影机可以通过额外的虚拟文本对桌面进行增强。通过使用可以被头上方摄像机跟踪的手指或者笔，用户可以对 DigitalDesk 进行操控。借助指令系统可以通过字符识别来读取文本或者数字，也可以从物理文本中捕捉图片。例如，用户可以指向一个手写数字并将其移动到数字计算器中进一步处理。

　　Mackay 和 Fayard [1999] 描述了一系列在日常工作中极度依赖纸张的领域中 DigitalDesk 概念的应用。例如，这类系统可以被土木工程师用于建筑物绘图、被电影制片人用于故事情节串联图以及被空中交通管制员用于绘制航带图等。

　　日常工作和生活中使用的另一种常见的纸质工件是地图。Reitmayr 等人 [2005] 描述了增强地图，这是一种与跟踪和增强大规模地图的数字桌面相关的方法（见图 8.24）。例如，可以在命令和控制场景中使用这样的系统。动态信息可以直接叠加在地图上，同时允许地理嵌入式信息和界面控件的呈现。增强地图可以处理多个同步地图，并提供额外的工具与地图内容进行互动。通过放置被定位跟踪的空白卡片，可以指向地图上的特定位置。系统可以使用卡片上的空白区域来投影用户指向位置拍摄的照片等相关信息。一个更通用的工具基于由头顶上方摄像机跟踪的小型手持计算机，通过触摸屏操作手持计算机并提供了象征性地与手持计算机指向的地图上的对象进行交互的任意用户界面。为了实现完全动态创建用户界面，用户界面的代码通过无线网络发送到手持计算机并由其进行动态解译。

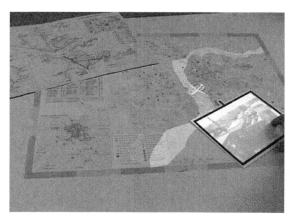

图 8.24　增强地图由传统纸质地图和投影的交互式内容组成（由 Gerhard Reitmayr、
　　　　Ethan Eade 和 Tom Drummond 提供）

　　PaperWindows 是单独跟踪的纸片，允许用户离开桌面并以更自然的方式与纸张进行互动 [Holman et al. 2005]。该系统通过红外线跟踪与头上方投影机确定用户正在使用 PaperWindows 进行哪些操作，并在其上显示任意内容。用户可以实际操控 PaperWindows 并使用各种手势，包括握持、共同定位、校对、翻转纸张以及利用纸张上的手指所做的手势（如摩擦或指向等）。这种手势语言的词典允许用户无需任何符号界面执行各种典型的办公文档任务，如激活 PaperWindow，内容的选择、复制和粘贴，加载和保存，滚动或注解等。

Petersen 和 Stricker [2009] 提出的界面同样结合了手势识别和增强纸，用户可以指向物理对象，通过显示在壁挂式显示器上的虚拟纸张的形式进行上下文信息检索。他们的手势通过头上的摄像机进行采集，同时进行纸质文档的数字化。用户可以打印此工作表的物理副本，该副本能够检测真实的手写注释并使用不易察觉的点模式将信息传回虚拟空间。

8.6　多视界面

本章起始部分讨论了在环境中放置增强的各种选项。通过合适的设定可以同时对多个位置进行增强，而不仅仅是按照顺序进行增强。这种方案可以强化用户是一个可响应环境一部分的印象，或者可以简单地用于同时显示更多的信息。

Elmqvist [2011] 将**分布式用户界面**定义为"组件在输入、输出、平台、空间和时间上一维或多维分布的用户界面"，在这五个维度中空间（多个位置）和输出（多个显示器）是相关的。我们将涉及多个空间位置或多个显示器的界面称为**多视界面**。

8.6.1　多显示焦点 + 上下文

当多显示器功能互补时，与增强现实应用特别相关。例如，二维显示器可以与三维显示器结合，小型高分辨率显示器可以与大型低分辨率显示器结合，或者移动显示器可以与固定显示器结合。这种互补显示器通常在同一位置组对以提供**焦点 + 上下文**信息。我们首先讨论与二维内容进行交互的多显示装置。

THAW [Leigh et al. 2014] 使用智能手机的摄像机跟踪移动设备相对于垂直固定显示器的位置。因为智能手机的位置非常靠近显示器表面，智能手机正下方的图像将变得不可见。可以将智能手机转换成魔镜来改变其下方显示器的视图，并且其触摸屏可用来提供额外的输入方式。

与之相对，Spindler 等人 [2012] 将手持平板电脑握持在大尺寸水平显示器上，使得用户可以同时看到平板电脑和显示器。平板电脑显示与显示器图像平面对齐的魔镜，用户可以通过修改平板电脑在显示器上的高度来选择一"层"信息。

Rekimoto 等人 [2001] 提出了**增强表面**，将笔记本电脑等移动装置和带有投影机 – 摄像机系统的表面组合。当用户将笔记本放置在增强表面上时，检测笔记本的位置，笔记本周围的增强表面区域扩展了笔记本的显示区域。这个设计允许同时使用有形交互和传统的桌面界面。

8.6.2　共享空间

在可视化领域，**协调多视**是一种具有多个视图的方法，它们不仅以相邻或重叠的方式进行排列，同时显示同步的视觉表达。例如，如果用户从字母列表视图中选定一座城市，则相应的地理位置可以在地图视图中高亮显示，反之亦然。

在包含多个显示器的三维环境中协调多视通常以**共享空间**的形式使用（见图 8.25）：所有显示器共享一个全局坐标系，但每个显示器都有一个单独的跟踪视点。因

图 8.25　可以通过单独的头戴式显示器构建用于协作查看虚拟对象的共享空间（由 Anton Fuhrmann 提供）

此，任何地方的增强都出现在相同的三维位置。共享空间的理念最初用于探索多个头戴式显示器 [Schmalstieg et al. 1996] [Billinghurst et al. 1998b] 或手持式 [Rekimoto 1996] 显示器的协作。

Butz 等人 [1999] 提出的**虚拟空间**（见图 8.26）用一对多关系代替用户和**共享空间**显示器之间的一对一关系。放置在虚拟空间的增强信息显示在头戴式、手持式和投影式等多种显示器上。通过不同类型显示器的组合，虚拟空间将共享空间与焦点 + 上下文的显示器结合起来。

图 8.26　虚拟空间是用户周围空间的三维模型，可以包括虚拟对象并可以通过各种显示器进行观察，包括笔记本电脑、墙面投影和头戴式显示器（由哥伦比亚大学提供）

在虚拟空间中，用户不再被局限于单一的显示器。相反，他们可以在多个显示器间进行切换并且可以同时观察多个显示器。例如，用户可以在使用穿透式头戴显示器或手持显示器的同时观看固定显示器。该配置可用来在桌面显示器显示总览图的同时由用户控制显示在被跟踪的移动显示器上的第一人称视角 [Ullmer and Ishii 1997] [MacWilliam et al. 2003]。

MultiFi [Grubert et al. 2015] 通过头戴式显示器和触摸式显示器（智能手机或智能手表）等可穿戴式显示器实现了另一个版本的虚拟空间。透视式头戴显示器为高分辨率触摸屏提供了情景显示（见图 8.27）。参考坐标系由触摸显示器定义。在智能手表情境下，坐标系实际上是以手臂作为参考并以手臂作为额外的显示平面。也可以使用以世界作为参考的坐标系。

 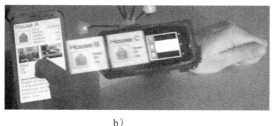

a)　　　　　　　　　　　　　　　　　b)

图 8.27　a）使用通过头戴式显示器看到的下臂上的图标作为腕戴式显示器的扩展；b）智能手机从下臂选择一个图标（由 Jens Grubert 提供）

8.6.3　多位置

多位置界面与共享空间的区别在于多位置界面在多显示器之间**不使用统一的三维坐标**

系。与之相反，虚拟对象可以出现在每台显示器上的不同位置。这种类型的系统对于将增强注册到具体的物理对象上用处不大，但对于仅呈现虚拟对象或增强通用的有形物体提供了很大的灵活性。

Studierstube [Schmalstieg and Hesina 2002] 允许在每个显示器上使用单独的区域（见图8.28）。例如，两个头戴式显示器的用户都可以将相同的虚拟对象绑定到一个手持的有形物体上。随后，每个用户都可以转动有形物体以获得虚拟对象的所需视点。任何一个用户对虚拟对象所做的操作都可以与另一个用户进行共享。

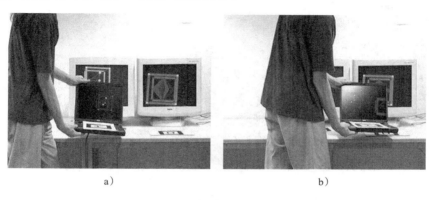

a)   b)

c)

图 8.28　用户将移动显示器（笔记本电脑）移动到桌子上并排布置的多个位置，请注意，笔记本始终显示与其相邻的同一区域固定显示器相同的内容（由 Gered Hesina 和 Gerhard Reitmayr 提供）

多位置的另一个用途是将以外部为中心的视图和以自我为中心的视图组合到一个虚拟场景中。这样的组合在焦点＋上下文显示器中十分有用，但是不能在共享空间中方便地导航，其原因在于用户的任何运动都会同时改变两个视点。将多个视图解耦到分离的区域可以解决这一问题。例如，桌面显示器可以显示全景地图，而墙面显示器显示虚拟场景的第一人称视角 [Brown et al. 2003]。

场景的三维概述有时被称作微型世界 [Stoakley et al. 1995]，也可以通过头戴式显示器（见图 8.29）进行显示，而以外部为中心的视图使用墙面显示器进行显示 [Schmalstieg et al. 2000] 或直接在头戴式显示器中对真实物体进行增强（见图 8.30）[Bell et al. 2002]。

当然如果用户进行选择，任何两个位置都可以形成共享空间。随着时间推移更改位置关联，允许用户在共享空间中使用空间注册的信息，之后可以将某一位置从共享空间中分离，以便在运动中或在其他位置使用。

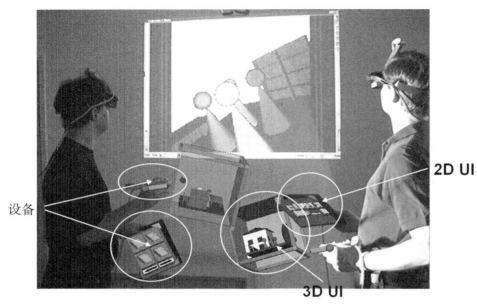

图 8.29   能够同时看到墙面投影上的第一人称视图以及通过头戴式显示器看到的第三人
称视图（由 Gerd Hesina 和 Anton Fuhrmann 提供，见彩插）

图 8.30   微型世界展示了环境的总览，同时第一人称视图直接显示了环境中的标签（由
哥伦比亚大学提供）

8.6.4   跨视图交互

依赖于协同多视原理的方法是**隐式**同步的，即对一个视图的更新将立即更改所有其他视
图。与之相对，**跨视图交互**提供**显式**同步。例如，用户可以将项目从一个视图拖拽到另外一
个视图。

这个理念最初由 Rekimoto [1997] 提出并被命名为**拾取 – 放下**，用于传统的二维显示器
和输入设备。空间显示器，特别是移动显示器的出现允许在跨视图交互期间获得更好的视觉
反馈，其原因在于移动显示器可以显示交互过程中被拖动物体的视觉表示。例如，增强表面

[Rekimoto and Saitoh 1999] 允许用户将对象移动到笔记本、桌面或墙面显示器等相邻的显示器上。EMMIE [Butz et al. 1999] 支持通过被跟踪的输入设备进行显示设备之间的拖放以及将对象方便地放置在虚拟空间中的任何位置，而不仅仅是放置在表面上。Benko 等人 [2005] 描述的跨维手势允许改变物体的维度，从而可以在二维桌面显示和桌面上的三维虚拟空间之间来回移动（见图 8.31）。

图 8.31　跨维手势可用于将物体从二维触摸平面拖到三维空间之中（由哥伦比亚大学提供）

Lightspace [Wilson and Benko 2010] 允许用户从平面中拾取虚拟对象，抓在手中，放置在其他平面上或者交给其他用户。底层的投影机 - 摄像机系统实时地将环境中包括用户的所有对象进行数字化并将它们视为可交互的平面。在这种表示方式下，交互场所可以仅为空间区域并且不需要和任何特定的显示器进行关联。

Touch Projector [Boring et al. 2010] 使用智能手机的内置摄像机来跟踪智能手机相对于墙面显示器的姿态创建虚拟手电筒。通过触摸智能手机屏幕上实时视频中墙面显示器显示的物体，可以实现对墙面显示器中物体的远程操控。Virtual Projection [Baur et al. 2012] 使用类似的技术手段来模拟带有智能手机的手持式投影仪，可以投射互动投影到墙面显示器上。

8.7　触力觉交互

我们之前提到过有形物体或表面无需额外工作就可以让增强现实从被动触觉反馈中受益。然而，为**虚拟对象**添加触觉反馈具有很大的挑战性。目前触力觉显示器仍然十分昂贵且易碎。最常见的触力觉显示器是带有末端执行器的铰接臂，可以与指尖或触控笔相连，例如 Sensable 的 Phantom（http://www.sensable.com/）。它的工作范围有限，且触力觉显示输出仅仅是一个点。

在增强现实中，使用触力觉显示器的主要实际问题是显示器遮挡视野中的其他真实物体。光学透视式显示器将虚拟对象半透明地叠加在用户感知的真实世界上。这种方法只有当虚拟场景很有趣并且将真实世界的光照调整到只有用户的手（而不是触力觉显示器）被照亮时是有效的。

视频透视式显示器提供了另外一种基于消隐现实的解决方案（参见第 6 章），使用任意的视觉内容替换被触力觉设备遮挡的像素（见图 8.32）。用户的手或者其他真实物体可以被分割并从过度渲染中剔除出去 [Sandor et al. 2007]。触力觉设备本身的检测可以通过色度键控 [Yokokohji et al. 1999] 或跟踪设备本身 [Cosco et al. 2009] 来实现。

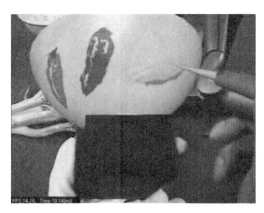

图 8.32   触力觉增强现实的实例，允许用户在虚拟杯子上进行绘画，具有由触力觉臂提
供给画刷的力反馈（由 Christian Sandor 提供）

8.8   多模态交互

到目前为止，我们只考虑了单一的交互方式。当然，人类实际上同时使用其感官和能力，因此当代计算机接口将多种形式的输入或输出组合成为**多模态交互**。除键盘和鼠标之外，最常用的输入设施是语音、手势、触摸、凝视、头部方向和身体动作。也使用笔输入或触力觉等其他形式的交互。

多模态接口的一个关键理念是通过同时使用多个感知通道将不同的技术取长补短。但是最终多模态输入的成功解译需要将各种输入通道适当组合并相互消歧，即一个动作被完全定义为多个输入通道的联合解译。这已经成为多模态界面的主要科学研究领域。

对自然界面的追求促成了对多模态交互的持续兴趣。这一领域开创性的工作是 Media Room [Bolt 1980]，通常被称为"放在那里"。它允许沉浸在虚拟现实环境中的用户通过手势、凝视和语音的组合控制对象放置和进行其他活动。

SenseShapes [Olwal et al. 2003] 通过计算附着在用户身体上几何形状的统计量，增强对注视或指向体等多模态输入的解译。这些测量描述了获得物体的特性，包括物体停留在体内的时间、物体进入和退出体的次数、到用户的距离或遮挡数量等。这些计算属性的组合可以消除包括语音在内的用户多模态输入的歧义 [Kaiser et al. 2003]。

如果事先已知特定的应用领域，则一项用于消除多模态输入歧义的重要技术是用一系列规则等领域知识来补充传感器处理。Irawati 等人 [2006] 已经证明了用手势和语音同时进行室内设计应用程序控制 [Kato et al. 2000] 的能力。通过在时间上关联手势和语音输出，他们的系统可以推断出用户可能想要做出的动作。例如，只有当一件家具可以站立并且有足够的空间来放置时，放置这一家具的操作才会被感知到。系统同样可以处理相对于环境的位置陈述，例如"在桌子后面"将提示系统识别用户正在注视哪张桌子并计算出与用户站立点相反的桌子另一侧的位置区域。

Heidemann 等人 [2004] 提出了一个多模态交互框架，不仅能够处理语音和手势，还学习通过视觉识别环境中的对象并记住它们。在应用增强现实的典型易变环境中，对象不断出现和消失，对新对象的识别是非常重要的能力。

8.9　会话代理

人类有非常丰富的手段进行相关沟通，包括言语、手势、眼神接触等方式。动画代理旨在利用人类的交流属性，从而可以使交互界面更加高效。动画代理（有时称作具身代理或接口代理）必须具有可视表示和某种程度的自主智能。在这种情境下的智能意味着代理可以感知和针对环境采取行动，并且可以独立于用户和环境来确定自我行为。

动画代理经常被用于填充虚拟世界，在计算机游戏中很常见。增强现实研究人员最感兴趣的方法是将具有多模态输入和输出的动画角色相结合。借助这一策略，动画代理可以通过分析传感器数据来获取信息并提供音视频输出。尤其，身体姿态、手势分析和语音识别经常用来驱动代理的模拟感知。当将语音用作交互手段时底层机制称为**具身会话代理**。

用作增强现实界面的动画代理的相关性来自具身会话代理对人类用户的特殊需求。增强现实应用程序可以将代理放入一个只存在人类用户的真实环境，从而产生一种"陪伴"的感觉。尽管人类知道这种体验是由计算机生成的，但他们似乎仍然对这种类型的界面做出积极的回应。

例如，Maes 等人 [1997] 描述的 ALIVE 系统提供了一个"魔镜"环境，用户在大屏幕上看到自己的数字镜像。用来驱动魔镜的输入视频被用作人体姿态分析，进而输出用户在空间中的位置估计和由手部和胳膊组成的手势。系统也提供了语音指令，用户可以控制各种仿真生物。最受欢迎的案例是具备饮水和睡觉等自主行为的狗，可以与用户进行交互，包括遵循指令或被当作宠物。

"魔镜"隐喻阻止了用户进入到代理的世界中。Anabuki 等人 [2000] 认为让用户和代理直接共享同一物理环境是增强现实代理最有趣和最有特色的功能。他们介绍了 Welbo，一种通过透视式头戴显示器观察的动画生物（见图 8.33）。Welbo 可以通过语音合成进行表达并识别用户的口头指令。它可以根据用户的指令行动，例如在真实的起居室中移动虚拟家具。它可以感知真实的物理环境，例如，避免站在用户前进的道路上。

a)　　　　　　　　　　　　　　　　　b)

图 8.33　Welbo 是用于用户室内设计咨询的动画代理（由 Hiroyuki Yamamoto 提供）

Cavazza 等人 [2003] 将增强现实代理与故事叙述引擎相结合。在他们的系统中，用户被投射为一个特定的角色，在叙述故事情节时可以使用肢体语言和言语命令来影响故事情节。MacIntyre 等人 [2001] 也将增强现实应用于交互式的故事叙述。他们提出了不基于三维渲染图形的动画角色表示，采用了嵌入真实环境的预先录制的视频片段。录制视频需要与人类演员合作，可以提供比计算机动画更丰富的物理和语言表达。当然这一做法的缺点是所有行为序列必须事先已知且不能在运行中通过计算获得。

MacIntyre 等人 [2001] 的工作使用光学透视式显示器，因此将基于视频的代理呈现为部分透明的角色。作为一个适当的配置，他们更喜欢将以往幽灵般外表的环境当作故事情节中的可信部分，这包括墓地中的幽灵或历史建筑的前居民。沿着这一方向进一步的工作是 AR Karaoke [Gandy et al. 2005]，用户被赋予戏剧角色并与虚拟角色一同重新制作著名电影中的场景。

有些研究人员已将动画代理纳入增强现实设置中，探索了不同类型的应用程序。Balcisoy 等人 [2001] 在增强现实中使用虚拟人作为协作游戏伙伴。Vacchetti 等人 [2003] 使用虚拟角色来演示训练场景内工厂机器的使用。Schmeil 和 Broll [2007] 描述了伴随用户左右并充当个人秘书的代理 MARA，可以记笔记和发布关于约会日程的提醒。

Barakonyi 等人 [2004b] 认为应该将增强现实代理视为有感知或无处不在计算环境的一部分——换句话说，一个有能力以最恰当的方式回应人为事件的真实环境。这暗示了代理可以是多具身的——纯虚拟、纯真实或两者的混合（见图 8.34）。代理需要自适应的改变其行为以最大限度地利用环境资源。

a)

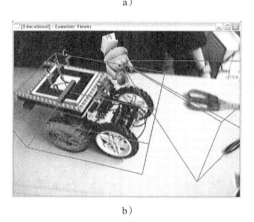

b)

图 8.34　a）不同具身的增强现实乐高代理，包括真实、增强或者虚拟。b）另一个代理（即卡通人物）指导用户组装车辆（由 Istvan Barakonyi 提供）

作为具体的案例，他们介绍了可以引导用户组装自驱动乐高机器人的基于代理的系统。机器人自身是具有多个具身的代理，包括真实对象及其对应的虚拟对象。考虑将车轮连接到正在装配的机器人的任务，在将车轮连接到机器人车身之前，虚拟车轮显示了如何安装真实车轮。成功安装车轮后，虚拟车轮将不再被需要，同时真实的车轮可以通过机器人的电机单元进行旋转，从而用户可以验证车轮是否已被正确安装。为了实现这种交互模式，代理必须具备在多个具身之间进行切换的能力。

另一个实例是可以在多个显示器之间进行迁移来寻找最合适显示器的会话代理。例如，个人信息可以发送到用户的智能手机屏幕上，而公告信息可以显示在墙面的大型显示屏上。

8.10　小结

增强现实中的交互风格是多方面的，反映了增强现实应用和装备的丰富多样性。所有交互技术中的一个共同特征是将用户周围的真实环境作为界面的一部分。真实环境的作用可以是次要或主要的，次要的作用是仅仅作为被计算机生成信息增强的背景，主要的作用是作为有形界面使用。理想情况下，物理环境提供的功能得到充分利用——例如增强真实表面或纸质工件，或者使用触力觉反馈。真实环境为多视图界面提供了参考坐标系，允许用户在增强世界中建立不同的视图。此外，多模态交互可以使增强现实内容更加丰富，交互更加便捷，并通过代理成为通信的自然搭配。

建模与注释

　　与增强现实的交互令人兴奋，但如果只有已经存在的内容可用则最终就会受限。建模和注释使增强现实用户可以创建被空间注册到现实世界中的新内容。与事先准备的几何和视觉内容不同，在与任务位置分离的设定中，情境建模提供了直接在当前位置工作的可能，从而证明真实世界的输入是真实的。

　　几何和外观的建模具有许多专业和个人的应用。计算机辅助设计（CAD）软件可以用来准备建筑、交通、机械和电子工程、电影和游戏的模型。通常情况下，这些模型不是孤立存在的，而是应该适应已有的环境。鉴于传统建模是桌面或绘图板上的活动，许多专业建模人员将工作时间分配在台式计算机和建立模型上。无论物体是否最终部署在环境中都是这样。例如，建筑物应该始终适应其周围环境，这与其是物理建筑物还是将现有的城市社区重新创建用于计算机游戏无关。

　　在桌面和任务位置之间来回切换是烦琐和低效的。这不仅需要花费时间通勤和环境转换，更重要的是，建模变化对环境的影响并不是显而易见的。**情境建模**可以通过让用户直接在任务位置执行建模工作来克服这一缺陷。

　　增强现实可以让用户直接看到真实世界的维度，而不需要用测尺确定距离并将结果输入到 CAD 软件中。这种交互的结果是立即可见的，如果它们没有表示所需的状态则可以对其进行修改。在一个简单的例子中，用户可以将虚拟物体放在真实表面上并判断这是否合适。使用增强现实进行情境建模有许多可能的应用，包括建筑和施工的规划、技术设施的布置、产品设计、室内装饰以及如同 Minecraft 的娱乐"沙盒"游戏。它包括以任何形式获取已有物理工件几何模型的三维重建。

　　在本章中，我们研究几何和外观方面的建模，这只产生不包含任何计算行为的被动内容。我们首先手动获取几何和外观，然后检测半自动重建方法。其余章节研究非平面形状和注释的自由曲面建模，后者将几何形状与用户定义注释相关联。增强现实应用中的行为规范将在第 10 章中讨论。

9.1　指定几何

　　建模的基本问题是几何图元的规范。在本节中，我们专注于简单的多边形几何：包括点、面和体。虽然所得到的几何实体类似于台式 CAD 中的数据结构，但是增强现实中物理运动的需要导致输入技术是不同的。

9.1.1　点

　　人类操作员的任何空间输入总是可以根据相关工作空间是否在手臂的范围内或是否用户在远距离（或者是必须覆盖长距离的户外环境）操控进行分类。在手臂的范围内最简单且最自然的方法当然是让用户直接指向预定位置——例如，使用追踪手套或触控笔 [Lee et al. 2002]。

然而，在大多数情况下需要远程操作。这种交互通常由**射线投射**的变体进行。也就是说，用户将源自身体部分（即头（凝视）或手）的射线发射到环境中。**射线方向**由单独的身体部位朝向或两个身体部分之间的向量（从头到手或从手到手）来指定。可以通过指定与第一条射线相交的第二条射线来确定一个点 [Bunnun and Mayol-Cuevas 2008]。然后将该点计算为这两条射线之间最小距离的中心，因为在自由手动操作中通常不能实现两条射线的精确交叉（见图 9.1）。

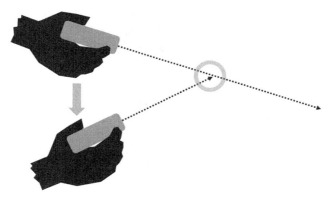

图 9.1   自由空间中的三维点可以通过两条射线的交点来指定

作为交点的替代，我们可以明确指定距离。例如，可以通过使用鼠标滚轮或类似仪器采用"钓鱼卷轴"技术移动点来定义距离 [Bunnun and Mayol-Cuevas 2008] [Simon 2010]。用于指定沿着射线的点的两种方法都期望用户随后从指定射线的位置移开，从而可以判断距离输入。

另一种为点指定第三维度的方法是向用户提供替代透视图。例如，Wither 等人 [2006]提出让用户选择基于用户当前 GPS 坐标检索的航空图像中的二维位置（见图 9.2）。在户外使用时，当为了投射第二条射线必须完成移动到足够远的位置这一乏味的工作时，这种方法更加方便。

图 9.2   通过在第一人称视图中指定两个维度并在对应的航空图像（左下角的插图）中指定第三个维度（距离）创建示例注释。在这种情况下，区域注释被渲染为线框包围盒（见彩插）

对于任何类型的点规范来说，有用的增强是当新位置足够接近时，为现有点、线或多边形提供自动捕捉。

9.1.2 平面

虽然单个点本身可以用于增强现实中注释的锚点，但大多数几何应用会涉及平面结构[Piekarski and Thomas 2004]。平面可以通过多种方式定义（见图 9.3）。定义任意平面最明显的方法是选择三个点。这些点可以在物理表面上，但这不是必需的。例如，可能只有两个点位于表面上，而第三个点定义新平面相对于表面的角度。如果新平面与现有平面正交则不需要第三个点。需要注意的是，如果没有物理平面，可以通过类似的方式利用现有的自由空间平面创建一个新的平面。

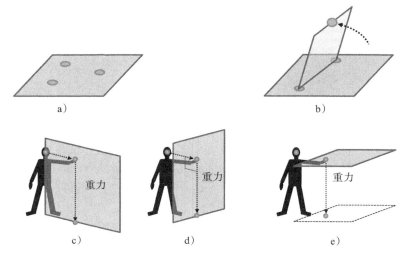

图 9.3　五种定义平面的方法：a）三点法。b）两个点在现有平面中重新使用，第三点表示倾斜。c）平面与连接用户头部和重力方向的向量对齐。d）平面与连接用户头部和手部的向量正交，并与重力方向对齐。e）平面包含用户的手，并与重力方向正交

当存在重力传感器时，可以通过用户的观察方向定义垂直平面，并且可以通过为高度指定单个点来定义水平平面。此外，可以通过指定偏移量将平面定义为与现有表面或平面平行。这包括平行于观察平面的平面。

9.1.3 体

通常点和平面的规范只是几何建模过程的中间步骤，用户最终的兴趣在体上。获得这种体的最直接方法是将点与边连接形成多边形，然后通过聚合多边形形成体 [Lee et al. 2002][Simon 2010]。由于底层对象的复杂性，这种方法可能很烦琐且容易出错。

出于这些原因，一步生成体对象并确保其水密和拓扑有效的操作更为可取。一个简单的方法是通过指明一个基本矩形和一个高度来指定一个框。一般而言，**挤压**是创造适当的体的一种流行方法 [Baillot et al. 2001] [Piekarski and Thomas 2001] [Bunnun and Mayol-Cuevas 2008] [van den Hengel et al. 2009]。借助平面基本形状（例如多边形或圆形）和沿着法线的高

度的指示可以创建挤压形状（棱柱、金字塔、圆柱体或圆锥体）（见图 9.4）。一些系统还支持旋转挤压或镜像。

图 9.4　基于图像的本地建模系统 JIIM 允许用户在 SLAM 图的关键帧中直接绘制多边形表面的边框（由 Anton van den Hengel 提供）

更复杂的体形状建模经常采用**推定实体几何**，即体联合、交叉和差值的组合。这些操作可以对现有体（例如，挤压）或一组平面进行操作。每个平面定义了一个半空间，包括正法向量一侧的所有点。通过**空间雕刻**相交半空间形成一个体：每个平面移除一部分空间，从而剩下所需的体（见图 9.5）。如前所述，指定垂直和水平平面，并与其半空间相交是对建筑物和其他大型人造物体进行建模的有用方法 [Piekarski and Thomas 2004]。

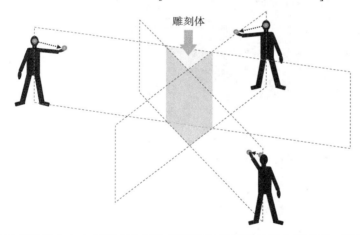

图 9.5　通过在观察方向上指定多个工作平面并与所得到的半空间相交，可以快速指定形如建筑物等的体积轮廓

9.2　指定外观

与任何其他几何建模方法相比，增强现实的一个显著优点是其使用的实时视频具有丰富的外观信息。相应地，数字化真实世界对象的表面纹理可以通过基于图像的建模实时获取。假设已知多边形几何，并且多边形不会相对于图像平面过度倾斜，则可以直接从图像中获取多边形的纹理 [Lee et al. 2002]。可以通过允许用户利用新的摄像机图像中的像素选择性地替换纹理部分来修复由遮挡或镜面反射导致的纹理损坏 [van den Hengel et al. 2009]。

除了外观获取外，设计师也对外观修改感兴趣。假设可以获得一个幻影物体，动态着色

灯 [Bandyopadhyay et al. 2001] 可以让用户用投影光在真实物体上绘图（见图 9.6）。起初物体具有空的透明纹理。每当用户运用"着色"时刷头被转换成幻影物体的局部纹理坐标。相关联的纹理在所确定的坐标处填充颜色。因为投影信息被限制在物理表面上，彩色纹理的投影与用户当前的视角无关。

图 9.6　用户在画布（前景）和玩具房间（背景）上利用投影光绘图（由 Michael Marner 提供）

Grasset 等人 [2005] 展现了如何使用视频透视式显示器实现的类似方法（见图 9.7）。

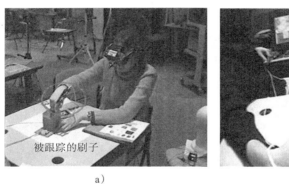

a)　　　　　　　　　　　　　　　　　　b)

图 9.7　a）佩戴头戴式显示器的用户利用被跟踪的刷子在实物上涂色。b）透过增强现实
　　　　显示器看到的样式应用程序的视图（由 Raphael Grasset 提供）

增强现实喷枪技术 [Marner et al. 2009] 通过用喷雾代替刷子扩展了这一想法。用户手持的喷枪距离表面越远，涂漆区域就越宽。通过在非惯用手中使用模具，用户可以控制涂料颗粒在表面上的沉积（见图 9.8）。与真正的喷枪一样，受过训练的艺术家可以同时移动喷枪和模具来创建平滑的色彩渐变。

图 9.8　增强现实空气刷允许用户使用喷枪将仿真涂料沉积在物体表面上（由 Michael
　　　　Marner 提供）

9.3　半自动重建

在线重建的最新进展使得用户可以同时探索环境和获取几何模型。快速处理器 [Newcombe et al. 2011b] 或深度传感器 [Newcombe et al. 2011a] 的使用为密集重建提供了可能性。

不幸的是，自动重建获取的模型不能立即适用于增强现实应用。一方面，这些模型通常包含不必要的细节，需要大量用于渲染和物理的存储和处理能力。另一方面，它们缺乏语义结构或意义，因此难以执行选择一个单独物体等简单的语义操作。

为了弥补这些缺点，需要半自动重建方法，其中在线重建方法（通常基于 SLAM）提供了用于情境建模操作的数据。需要注意的是，这里我们只考虑以自我为中心的增强现实接口，而不是使用扫描几何的桌面 CAD。我们从仅使用单目 RGB 相机的 SLAM 开始。

最简单的方法是使用 SLAM 算法来估计场景中的**主平面**。这些平面可用于虚拟物体的注册 [Simon 2006] [Chekhlov et al. 2007] [Klein and Murray 2007] 或改善注册结果 [Salas-Moreno et al. 2013]。另一种方法是检测图像中的消隐点，从而可以建立支持简单物体放置的地平面和房屋主方向 [Nóbrega and Correia 2012]。

Bunnun 和 Mayol-Cuevas [2008] 描述了 OutlinAR，这是第一个在 SLAM 映射阶段对线框几何进行建模的系统。Simon [2010] 通过交替建模和映射扩展了这一方法。这种分离使得用户在建模阶段具有更大的相机运动自由度。

Van den Hengel 等人 [2009] 描述了 JIIM，允许用户从 SLAM 关键帧建模纹理几何（见图 9.4）。JIIM 同样使用了分离的映射和建模阶段。在建模过程中，系统将关键帧呈现为平板电脑的静态图像，用户在关键帧之上绘制多边形轮廓。根据 SLAM 图中估计的三维信息将多边形自动放置在底层物理表面的深处。

Pan 等人 [2009] 描述了 ProFORMA——一种半自动重建小型手持对象的几何形状和外观的方法。他们使用固定摄像机，并要求用户转动摄像机前面的对象。对于对象的每个新视图，使用背景差分来确定物体轮廓，并且使用概率空间雕刻来修剪四面体体积直到建模完成。该系统还具有指导用户如何最好地完成建模过程的情境可视化特点（见图 9.9）。

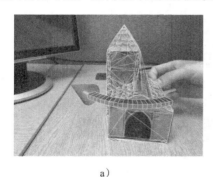 

a)　　　　　　　　　　　　　b)

图 9.9　ProFORMA 逐步捕获在固定相机前转动的物体的表面。系统通过显示方向箭头
　　　　（a）和指示不完整的表面（b）来指导用户执行下一个步骤。由 Qi Pan 和 Gerhard
　　　　Reitmayr 提供

Bastian 等人 [2010] 也专注于重建小物体，但让用户围绕物体移动，而不是要求相机保持静止。在基于用户输入从第一幅关键帧中分割物体之后，通过图像序列跟踪物体轮廓，并利用空间雕刻来提取。

使用主动深度传感器可以更容易地获得可靠的几何测量，这极大地有助于半自动重建方法。Wither 等人 [2008] 表明即使是单点激光测距仪（见图 9.10）也足以获取室外环境几何。与大多数仅在室内短距离工作的结构光传感器不同，激光测距仪可以实现远距离测量。如果它刚性地注册到摄像机视频上，则可以使用距离测量来初始化基于图像的分割。对于复杂的前景物体，这一操作可以重复多次。在互补方法中，在图像空间的扩展插值深度值会产生粗糙的环境深度图，这一深度图可用于放置叠加物体并渲染正确的遮挡。

a）　　　　　　　　　b）　　　　　　　　　c）

图 9.10　a）连接到头戴式显示器的单点激光测距仪。b）基于利用激光测距仪进行测量初始化的图割对前景物体的部分分割。c）使用前景分割计算的虚拟雕像遮挡（由 Jason Wither 提供）

Nguyen 等人 [2013] 展示了一个类似的室内重建设置。其中激光测距仪的稀疏输入用来识别墙壁等平面结构并定义其拓扑关系。一个推理实体几何方法将该信息合并在房间结构的体模型中。

如果具有足够的几何信息，基于计算分析的**场景理解**可以用作支持建模的附加工具。场景理解通常依赖于统计方法和机器学习，这需要大量的数据集。因此大多数场景理解方法使用离线重建，然后进行几何的自动分割和分类。实时的场景理解正逐渐变得可行，因此将来可能适用于增强现实。例如，SLAM++ [Salas-Moreno et al. 2013] 检测已知物体的实例并构建一个包含完整物体的 SLAM 映射。语义绘图 [Valentin et al. 2015] 允许用户使用 RGB-D 相机扫描室内环境，同时通过简单的触摸手势分割场景。语义画笔 [Miksik et al. 2015] 允许在室外使用被动立体视觉和用激光指示器进行交互的循环手势来实现类似的功能。在这两种情况下，使用条件随机场模型的动态机器学习过程不断地分析这些在线分割结果并相应地标记环境中新的不可见部分。

Nguyen 等人 [2015] 描述了一种用于**结构建模**的系统，通过来自 RGB-D 的 SLAM 信息计算具有较少多边形数量的高级几何。该系统提取平面并分析平面边界的几何形状和平面到平面的关系，包括入射和正交性（见图 9.11）。

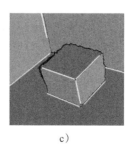

a）　　　　　　　　　b）　　　　　　　　　c）

图 9.11　a）来自 RGBD 传感器的简单场景视图。b）利用深度图像分割的平面。c）几何场景理解检测的直线边缘（如黄线所示）和平行平面（以相同的颜色显示）（由 Thanh Nguyen 提供，见彩插）

9.4　自由曲面建模

形状和外观的传统设计方法通常涉及从诸如黏土、木材或纸张等可延展材料中制造物理模型和原型。增强现实可以通过将数字设计工具与物理对象相结合来加强设计过程。这个应用领域的重点在于创造性的表达自由，而不是精确的几何输入。

例如，空间设计 [Fiorentino et al. 2002] 让用户在空间中绘制曲线并将自由曲面拟合为曲线阵列。模型设计等物体可以作为参考。另一种用于体的自由曲面建模的直观方法是使用仿真泡沫颗粒喷雾 [Jung et al. 2004]。然而设计师可能更喜欢雕刻或素描等已有的艺术技巧。例如，工业设计者使用泡沫切割作为快速成型工具。该过程用热线切割机切割一块泡沫直到它呈现所需的形状。Marner 和 Thomas [2010] 跟踪工件和刀具并仿真对工件形状所做的更改（见图 9.12）以确定与该工件相对应的模具。他们使用投影仪来为部件增加附加信息，包括已经应用切割的动画、工件的内部结构或目标形状。

图 9.12　跟踪的热线切割器用于同时切割物理泡沫片以及数字地计算用于投影仪增强的
　　　　对应三维形状（由 Michael Marner 提供）

泡沫切割的缺点是必须具有能够在物理意义上产生的形状。相比之下，AR-Jig [Anabuki and Ishii 2007] 允许用户通过跟踪的针状阵列输入二维曲线（见图 9.13）。该针状阵列可以被物理地操纵来表示所需的曲线，例如通过将其按压在物理表面上。利用曲线形工具，用户可以雕刻虚拟体或使物体表面变形来匹配曲线。

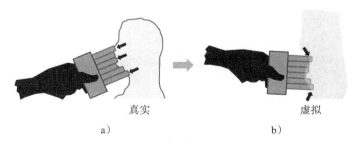

真实　　　　　　　　　　　　　　　　　　虚拟

a)　　　　　　　　　　　　　　　　　　b)

图 9.13　a）AR-Jig 可以捕获真实物体的曲线。b）捕获的曲线可用于虚拟工件上的空间
　　　　雕刻

AR 还可以支持更高阶结构的几何建模，例如学习数学 [Kaufmann et al. 2000]。佩戴头

戴式显示器的学生可以创建形如旋转表面的交叉曲线的高级数学结构，并使用简单的约束建模技术来交互式地修改其参数（见图 9.14）。

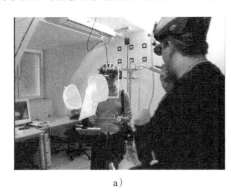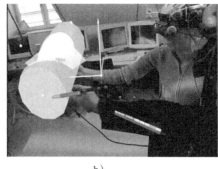

a)   b)

图 9.14   Construct3D 允许对高阶曲面的自由曲面建模，如圆锥曲线的交叉（由 Hannes Kaufmann 提供）

9.5   注释

正如我们所看到的，许多引人入胜的增强现实应用程序处理几何或外观，但更大的潜力存在于通过不同种类的注释将丰富的抽象信息与我们世界中的物体相关联 [Wither et al. 2009]，这有助于用户更好地理解和记忆他们的环境 [Starner et al. 1997]。与其他用户共享注释是社交计算的关键要求。当今的商业增强现实浏览器已经允许用户贡献简单的地理参考内容，如文本注释等。这个概念已经被 Rekimoto [1998] 等冠以"增强现实"的品牌。一旦识别出用户视野范围内的物体，则会为用户提供相关联的信息（如文本图片或音频剪辑等）以引起注意。用户不仅仅是纯粹地被动消费注释，而是可以根据需要提供新的信息——这一术语称作"可增强"。通过在由位置索引的服务器上存储新的注释，这种信息共享变成了协作工作。

在现实世界中，我们不能假设已经获得为注释考虑的物体跟踪模型。因此，在将注释放在物体上之前，我们必须进行物体三维重建，或者至少获得基于图像的表示，这样可以在稍后可靠地检测被注释的物体或位置。这种信息可以用 SLAM 技术获得，类似于前面描述的半自动重建方法。增强现实系统捕获环境，用户以注释的形式添加补充信息。

在室内环境中，通过传统的 SLAM 算法获得的稀疏地图可以直接用于注释的注册。Reitmayr 等人 [2007] 描述了一种方法，由用户选择环境中已有的几何特征（方块、圆盘）并让系统跟踪这些特征（见图 9.15）。特征的自动估计可以减轻用户手动指定注释表面几何的负担。

通常，三维注释可以方便地通过二维方式创作；例如，在视频透视式增强现实平板电脑上的二维草图上进行增强现实注释的情况下，可以通过绘制箭头或通过在观看平面上旋转物体或其部件来进行突出显示 [Gauglitz et al. 2014b]。在图像或物体空间中的手势增强注释说明和半自动物体分割（例如通过 SLAM 获取）可以消除二维输入的歧义并将其应用于三维场景，以从不同的视角进行正确的说明 [Nuernberger et al. 2016]。

Kim 等人 [2007] 开发了一套室外系统，可以让用户在开放环境中的建筑物上生成注释。在通过航空图像中的位置以及移动传感器信息（GPS、罗盘以及 IMU）建立用户相对于建筑物角落的当前位置之后，逐步跟踪建筑物，并且用户可以在图像上放置所需的注释（见图 9.16）。

图 9.15　半自动注释允许用户将指导维护操作的方向箭头等指令直接附加到 SLAM 地
　　　　　图的特征上（由 Gerhard Reitmayr、Ethan Eade 和 Tom Drummond 提供）

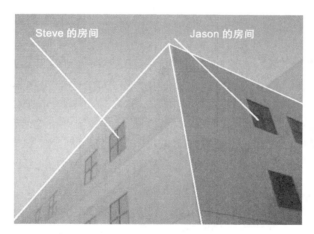

图 9.16　跟踪建筑物角落时附加的实时注释（由 Sehwan Kim 提供）

可以通过组合移动传感器和全景 SLAM 算法来构建一个将户外注释放置在任何位置的强大和可扩展的系统 [Wagner et al. 2010]。在拍摄全景图期间或之后，用户可以选择环境中的兴趣点并用文本或音频剪辑进行注释 [Langlotz et al. 2013]。全景图和注释位置存储在由 GPS 坐标索引的服务器上。当另一个用户想要浏览注释时，通过图像与先前获得的传感器信息（例如，指南针方向）的鲁棒匹配 [Langlotz et al. 2011] 构建一个新的全景图并将其与存储在服务器上的近邻全景图数据集进行比较（见图 9.17）。

使用粗略位置和全景图的组合来组织注释的动机不需要环境的先验知识，并且所有计算都是非常轻量级的。如果可以获得三维城市模型，全景图可以作为超广角图像，用于基于图像的城市模型匹配 [Arth et al. 2011]。在这样的扩展框架中，也可以使用存储在绝对全局坐标中的注释。

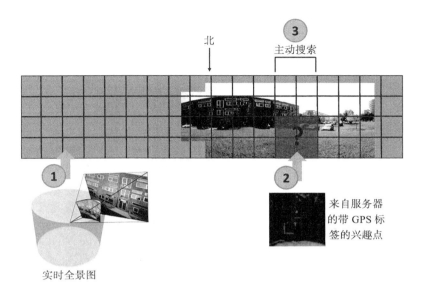

图 9.17   在环绕全景图中浏览注释：首先，用户使用移动客户端设备映射部分全景图。其次，移动客户端根据当前的 GPS 位置检索兴趣点。第三，在全景图中检测兴趣点，使用罗盘作为主动搜索的先验

9.6   小结

建模是增强现实交互不可或缺的部分。使用移动界面进行建模具有令人着迷的特性，可以将虚拟图像和真实图像的形状和外观并排进行比较，特别是在重新创建现有的物理结构时。然而不可避免地，移动设备有限的交互能力使得精确的空间输入比在桌面设置下更加困难。因此已经开发了各种技术来帮助用户指定几何输入。这些输入技术通常需要高精度跟踪，而自由曲面和注释技术可以在更宽松的需求下工作（但仅仅因为它们没有提供类似的精度）。如果社会增强现实成为主流的媒体，则注释将成为终端用户建模的一个特别重要的概念。

开　发

建模处理几何形状与外观，程序开发关注语义与应用行为的定义。如今这一行为仍然主要发生在源代码级别。作为增强现实唯一开发方法的编程限制了开发人员的生产力与非编程人员的参与性，包括作家、设计师以及艺术家等在增强现实应用开发中的积极作用。这可能会影响增强现实成为主流媒体的步伐。本章中，我们针对改善这一现状开展研究。

当增强现实被看作是一种新媒体而不是新技术时 [MacIntyre et al. 2001]，正确地处理其内容是最重要的。Hampshire 等人 [2006] 比较了增强现实中的程序设计架构与内容设计架构。像 ARToolKit [Kato and Billinghurst 1999] 这样的底层程序设计架构实现的是跟踪等基础的增强现实功能。与之相对，场景图这样的高级程序设计架构为增强现实应用的通用概念提供了构建模块。在高级架构中，Studierstube [Schmalstieg et al. 2002] 与 DWARF [Bauer et al. 2001] 这样的研究架构以及 Vuforia (http://www.vuforia.com) 这样的商业架构都是典型的通过面向对象语言实现的。

与第 14 章所讨论的编程框架不同，本章将讨论针对增强现实应用内容创作的设计框架。一个内容适合的增强现实应用可以实现很多目的。最为人们所熟知的内容驱动应用是计算机游戏；确实，增强现实游戏是内容驱动增强现实的重要应用案例。然而，仍然存在很多更加引人注目的应用案例，包括如图 10.1 所示的文化教育领域 [Ledermann and Schmalstieg 2003] 以及如图 10.2 所示的装配指导领域。

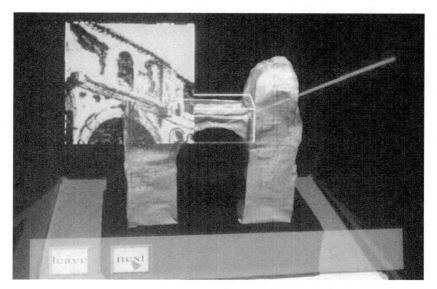

图 10.1　Heidentor（异教徒之门）是一处公元 4 世纪的罗马废墟，位于奥地利东部。本图示出一个利用多媒体信息进行增强的缩放模型。用户通过红色射线选择了中间部分，因此弹出一幅历史照片（由 Florian Ledermann 提供，见彩插）

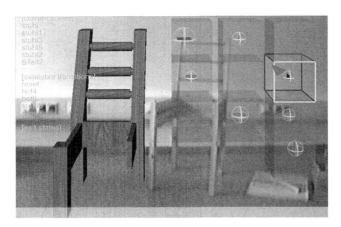

图 10.2　通过增强现实指导可以帮助自己动手装配家具。本图中椅子旁边显示的一个虚
拟模型用来指导用户执行下一个步骤（由 Florian Ledermann 提供）

10.1　增强现实开发的需求

内容的创造需要理解增强现实的独特特点。一个成功的增强现实开发解决方案必须为一个已经存在的增强现实应用框架提供更具吸引力的图形用户界面。

10.1.1　真实世界界面

增强现实设置与其他媒体的根本不同来自应用空间中用户感知的真实世界的存在——当构造应用空间与交互时，我们必须考虑的一个特点。此外，世界不仅是一个应用内容的被动容器；真实世界中的对象（例如需要装配的家具、真实世界中的工具等）都是应用用户界面的一部分。在我们的概念性模型上，我们必须考虑将应用内容与真实世界相关的不同可能性。举例来说，尽管事实上并不会对物理元素进行图形渲染，但是它们经常必须作为应用对象进行建模。

10.1.2　硬件抽象

增强现实的一个基本问题是硬件的配置、装备以及交互技术的异质性，通常无法实现"编写一次，随处运行"或是开发标准交互工具包。我们需要制定一个针对硬件抽象与交互概念的战略，能够直接应用于多种输入设备中。这些抽象内容的应用可提高应用程序的可移植性，使得这些应用程序能够在台式工作站以及其他的一些测试环境中进行开发，以此来代替稀缺或昂贵的目标增强现实系统。

一个重要的需求是这一框架应当能够支持输入与输出外围设备的多种可能组合。在使用移动设备的某些案例中，在台式计算机上开发应用，在目标系统中只进行评估、微调以及最终部署要方便得多。应用程序及其组件应在不同的配置下被重复利用，为一个系统开发的应用程序应当能够在进行很少的修改或者不修改的情况下在其他设备上运行。例如，一个应用程序应当能够被配置为同时在基于家用计算机的网络摄像头以及被跟踪的透视式头戴显示设备上运行。

当然，平台的不兼容问题并不是增强现实独有的，这与移动应用程序不能在某款特定的手机上运行的常见问题一样。即使硬件抽象使得应用程序可以在另外的设备上被再次使用，但这可能导致严重的易用性问题。例如，一个为高分辨率屏幕的智能手机设计的交互系统可能并不适用于头戴式显示设备。尽管存在这些限制，一个好的抽象层通常是合理的，因为它可以显著地缓解跨平台的工程问题。

10.1.3 开发流程

开发可以利用已有的工具和标准，通过集成这些工具为一致的工作流程来提供界面。在增强现实开发过程中，应该为内容创造者与领域专家提供专业的工具，从而不需要在这些领域中重新实施成功的解决方案。

例如，假设已经存在针对特殊应用的编程构件模块，此时开发过程包含三个主要步骤。首先，我们必须创造多媒体资产。其次，我们必须连接虚拟与真实实体——例如，为目标物体指定三维模型。再次，我们必须通过说明用户与环境中的物体进行交互时将会发生何种事件来定义实体行为。我们不考虑针对真实世界的准备工作，例如创造适合的真实物品，因为这一步骤不能被数字技术所获得，而是需要使用舞台设计等传统的手工技艺。

显然，这样的开发系统不能单独存在，而是需要一个实时引擎来执行应用程序并呈现其内容。尤其，实时引擎必须允许我们控制内容创造的时空。

为了保障协同工作流程以及未来的复用，将应用模块化十分必要。这不仅适用于应用内容的个性化部分，同样适用于应用的抽象部分，包括故事板、交互说明以及硬件描述等。

本章首先介绍增强现实开发所涉及的要素。其次，我们说明如何将这些要素整合成为独立的开发解决方案。接下来的章节介绍现代开发方法，这些方法并不总是独立的解决方案，而是使用插件方法或网络技术。

10.2 开发要素

伴随应用程序的两个基本维度是时间组织与空间组织，其中时间组织决定了随时间变化应用中对象的可视性以及行为，空间组织决定了观看者看到的这些对象的位置与大小。这样一个整体结构与传统的计算机动画软件相似。与此同时，还需要一些特殊的考虑使得这种方法能够在增强现实应用中工作（见图10.3）。

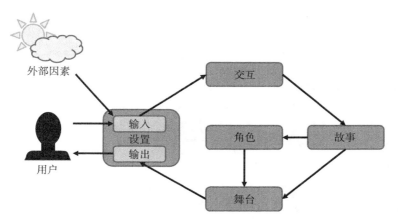

图10.3 增强现实开发可以通过剧场隐喻描述。基于输入与输出设置的定义，开发可以定义为一个故事（应用逻辑），由交互和舞台上的影响角色驱动

10.2.1　角色

我们将组成一个应用内容的对象称为角色。一个角色可以具有几何表示，例如一个与用户进行交互的对象、一段声音、一段视频剪辑，甚至是一些可以控制其他角色行为的抽象实体等。如果角色可以嵌套将会十分有用，这样一个角色可以立刻控制整个小组的其他角色。如果角色可以通过定时事件或用户输入被改变，那么每个角色应该是一个组件（因此，角色阵容可以通过添加新组件进行扩大）的实例和能够确定其行为属性的集合。

10.2.2　故事

在计算机动画中，往往存在一个事件的时间顺序，通常被表示为时间轴。相比之下，交互式应用程序不需要遵循时间顺序。在任意给定的时刻会有一个当前的**场景**，该场景决定了哪些角色是可见的并能与之交互。在满足一定条件时，系统将切换到另一场景。这种展开的事件与场景可以看作一个非线性的故事。它可以被正式地表示为一个有限状态机，即当前的场景等效于当前的激活状态。在进入、执行以及离开场景时，角色的属性将被设置或激活。分层控制也是一种连接一个角色和另一个角色属性的常见方式。

10.2.3　舞台

增强现实应用中角色的空间组织不同于虚拟现实中已有的方法。在虚拟现实应用中，通常为所有用户渲染一个单一场景。与之相对，增强现实系统的特定优势之一就是它们可以为多用户提供观察世界的不同视角。即使是单用户增强现实系统，同样可能会有一些同时被看到的"现实"：真实世界及其对应的通过计算机生成的已注册叠加物、平视显示器或交互面板等用户界面元素、用于导航的缩略世界 [Stoakley et al. 1995]、场景渲染的二维纹理等作为信息显示。

为支持这一空间的多样性，增强现实环境可以被细分为称为*舞台*的空间单元。如果开发者不仅能够定义每一状态相对于世界坐标系以及其他舞台的空间关系，同时能够明确所使用的渲染技术（例如，三维或平面上的纹理），并与某些物理显示（例如，为特定用户提供"私人"内容）相协调，则将带来很大的便利性。

10.2.4　交互

定义一个交互行为的最简便方法是让用户控制角色的属性，为此必须明确直接操作（使用指向设备、标识或其他方式）或合适的虚拟用户界面元素。同样，用户应该能够通过用户界面元素触发场景之间的转换，如按钮或通过接近一个角色。为了方便起见，应该通过图形用户界面对基本的交互进行测试。更高级的交互操作通常通过 Python、C# 以及 JavaScript 等脚本语言实现。

10.2.5　设置

增强现实应用开发的灵活性要求在各方面与应用内容分离，这取决于应用所运行的实际系统。引入特定的硬件描述能够提供一个抽象层，为用户隐藏底层硬件细节。使用不同的硬件描述，应用程序可以在不改变其内容的条件下运行在不同的硬件设置。

标定或网络参数等硬件规格可以使用一个已有的设备抽象软件架构进行配置，如 OpenTracker [Reitmayr and Schmalstieg 2001]、VRPN [Taylor et al.2001]。从硬件相关层到应用程序的映射必须能够充分表达以允许应用程序充分利用跟踪装置或显示器等硬件的特性。为实现这一目标所使用的一般原则是枚举所有的硬件特性，如计算机、显示器、指针以及交互设备等，并通过关键词说明使用的语义（如头部跟踪与手部跟踪）。应用程序可以通过明确兼容关键词间接指定硬件资源。

10.3　独立开发方法

本节介绍一些广为人知的增强现实开发系统的例子，同时检视它们是如何解决上文概述的设计考量的。我们首先关注使用传统桌面交互进行增强现实开发的解决方案。一个桌面方法具有可以利用已有桌面交互技术的优点，但是不能充分发挥增强现实的沉浸特性。因此，我们给出一些直接用于开发增强现实界面的更具实验性的实例，我们称之为面向性能的开发。

10.3.1　桌面开发

如果一个简单的线性表示足够，则幻灯片隐喻可能是合适的。例如，PowerSpace [Haringer and Regenbrecht 2002] 旨在将指令序列呈现为真实场景的增强现实注释——例如在汽车工业中。它依靠传统的幻灯片编辑器（Microsoft PowerPoint）来快速地生成增强现实的内容。在物理环境快照之上与增强现实角色对应的图形要素布局是在二维幻灯片编辑器上交互完成的。其结果被导出为一个三维对象格式并进一步由 PowerSpace 编辑器进行细化，它允许对角色的空间布置进行调整以及导入三维模型。很明显，PowerSpace 系统受 PowerPoint 和线性幻灯片放映的限制，不适用于不同舞台或非线性叙事。即便如此，PowerSpace 可以利用人们编辑幻灯片的能力来实现简单的增强现实系统，并在很大程度上提高效率。

哥伦比亚大学开发了应用于移动增强现实系统（MARS）的情境纪实（Situated Documentaries）应用程序。情境纪实是叙事型的超媒体系统，由多种多媒体元素组成，包括文本、视频、音频剪辑以及注册在环境上的三维模型等。这些元素被绑定在室外环境的对应位置，佩戴 MARS 的用户在环境中漫游时可以进行浏览。研究人员为情境纪实 [Höllerer et al. 1999a] 开发了一个自定义的视觉编辑器。当使用者靠近一个特定的室外位置时，情境纪实将会显示与地理位置配准的内容，从而实现了舞台概念。但是由于开发使用了桌面仿真，因此开发者不需要到真实地点通过操控来配准物体。后续的室内 / 室外协作系统增加了一个室内增强现实界面作为放置任务的开发选项，可以在一个缩略世界上进行操作 [Höllerer et al. 1999b]。

AMIRE（混合现实开发）是一个从组件数据流创建增强现实应用程序的框架。AMIRE 开发向导可以创建用于增强现实装配指导的内容 [Zauner et al. 2003]。为了实现这一目标，系统允许使用者制定单独的装配步骤并明确这些步骤之间的关系，从而形成一个树状结构。在运行时，这棵树将被线性化为一系列循序渐进的指令。

类似地，基于模板的开发方法 [Knöpfle et al. 2005] 认为开发是一系列循序渐进的指示。其开发人员特别考虑了汽车的维修步骤，提供了一组模板来创建角色以及与这些步骤的交互。他们评估使用 20 ~ 30 个模板，在给定范围内所有交互的 95% 都可以被表示。模板的实例创建对应特定工作步骤必须的全体角色和交互。例如，使用螺丝刀松开引擎的部件将涉及物理引擎部件的表示、一个虚拟的螺丝刀以及一个表示螺丝刀旋转方向的动画。

增强现实表现与互动语言（APRIL）是一个用于创建复杂非线性增强现实体验的系统，该系统运行于 Studierstube[Ledermann and Schmalstieg 2005] 之上。它表达了作为共发性分层状态机 [Beckhaus et al. 2004] 的非线性故事。这一选择允许一个通用的 UML 状态图编辑器转化为一个增强现实开发工具（见图 10.4）。APRIL 系统能够支持多个带有角色的舞台以及多个用户。它同时还通过使用 OpenTracker[Reitmayr and Schmalstieg 2005] 设备库提供了任意交互和硬件抽象。

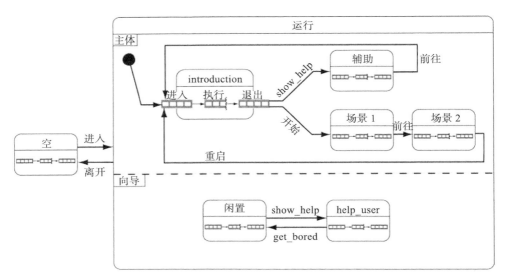

图 10.4　一个 UML 状态图编辑器，显示了使用 APRIL 框架的增强现实导览注释状态图的一部分（由 Florian Ledermann 提供）

Mohr 等人 [2015] 提出了一个将自动指南和手册等印刷文件转换为三维增强现实的系统（见图 10.5）。他们的系统识别最常出现在印刷文件中的指令形式，如装配或维修的图像序列、爆炸图、文本注释以及箭头指示运动等。在没有或者只有很少的用户输入的情况下，印刷文件的分析能够自动地进行。该系统只需要文件本身以及一个 CAD 模型，或是一个文件中描述的物体的三维扫描。这使得该方法非常适用于仅存在对象本身以及印刷文件的遗产类型物体。系统的输出是一个完全的交互式增强现实应用，可以呈现配准到真实物体的三维信息。

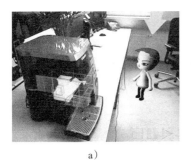  

a)　　　　　　　　　　　　b)　　　　　　　　　　　　c)

图 10.5　将一个咖啡机的印刷说明指南通过增强现实展示的结果。a）化身表明了用户的观察视角。b）~ c）当用户移动到指定位置后，门将打开并示出咖啡酿造单元，如图中黄色部分所示（由 Peter Mohr 提供，见彩插）

10.3.2　表演开发

如果一个增强现实界面直接用于描述内容，我们将这种解决方案称为表演开发。

表演开发最明显的应用是表达涉及直接在空间中的真实对象的动画，将在稍后被查看。3D Puppetry[Held et al. 2012] 是一个显著的例子，该系统观察赏玩木偶的用户和其他对象，通过捕捉对应的动作合成动画序列。KinEtre [Chen et al. 2012] 采取相似的方法，但是其直接通过骨骼跟踪捕获用户的动作，并将它们转化为椅子等无生命的物体。其结果类似于迪士尼电影《美女与野兽》中家居物品的动画。

同样，可以通过沉浸式开发来表达应用程序逻辑。Lee 等人 [2004] 描述了一个实物增强现实方案，侧重于创建增强现实空间中本地角色之间的互动，即直接沉浸在增强现实体验中。为了实现这一目标，系统提供了角色标识与工具标识（见图 10.6）。工具标识能够用于操控物体，如改变尺度与颜色。角色属性之间更加复杂的行为可以通过设置一个简单的数据流进行创建。例如，对象的可见性能够与特殊标识的出现进行绑定，从而可以基于用户操作标识来显示物体。

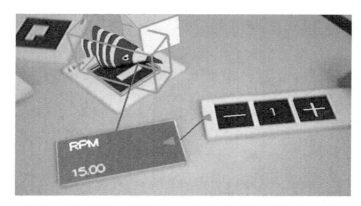

图 10.6　这个来源于实物增强现实沉浸式开发框架的屏幕截图展示了如何通过一个检测窗口部件与一个键盘来改变立方体的尺度（由 Mark Billinghurst 提供）

10.4　插件方法

随着增强现实逐渐成为主流技术，本书上一节中提出的实验性独立开发解决方案正在被已有的多媒体开发及实现环境的增强现实插件所取代。显然，增强现实工具与通用建模工具之间存在很大的重叠（特别是数字内容创建工具及游戏引擎）。已有的建模与动画制作软件的成熟度具有明显且不容忽视的优势，能够通过添加增强现实成为一种内容创建软件所支持的新型目标平台。这一目标能够很容易地通过使用当今专业多媒体软件包内置的扩展功能加以实现。

插件方法的领军工具是佐治亚理工学院 [MacIntyre et al. 2004b] 开发的设计师增强现实工具包（DART）。DART 对 Macromedia Director 进行了扩展，Macromedia Director 是 21 世纪早期多媒体应用程序的主流开发工具（见图 10.7）。DART 使得已经熟悉 Director 的使用者能够快速创建引人入胜的增强现实应用程序，通常使用草图以及视频而不是三维模型作为开发的起点。Macromedia Director 提供了非线性叙事与通用的脚本语言——Lingo。

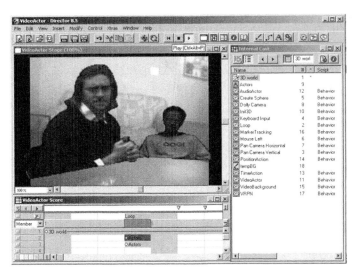

图 10.7   DART 在 Macromedia Director 开发环境中增加了增强现实开发（由 Blair Macintyre
提供）

由于 Macromedia Director 对三维图形的支持比较薄弱，同时基于网络的动画形式的竞争使得软件平台以及 DART 衰落。尽管如此，增强现实插件方法仍与我们息息相关 [Gandy and MacIntyre 2014]。突出的例子包括 3DS Max、Maya 以及 Google Sketchup 的插件 [Terenzi and Terenzi 2011]，以及以通用 Unity3D 游戏引擎为基础的解决方案，如 Qualcomm Vuforia、Metaio Mobile SDK 以及 TotalImmersion D'Fusion 等。此外，很多非商业性的扩展可用于其他的多媒体工具，如 Flash（如 FLARToolKit）和 Processing。

10.5   网络技术

在当今的信息系统中，网络技术已经成为生产及消费多媒体信息的领头羊。网络带来了丰富的浏览器软件环境、服务器框架及内容创建工具。由于这些优势，网络内容被认为越来越能够吸引增强现实浏览器以及增强现实工具的开发者，因为它能够将传统网络技术所做的大量工作复用在增强现实中。

尤其，最新的网络标准 HTML5 及其相关技术正在快速地演变成为一个解决增强现实基本需求的通用应用程序平台。作为一个现存并广泛应用的应用程序框架的一部分，网络技术能够提供增强现实体验，因此具有良好的平台独立性。通过谷歌地球普及推广的 KML 格式的地标可以方便地存储地理参考兴趣点。级联样式表（CSS）可用于分离外观和内容，并提供对经验的自定义控制。CSS3 已经考虑到了三维的布局，这是有效增强现实布局的必要先决条件。WebGL 允许在 Web 浏览器中对三维图形进行硬件加速渲染。

所有这些都是由 JavaScript 绑定在一起的，它已经成为网络应用程序无处不在的编程语言。使用 JavaScript 接口封装增强现实框架，能够实现 Web 浏览器的快速增强现实开发。许多人们已经开始接受网络开发的培训，因此在招聘增强现实开发者以及内容提供者时，采用增强现实标准网络格式能够允许人们使用这些现有的技能。

网络最吸引人们的特性之一是能够解耦多媒体信息的生产者与消费者。任何人都可以在网站、博客、推特账户上发布或送入 RSS 而不必首先通过中央控制。用户可以自行决定订阅任意数量的数据源，并且可以以任意方式组合获取的信息。换句话说，用户可以访问大量的信息**频道**。这种频道的想法对于可扩展的增强现实浏览非常重要，其中用户还可以订阅多个增强现实频道提供的地标及其他增强现实内容。频道机制本质上是一个语义的过滤器，用户与当前位置的距离被用作空间过滤器。同时，应用语义及空间过滤器能够提供高效且有效的信息过载管理方式。

通过使用诸如客户端脚本等技术，"被动"内容与"主动"应用程序之间的界限已经变得模糊。当今的网络开发工具包提供了对应用程序外观及感受的全面控制。网络应用程序的各种架构十分常见，包括在客户端执行的移动代码。AJAX 等应用程序框架允许部分应用程序代码在客户端上运行，另一部分代码在服务器上运行。

增强现实频道架构必须允许对内容外观的完全控制，即使当它与其他内容并行显示时。这可以通过渲染每个独立频道的内容后合成输出来完成。但是这种方法有一个缺点：多个频道可能存在对屏幕空间的竞争并产生杂乱的显示。能够解决这一竞争的合适视图管理策略仍然是一个开放的研究课题。

增强现实网络频道的理念是通过 Argon 浏览器引入的 [MacIntyre et al. 2011]。它基于标准的网络浏览器引擎（WebKit）来对增强现实显示的 HTML 及 KML 内容进行渲染（见图 10.8）。Argon 对增强现实建模语言（ARML）的创建具有显著的影响，ARML 是基于网络的增强现实内容 XML 语言变体 [MacIntyre et al. 2013]。

图 10.8　Argon 浏览器显示通过网络技术定义的多频道内容（由 Blair Macintyre 提供）

10.6　小结

形如增强现实的新媒介在被真正理解并广泛使用之前需要努力克服技术困难，这方面的一项工作是识别和解决增强现实独特的需求，从而可以成功提供增强现实开发工具解决方案。我们已经确定真实世界界面、硬件抽象以及开发流程工具是最重要的需求。

　　除了基本需求以及由此产生的技术问题之外，我们还研究了增强现实开发的两个最新趋势——即将增强现实作为插件引入现有多媒体和游戏引擎的解决方案，以及利用网络技术进行增强现实开发的解决方案。从这些最新解决方案的工作环境继承的丰富功能可能成为增强现实开发在更大的社区环境中取得成功的重要机会。

漫　游

在执行真实世界任务的时候，增强现实漫游能够加强对真实世界的探索、协助寻路及支持视点控制。由于强调了第一人称视角，增强现实可以将导航支持直接嵌入到用户的活动中。然而，设计可以真正有帮助的增强需要仔细的考量。本章将讨论增强现实如何支持探索与发现、路径可视化和引导视点调整。我们也考虑组合多视点来提供概述和细节或用户自身难以达到的视点。

11.1　人类漫游基础

漫游（即在环境中移动）包括**旅行**、**寻路**和**探索**。旅行是控制一个人位置和姿态所必要的神经活动；寻路是用户更高层次的认识，例如了解一个人当前的位置、规划到另一个位置的路径或者更新环境的感知地图；探索是了解和测量一个未知的环境及其影响。

寻路和探索需要获取空间知识并将之构建成感知地图 [Bowman et al. 2005] [Grasset et al. 2011]。空间知识的获取有很多来源。Darken 和 Peterson [2001] 区分了主要和次要来源。环境本身是主要的来源：人类不断从他们对环境的观察中提取空间信息。所有其他来源（包括地图、图片和视频）都是次要来源。次要来源允许更快的空间知识积累，但抽象表示在感知地图的准确性方面通常与第一人称经验不匹配。

可以将空间知识分为以下几类 [Lynch and Lynch 1960] [Siegel and White 1975]：

- **地标**是环境中的突出参考点，这是人类对环境结构和自身位置的提示。地标通过其视觉外观被记忆，所以重要的是它们需要具备唯一性并不易被混淆。最重要的地标是那些可以从远处被看到的物体，但是一些小的局部细节也可以作为地标。地标可以与视点相关，也可以与视点无关。
- **路线**是一系列从给定的起点导航到给定的终点所需的动作序列。在每两个点之间的距离、转向和地标的顺序都会被记忆。环境中的其他组成部分往往与路线当中具体的点和段有关。
- **节点**是决策点，在节点处用户可以在路径之间进行选择。路径规划和路径决策通常与节点有关。
- **区域**是环境中较大的地区，如公园或购物街。
- **边缘**划分了环境。例如，横穿一条路或一条河时需要特殊方式或者在特殊的位置。边缘与上下文有关，例如一个行人会将街道作为一个边缘，而一名司机会将一条街道分类为一条路线。
- **测绘知识**主要由地标和路线之间的全局空间关系组成。随着时间的推移，通常通过在环境中反复导航或者通过次要来源使测绘知识得到积累。

在导航任务中，用户应用与不同参考帧相关的各种类型空间知识 [Goldin and Thorndyke 1981]。对于**以自我为中心**的任务（例如对自己身体的姿态和距离的估计）需要路径知识。对于**以外部为中心**的任务（例如在环境中估计两个远处点之间的距离）需要测绘知识的帮助。

因为可获取的知识会发生变化，成功导航的关键在于解决空间知识参考坐标与要执行任务的参考坐标之间的转换。两个参考坐标之间的距离越小，那么在两个坐标之间进行转换的用户的感知负担就越小。

11.2   探索与发现

幸运的是，在所有的参考坐标系中增强现实都可以提供导航支持。最明显的用例是以自我为中心的探索。增强现实浏览器呈现的动态注释可以把用户引导到环境中的兴趣点。用户可以通过表达个人喜好来告知兴趣点的选择。

通过增强现实进行探索具有双重优点：用户可以更快地进行探索；增加了用户识别所有相关信息的机会。后者有时被称作**情境感知**，在搜索救援或军事行动等紧急情况下特别重要。在这些情况下，操作人员必须在操作信息设备时不被打扰地持续关注他们周围的三维环境。一个很好的例子就是 Julier 等人 [2000] 开发的战场增强现实系统，该系统提供了汽车、坦克或阻击手等相关要素的位置的信息，这些要素的位置可以动态变化，所以在用户视野中持续提供这些信息对感知具有非常明显的作用。

在当前视角目标物体不可见，或者至少是需要移动一段距离才可见的情况下，探索就变成了发现。在第 7 章中，我们讨论了可以协助发现的可视化技术。修改用户环境视图的两种重要方法分别是 X 射线可视化和场景变形。X 射线可视化通过部分或完全透明的方式来渲染可见环境，呈现其中的隐藏对象 [Feiner and Seligmann 1992] [Avery et al. 2009] [Zollmann et al. 2010]。变形通过扭曲环境来呈现被遮挡 [Veas et al. 2012b] 或屏幕之外 [Sandor et al. 2010b] 部分的视图，或通过压缩前景对象来显示遮挡的对象。

11.3   路线可视化

与探索类似，寻路是一项主要在以自我为中心的参考坐标系下进行的重要导航活动。增强现实支持寻路的一个典型方法是用一条连续曲线或者一系列航路点来展示它的路径。该方法与传统的车载导航系统的不同之处在于，可以直接覆盖在用户对真实世界的感知上。例如，Tinmith[Thomas et al. 1998] 在用户前进时通过高亮下一个前进的地点来呈现一个航路点序列。路标 [Reitmayr and Schmalstieg 2004] 让用户选择目的地并动态呈现路径的可视化（见图 11.1）。目的地也可以是另一位用户，可以跟随另一位用户或者在途中与其相遇。

图 11.1   路标系统让户外增强现实用户沿着航线点组成的路线前进（红色柱）（由 Gerhard Reitmayr 提供，见彩插）

Wagner 和 Schmalstieg[2003] 后续开发了用于手持设备的室内路标。他们的手持界面指向门外并叠加一个指示用户下一步前进方向的指向箭头（见图 11.2）。

图 11.2　室内路标系统高亮显示路径上的下一个门口并显示指向最终目的地的三维箭头（由 Daniel Wagner 提供，见彩插）

Mulloni 和 Schmalstieg[2012] 对增强现实户外导航和地图户外导航做了比较研究，他们发现大多数用户会在路线的节点参考增强现实视图（即在决策点提供支持），然而他们会连续使用地图（见图 11.3）。这一结果表明，需要做决策时导航已经足以支持，并且增强现实可以为这个目标提供有效的界面。

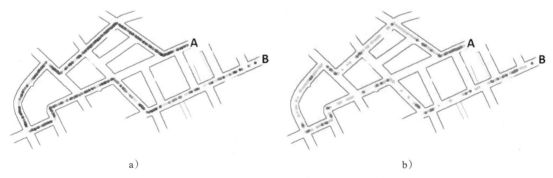

a)　　　　　　　　　　　　　　　　b)

图 11.3　图中示出了沿着路线的每个点使用导航界面用户的数量。更深的颜色意味着更多的用户使用界面。a) 使用传统地图界面时，沿整个路径的使用频度是一致的。b) 增强现实界面主要用于需要做出决策的节点（由 Alessandro Mulloni 提供）

一个类似的方法被用在室内导航中 [Mulloni et al. 2012]，即一个很难提供持续定位的情境。在决策节点的增强现实导航，例如在走廊的交汇处或楼梯处，通过在节点之间结合了增强现实可视化路径，可以提供室内导航的有效工具（见图 11.4）。

图 11.4　a）当用户行走时，提供路线的虚拟现实可视化。b）当用户到达决策节点时，
提供整条路径和环境配准的增强现实显示。c）当用户离开节点后，显示切换回
虚拟现实（由 Alessandro Mulloni 提供）

11.4　视点导航

在一个小的工作空间，用户可以很容易地对环境有一个全面的认识，因此并不需要任何导航，在这种情况下使用增强现实经常是很有用处的。一个目标对象可能处于用户的视野之外，或者混杂在很多相似的对象当中。比发现目标对象更难的问题是找到目标的视角。例如，找到一张特定照片的拍摄视角 [Bae et al. 2010]。本节我们讨论两个任务：引导用户朝向目标对象和引导用户朝向目标视点。

11.4.1　目标对象导引

在增强现实中，经常会遇到目标对象或航向点处于视野之外的情况，特别是许多增强现实显示受视场角狭窄的困扰。在这些情况下，导引通常由字母或箭头提供。这些可以通过使用指向用户正确方向的罗盘指针 [Feiner et al. 1997][Wagner and Schmalstieg 2003] 或屏幕边框的箭头 [Thomas et al.1998] 实现。Schinke 等人 [2010] 展示了离屏注释的三维箭头暗示对于目标对象方向的记忆比二维雷达图（自上而下）更加有效。

一些更高级的视觉设计不仅告知用户方向，同时还包括目标对象的距离和频率。光环 [Baudisch and Rosenholtz 2003] 是以离屏目标对象为中心的圆（见图 11.5）。可见弧的曲率可以直观地表示到对象的距离。

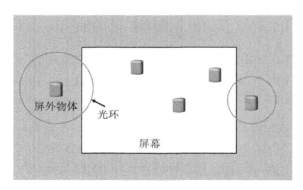

图 11.5　光环是一条弧，其曲率与屏外物体的距离成正比

上下文罗盘 [Suomela and Lehikoinen 2000] 使用跨越屏幕上部或底部的窄带来显示覆盖某一水平前向视场（例如 110°）目标对象的垂直缩合圆柱投影图。当展示完整的 360° 时，这个应用程序本质上是一个带有圆柱形映射极坐标的雷达地图（见图 11.6）。其方向始终对准显示方向，即可见对象出现在地图的中心。不在用户当前视野中的元素用覆盖图边缘的图标表示。

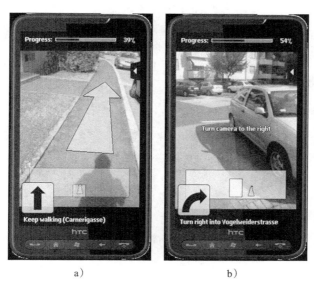

图 11.6　上下文罗盘是屏幕底部的窄带，表示可能的方向。a）可以看到箭头叠加；b）用户可以使用罗盘上下文来查找离屏箭头（由 Alessandro Mulloni 提供）

如果目标不仅仅是对外围或视野外物体的通用感知，而用户应该被尽可能快速地引导至目标对象，则更多的屏幕空间要用于导引。用于通知和约束用户导航的通用隐喻被称为**隧道**（见图 11.7）。隧道状结构的轮廓显示为叠加的三维线框。结构的透视缩略图传达用户必须行走的路径，并且不占用太多像素。当用户通过隧道导航时，已经游历的部分在用户身后消失，而用户面前部分的细节更加突出。Biocca 等人 [2006] 将这种设计作为注意漏斗引入，并且经验地验证它比目标对象的视觉高亮显示更加有效。用户研究表明这种可视化增加了搜索速度的同时减少了认知负担。Schwerdtfeger 和 Klinker [2008] 在为订单取货的仓库场景中测试了一个修改的隧道设计，结果表明这可以提高真实世界任务的性能。

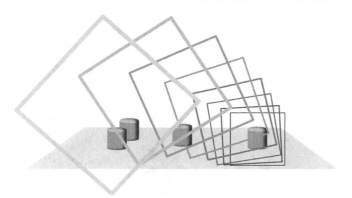

图 11.7　隧道可视化将用户的注意力引导到隧道端部的特定对象

Shingu 等人 [2010] 讨论了用于引导用户朝向目标点的锥形隧道。用户必须进入锥体并且通过定向相机使得以目标点为中心的球体在屏幕上可见。

Hartl 等人 [2014] 讨论了利用移动设备验证护照等安全文档上全息图真实性的系统。通过与真实全息图的已知视角进行比较进行了样本测试。为了提供观察，用户必须将摄像机指向一组给定方向的样本。Hartl 等人建议使用"馅饼切片"界面，其中方向被显示为样本平面上叠加的极坐标网格，而目标方向被高亮显示（见图 11.8）。"馅饼切片"可以视为隧道可视化的极简版本，仅显示了二维端点。

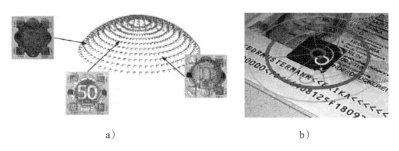

a) b)

图 11.8 a）全息图的外观随着入射观察方向而变化。b）黄色圆圈将用户引导至特定的观看方向，通过角度及到"馅饼切片"可视化的中心距离进行编码（由 Andreas Hartl 提供，见彩插）

Sukan 等人 [2014] 观察到除非目标对象非常小，通常有许多种进行观察的可能性。因此，他们提出了一种推广的隧道设计 ParaFrustum，连接了引导用户到可接受视图的任意 look-from 和 look-at 卷。

11.4.2 目标视点导引

在指向目标对象的引导中目标对象可视或者被用户注意到时就会被识别，与此不同，视点没有任何的物理表象。引导用户朝向特定视点仍然非常重要。例如，当需要更新历史照片时的照片拍摄。

获得所需视点的最直接可视化通过金字塔形视图平截头体实现（见图 11.9）。该应用程序由 Snavely 等人 [2006] 提出用于导航照片收集。Sun 等人 [2013] 将其用于超声波探头的精确对准。

图 11.9 黄色金字塔图标示出了对应图像序列的摄像机平截头体（由 Clemens Arth 提供，见彩插）

　　Bae 等人 [2010] 提出了使用类似于用来指向屏幕外目标定向箭头的间接方法，让用户接近所需的视点。当用户足够接近目标视点时，用户依赖原始照片的透明渲染来确保其精确对齐。

11.5　多视角

　　概述和调查知识通常依赖类似在地图中使用的以外部为中心的视角。第 8 章讨论过的以自我为中心和以外部为中心的视角可以组合成为一个多视角界面。原则上，沉浸在环境中查询地图就是这样一个组合的实例。移动设备上普遍具有的数字地图在用户移动时可以被更新：考虑一个车载导航系统，显示与车辆当前方向对齐的用户附近的地图。

11.5.1　同步多视角

　　一个以自我为中心的增强现实视图可以很容易地与以外部为中心的视图结合，无论是通过把屏幕的一部分用于以外部为中心的视图，还是把以外部为中心的视图透明地叠加在以自我为中心的视图之上（见图 11.10）。后一种方法利用了地图信息通常可以使用刚刚创建的足印、兴趣点和稀疏文本标签进行渲染这一事实。透明的叠加可以节省窄视场显示的屏幕空间。

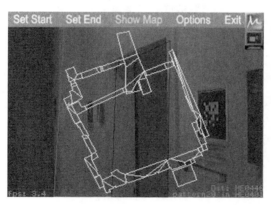

图 11.10　　在一幅图像中结合了两种可视化的透明层覆盖：叠加在视频和二维地图上的
　　　　　　　三维增强现实（由 Daniel Wagner 提供）

　　额外的好处是实现以自我为中心和以外部为中心增强的链接。在一个视图中的选择会导致在另一个视图中的高亮显示。用户的当前位置在以外部为中心的视图中被高亮显示。地图中到一个兴趣点的距离可以通过首先在以自我为中心的视图中识别兴趣点 [Wither and Höllerer 2005]，然后通过确定用户位置与在以外部为中心的兴趣点的距离进行估计（见图 11.11）。如果路线导航在以自我为中心的视点是不可见的，则可以很方便地通过在以外部为中心的视点指出目的地。

　　Bell 等人 [2002] 提出一个世界缩略图增强现实（WIM），一个倾斜朝向佩戴头盔用户的三维地图。随着用户越来越往下看，WIM 从一个略微倾斜的位置转变为自顶向下的视图。Reitmayr 和 Schmalstieg [2003] 将 WIM 放在用户的手上（见图 11.12），这样用户抬起手臂就可以立刻访问 WIM。

　　Bane 和 Höllerer [2004] 的 X 射线可视化系统允许用户在一栋建筑内相隔一定距离来探索。用户首先选择目标房间，然后触发一个以外部为中心的选定房间虚拟视图（见

图 11.13），称作房屋缩略图。

图 11.11　通过使用自顶向下地图，用户可以精确地确定到不同棕榈树的距离，在这个实验中，同样将距离编码为虚拟球体在以自我为中心的增强现实场景中的大小（由 Jason Wither 提供）

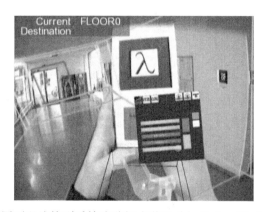

图 11.12　世界缩略图可以连接到手持或臂架式道具（由 Gerhard Reitmayr 提供，见彩插）

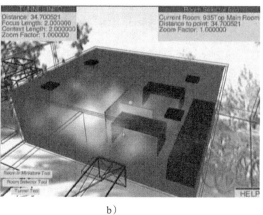

　　　　　　　　a）　　　　　　　　　　　　　　　　　b）

图 11.13　一个远程维修场景。a）用户通过一个以自我为中心的视角在一个建筑物内选择房间。b）房间被放大并在用户导航控制下通过以外部为中心的视角显示（橙色热图描绘了温度分布，见彩插）

与将以外部为中心的视图叠加在以自我为中心的视图不同，Hoang 和 Thomas[2010] 提出另外一种方案：他们将放大远处对象的细节嵌入到正常的以自我为中心的视图中。放大的视图通过带有放大镜的摄像头实时获取。与地图或 WIM 不同的是，覆盖提供了细节，而标准视图提供概述。

11.5.2　过渡接口

当屏幕空间不足以显示多个视图时，可以使用一个**过渡接口**。它依赖于时间而不是空间分离来呈现多视角。

"过渡接口"这个术语最初是用来描述用户从以外部为中心的增强现实视图转移到以自我为中心的增强现实视图的接口，本质是用户沿着虚拟现实连续体移动（见图 11.14）。例如，Billinghurst 等人 [2001] 描述了一个将用户传送到魔法书页面作为叙事工具的系统。Höllerer 等人 [1999a] 让用户过渡到环绕视图沉浸式隧道系统体验，把用户的物理位置作为大学校园历史增强现实导览的一部分。

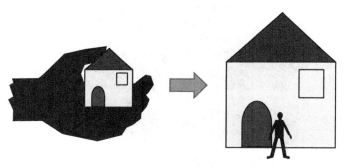

图 11.14　过渡接口可以把用户从增强现实模型带到生活规模的虚拟现实环境

Kiyokawa 等人 [1999] 让用户通过一个以自我为中心的视角体验一个通过以外部为中心的视角进行创建的建筑设计。与之相对，Mulloni 等人 [2010] 将提供概述的过渡接口看作是从以自我为中心的增强现实视图移动到以外部为中心的增强现实视图（见图 11.15）。过渡通过从上到下平滑移动摄像机的视点来实现。研究人员通过一组空间搜索任务评估了他们的界面并且指出当用户强烈依赖于总览时，随着任务复杂性的提高过渡接口的性能也同时提升。

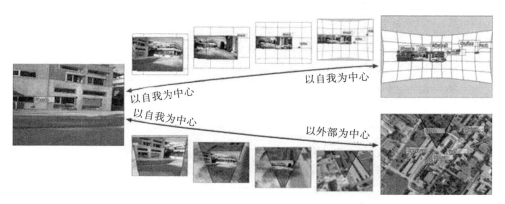

图 11.15　缩放界面允许用户无缝地从增强现实自我透视视图过渡到环境的全景视图或者地图总览（由 Alessandro Mulloni 提供）

当过渡到全景时可以观察到类似的效果，在本质上模拟一个超广角镜头。

另一个 WIM 表示能够根据跟踪质量的变化在以自我为中心和以外部为中心的视角之间过渡。高质量的跟踪提供直接覆盖在以自我为中心视角的注释和路径信息，而劣化的跟踪质量提示使用 WIM，它显示在以身体为参考的坐标系，因此不会受到跟踪不稳定的影响 [Höllerer et al. 2001b] [Bell et al. 2002]。

如果用户会遇到不同的以自我中心的视点则过渡接口同样很有用。例如，难以或不方便到达的视点。Sukan 等人 [2012] 提出快照的方法，其中用户首先在增强现实模式下获得环境的静态快照视图，然后可以在虚拟现实模式下任意地在这些视图之间转换。

Tatzgern 等人 [2014a] 提出了一种显示实际过渡的改进方法。获取静态环境的三维扫描后，用户可以从实时增强现实视图飞入任意的虚拟现实视图（见图 11.16）。这允许对放大视图（在它们被高分辨率扫描之后）或移动到遮挡区域的简单探索。例如，触摸屏幕上的对象将使得用户靠近这个对象直到它充满屏幕，并在用户松开触摸屏幕后平滑恢复。

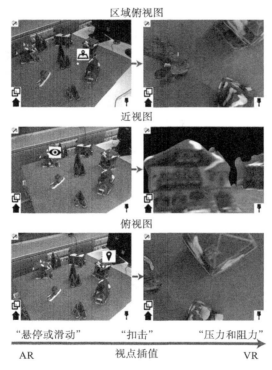

图 11.16   通过在实时增强现实视图中触摸对象（左），用户可以触发一个自上而下或正面视点的放大虚拟现实视图的转换（由 Markus Tatzgern 提供）

11.6   小结

基于人类漫游的基本考虑，我们讨论了使用增强现实的漫游。通过增加情境感知和发现隐藏目标增强现实可以帮助探索。寻路立足于直接将路线叠加在一个以自我为中心的增强现实视图或在决策点帮助用户。增强现实也可以用来提供各种线索帮助用户调整视点，从而可以观察到目标对象，或者获得给定的视图。多视角接口可以通过分割屏幕或层叠屏幕中的空间组合，或是从一个视角到下一个视角的过渡来提供概要和细节。

协　作

增强现实最大的潜在机遇之一是能够用作交流的媒介。协作增强现实使多用户能够同时体验增强环境。增强现实确实为协作提供了独特的机会：在同地情况下，即多个用户同时处于同一地点，增强现实能够提供关于用户正在讨论的实际物体的附加信息。远程协作连接了不能处于同一地点的用户，增强现实可用于向某用户传达另一用户想要分享的信息，同时不打断该用户在真实环境中的体验。

两种共享方式都有显著的潜力来增强协作 [Lukosch et al. 2015]。本章将更加深入地分析增强现实用作协作技术时的技术和设计方案。我们描述了协作型增强现实系统的性质，关注其物理、技术方面以及相关的人为因素。基于以上考虑，我们描述了同地协作和远程协作的方法。

12.1　协作系统特性

计算机支持的协同工作（CSCW）不局限于增强现实，它能够依赖于任何基于计算机的媒介形式。一种被广泛接受的 CSCW 分类采用了 2 × 2 的分类方法，一方面通过协作的时间特性划分，另一方面根据协作的空间特性划分 [Rodden 1992]。在时间维度上，协作包含多用户同步（在同一时间）或异步（在不同的时间，因此互相独立）的情况。在空间维度上，用户既可以是同地的（在相同地点），也可以是远程的（在不同地点）。最终，这种 2 × 2 的分类覆盖了许多种可能的协作形式（见表 12.1）。

表 12.1　增强现实相关的计算机支持的协同工作分类

	同地	远程
同步	增强现实共享空间	增强现实远程呈现
异步	增强现实注释或浏览（原地）	通用共享

增强现实是一种交互性媒介，所以很自然地首先被应用于同步协作以提升协作者在同一时间的交互。**增强现实共享空间**提高了同地协作：合作者处于同一空间，通过增强现实显示用空间注册信息提高协作体验。与之相对，**增强现实远程呈现**让用户体验实时的远程场景。

异步增强现实的应用相对较少。这个类别中最重要的应用案例是一个用户先对一个真实环境进行注释，然后另一个用户在同一地点进行场景浏览或注释编辑。此应用可以被理解为一种虚拟涂鸦。注释活动发生在相同地点（即同地），但不是相同时间。增强现实内容的异步远程共享比较容易实现，但不局限于增强现实应用。这样的方法可以用于其他任何应用类型，只要多于一名用户对同一内容感兴趣并且需要异步发送信息和通知。

在同步协作活动中，我们可区别**交流空间**和**任务空间** [Kiyokawa et al. 2002]。

- 交流空间是指用户交换信息的空间。在交流中，需要用户能够很好地看到和听到对方。通常进行对话的人会看着对方的脸并观察其肢体语言。同地场景下的交流空间并不需要技术支持。与之相对，为远程协作者搭建交流空间是所有通信系统的首要目标。

● 任务空间是真正进行工作的空间。一个真实的任务空间包含物理对象,而虚拟的任务空间包含数字信息(三维及非三维)。

交流空间和任务空间的区分越明显,在交流和执行任务之间的切换就越困难 [Ishii et al. 1994]。例如考虑两位用户共享一个办公室的场景,他们的个人台式电脑屏幕朝着相反的方向。这两位同事必须在相互交谈和观看他们各自的屏幕(另一位用户不能直接观察到对方的屏幕)之间切换。虽然他们共存于同一空间,但是仅能通过间接方法来指代一项共同的任务,除非他们一起来到同一显示器前。同地场景缺乏**统一的任务**和**交流空间**的问题可以通过非技术性方法(例如聚集在一个显示器周围)或者技术性方法(例如桌面协作软件)来解决;但是在远程场景中必须用技术性方法来解决。如果这个例子中两位同事在不同的办公楼内工作,他们必须依靠手机等通信方法。以上考虑带来了一系列协作场景(见表 12.2)。

表 12.2　用于协作的交流和任务空间分类

交流空间	任务空间	是否统一空间	案例
同地	真实	否	课堂教学
同地	虚拟	否	在同一台式电脑上共同工作
远程	真实	否	视频会议
远程	虚拟	否	带有桌面共享的视频会议
同地	真实	是	下一场真实的棋类游戏
同地	虚拟	是	**共享空间**
远程	真实	是	**远程呈现**
远程	虚拟	是	沉浸式远程呈现,在线游戏

增强现实拥有"混合"性质,在统一空间场景中具有优势:一个共享空间结合了一个本地(这里指真实)交流空间与一项虚拟任务。一个远程呈现系统结合了一个远程(这里指虚拟)交流空间与一项真实任务。

12.2　同地协作

在共享空间内,虚拟的增强内容可以安排在同地用户之间 [Butz et al. 1999] [Benko et al. 2014]。如果共享空间内存在真实物体,增强现实使得协作者能够用附加的虚拟信息注释这些物体,每一个用户都能够进行操作。如果只存在虚拟物体,用户仍然能在相同位置感知到它们。例如在同时含有真实和虚拟物体的环境中进行指向一个特定物体的简单对话行为。

我们可以通过使用共享空间的方式来区分协作型应用。大致有三种空间上的分类。第一,用户可以保持(相对地)静止。第二,用户可以移动,但只在一个有限的空间内。第三,用户可以探索一个更大的区域。

让用户保持静止的应用的主要优势是跟踪可以被限制在一个小的工作范围内,而且也容易将协作伙伴保持在视野里。已经出现了几个用于三维数据协作性检查的应用,这些应用使用了简单的静态设置。这些系统的可用性体现在可以共同观察和讨论虚拟模型这一事实。

Fuhrmann 等人 [1998] 描述了一个用于探索代表复杂动态系统三维表面的系统(见图 12.1)。他们注意到相比于基于屏幕的展示,在该系统中用户更加专注于理解三维结构。

Kato 等人 [2000] 描述了一项增强现实记忆游戏。一旦揭开上面有标识的卡片,将会显示一个三维模型。当两张匹配的卡片靠近时,通过一个特殊的动画告知用户这两张卡片是一对（见图 12.2）。标识的识别在每个用户端独立执行。由于匹配卡片是预先确定的，所以特殊动画的触发也是确定的。换句话说，该协作活动不需要用户系统之间有网络连接。

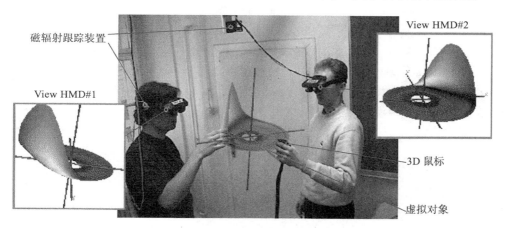

图 12.1　一个共享空间装置，用户能够佩戴头戴式显示器在虚拟物体上构造如图中所示的数学可视化的个人视图（由 Anton Fuhrmann 提供，见彩插）

图 12.2　佩戴头戴式显示器的用户进行协作型记忆游戏（由 Mark Billinghurst 提供）

Kaufmann 和 Schmalstieg [2003] 描述了 Construct3D，这是一个专门为数学和几何教学设计的三维几何构造工具（见图 12.3）。其主要目标是开发一个提高空间能力并将学习迁移最大化的系统。借助增强现实系统，学生们能够真正地围绕三维物体走动，这些三维物体是他们需要事先计算并用传统方法（大多数是纸和笔）构造的。

图 12.3　几何教学受益于可在三维空间探索几何构造的能力。图中两名学生正努力解决一个切面问题（由 Hannes Kaufmann 提供）

因为系统有支持显示个人视图的能力，基于 Construct3Dm，老师们和学生们可以被设定为不同的角色。比如，系统可以向老师显示一道习题的预先计算好的解答，但是学生们看不见。学生们只能看见习题的原始描述和他们各自的工作（但没有别的学生的工作）。

一些系统让会议桌旁的用户在讨论一项设计评审时佩戴头戴式显示器。例如，EMMIE [Butz et al. 1999]、SeamlessDesign [Kiyokawa et al. 1999]、MagicMeeting [Regenbrecht et al. 2002] 以及 ARTHUR [Broll et al. 2004] 均使得用户能够检查建筑或机械模型。

一项较新的案例是 Mano-a-Mano [Benko et al. 2014]，为用户建立了面对面、无器件的交互方式，通过基于多投影机 – 摄像机系统（运用 Kinect 深度相机）的动态空间投影，用户能够在一个房间内自由移动，系统在协作用户之间渲染了具有正确透视关系的三维增强。

12.2.1　个人显示器与视图

在真实世界的任务中协作不是一项统一的活动，其中参与者在近距离交互下一起连续地工作。与之相对，个人的工作阶段与共享和讨论工作结果阶段交替进行 [Gutwin and Greenberg 2000]。因此，一个协作环境必须既支持个人也支持群体工作，这就需要显示器和视图来解决个人需求。

个人显示器不仅可以提供每个用户的个人视点，而且能让部分用户看到其他用户看不到的对象或信息。将头戴式显示器用作个人观看装置能够让用户在虚拟对象上设定个人立体视点。这种能力对于场景中对象的几何形状和分布起作用的情况尤其有益。虚拟对象可以出现在任意位置，比如在空气中或者在会面参与者之间的桌面上，因此可以支持方便的任务空间。

和头戴式显示器相似，手持显示器也是个人观看装置。原理上一个手持设备可以被多个用户同时观看，在某种程度上比头戴式显示器少了一点隐私性。Rekimoto [1996] 的早期工作展示了借助附有摄像机的移动电脑显示器的手持增强现实协作型应用。小屏幕并不适用于同时观看，而且考虑到每个用户都拥有个人设备，用户更倾向于看他们自己的屏幕而不是共享屏幕 [Morrison et al. 2011]。幸运的是，智能手机等手持设备价格不高，为工作群组中的每一名成员提供个人设备在经济上是可行的。

作为备选，大尺寸的屏幕或者投影显示是更受欢迎的呈现虚拟物体的方法。这样的协作型虚拟现实显示器可被看作是一种受限的增强现实显示器，其中真实世界（偶尔看向协作者的视图）通过虚拟现实显示器所呈现的虚拟内容补充。借助轻型快门式眼镜观看的立体显示提供了一定程度上的相互目光感知和眼神接触。但是这些显示器不能产生虚拟物体对真实物体的遮挡效果，同时传统的立体显示器不能将正确的立体图像呈现给多个用户。将观察点独立的立体图像呈现给多个被跟踪的用户需要特殊显示器，这既可以通过时分 [Agrawala et al. 1997] 复用实现，也可以通过空分 [Kitamura et al. 2001][Bimber et al. 2005][Ye et al. 2010] 复用实现。即使基于结合时分和偏振多路复用的最新进展已经可以支持 6 个用户，这类显示器支持的用户数一般被限制在少于或等于 4 [Kulik et al. 2011]。

多种显示类型是可以结合的。例如，用于考古的视觉交互工具（VITA）系统 [Benko et al. 2004] 让一组用户探究一次考古发掘中记录的数据。VITA 可以在一个投影显示器上呈现发掘地点的概况，同时一个沉浸式头戴式显示器将另一名用户投射在发掘地点。增强现实能够通过在物体被拖出或者放入不同种类和尺寸的真实显示器时将物体可视化 [Butz et al. 1999][Rekimoto and Saitoh 1999]，在不同显示器之间建立联系。当投影机被用来在真实世界

中显示信息时 [Raskar et al. 2001][Piper et al. 2002]，信息显示被约束在一个物理表面，这限制了能被显示的增强现实内容的种类。与之相比，用于头部跟踪用户的视点相关渲染能够产生真实的三维图像，看起来似乎是在表面之上 [Jones et al. 2014]。

　　魔法书是另一项运用了多种类型显示器的协作性体验 [Billinghurst et al. 2001]，它以立体书的风格布置了基准标识点，是一个让用户能够观察增强书页的界面。魔法书使用头戴式显示器作为观察装置，可供多用户观看。该魔法书的特点是用户可以选择飞入书中，从增强现实视图切换至沉浸式虚拟现实视图。一个用户可以飞入书中，设定为以自我为中心的视角，而其他用户停留在外面，设定为以外部为中心的视角。用户可以互相看到对方的化身——天空中的大头代表虚拟现实用户，而魔法书中玩偶大小的化身代表增强现实用户。

　　有时，需要给用户提供一定程度的隐私。例如，用户可能想要隐藏个人信息，或者可能不希望分享未完成的工作。如果多用户共享一个真实显示器，那么就不可能在其他用户前隐藏对象。作为工作区的显示空间可分为多个区域——一个用于协作性视图的公共区域以及多个只供个人用户使用的私人区域。这种情况下需要社交判断力来避免妨碍其他用户。

　　一个更好的解决方案可以是让用户明确地公开信息或稍后撤回。Butz 等人 [1998] 展示了如何通过配置每个用户的显示器来检测并操控共享空间内对象的隐私状态（见图 12.4）。例如，**吸血鬼之镜**只反射公开可见的对象。**隐私灯**可被放置在一组对象之上，被灯光照到的物体会在公众视野中被隐藏。

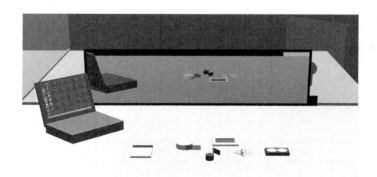

图 12.4　吸血鬼之镜中选中的物体（笔记本和录像带图标）被隐藏（由 Andreas Butz 和
　　　　　哥伦比亚大学提供）

12.2.2　目光感知

　　在协作型应用中使用头戴式显示器的一个重要局限是其他用户可以被感知的程度。在视频透视式头戴显示器中，真实环境的视觉质量不可能等于用户对真实世界的直接感知，所以用户对环境中其他人的体验被极大地削减了，这在一定程度上影响交流。此外，头戴式显示器的面罩阻碍了直接的目光接触。相比之下，光学透射式头戴显示器提供了对真实世界的正常感知以及一定程度的目光接触，但通常所渲染的虚拟物体是半透明的，对比度较低。

　　已有一些研究工作致力于为佩戴头戴显示器的用户恢复目光感知。在 Miyasato[1998] 关于目光透过式头戴式显示器的工作中，头戴显示器中朝向面部的摄像机观察用户的眼睛并将其呈现在安装于头戴显示器前面的小屏幕上。Takemura 和 Ohta[2002] 展现了一种将用户面部以虚拟物体的方式叠加在头戴式显示器上的渲染方式。Tateno 等人 [2005] 通过渲染风格化的眼睛改进了目光交流。

除了目光的直接重建，添加关于目光方向的合成提示也是可能的。Kiyokawa 等人 [1998] 提出的一种简单方法是从用户眼睛沿着观察方向渲染一条线。该方法对观察方向进行了明确表征，用户不再需要看着协作者的脸。其他可能的表征方法包括圆锥体或者截头椎体 [Mogilev et al. 2002]。眼动仪的使用使得估算观察方向有了进一步改善的可能 [Novak et al. 2004]。

12.2.3 共享空间内的敏捷协作

通过仔细优化，可以在小区域内实现依赖于用户相对快速移动的共享空间经历。该优势在游戏中最为明显。一个早期案例是 AR²Hockey [Ohshima et al. 1998]，这是在一张真实的桌子上的双人空中曲棍球游戏，但使用的是虚拟球。Szalavári 及其同事 [1998] 介绍了一个协作型共享空间的增强现实环境，使用了被跟踪的头戴式显示器和手持道具。"RV 边境守卫" [Ohshima et al. 1999] 让用户扮演太空时代的士兵，用激光枪击退外星人。Henrysson 等人 [2005] 描述了一个增强现实乒乓球游戏，两个用户用智能手机进行游戏，他们之间的桌子上放置有基准标识。在此应用中，智能手机同时用作观察设备和球拍。

"隐形火车" [Pintaric et al. 2005] 是第一个部署于无线手持电脑上的协作型增强现实游戏。在游戏中，用户控制多列行驶于木制铁路轨道网络上的虚拟玩具火车（见第 1 章中的图 1.11），目的是及时转换道岔以防止火车碰撞（或者换一种方式说，慎重地驱动它们）。手持电脑为用户提供了预先不可见的灵活性和敏捷性。

移动增强现实让用户从受限区域离开，所以物理移动可作为互动或者游戏中的一项元素。用户在移动过程中会遇到其他人的事实从真实世界重新引入了社交因素，但是如果用户必须待在一个小工作空间内会失去这些因素。这种社交漫游行为的一个早期案例是"海盗"，虽然它不是一项严格的增强现实应用 [Björk et al. 2001]。游戏利用近距离传感器确定一个用户的手持电脑已经进入一个特定区域，或者两个海盗距离足够近可以进行一场海战。该游戏在一个比较大的区域进行，例如一个会议中心大厅。新加坡国立大学的研究者们开发了一系列游戏，玩家移动的区域更大 [Cheok et al. 2002, 2003]。Niantic 实验室"Ingress" [2012] 等游戏甚至将增强现实的概念结合到世界范围的尺寸上。

Mulloni 等人 [2008] 描述了一个基于位置的增强现实游戏——"奶牛大战外星人"，用户必须与分布在游戏区域内的基准标识卡交互，包含了几个邻近的房间和走廊。在游戏中，用户必须设法将他们的奶牛带到安全的地方，一个重要的游戏元素是用户要在其他玩家之前通过自身的移动访问一个特定的基准标识点（见图 12.5）。

Morisson 等人 [2011] 描述了用于增强移动地图的协作型应用 MapLens 系统。一组处于户外的用户能够通过他们的智能手机在纸质地图上观察增强内容。这项技术在一组三个玩家参与的寻物游戏中进行了现场测试。通过大量观察，研究者发现该地图促进了一种场所营造的行为，用户会短暂停留并围绕着地图聚在一起查看增强信息（见图 12.6）。当跟踪技术足够鲁棒时，这些停留可能会非常短暂，但是对于作出如何继续行进的共同决定至关重要。如果组中的每一个用户都有一部个人智能手机，则多个设备可以并行使用，但通常组中都会有一个主要用户，主要通过该用户的设备与增强地图交互。

图 12.5　在"奶牛大战外星人"中，一个玩家试着通过用手挡住对手设备上的摄像机来拖慢对手，阻止对手与基准标识卡交互（由 Alessandro Mulloni 提供）

图 12.6　在 Maplens 里使用增强地图进行协作的快照，Maplens 是智能手机上的一个多人户外游戏（由 Ann Morrison 提供）

12.3　远程协作

在显示方面，远程协作与同地协作有着相对的特性：只有明确需要共享和同步的信息才对双方都是可见的。这项限制适用于所有虚拟物体，但更重要的是远程用户只能看见那些被拍摄并传输到远程位置的用户真实环境的部分。

以虚拟增强物为特点的早期远程协作案例之一是 Myron Krueger 的视频响应环境，该案例于 1972 年提出，并于 1974 年到 20 世纪 90 年代之间在多个典型应用中实施。最初作为一个通信环境被设想与执行，将参与者的轮廓与交互性计算机图形进行结合。

在所有的远程协作环境中，因为用户不处在同一地点，所以他们的真实情况和技术能力也可能是不同的。如果两个用户能力一样，他们的结合导致对称协作。比如在对等会议中，两个用户可能都有一部智能手机。非对称配置通常出现在远程专家场景的形式中，一名移动的工人被安排承担维修或者建造任务，与此同时，一名远程专家给出建议。这名工人可能需要免提操作并且只用到轻巧的移动硬件，而远程专家可能在一个有着功能更强大的固定硬件设备的控制中心里操作，比如带有大尺寸触控屏幕的台式电脑。在这样的一个非对称场景中，远程专家拥有的额外资源应被用来提高专家的情境感知，弥补专家不能直接感知任务地点的事实。

12.3.1　视频共享

远程协作中实时传输的主要模式当然要属视频流。在这个意义上，远程增强现实与视频会议（或者其拓展）相似。在视频会议中，只有在摄像机视场中的人和物体对象是可见的。如果摄像机没有覆盖整个工作空间，或者操作摄像机的用户没有指向远程用户感兴趣的位置，则交流价值就会减少。

专业的视频会议和监控系统通过使用多个摄像机来取得较高的环境覆盖率。当然，这个方法导致较高的花费：必须布置摄像机，同时用于视频流的网络带宽随着摄像机的增加线性增长。大多数应用（特别是移动应用）可以在单摄像机条件下工作。我们需要将这个摄像机放置在使其功效最大化的位置。在一个桌面或工作台的静态环境中，摄像机可能被放置在头顶上或者一个较高的位置，俯瞰整个区域。

在移动应用中，用户可能在头带、头盔或者颈部周围佩戴摄像机。可穿戴摄像机将摄像机视场与用户的移动耦合在一起。因此，本地用户主动决定为远程用户传输环境的哪一部分。远程用户可能给出反馈，比如通过一个音频通道来引导远程用户到达目标位置。远程用户也可以通过调用一个冻结帧或者快照函数来从视频中获得一张显示相关区域的静止图像。这样的操作要求相关区域至少被观看一次。此外，一个静止帧只是实时视频的一个暂时表征，特别是当环境改变较为剧烈的时候。

纯粹的视频会议系统不能被看作是真正的基于视频的增强现实，或增强虚拟：在一个标准的视频会议中，没有注册到真实世界的虚拟物体。

然而，视频会议系统可以很容易地被结合或转换到增强现实体验中。一个方法是使用实时纹理映射向分布在空间中的多边形（通过基准标志等进行跟踪的 [Kato et al. 2001]）上投影二维录像片段 [Billinghurst et al. 1998a]，可能带有参与者头部、躯干或者从背景图像中分割出来的轮廓。Minatani 等人 [2007] 开发了一个专门用于增强现实中面对面的桌面远程协作系统。他们的方法运用了视频纹理映射，但依赖于单个变形的公告板，通过塑形公告板使得在桌面就坐的用户能够被一块公告板最优地表示出来；换句话说，用户头部、上身、手和变形的公告板之间的深度差是最小的。

我们可以将视频图像当作用户可以绘图的画板，通过鼠标或者触摸屏等在图像空间内添加更多的增强内容。只要视频是静止的（要求戴着摄像机的用户站着不动），就可以通过很少的技术工作来绘制动态的增强内容。所有需要做的就是在反馈通道为其他用户传输绘制更新。

一个有用的拓展是全景图的应用。在第 4 章中，我们介绍了用户如何通过站在一个位置四处观看并旋转摄像装置来获得全景视图。Chili[Jo and Hwang 2013] 通过电话内置传感器的低成本方向跟踪技术来获取旋转角并将其附加在传输的视频帧上。该方法在全景空间内提供了空间参照。LiveSphere[Kasahara et al. 2014] 采用一个头戴式全向摄像机来传输完整的全景视频；在使用这一系统时，远程用户的观看方向与本地摄像机移动无关，但是需要一个特殊的摄像器件。Müller 等人 [2016] 描述了如何通过在远程用户的手机上将标准移动电话的视频流实时拼接来构建全景图。通过将屏幕上的绘制注册到全景图上，产生了一种简单但有效的协作型增强现实的形式。

12.3.2　包含虚拟物体的视频共享

包含虚拟物体的增强现实视频会议系统依靠传统的视频会议环境，通过网络传输实时视频数据及处理视频，以添加多种形式的增强现实信息。Barakonyi 等人 [2004a] 开发了一个增强现实系统，将远程参与者显示在一个二维窗口中。用户可以在场景中添加被跟踪的三维物体，通过标志进行操控。一个参与者的典型视图由两个窗口组成。一个窗口显示本地用户的镜像，允许其控制与手持标志的交互。另一个窗口显示远程参与者。该视频会议应用不仅可以传输视频，同时又可以在远程端共享跟踪信息和三维模型的状态（见图 12.7）。这种方法使得两端都可以显示同样的、含有真实和虚拟元素的增强现实视图。

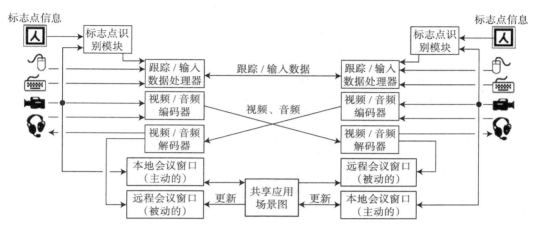

图 12.7　增强现实视频会议应用的系统概况。除了视频流，每一端共享从视频流中提取出来的跟踪信息并将其更新至一个共享场景代表中。这使得两端均能以可能的最高质量进行本地的增强现实渲染与合成（由 István Barakonyi 提供）

作为一个应用案例，Barakonyi 等人 [2004a] 讨论了一名医师向同事咨询一个医学数据集的情景（见图 12.8）。体数据的实时渲染是计算密集型的工作，并且由于压缩失真，将渲染的结果作为视频传送也不理想。在每一端进行本地的体渲染后，将结果叠加到视频图像上，则产生了理想的效果。

图 12.8　两位医师能够通过将增强现实视频会议同本地医学数据集的快速体渲染相结合来进行协作（由 István Barakonyi 提供）

Yamamoto 等人 [2008] 建议将增强现实视频协作从纯粹的虚拟物体拓展到称之为可触摸复制品的真实物体。通过这一方法，两个用户接触到完全一致的被跟踪物体。对其中一个复制品进行操作也会改变另一个。然而许多协作场景并没有提供提前知道会需要哪些物体的条件，因此限制了这个方法的普适性。

12.3.3　包含几何重建的视频共享

如果大视场或全景视频不足以建立远程用户的空间意识，可以考虑一种包含几何重建的视频共享方法。第 4 章中已经介绍了同时定位与地图构建（SLAM），可以通过单目视频生成三维场景表征。另一个解决方案是运用单个或多个深度传感器更加快速稳定地进行几何结构的捕获。这一功能对于用户身体等移动的对象尤其有用，仅凭单目 SLAM 技术无法高质量地捕捉这些对象。

通过多年的努力，如今已经可以比较轻松地用深度传感器捕捉几何模型了。由 Jaron Lanier[2001] 指导的国家远程沉浸计划为最初的八所以及后来的四所研究型大学提供了资助，在三年的时间内（1997 ~ 2000）推动了非营利研究集团 Internet2 的网络工程研究。该计划将现有的研究工作结合到远程沉浸式协作中，包括未来办公室的愿景 [Raskar et al. 1998]，并于 2000 年进行了研究示范，通过三维重建与三维增强的跟踪交互式混合现实技术，连接了北卡罗来纳大学教堂山分校、费城的宾夕法尼亚大学以及纽约阿蒙克高级网络与服务分部的办公室。虽然该研究示范是通过特定的硬件与软件实现的，但它代表了朝着支持同类体验的可负担的商用部件的重要概念验证。

通过将几何重建与视频共享相结合所产生的系统中，远程用户能够在重建的环境中导航并设定任意视点，不受本地用户当前视点的限制。注释的绘制可直接在重建的几何表面上进行，使得提供给另一用户的反馈与视点无关。

Reitmayr 等人 [2007] 讨论了一个早期的采用这一思路的系统。该系统中一个带有移动增强现实设备的工人向远程专家传输视频。不同于工人的移动计算机，远程专家的工作站有足够的计算能力，可以从接收到的视频中进行 SLAM 重建。远程专家可以在视频流中接收并注释物体。注释附加于点、圆盘以及长方形等由 SLAM 算法识别的简单几何形状上。只有工人摄像机坐标系中的注释需要作为反馈发送，从而可以被叠加在工人的视频流上。

Lee 和 Höllerer[2006] 提出了一种视频会议中移动摄像机实时视频的稳像方法。该方法通过跟踪视频流中的二维特征构建增强现实视图并估算视频中可见的主平面的单应。本地和远程的参与者均可以对这样一个平面物理会面空间进行注释，即使视点在一定程度上有所改变，在该空间内的注释是静止的。

由 Gauglitz 等人 [2014a] 开发的远程协作系统使用一个 SLAM 系统来识别环境中特征点的三维位置。通过从估算的摄像机视点投影视频关键帧将特征点三角化并进行纹理映射。最终的三维模型在几何上是粗糙的，但在视觉上细致地表征了工作者的环境（见图 12.9）。远程专家能够从任意视点观看模型并用一个触控屏对其进行注释 [Gauglitz et al. 2014b]。Adcock 等人 [2013] 和 Sodhi 等人 [2013a] 开发的系统运用深度传感器重建环境，让远程专家几乎可以立刻获取一个可用的几何模型。他们运用了一个几乎无法在户外工作的 Kinect 传感器。

Maimone 和 Fuchs[2012] 讨论了一个使用多个深度传感器获取实时帧率下用户环境详细几何表征的远程呈现系统。这样一个系统的搭建需要耗费空间与精力，但其产生的丰富三维表征能够真实地显示进行全身运动的参与者。Pejsa 等人 [2016] 致力于提取本地参与者的三维数据并向远程空间投影真人尺寸的虚拟复制品。

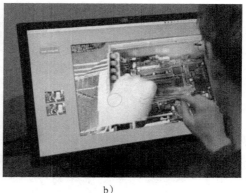

a)　　　　　　　　　　　　　　　　b)

图 12.9　远程指导在个人计算机上替换存储体。远程专家（b）可以直接在移动用户的视
　　　　图中绘制注释。在触屏交互期间，实时视频反馈进行了稳像，视频被连续地正
　　　　确投影到持续更新的模型上面（由 Steffen Gauglitz 提供）

12.3.4　指向和手势

　　能够通过指向或手势提供空间参照被认为是成功的远程协作中的一项重要元素。诸
如 Wellner 和 Freeman[1993] 的 DoubleDigitalDesk 的早期工作传输了用户在一张桌子
上进行操作的手部视频图像。Bauer 等人 [1999] 从一项用户研究中得到的经验数据证明
了能够进行指向确实是远程协作的一个重要方面。用户手部视频所传输的不仅仅是指向，
也包括其他形式的手势，比如传达形状、指示两手间的距离以及演示运动轨迹等 [Fussell
et al. 2004]。更多的近期工作能够传输移动工作者的手部视频 [Alem et al. 2011] [Huang
and Alem 2013]。

　　如果不能传输手部视频，那么可以用一个形如二维或者三维箭头的虚拟指向标来作为指
向任务中的一个替代 [Chastine et al. 2008]，或者采用特殊的硬件。Kurata 等人 [2004] 描述
了一个安装在工人肩部的倾斜平台，带有一个摄像机和激光笔。这套设备可以由专家远程控
制以改变视角以及用激光笔在环境中标志物体。理想情况下，虚拟指向标和注释应该在世界
坐标下保持稳定；也就是说如果需要，在远程协作者的视野中它们应该与相应的物理位置相
联系，这需要跟踪 [Gauglitz et al. 2014b]。

　　手势的三维表征可以通过深度传感器 [Sodhi et al. 2013a] 或多个摄像机获取。Stafford
等人 [2006] 提出了用来提升漫游用户协作的"上帝之手"（Hand of God，HOG）。该系统
由一个小型圆柱体工作空间组成，配置了多台摄像机，支持瞬时基于图像并覆盖工作空间
所有事物的拍摄、传输和渲染。远程用户在一个显著放大的尺度上看到放入工作空间的任
何事物的基于图像的三维渲染，即数米的实际高度。HOG 用户的一个典型交互方式是将
一只手放入工作空间，使得一只放大的手出现在远程用户面前并指向一个特定位置（见图
12.10）。另一项应用是将一张带有注释的便利贴放入圆柱体中，远程用户会将其看作一个
大的公告板。

12.3.5　包含敏捷用户的远程协作

　　HOG 暗示了含有在广域内漫游敏捷用户的非对称远程协作的可能性。例如，一个静止

用户可以为一个进行侦查的移动用户提供指导或者监督。Höllerer 等人 [1999b] 展示了这种室内室外协作的一个早期案例。在他们的应用中，一名穿戴增强现实系统（见图 12.11a）的户外用户在哥伦比亚大学内漫游，并与一名室内用户相连接。室内用户使用一个桌面界面（见图 12.11b）或者一个沉浸式虚拟现实界面（运用头戴式显示器），在两种情况下都显示了一张三维校园地图。室内用户可以与室外用户交流并提供视觉线索，包括导航路线和放置于环境中用于标记感兴趣对象的旗帜。

a)   b)

图 12.10   a）静态系统通过多个视点记录用户用来指向的手。b）出现在移动用户增强
现实视野中的"上帝之手"，标识一个特定位置（由 Aaron Stafford 和 Bruce
Thomas 提供）

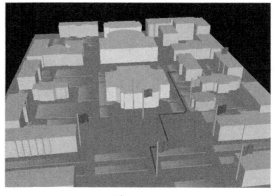

a)   b)

图 12.11   a）一个漫游于大学校园内的室外用户（从一个头戴式显示器中观看），b）一
个为移动用户提供行进路线的静止用户（虚拟现实视图）之间的协作（由哥伦
比亚大学提供，见彩插）

12.4 小结

增强现实适用于多种类型的协作界面。它是一项用于同步协作的尤为强大的技术，同步协作中两个或者更多的用户共同体验并操控增强的真实世界。最自然的方法可能是共享

空间的理念，同地增强现实用户们看到同样的真实和虚拟物体，但是每个用户可以设定其个人视点。该方法的优势来自关于虚拟（或被增强）物体的共同体验，不需要特定的成熟协作工具。

协作增强现实的另一个同等重要的领域是远程协作。基于传统视频会议系统，可以通过引入虚拟的或增强的对象或是将远程用户呈现为视频替身来添加增强现实视图。增强现实远程协作同样适用于非对称场景，一个用户捕捉实时视频或者甚至是实时几何场景表征，而另一个用户以第一用户视角直接提供反馈。这种设置适用于含有远程专家咨询的多种情景。

软 件 架 构

本章主要关注增强现实系统的软件架构。在软件技术方面，增强现实是一个高要求的应用领域，它汇集了许多领域的组件，并且每个领域都有其自身的挑战。不论是增强现实还是虚拟现实都具有将不同的组件集成到一个实时应用程序中的复杂性。除此之外，增强现实还有更多的需求，比如和现实世界的融合以及支持移动计算方式等，这些使得增强现实提出比虚拟现实更高的要求。

我们首先进行通用的需求分析，然后对增强现实中软件架构的多种方案进行讨论。在讨论中，我们使用的案例来自已有的各种增强现实和虚拟现实系统，其原因在于在软件架构上这两个领域经常有相似的需求。

作为典型的基础，增强现实建立在**分布式对象系统**上。在这些系统中，**数据流方法**经常用来设计通信和控制，特别是对输入设备数据流的处理。此外，**场景图**经常用来描述增强现实应用程序的图形部分。最后，脚本语言和运行时的重配置功能可以提高增强现实应用开发人员的效率。

本章首先考虑诱发所提出解决方案的需求。精心设计的软件应该具有正确实现功能、可靠、易于理解、高度可用、有效且可维护的属性，具有这些属性的每段程序都会用到架构抽象。我们首先简单地讨论作为增强现实软件两个最重要的基础——平台和用户界面抽象。然后我们讨论复用和扩展，最后关注分布式计算和实时分布混合现实软件系统的重要概念之一，即**解耦仿真**。在讨论中，我们将重复地使用高质量软件设计的原则——**设计模式**的概念 [Gamma et al. 1995] [Buschmann et al. 1996] [Fowler 2003]。

然而，我们首先要讨论增强现实系统的显著特点和软件设计的基本要求之一，即计算和交互发生在物理世界中，因此需要在物理世界中反应和关联这一事实。

13.1 增强现实应用程序的要求

增强现实系统最与众不同的特点是其用户界面（UI）与物理世界密切相关这一事实。一个典型的增强现实用户界面包含真实物体和虚拟物体，两者都有潜在的影响信息显示和交互的可能。这就导致对环境控制、场景动态、显示空间管理、虚实一致以及语义化知识的要求 [Höllerer 2004]。

13.1.1 环境控制和场景动态

增强现实系统需要能够对用户视线方向的改变和复杂且不可预知的真实世界做出实时反应。相比较而言，台式机的用户界面是静态的，而虚拟现实界面同样是实时动态的，通常可以通过轻微地调节和调整布局来优化用户交互。增强现实的界面灵活性较低，其原因在于真实世界一般不能被用户所控制。假设一个增强现实应用程序需要保证用户对物理对象的无阻碍观察（比如博物馆的一个雕塑）。这个系统需要准备如下情况：没有注视雕像的用户；一个遮挡物，比如另一个正走进此用户和雕像之间的参观者；由于系统不可控的真实世界影响，使雕塑外观发生巨大的改变（比如关掉雕像上的照明聚光灯）。很多真实世界环境可以通过强健通用的系统默认值（例如鲁棒的跟踪系统）、环境感知（例如带有照明匹配的显示器）以及好的用户界面设计（例如系统识别到当前视图不是最优且不能被自动纠正修改则引导用户去进行改善）进行合理调节。虽然增强现实系统必须针对真实世界场景的动态变化做出反应，但是由于标注的非必要移动会分散注意力，增强现实的屏幕构图不应过度改变[Bell et al. 2001]。

13.1.2　显示空间

虚拟现实和增强现实共有的潜在特性是提供了用户周围的无限显示空间，但是在任何时间只有一个相对较小的视点窗口是可见的。对于增强现实而言，主要的不同在于空间被真实世界所制约。与此同时，增强现实提供了许多和真实世界架构进行集成的可能。举例来说，增强现实系统可以将许多不同显示器和在物理世界中存在的计算接口连接起来，例如广告牌、显示墙、监视器、平板电脑、智能手机和可穿戴装备。因此，增强现实系统基础设施必须能够成为分布式计算环境的一部分。

13.1.3　虚实一致

人们从孩童时期就开始学习，已经具有了很多年如何与物理世界进行交互的经验。人们已经知道如何使用和观看桌面电脑以及最近流行的多点触屏智能手机和平板电脑（现在越来越多地从幼儿早期就开始使用）。这些更传统的计算机平台定义了自己的用户界面逻辑：与物理世界解耦并从中借用了隐喻（例如，在多点触屏装置轻击滚动，视图会产生减速运动，在假定的摩擦参数情况下大致遵循物理定律）。虚拟现实的接口界面目前还没有实现真正的标准化，因此有机会开发新的用户界面标准，包括潜在的超越自然交互的"不可思议"用户界面[Bowman et al. 2006]。增强现实同样存在这一潜力，但是对与物理世界的用户交互和系统输出的协调一致性有更严格的要求。一般来说，增强现实系统需要保持相互关联的物理和虚拟对象的状态，要么保持其相互的一致性，要么有目的地破坏这种一致关系。正如第7章讨论的，这可以超越（第6章中讨论的）纯粹的视觉一致性。

13.1.4　语义知识

我们已经几次提到物理对象和虚拟对象之间的关系，通常情况下这种关系体现为附在物理对象上的文本标签或超链接等简单的注释形式，这种关系也可以更复杂，如虚拟会话代理[Anabuki et al. 2000] 的可编程运动行为以及与特定区域的动态链接。显然在增强现实系统中为了做出虚拟对象的使用和放置的明智决策，需要建立物理对象和虚拟对象之间的语义关系。为此需要获取关于物理对象、虚拟增强的类型以及两者之间关系的信息。总之，对于增强现实，感知和解释物理世界是一项越来越重要的需求。

13.1.5　物理空间

与桌面和虚拟现实应用相比，增强现实的另一个主要不同点在于它使用物理运动。增强现实用户通常在物理世界中移动。用户在使用增强现实系统时移动遍历的物理环境的大小规格对采用的跟踪技术和可变的物理环境提出了严苛的要求（例如城市峡谷干扰 GPS 信号的接收）。随着时间和空间的变化，使用不同的跟踪技术可能会导致跟踪精度上的巨大差异，而一个好的跟踪系统应该可以应付这一问题 [MacIntyre and Coelho 2000][Höllerer et al. 2001b]。

13.2　软件工程要求

增强现实软件不仅需要满足真实世界条件下的可操作性，还要解决源于复杂软件系统工程的需求。

13.2.1　平台抽象

为了使增强现实应用可以在任意数量的目标系统上运行，必须提供跨平台的兼容性，这其中可能包括各种操作系统、用户界面工具箱以及图形库。平台的独立性可以避免厂商锁定并且有利于采用更新、更强大的硬件，这一点对于快速变化的移动设备市场非常重要。一般而言，独立于特定平台对所有软件特性的要求。增强现实结合了更多的方面，特别是涉及输入和输出设备间的差异性，因此在增强现实领域这一特性十分重要。应用程序不仅需要了解当前的设备配置，并且能够适应其他设备来保持其可用性和有效性。

平台独立性也能让带有异构软件基础设备的成套计算机上运行分布式增强现实应用变得简单。在应用程序本身强加了某种限制时，这种适应性十分有用。例如，某些输入设备的驱动程序只有 Windows 版本，而图形应用程序的现有代码只能在 Linux 上运行，如果底层增强实现平台有这种自适应性，我们就不需要将代码从一个平台移植到另一个平台，而是只需创建一个由 Windows 系统和 Linux 系统混合的简单分布式系统。

可移植性意味着增强现实应用的源代码可以在任意目标平台上编译，这些源代码可以完全不改动或者只改动很小一部分。这可以通过调用中间平台抽象层的系统特定函数来实现。一个通用的抽象层通常包含在 Unity [Hocking 2015] 等虚拟现实和增强现实游戏开发平台、Qt [Dalheimer 2002] 等用户界面工具包以及 ACE [Schmidt and Huston 2001] 等网络设计工具包中，可以被开发人员扩展为覆盖所有增强现实系统中与具体平台相关的需求。在使用第三方库时，建议选择支持所有目标平台的产品。如果没有第三方库，只要系统被设计为在没有这个库提供的特定功能的条件下仍然可以在其他平台上使用，则单一平台库可以被集成。

13.2.2　用户界面抽象

尽管基本的平台抽象是非常直观简单的要求，考虑到增强现实需求的用户界面抽象在概念上具有更复杂的要求。与总是用鼠标和键盘操作并采用 WIMP（Windows 窗口、Icons 图标、Menus 菜单、Pointer 指针）范式的桌面应用程序不同，增强现实没有单一的用户界面模板（参见第 6 章）。因此需要从特定的用户界面样式和设备中独立出来。这种方法可以在不考虑增强现实用户界面的情况下开发应用程序逻辑，而用户界面在开发过程中很可能会难以或不方便操作和测试。

举例来说，假设一个应用程序希望从大范围跟踪装置得到输入，不仅跟踪器的选择可能会推迟到开发过程后期以便利用最新的硬件开发成果，而且通过仿真在大范围环境中漫游的用户输入可以方便开发人员测试。替换输入设备是一个相对简单的用户界面抽象方法，交互技术替换（融合了图形或其他反馈输入）更加复杂并且可能严重影响用户体验。

13.2.3　重用性和扩展性

增强现实系统应该促进软件组件的重用性。重用性是现代面向对象编程语言的一个通用目标，通过抽象在类中实现基本的重用性是很简单的。但是增强现实应用程序需要超越这一点。增强现实面向生产新的用户体验，需要大量不断增加的原型制造，因此软件组件可以重新排列组合非常重要，从而无须写太多的复制代码。

同样，我们要求软件组件应该可以通过扩展来定制其行为，这不仅可以通过子类化加以实现（即扩展现有代码），还可以通过聚合几个组件成为更大功能单元构建元件来加以实现。一种可以聚合的体系结构将被证明更加通用。

13.2.4　分布式计算

如前所述，许多增强现实应用程序需要某种分布式计算。这种需求可能来自多个独立组件的组合以及在专门的硬件或平台上执行。分布式计算在可扩展的多用户系统中也是必要的，每个用户使用一台连接到一个通用网络的计算机客户端。在任何情况下都应该尽可能地让开发人员远离网络编程的复杂性。分布式应用程序的开发应该与集中式应用程序开发一样简单，或者开发人员可以避免使用分布式计算。

这意味着增强现实系统必须提供至少两个功能。第一，必须为软件组件提供一个统一的通信机制，使得通过网络进行通信如同本地通信一样容易。需要注意的是，通过网络信息传递事件通信得以扩展，因此交互系统中的基本通信模式通常基于事件传递而不是函数调用。第二，方便的实例化运行控制机制和分布式系统的调试是必要的。

13.2.5　解耦仿真

解耦仿真是分布式交互系统和虚拟（或增强）环境的基本概念。在这个模型中，一个系统至少包含两个软件组件，这两个组件同时执行独立的线程控制。每个组件负责模拟或保持环境的某一状态并以自己的步调执行 [Shaw et al. 1993]。环境状态的信息共享则在按需知密的基础上从一个组件异步传递到另一个组件。

例如，一个组件可能与仿真对象的物理状态有关，而另一个组件负责绘制三维场景。为了产生流畅的动画，画面要以屏幕刷新速度进行更新，因此需要比物理更新更频繁。类似地，位姿跟踪和用户交互应在单独的线程中进行处理，这样在画面刷新时就不会产生不必要的减速或者停止。解耦仿真模型可以简化这个方案的实现，因为只需要考虑局部改变，组件解耦使得重新配置并扩展至整个系统更加容易。

13.3　分布式对象系统

分布式对象系统形成了基本中间件，这是最先进的增强现实系统赖以实现的根本。通用的中间件（如 CORBA[Henning and Vinoski 1999]、Java RMI[Grosso 2001] 以及 ICE[Henning 2004]）的目的是为了提高平台独立和分布式计算的抽象层次。分布式对象系统引入的基本思想是对象（即软件组件）可以被实例化并且可以在网络中的任何位置操作。

通过远程方法调用或通过信息传递都可以方便对象间的通信。因为在实时系统中需要对象独立线程控制和异步通信，信息传递方式更适用于使用解耦仿真模型的实时系统。因此在CORBA 等传统的对象系统中使用相对重量级的对象，每一个对象都拥有单独的线程甚至进程。在其他一些方法中，系统的基本对象就较为轻量了，多个对象共享一个线程。

如果存在多个控制线程，不论相应的软件对象是位于同一台主机上还是多台主机上，主应用程序和从属服务对象之间的界限变得模糊了。用户体验是多个软件对象协同合作共同带来的效果，一些软件对象直接与人类用户进行交互，而其他软件对象则在后台操作。有时，一个软件对象可能承担"主要"角色，根据需要创建或者销毁其他软件对象。缺少一个专用的应用程序组件意味着颠倒控制模式的使用 [Fowler 2003]：在建立构成应用程序的分布式对象之后，事件的生成和信息的转发就决定了应用程序的表现，没有任何一个单独的软件对象可以完全控制其他所有的软件。

分布式对象的集合可以被一个主控制对象或者启动设备实例化且有线通信。最简单的情况是启动设备以空对象存储开始，应用分布式应用程序整体框架的详细知识来创建对象的集合。初始化后集合中的每个组件开始进行本地操作，只与其熟知的同级对象进行通信。

在实际应用环境中，这种使用中央集中控制知识的简单方案是不够的。例如，当有新的组件出现在物理世界范围内时，移动端的增强现实运行过程中必须建立新的实时通信链路。在其他情况下，形如设备服务器的某些组件可以连续运行并且可以在很长时间内为任何合适的客户端提供服务。启动设备不能随意实例化一个新的设备服务器，它必须寻找并绑定到已有的一个服务器上。通常，任何对象的存在和寿命都有所不同，每个对象都可以随时进行情境调查并进行自身行为的调整。这是与单主机、单进程、单用户环境编程的根本区别。

13.3.1　对象管理

获得系统灵活性的一个重要前提是实时系统或者中间件的内省能力，这指的是系统分析其自身结构的能力，例如对象或者组件的分型。最简单的例子是一个指向类或者方法的指针可以被转换为该类或者方法名称的字符串，反之亦然。Java 和 C# 等较新的编程语言在语言层次上提供了内省支持，而出于性能方面的考虑，增强现实系统大多通过传统的 C++ 开发。可以通过引入一个定义语言的接口或注释代码源（比如通过预处理或者预编译）加入内省功能。

通过内省功能就可以很容易地创建对象管理器（在 CORBA 中叫作"代理"）来负责管理分布式系统中的对象：对象要在对象管理器维护的全系统数据库中进行配准，其中包含对象属性和接口的详细信息。通过网络透明处理正在响应返回的所需对象，可以找寻服务对象以及通过查询对象管理器中特定对象的类型或特性来建立新的连接。通常这项发现由 SLP[Guttman 1999] 或 Bonjour[Cheshire and Krochma 2006] 等专门的服务定位协议辅助。对象可以在远程主机上通过工厂方法创建 [Gamma et al. 1995]。内省也可以使对象集合序列化、持续存储或通过网络传输。

某些增强现实系统的创建者选择只实现一个本地对象管理器，并不打算提供对应用程序透明的对象分布（即本地和远程对象的统一通信）。该方案的优点是可以从 C++ 开始创建一个简单的本地对象管理器，不依赖于任何重量级的网络库。这种框架结构的例子包括用于增强现实和虚拟现实的 AMIRE [Zauner et al. 2003] 以及用于 CAVE[Cruz-Neira et al. 1993] 等传统虚拟现实的 Juggler [Bierbaum et al. 2001]。

本地对象管理可以很容易地以对象发送和接收的显式（非透明式）分配机制进行扩展。应用程序员必须成对地设置这些对象以便通过网络进行显式通信。如果只需要少数几条通常会与数据流结构一同出现的静态网络通信路径（见 13.4 节），则该方法符合人因工效学。Tinmith [Piekarski and Thomas 2003] 等几种流行的增强现实框架选择了这种方式。另一个虚拟现实领域的例子是 AVANGO（又名 Avocado）[Tramberend 1999]。OpenTracker [Reitmayr and Schmalstieg 2005] 是一个管理增强现实设备数据流的库，同样使用了显式网络。Avalon[Seibert and Dähne 2006] 通过 Bonjour 自动解决指定有名目标网络位置的方法使显式网络更加便捷。

从头开始建立一个完全透明的分布式对象增强现实实时系统需要付出相当大的努力。为实现这一目标的研究工作依赖于已有的中间件实现方法。例如，MORGAN [Ohlenburg et al. 2004] 将建立在 CORBA 的对象存储和对象间通信的发布 – 订阅模式连接起来。

在 DWARF [Bauer et al. 2001] 中使用了一个更彻底的设计方案。DWARF 也是一个基于组件的、建立在 CORBA 上的分布式系统，但没有使用依靠整体应用框架和组件间通信需求中心控制知识的传统启动装置。在调用时，组件（在 DWARF 叫作服务）在对象管理器中通过所谓的需求和能力来配准接口。该管理器匹配需求和能力，并在运行中以巧妙的方式连接合适的组件。应用程序的行为表现为匹配需求和能力的结果。

这种方法有几个理论优势。需要特别指出的是，因为用户可以在任意时刻关闭和更换组件，增强现实系统的寿命将会大大延长。这一能力在实际开发时是非常有用的，不需要进行整个系统重启即可在运行时进行调试和修改。DWARF 的灵活性同样适用于移动增强现实应用程序，它可以自动适应不断变化的基础设施建筑。例如，系统组件可以监视跟踪精度，一旦可能就切换到更好的跟踪系统。同样，终端用户可以在无须修改系统配置的情况下将模块插接在一起并从新模块中获益（在消费类电子产品中称为"即插即用"的特点）。但是不利的一面是 DWARF 的灵活性来自基于 CORBA 的通信和连续匹配过程的管理成本，如果没有其他改进措施，DWARF 方法并不能很好地处理并发对象。

13.3.2 案例学习："绵羊"

作为一个基于分布式对象体系结构的多模态系统的例子，我们将讨论"绵羊" [MacWilliams et al. 2003]。"绵羊"是一个多人游戏，应用 DWARF 服务同时完成四项活动：可视化、跟踪、交互和绵羊的仿真。其应用程序通过 DWARF 服务的形式集成了多个第三方库（比如 3D 图形、跟踪、语音识别）。

图 13.1 和图 13.2 显示了"绵羊"牧场的几个视图。一个投影桌显示了场景的自上而下视图，带有头部跟踪的头戴式显示器和被跟踪的笔记本电脑屏幕呈现第一人称视角。此外，携带个人数字助理的用户可以从牧场上挑选一只绵羊并在手持屏幕上看到它。

"绵羊"的系统体系结构包括跟踪和校准、呈现（VRML 渲染和声音输出）、交互（包括跟踪实体碰撞检测和语音识别）以及绵羊仿真模块。每个模块使用多个服务，这些服务通过表达需求和能力连接。在分布式系统中可以执行同一服务的多个实例。当跟踪服务存在于一个实例中并向所有感兴趣组件发送位置更新时，用户界面控制器以及 VRML 浏览服务器和观看设备的实例数量是一样的。最大的服务组与绵羊有关，每一只绵羊都由单独的绵羊服务表示。

红外跟踪系统从 ART（http://www.ar-tracking.de/）中通过 UDP 数据流传送高质量的位姿更新并被转换为 DWARF 服务所能理解的位姿事件。校准后位姿事件由其他应用服务使用。

羊群仿真是通过以个体服务为代表的绵羊之间的分布式方式实现的。所有的绵羊交换它们当前的位姿并且这一信息可用来确定每只绵羊的移动。每只绵羊的目标都是待在羊群附近并避免与其他绵羊碰撞。这个游戏还特别配备了一只被跟踪的真羊，用来引导羊群到达特定的位置。

图 13.1   "绵羊"的物理组成部分包括多用户使用的投影桌、头戴式显示器和笔记本电脑等观看设备以及各种跟踪设备

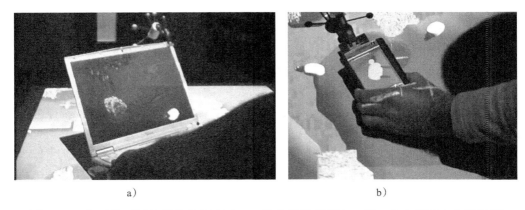

a)   b)

图 13.2   a)两种不同的绵羊牧场表示,一种在投影桌面上,另一种在笔记本电脑屏幕上。b)用户选择一只绵羊并在个人数字助理上面仔细检视(由 Gudrun Klinker 提供,见彩插)

浏览器服务与绵羊连接用来展示羊群和牧场。此外跟踪视图与跟踪服务相连接以更新在用户移动时用来决定场景视图的虚拟摄像机。最后用户界面控制器收集语音识别事件等用户输入,并使用简单的状态机决定系统对用户输入的适当反应。

13.4   数据流

在前面详细介绍的基于组件的方法中,不论是本地还是分布式的都要结合数据流,即一个管道与过滤器体系结构 [Buschmann et al. 1996]。增强现实应用程序使用各种产生数据流或者离散事件的输入器件和设备，我们将数据流和离散事件统称为事件。一个事件在触发到用户可以感知的任何效果之前通常会经历一系列的步骤。例如，硬件设备产生位置跟踪器事件并通过设备驱动程序读取，之后根据应用程序的要求进行适应转化，最后通过网络传输到其他主机。不同的设置和应用程序可能需要不同的子集和子集的组合，但是单独的步骤在大量的应用程序中都会遇到，这包括几何变换和数据融合过滤器等常见的步骤。然而，数据流不一定局限于设备或用户输入事件，应用程序的任意组件可以形成新的事件并传入数据流系统。例如，一个物理仿真可以产生与真实和虚拟物体碰撞检测相关的事件。

一个数据流系统的主要概念是将数据操作分解成个体步骤并为这些步骤建立一个数据流图。数据流图同样从访问和操纵原始事件的细节进行抽象，这一抽象是通过在事件生产者和消费事件的应用程序间形成架构层来实现的。因为允许事件循环传递通常非常麻烦且不必要，数据流的拓扑结构通常是一个有向无环图。

13.4.1　数据流图

数据流图中的每个操作单元被称作一个节点。节点通过描述流向的有向边连接。每个节点可以有多个输入和输出端口。一个端口是一个边的不同连接点，也就是说，节点可以区分通过不同节点端口的事件。一个节点的输出端口（前节点）连接着另一个节点的兼容输入端口（后节点）。这通过定义图中的有向边建立了流。接收新事件的节点通过一个输入计算内部状态的更新并通过其输出端口发送一个或多个新事件。在某些体系结构中也允许将一个输出端口连接到多个输入端口，或者将多个输出端口连接到一个输入端口。这样的扇入或扇出连接可以更紧凑地表示复杂图形，并且可以通过时间复用和解复用来处理事件的传播。

我们讨论三种类型的节点：

- **源节点**没有输入端口，从外部源接收数据值。大多数源节点封装了访问特定输入设备的设备驱动程序。其他源节点形成访问视觉跟踪库等独立系统的连接。源节点还可以从网络检索数据或者提供调试输入。
- **滤波器节点**是具有至少一个输入和一个输出端口的中间节点；它们对从其他节点接收到的值进行修改。滤波器节点接收来自其他节点的值，当接收到来自一个或多个节点的更新时，滤波器节点根据收集的数据计算状态的更新。滤波器节点的例子包括：几何变换过滤器（例如通过变换矩阵的向量前或后乘），布尔值逻辑运算（例如通过按钮生成，用于预测的信号滤波），平滑或去噪，数据选择，聚集或融合，数据空间的转换，以及到用户指定时间间隔的数值截断。
- **汇聚节点**没有输出端口，用来触发数据流之外的组件。汇聚节点与源节点相似，但是用来提供数据而不是接收数据，这包括将数据传输到驻留在数据流图外的应用程序对象，通过网络传输或者多点广播到其他主机，记录文件以及显示控制台输出等。

13.4.2　多模态交互

多模态交互需要数据流系统具有处理、混合以及匹配各种类型数据的能力。在一个广泛用于场景图库嵌入式数据流的简单实现中 [Strauss and Carey 1992] 的事件包含一个单一的数据项，可从固定（有时是可扩展的）基本类型数据集中进行类型选择，包括布尔、整型、字符串或浮点 3 向量。输入和输出端口被同样类型化并且只接收兼容端口的连接，这可能通过隐式类型转换实现。只要数据类型已知，该方案就可以建立包含混合事件类型的数据流，但是这样一个简单方案不能处理聚合事件。例如，触摸屏可以将点击操作的 (x, y) 位置与点击的压力一起编码。标志跟踪库可以同时跟踪多个标志并同时实现位姿估计和标志识别。这些数据项属于一个整体，但它们不能映射到任何单一的基本数据类型。

为了处理聚合事件，一个选项是通过采用新的代表聚合信息的基本类型来扩展系统。不幸的是，该方案可以很容易导致非常专业数据类型的组合爆炸。此外，这种专业化的方法只能理解泛型，与现有节点的重复使用不兼容。OpenTracker 库提出了一个更先进的方法 [Spiczak et al. 2007]：将事件建模为存储多类型键/值对的容器。默认情况下，事件不包含任何特定的键或类型。节点可以生成新事件，将新的键/值对插入到现有事件或修改现有的键/值对。遵从懒惰型检查方法接收事件的节点按所需的关键属性进行检索。

如果接收到的事件中所需的属性不可用或者属性与预期值的类型不兼容，就会发生运行错误。为了避免这样的错误，应用程序的开发人员必须确保数据流图中合适的节点连接。在实际使用中，只有当数据流图通过不正确的方式组成时，运行错误才会发生，因此这样的错误不算是一个大问题。

由于这一方案在访问事件数据上会消耗更多的管理成本，因此事件是通过引用调用而不是通过值调用传递的，从而可以避免耗时的复制操作。但是，也有一些值调用不能使用的例外。例如，当两个连接的节点不驻留在同一地址空间或者遇到扇出时，必须向接收端提供事件的详细副本。如果事件必须通过网络传送，必须参照包含在事件中的类型信息来序列化事件。

13.4.3　线程和调度

对于如何操作数据流图中的节点问题有两种可能的方案，取决于设置的是哪个线程：节点可以等待主线程调用，或者由节点控制一个独立的线程。当需要解耦仿真时，一个独立的控制线程非常有用，例如当设备的驱动程序需要一个完全停止单一线程系统的阻塞等待时。

与此相反，分配多个节点到一个单一的主线程在计算资源方面更经济，还可以给出节点更新调度的主线程控制。主线程可以从多个调度策略中选择，这取决于如何处理事件的时间问题。我们可以将这种调度策略分为推送策略和拉引策略：

- 推送策略（见图 13.3a）简单地将新事件从前节点转发到后节点。为了考虑并发性，每一个事件必须由产生的节点生成时间戳。后续的节点可以对数据的时间方面作出反应。例如一个预测节点将会考虑后续事件之间的时间差以更新输出。理想情况下，调度算法会按因果顺序访问节点，因此只有在访问一个节点之前的所有节点之后才会访问当前节点。但是如果最新事件的传播出现几个仿真周期的延迟是可以被接受的，只要所有节点都最终被访问到，调度就可以任意顺序发生。
- 在拉引策略（见图 13.3b）中，后续节点通过物理或逻辑时间值作为参数轮询它们的前节点。拉引策略对于操作成组事件的节点是必要的，例如加窗滤波，或者是节点运行在一个特定的时间点（如预测节点）。

为了实现拉引，多个事件在图的边缘排列。同样，所有事件必须被再一次加上时间戳，调用者提供的时间被用来选择队列的意愿输入，可能需要时间内插甚至外插。由于这会导致更多的管理成本，所以拉引策略通常只在必要时实施。

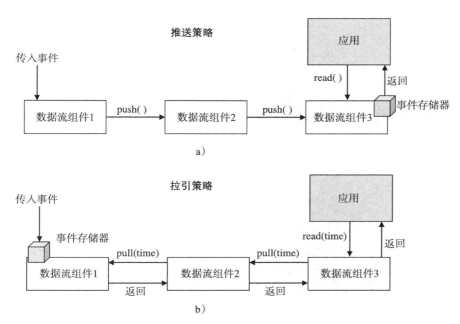

图 13.3　a）推送策略将最新的事件转发到一个接收器（缓冲区），在那里可以被立即检索。b）拉引策略使用可由时间参数化的递归查询，与数据流的方向相反

13.4.4　案例学习：可穿戴的增强现实装置

我们以一个早期的可穿戴增强现实装置作为案例。该装置大约设计于 2001 年，使用 OpenTracker 操作 [Reitmayr and Schmalstieg 2005] 和运行 Windows 2000 的带有 1GHz 处理器的笔记本电脑。其输出设备是索尼 Glasstron 透视式彩色立体头戴显示器。显示器固定在用户佩戴的头盔上，在头盔上同时安装了一个 InterSense InterTrax2 方向传感器和一个用于互动道具基准标志跟踪的网络摄像机。电脑由背负背包的使用者携带。

主要的用户界面采用了笔式绘图板设置，使用了 Wacom 绘图板和笔。这两个设备通过标志被光学相机跟踪。笔的二维位置（由 Wacom 绘图板提供）被结合在进程中来提供更加精确的绘图板跟踪结果。图 13.4 显示了装置的概况。

用户和互动道具的跟踪通过结合不同来源的数据获得。OpenTracker 组件接收来自 InterTrax2 姿态追踪器的用户头部朝向，并由此提供一个身体绑定位置和世界绑定取向的坐标系统。

在这个坐标系中，笔和绘图板通过安装在头盔上的摄像机进行跟踪，采用 ARToolKit [Kato and Billinghurst 1999] 处理视频信息。因为摄像机和头戴式显示器都被固定在头盔上，所以相机坐标系和用户坐标系间的转换在校准步骤中就已经确定了。

通过在绘图板上安装一个标志足以让用户将绘图板举在其视野内并与显示在绘图板上的二维用户界面元素进行交互等标准操作。在笔上需要安装一个在五条自由边带有标志的立方体，这使得用户几乎可以在任何位置和方向跟踪笔。此外，每当用户用笔触碰绘图板时，所提供的更加精确的二维信息也被用来设置笔相对绘图板的位置。

描述必要的数据转换的数据流图如图 13.5 所示，其中顶端的圆形节点是封装设备驱动程序的源节点。底端的圆形节点是输出，将得到的数据复制到增强现实软件中。中间节点接收包含跟踪数据的事件，将其转换并向下传递。相对转换从两个不同的设备输入并将一个设备的位置解释为相对于另一个设备（称为基）位置的变化。

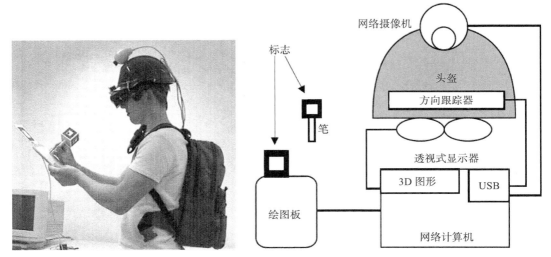

图 13.4   一个可穿戴增强现实装置，包括一个装有笔记本电脑的背包、配备惯性方向跟
          踪器和摄像机的头戴式显示器以及同样使用标志光学跟踪的手持平板和手写笔

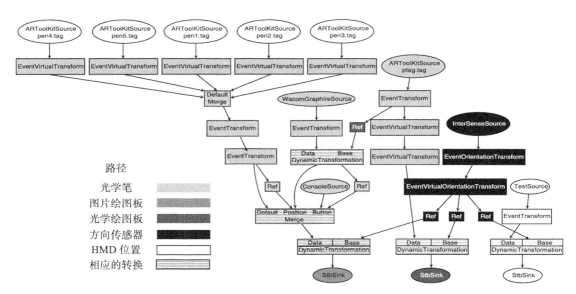

图 13.5   移动增强现实设备的跟踪配置数据流图。根据源指示了每个流。这个图表从配
          置描述中自动生成（由 Gerhard Reitmayr 提供）

在图中，连接不同灰度文本框的路径描述了如何处理不同的设备跟踪数据。相对转换用
阴影线文本框表示。例如光学笔的路径描述了五个标志，每一个标志都可以用来产生笔尖的
某一个位置。在将结果进行合并后继续传递。在与绘图板数据进行合并后，数据再次被转换
至由方向传感器建立的参考系统。

类似地，光学绘图板路径描述了通过计算来获取绘图板位置的方法。作为其副产品，用
光学绘图板信息一步完成将二维信息从图片绘图板路径转换到实际笔位置，然后与纯光学信

息融合。最后头戴式显示器位置路径用于提供头部位置信息。TestSource 节点的任务是提供一个常数值，通过方向传感器进行转化。

13.5 场景图

我们现在开始关注场景图——一个表示和渲染图形场景的广泛接受的数据结构，构成了图形工具包和游戏引擎的基础。场景图来自在渲染的场景中提供一个高级的、用于可视数据面向对象抽象的需求。三角形列表等代表一个传递到程序图形库（例如 OpenGL 或者 DirectX）图元绘制的一对一映射的单纯数据结构不适合较大的图形工程，因为它们不能代表具有意义属性的高级对象。

与这样的单纯数据结构不同，我们需要一个更加复杂的标识方法，可以明确描述包含在一个场景中的对象及其图形属性，从而可以避免重复数据库问题。也就是说，没有必要存储和单独维护对象仿真和绘图的表示。统一的表示也适用于三维直接交互，这在许多增强现实应用程序中是必不可少的。这个想法由 Open Inventor 概括为其格言"对象，而不是绘画"[Strauss and Carey 1992]。对于增强现实系统而言，场景图十分重要，因为包含在场景图中的对象可以用于虚拟和真实实体的建模，便于两种类型的统一处理。

13.5.1 场景图的基本原理

场景图是一个由节点组成的有向无环图。节点通过有向边缘连接形成层次结构。这种层次结构可以建模几何关系（例如桌腿与桌面相连）或者语义关系（例如球队的所有成员组合在一起）。这些层次结构关系通常可以表示成树结构，也可以表示为一个有向无环图，即一个节点可能有许多前节点。这允许用户从多个位置索引重用子图。例如，轿车的车轮可以通过四次指向代表一个单独车轮的同一个节点来表示，每次采用不同的几何变换。

节点是类的实例，决定了其在场景中的角色。叶节点对应几何图元，如长方体、球体、圆锥体或者三角形网格，或是图形场景中的其他重要对象，如灯光和摄像机。内部节点组成其子对象。颜色、纹理或者几何变换等属性节点可以由内节点或者叶节点表示，这取决于特定场景图形库选择的语义。图 13.6 给出了一个简单的例子。

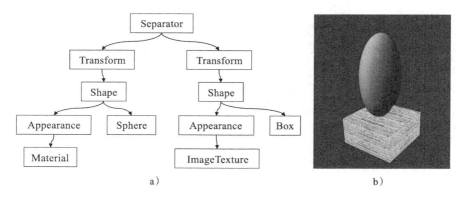

图 13.6　a）一个由红色椭球和带有砖块纹理的长方体构成的场景图；b）由场景图描述的几何场景的截图

每个节点由称为字段的属性构成。例如，一个球体节点具有中心和半径的字段。字段本身是对象并且能够在运行系统中交互，例如在观察者模式中被序列化或者作为被观察对象参

与 [Gamma et al. 1995]。基于节点和字段提供的面向对象的能力，整个场景图成为自我描述的（即具备反射能力）。

场景图通过图形遍历处理，即通过应用访问者模式 [Gamma et al. 1994]。通常，遍历从场景图的根到场景图的叶子按照深度优先顺序进行。遍历可以视为一个状态机的执行，在每个节点被访问或者其中一个节点的虚拟方法被调用时积累状态和触发副作用。最重要的遍历是渲染遍历，通过对每个节点调用渲染方法生成一个场景的视图，通常分发底层的图形命令（OpenGL 或者 DirectX）。其他类型的遍历包括视锥裁剪、包围盒计算、光线相交、寻找节点类型、序列化到文件以及设备事件处理等不同活动。

因为一个节点可以有多个前节点，所以在给定的遍历中可能会被访问不止一次。多次指向同一节点的原因是同一节点应该代表场景中多个不同的对象。为了区分这些场景对象，只提供一个单一节点的引用是不够的。相反，一个对象通过提供的引用列表唯一确定，只有从根节点到正在使用的代表对象的节点这一条路径。例如，应用程序可以通过提供路径的查询完成从根到特定对象的累积转换。

13.5.2 依赖图

场景的主要图形结构表示引导遍历的层次结构。在大多数场景图中，二次图形结构也被嵌入。这种所谓的依赖图表示一个数据流，与前面讨论的数据流非常相似。场景图中的数据流在个体字段之间通过字段连接建立。当场景图中的两个字段通过字段连接时，源字段值的任何改变都传递至目标字段。例如，可以设置一个始终与特定的源对象颜色相同的目标对象，从而主场景图结构分开的部分场景图可以被连接以表现共同行为。

13.5.3 场景图集成

已经出现了许多不同的涵盖各种设计目标的场景图形库，如优化并行渲染性能的图形库或是符合 VRML 或者 X3D 标准的图形库。鉴于场景图是解决增强现实框架下的图形渲染需求的最便捷方式，大多数框架均采用了某种形式的场景图。这种融合并不是很容易获得的，本节简单地讨论必须将场景图集成到增强现实框架中的技术选择。

一个常用的方法是将场景图嵌入增强现实框架（见图 13.7a）的渲染组件（即一个重量级对象）。如果增强现实框架已经基于重量级对象（例如，CORBA），则这样的选择就很合适，特别是在一个现有的第三方场景图必须被集成的情况下。例如，DWARF 使用 VRML 场景图查看器作为一个组件 [Bauer et al. 2001]，MORGAN 介绍了一种基于 X3D 的渲染组件 [Ohlenburg et al. 2004]。集成现有的场景图在潜在地提供一个丰富的图形功能集的同时避免了重复工作。然而，因为第三方场景图会引入其自带的 API，可能与增强现实框架的 API 不完全协调，这通常不能实现与增强现实框架非常紧密的集成。特别地，增强现实框架中传递的消息只能被发送到渲染组件而不是直接到场景图中的单个节点，渲染组件必须作为一个翻译器，这导致非常蹩脚的软件设计。

另外，如果更多细节组件可能被设计在增强现实框架中，一种常见的解决方式是通过在场景图中引入可以发送和接收用于增强现实框架（见图 13.7b）数据流信息的特殊节点类型来连接增强现实框架中的场景图和数据流。这一特殊的数据流节点实现了场景图节点的接口和数据流对象的接口，从而无缝连接了这两个系统，使这种方法广受欢迎。因为只有一个新的节点需要被实施，这种方法也与第三方场景十分兼容。例如，Avalon[Seibert and Dähne

2006] 将特殊节点嵌入基于 OpenSG [Reiners et al. 2002] 的 VRML 场景图，而 Studierstube [Schmalstieg et al. 2002] 嵌 入 OpenTracker 节 点 [Reitmayr and Schmalstieg 2005]。OSGAR [Coelho et al. 2004] 将 VRPN [Taylor et al. 2001] 与 OpenSceneGraph 数据流相结合。Avango [Tramberend 1999] 允许跨越网络将任意字段连接到基于 Performer [Rohlf and Helman 1994] 的场景图，从而实现了网络数据流。

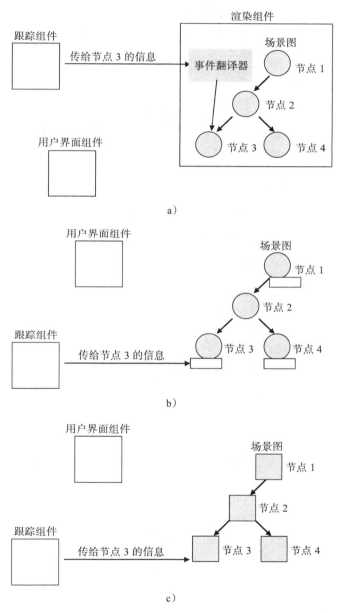

图 13.7　对全系统数据流和场景图系统的三种集成方法。a) 一个融合了第三方场景图的专门渲染组件需要使用事件翻译器来将信息从数据流网络传送到场景图。b) 场景图可以通过特殊的节点或字段被扩展，可以直接与数据流组件进行通信。c) 在同质体系结构中，场景图的类来自于数据流的类，场景图和数据流组件可以无缝通信

有很多从数据流网络向场景图传递信息的不同方式。例如，信息可以直接注入字段，由发布 – 订阅机制（即节点订阅某些事件）转发，或者作为场景图遍历的有效负载（允许实现分层过滤）。虽然直接注入字段是最常用的选项，但是最好的方法需要考虑应用程序的特殊需要。

第三种选项是作为专业化的层次对象系统从头开始实现场景图（见图 13.7c）。例如在 Tinmith 系统 [Piekarski and Thomas 2003] 中，所有的应用程序数据被分层整理为对象，便于进行对象和对象组寻址。场景图只是整体层级结构的子图，由"可渲染"对象组成并被指定渲染。因为场景图对象也是共用同一接口的通用对象，在 Tinmith 系统对象间的数据流以完全统一的方式工作。

13.5.4 分布式共享场景图

最后，我们把注意力转向场景图分布。正如我们所见，如果允许数据流跨网络，数据流系统自然就可以支持分布式应用。例如，通过使用跨网络的字段连接，这个想法可以被应用到场景图的数据流。在 Avango 系统 [Tramberend 1999] 中，网络化的字段连接提供了多用户或多屏幕应用的机制。联网机器系统中的每个主机存储其自身的场景图，但是相关的共享数据通过网络化的字段连接相连，提供了所需的跨机器边界同步。另一个相似的方法在数据流中引入了 Avalon [Seibert and Dahne 2006] 和 OpenTracker [Reitmayr and Schmalstieg 2005] 等特殊的"网络"节点。网络字段连接一般应用于主从拓扑结构中，用户输入被引导到主机，从机通过字段连接得到更新通知。

原理上，字段连接足以复制全部场景图。每个主机都可以存储场景图的副本并通过字段连接将所有字段连接到主副本。遗憾的是，这种方法需要大量的字段连接，因此不能很好地扩展。COTERIE [MacIntyre and Feiner 1998] 和分布式 Open Inventor [Hesina et al. 1999] 提供了一个更经济的方式：简单概括就是场景图被放置在分布式共享内存中，所有副本之间自动同步。从应用程序员的角度来看，多个主机共享一个单一的共同场景图。任何应用到部分场景图的操作反映到其他参与的主机上。这种同步方式对于程序员来说是几乎完全透明的。

分布式 Open Inventor 内部工作情况如下：信息传递用于同步场景图副本（见图 13.8）。通过安装一个观察者监视副本场景图的所有改变。在进行字段值改变或者场景图拓扑关系改

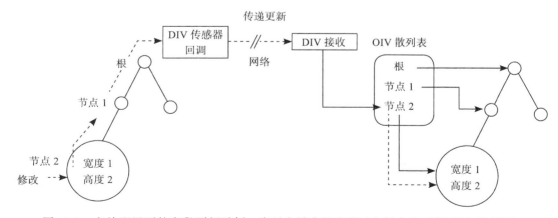

图 13.8   主从配置下的字段更新示例。当对主端中的字段（本例中为"高度"）进行更改时，通知会被传递到观察者对象。观察者通过网络发送更新。在从端中信息被解码，同时场景图中的复制字段被更改

变等修改时，观察者检测到这一变化并更新信息，然后将更新的信息传递给所有具有特定节点或场景图副本的其他主机。节点和字段的序列化可被用于在不需要预先确定特定的消息协议的条件下更新信息，而节点或者字段本身被编排或者逆编排负荷信息。在接收端，网络接听端解码信息并将更新应用于副本节点。如果需要多个用户的同等访问，这种简单的方法既可以工作于主从设置或通过某种形式的因果关系，或者是全序实现的对等同步。

13.6　开发者支持

目前为止，提出的软件抽象允许熟练的软件开发人员用强大的构建块设计和实施增强现实应用程序。这些强大的工具非常复杂，而且在实践中应用它们并不容易。对于生产工作，软件开发人员需要从增强现实框架中得到简单及容错的支持以及快速运转时间。后者的考虑特别重要，因为增强现实应用程序很少会从完成的设计中执行；与之相对，大量的原型迭代细化（MacIntyre 和 Feiner[1996] 称之为"探索性编程"）将成为首选的工作方式。这些需求促使脚本语言和运行时重新配置设备的采用。

13.6.1　参数配置

在增强现实应用程序的寿命周期内，许多参数会发生改变。重要的几类包括输入和输出设备的设置；应用程序的内容描述，尤其是包含真实世界对象的三维场景以及用户界面的各个方面，例如可用的菜单功能函数。与在应用程序或系统源代码上确定这些参数相比，提供某种形式的配置文件是一个更好的解决方案。

配置文件的最简单现实只是文本文件中的一系列键/值对。这样一个行对行配置通常是在设想一个新的系统或应用程序时关于构造配置的第一步。其主要的优点是简洁，避免了对配置文件的复杂解析器的需求。尽管很快，当加入多个物理环境（例如台式机仿真和移动端增强现实设置）和带有个人喜好的多用户时，无序键/值对的集合就变得很难处理。

13.6.2　脚本声明

更强大的方法是进行层次描述格式以及某种形式的支持可区分参数名称等元信息的普通文本标记语言。分层格式可以自然地表达嵌套格式以及场景图或数据流图，通常"几乎"是树的形式（即只有数个节点且父节点多于一个），当被一个线性的文本形式描述时必须使用特殊的句法引用。代码 13.1 是一个分层场景图的例子。

代码 13.1　图 13.6 的 VRML 模型的文本表示

```
#VRML V2.0 utf8
Separator {
  Transform {
    translation 0 1.5 0
    scale 0.5 1.5 1
    children[
      Shape {
        appearance Appearance {
          material Material { diffuseColor 0.8 0 0.2 }
        }
        geometry Sphere{ radius .5 }
      }
```

```
      ]
    }
  Transform {
    translation 0 0.5 0
    children [
      Shape {
        appearance Appearance {
          texture ImageTexture { url "brick.gif" }
        }
        geometry Box { size 1 0.5 1 }
      }
    ]
  }
}
```

在线信息系统的愿望是维持人可以理解、机器可以处理的通用代理，促使了可扩展标记语言（XML）的发展。使用新 XML 语言的方便性和其解析处理工具的易用性，使得 XML 广泛用于作为配置工具的原格式。例如，基于 XML 的配置格式用于 OpenTracker[Reitmayr and Schmalstieg 2005]、Tinmith[Piekarski and Thomas 2003]、MORGAN 的 X3D 场景图 [Ohlenburg et al. 2004] 等。

场景图和数据流图的分层结构描述在很大程度上决定了一个应用程序的内容和表现。它不仅仅是一个配置帮助，更应该被看成是脚本声明或编程。层次输入描述被有效地解析为增强现实框架的数据结构，并在增强现实运行时系统中解释。这个运行时解释的一个重要方面是建立在场景图或数据流图节点上的行为。每个节点可以看作一个小的状态机，当接收事件时改变其内部状态并通过设置输出触发相应的行为。通过复杂图形的脚本声明，较大的状态机就可以通过多个单节点建立。

这些状态机可以通过羽翼渐丰的编程语言控制。一些增强现实的研究原型系统利用了与人工智能领域密切相关的脚本语言。例如，Avango[Tramberend 1999] 提供了一种面向所有对象的功能性编程语言与方案的结合。功能性语言的选择对于面向系统的应用程序而言可能在某种程度上并不容易，但是方便了数据结构和算法的表达。多年来，哥伦比亚大学的移动增强现实研究项目支持某些脚本语言，包括面向对象的分布式计算语言 Obliq [Najork and Brown 1995][MacIntyre and Feiner 1998] 和基于规则的 JESS[Friedman-Hill 2003]，一种基于 Java 带有类似 LISP 句法的专家系统脚本语言。正如在本章前面所讨论的那样，移动增强现实系统的动态需求被认为使得通过实时的用户界面系统主动管理增强现实用户界面变得十分必要，这可以使用一个实时基于规则的专家系统架构有效地实现 [Höllerer 2004]。

一个明确用于各种系统创建应用程序执行模型的常见概念是复杂状态机的管理源于分层声明格式。例如，alVRed[Beckhaus et al. 2004] 和 APRIL[Ledermann and Schmalstieg2005] 分别是 Avango[Tramberend 1999] 和 Studierstube[Schmalstieg et al. 2002] 的数字叙述故事的拓展。他们主要的设计思想是将故事表达为一个非线性状态序列，每个故事用特定的虚拟现实或增强现实表示，包含的三维多媒体内容和交互功能使得用户能够触发到后续状态的转换。这些运行时引擎直接在一个扩展的状态机场景图表示上操作。脚本状态机的其他用途包括通过数据流的三维交互技术原型设计，例如 Unit [Olwal and Feiner 2004] 或 CUIML [Sandor and Reicher 2001]。

13.6.3　案例学习：增强现实导游

增强现实导游应用程序的特色是一个虚拟动画角色作为导游带领参观一所大学。用户穿戴着带有头戴显示器的移动增强现实系统（见图 13.4），通过用户头戴的摄像机跟踪放置在建筑物墙壁的标志实现室内跟踪。由于系统知道这些标志在一个与真实环境配准的、精确测量的虚拟建筑物模型中的确切位置，因此通过这些标志可以在这个区域定位用户。

虚拟导游角色被放置在真实建筑物的参考系中（见图 13.9）。在漫游参观时，导游通过动画、二维和三维视觉元素以及声音提供协助以找到选定的目的地，同时提供不同房屋及工作在其中人物的位置相关解说。由于导游了解建筑物的几何形状，用户会感觉似乎走在真正的楼梯上并穿过真实的房门和走廊。

图 13.9　从穿着移动增强现实背包系统用户的头戴显示器中捕获的室内导游应用程序视图。当用户在建筑物中漫游时，建筑模型的微型世界视图和位置相关的平视显示器叠加图像共同呈现给用户（见彩插）

这套导游系统使用 Studierstube 框架和两个先前的组件来实现，包括一个可以生成和可视化的导航系统以及一个动画代理组件。这两个组件与 APRIL 脚本语言相关，使用状态机描述事件和动作的序列。

游览本身通过 APRIL 故事板建模为状态机。图 13.10 给出了完整状态引擎的一小部分。游览的单独站点被建模为状态，当用户到达时触发线性演示。建筑物的结构和导游的不同方式（线性或自由模式）由转换器和超级状态建模。

13.6.4　程序脚本

当声明式脚本不足以灵活地表达和定制应用程序逻辑时，可以使用程序脚本语言。程序语言的表达能力一般不强于声明式语言，然而，前面描述的声明式脚本语言在场景图和数据流图中被设计为节点上的一个薄层。因此，声明式脚本语言相对而言更为专业，仅提供有限的通用计算功能。

程序语言可以用作虚拟现实或者增强现实系统唯一的脚本语言，也可以与声明式脚本结合使用。一个纯粹的程序解决方案的案例是 ImageTclAR [Owen et al. 2003]，该案例使用 TCL 语言和 TCL 图像库等 TCL 库集。通过 TCL 代码解释 ImageTclAR 可以进行快速模型设计，它不提供数据流等先进的架构理念，这意味着应用程序逻辑通过纯粹的代码实现。目前，已经开发了许多新的脚本语言，包括 JavaScript、Python、Lua 以及编译的 C# 等，对于当今的程序员来说更加熟悉和方便。Argon 采用了聚焦网络的方法，将 WebKit 嵌入增强现实浏览器从而可以使用任何与网页相关的语言（如 HTML、PHP 或 JavaScript）来表达内容或行为。

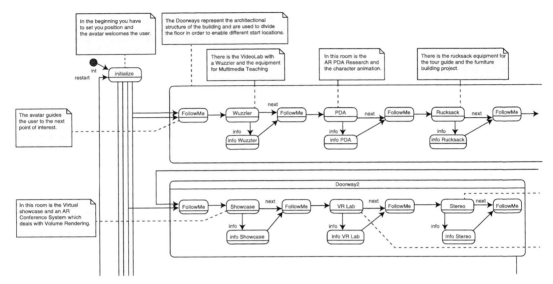

图 13.10　导游应用程序的故事被建模为一个分层状态机，其中室内环境为主要状态。由 Florian Ladermann 提供

　　大多数增强现实框架采用程序脚本作为声明式机制的补充而不是替代。这种方法通常通过在增强现实框架中建立一种调用函数解释脚本代码的机制，因此框架完全通过脚本代码控制，而反转控制则不受影响。例如 VRML 中的 PROTO 组成将 JavaScript 嵌入自定义节点。对于每一个传递到 PROTO 节点的事件调用用户定义的 JavaScript 函数。然而，节点内可能的纯本地行为给这样的脚本节点加入了某种限制。例如，在 PROTO 中的 JavaScript 函数从整个场景图中搜索特定数据项将会变得烦琐或者甚至不可能实现。

13.6.5　混合语言编程

　　一个典型的方法是将脚本与编译语言编程相结合：时间要求高且递归一般由 C 或 C++ 实现，然后通过自定义的场景图或数据流节点或者通过绑定到一个编程脚本工具显示。新功能的使用可以方便地通过脚本访问，因此大多数实际应用程序开发和测试都不需要编译器的长时间周转即可完成。

13.6.6　运行时重配置

　　最后，我们关注运行时重配置的问题。开发一个灵活的、面向对象的增强现实框架结构的主要原因是构建非常规用户界面的内在复杂性：如果各种机制和设备集成在一个单一的系统中，就会增加风险，特别是在开发和调试时，至少会有一个组件故障或失效。传统的方法将应用程序生命周期分成几个独立的初始化和运行时操作阶段，这对于快速原型设计并不适用，其原因是每当一个问题发生时都需要重启整个系统。

　　在增强现实框架结构中的多个组件（如果不是全部）能够进行运行时重配置是必要的。为了满足这一要求，必须对系统组件的接口进行设计以保证当出现变化时可以触发一个独立的初始化。例如，当建立一个增强现实系统将特殊的跟踪装置提供的数据流传送到应用对象时，这个系统应该能够断开这个跟踪装置，启动另一个替补跟踪装置并重新将新装置的数据流连接到应用对象上。在运行时实现这样的灵活性是需要技巧的，因为开发人员通常为了保持代码简单不能使用太多关于系统设置不变的假设。尽管如此，可以通过极大地简化迭代开发和运行时调试得到回报，特别是在分布式环境中。

　　在运行时，单独的原始重配置能力不能完全满足应用程序开发人员的需求。通过合适的调试接口为检查和重配置共享实时系统状态也是必要的，从而可以允许操作通常不提供给用户的系统内在属性。一个提供系统数据全面通用访问的关键解决方案是巧妙运用反射：如果运行时对象系统能够反射，就可以在不需要开发人员过多关注的情况下自动枚举计算系统状态。系统可以遍历运行时对象并将所有的项目存储和显示到命令行或图形用户界面。

　　例如，Tinmith [Piekarski and Thomas 2003] 将层级对象存储为网络文件系统 NFS 的枚举。在另一台主机上使用 NFS 客户端可以让开发人员使用传统的 UNIX 文件工具操作对象存储。在 DWARF [Macwilliams et al. 2003] 中可以使用一个专门的图形可视化工具在运行时对分布式对象的数据流进行显示和修改。VjControl [Just et al. 2001] 是一个用于被称为 VR Juggler [Bierbaum et al. 2001] 虚拟现实框架的调试前端，它允许开发者通过网络控制 VR Juggler 的内部状态。Avalon [Seibert and Dähne 2006] 采用了一个特别聪明的解决方案，通过自动生成 HTML 页面的网络服务器显示数据流和场景图，从而可以实现数据流以及场景图的检查和操作。因此，任何网络浏览器都可用于调试。该解决方案的优点是灵活度高，特别是当使用移动设备时，通常是不可能直接在上面进行常规调试的。

13.6.7　选择一种增强现实平台

　　本章描述了成功的增强现实平台和项目背后的软件工程原则。事实上，许多当今成功的增强现实软件库都使用这些原则或者至少是其中的一部分，但是这样的原则也存在一些问题：软件开发人员在实施新的想法时应该使用哪些库和系统支持工具来获得最优支持呢？当然答案取决于开发人员的具体需求，硬件和软件平台的支持可能是一个关键考虑因素，支持跟踪的设备类型和质量显然是另一个重要的决定因素。同样，内容支持也是另一个重要因素：因为很多增强现实应用的一个重要方面是有吸引力的引人入胜内容，目前许多开发平台与游戏引擎相结合，支持哪些平台和哪些输入设备可用会影响平台的选择。最后支持的编程语言、运行时系统和快速建模工具对于开发人员同样非常重要。

　　目前对增强现实平台呈现积极支持的景象，同时 SDK 也在快速更新变化中。已经有很多这方面的工具可用，包括一些业内主流公司的产品，例如 PTI Vuforia、谷歌的 Project Tango 以及微软的 HoloLens 平台等。苹果公司在 2015 年购买了增强现实平台提供商 Metaio，成了增强现实领域的引领者。另一个建立增强现实平台解决方案的供货商是 Total Immersion，开发了 D'Fusion 软件。我们在本书的对应网站上给出了许多其他库和工具集的网站地址（http://www.augmentedrealitybook.org）。

13.7　小结

　　增强现实的软件工程要求非常苛刻，其原因在于增强现实需要一个复杂的实时软件架构，通常还需要支持分布式操作，一系列关键的抽象概念可以用来解决这些问题。一个重要的概念是使用基于数据流的分布式对象系统。管线和过滤器架构可以让程序员独立开发和测试组件，然后再串在一起创建工作应用程序。这种方法的另一个优点是通过在网络中跨越多台主机进行组件连接，自然地扩展成分布式系统。另一个重要的解决方案是使用层次场景图对增强现实环境中的虚拟和真实对象进行建模。通过连接场景图和数据流图，可以用类似图的结构表示一个完整的增强现实处理管线。此外，使用反射的系统架构有很多优点：除了简化网络的透明性，反射还有助于为快速原型构建、实时检查和构成增强现实系统框架对象集合的调试提供脚本语言绑定。

未　来

我们已经进入信息时代，数字技术已经在很大程度上摆脱了物理限制，正在以前所未有的速度迅速发展。最初用来预测集成电路中晶体管的数量以指数形式增长的摩尔定律在信息技术的整体发展中也引领了类似的增长。

信息技术使得我们日常生活发生的第一次重大改变发生在 20 世纪 80 年代，即办公室工作从模拟到数字的转变。自 20 世纪 90 年代以来，我们日常生活的许多领域（包括言语交流、邮件、摄影和音乐欣赏等）正在以不可逆转的方式通过信息技术和互联网得到改变。在之后的几年中，社会计算、移动计算和云使得信息的获取更为普遍。

Weiser 对普适计算的描述在某种程度上已经预测了这种发展态势。Weiser 在 1991 年首次阐述到今后每个人会有很多电脑，这在当时看起来很牵强且不太可能。如今不仅仅是专业的信息技术人员，许多人在旅行时常常会携带许多不同的设备，并且这些设备与现有的 WiFi 热点等基础设施的集成、与大屏幕或者共享显示设备的无线显示连接，甚至是超市的收银台正在变得更加容易。

但是如今的普适计算并不仅仅是 Weiser 预测的平静计算。相反，有时对于我们生活的每一个方面都有一个专门的智能手机应用程序，对于每件事情都有一个专门的应用程序的现状越来越令人困扰。

增强现实是一个有前途的解决方案。它可以连续使用，包括多种显示方式，例如头戴式、穿戴式或空间增强现实显示。如今它主要用于娱乐相关领域，如游戏和广告。然而，大量的商业投资也正在致力于开发这些应用领域之外的新虚拟现实和增强现实技术。

在本书的最后一章，我们讨论增强现实技术需要改进并有望获得广泛应用的几个领域。通过这些讨论，我们冒着预测错误的风险试图预测增强现实技术未来的发展。读者可以自行对这些预测做判断，时间会证明这些预测正确与否。

14.1　商业案例驱动力

增强现实技术的商用不能仅依赖于增强现实的概念演示，需要让消费者认为物有所值。一般来说，我们可以将增强现实用户分为专业用户和普通消费者。

14.1.1　专业用户

对于专业用户，新技术是一种可以使目标更快（因此更便宜）或者更高质量实现的潜在工具。在专业领域，如果使用新工具可以带来足够的实质收益，那么即使新设备硬件的购买和使用需要更大的代价，专业用户也认为这是可以接受的。在这种情况下，使用者甚至可以忍受人因工程学的限制，例如需要携带重型设备。这就如同在建筑工地的工程师或手术室中的外科医生所使用的工具一样。

与此同时，专业用户期望使用这种新技术时可靠性很强，并且可以持续带来收益。只能在 90% 的时间内工作的新技术可能会被认为是不够好的，但专业用户也通常不愿意改变，因为这样可能会扰乱他们已有的工作流程，为了让新工具有竞争力就必须具有明显的优势。

因此，专业领域的增强现实应用必须具有鲁棒性并且经过充分测试。它们可能很昂贵、需要特殊的硬件，甚至使用起来很困难（可能要通过训练才能学会使用），但是这些应用必须能提供传统解决方案所不能提供的实质性收益。就软件质量而言，这意味着软件工程的工作量比研究原型系统增加了十倍。这同时要求增强现实应用与企业信息系统等已有资源的深度整合。

14.1.2　普通消费者

因为接受新技术并不需要持久的获益，临时起意的终端消费者接受新技术的门槛较低。这使得增强现实广告和游戏在短期内具有吸引力，其中好玩和有趣的体验就是其想要达到的效果。当然，新奇效应和初始兴奋感的迅速消退，无法弥补该技术的缺点。技术问题由于缺乏一个难以建立的新平台这一事实而更加严重，面向消费者的增强现实只能是一个安装在用户已有的硬件装置上的软件解决方案。消费级的应用必须容易使用，几乎不需要训练，仅在少数情况下需要头戴式显示器等外设。此外，用户对内容的质量具有很高的期望。用户已经习惯了当今无所不在的高视觉质量主流电影和游戏，这同样包括增强现实。他们不太可能容忍有抖动的跟踪和低多边形数量的模型。

对于专业用户和普通消费者来说，依赖于传统特征及调整良好的技术和内容的应用将比全新的半成品具有更好市场。与之相对，新开发的产品可能需要花费比预想更长的时间才能进入商业领域。特别地，增强现实应用在完全商业化之前需要依赖其他基础设施（如室内地图的在线服务等）。

14.2　增强现实开发者的愿望清单

显然，移动计算是增强现实的关键使能技术。我们在移动过程中可以使用智能手机等移动设备的本质计算能力。然而智能手机是多用途设备，并且必须在尺寸、重量、能耗以及不能被忽略的成本等方面进行困难的折中。

技术上可以实现的许多特征不可能出现在实际设备中，其原因来源于与其他更基本要求的冲突。例如，不能因为添加传感器而过于影响电池寿命，因此在集成新传感器时就需要将其功耗水平调整到适中。其他产品的决策由成本驱动，如果需求足够明显时就比较容易被改变。例如，目前智能手机只有一个单独的摄像机处理器，不能同时提供正面和背面摄像机的视频。这个限制的主要原因可能是第二个摄像机处理器的成本，由此导致增强现实应用程序无法使用两个摄像机进行同时跟踪。最近几代的硬件已经消除了这一限制，显然是为了响应对方便地捕获"自拍"图片（例如摄像机应用中的画中画功能）等新颖特征的需求。

我们认为通过如下修改可以使当前的移动设备更适用于智能电话上的手持增强现实，同时不会严重影响其他设备功能或显著增加成本。接下来的头戴式增强现实将只是一个如何建立智能手机与带有适合传感器的头戴式组件的无线连接问题，而智能手机依旧可以放在口袋里。Google（Tango 项目）和微软（HoloLens）等大型公司已经开始实现其中的一些目标，但尚未将成果带到大规模的消费市场。以下考虑旨在提供这类应用的背景，与特定产品无关。

14.2.1　摄像机底层 API

摄像机模块通常是完全独立的，并且仅可通过调用用于终端用户应用程序的高层功能才可访问。对摄像机的控制是间接的，聚焦或白平衡等众多摄像机设置并不对用户开放，也不能被关闭。这对增强现实来说是不幸的，因为增强现实是可以显著地受益于对摄像机硬件的完全控制。Frankencamera 项目 [Adams et al. 2010] 已经表明可以通过绕过操作系统对摄像机进行底层访问，但这需要访问权限并且破坏了硬件抽象。但即使 Frankencamera 也无法访问摄像机子系统的嵌入式图像处理器，这是一个宝贵的资源。操作系统供应商应该引入一个底层 API 来提供对摄像机硬件的完全控制。

14.2.2　多摄像机

微型摄像机非常便宜，因此可以在移动设备中内置多个摄像机。如今的标准智能手机通过后置摄像头拍照片和录视频，通过另一个较低分辨率的前置相机进行视频通话。一些供货商走得更远：短期销售的 Amazon Fire 手机（在 2014 年 6 月至 2015 年 8 月间由亚马逊进行销售）内置了四个用于实时面部跟踪的前向摄像头。多摄像机可以用于立体匹配，尽管安装在手持设备上的摄像机之间的最大基线会相当小。同时，来自多个摄像机的冗余图像也可以被用于与增强现实相关的许多应用中，包括度量重建、光场捕获（其副产品是更方便的实时全景图像）以及高动态范围成像和其他形式的计算摄影。

14.2.3　大视场摄像机

大视场摄像机可以在单张图像中捕获更多的环境信息。支持大视场的光学透镜更加昂贵，同时与紧凑的外壳设计产生冲突。然而，大视场摄像机可以为基于图像的检测和跟踪提供必要的输入 [Oskiper et al. 2015]。实时应用程序必须处理输入其中的信息，因此高质量的传感器至关重要。例如，据预测，微软公司的 HoloLens 除了深度摄像机和前向场景摄像机之外，使用耳机两侧各两个环境感知摄像机覆盖了较大的视场。

14.2.4　传感器

在微软成功地推出 Kinect 之后，特别是在增强现实／虚拟现实研究领域出现了基于结构光或飞行时间原理的微型深度传感器的开发浪潮。英特尔的 RealSence 等商用传感器已随移动设备提供，而谷歌 Tango 平台正在越来越多地被安装在大量设备中。虽然这些传感器的功能各不相同，但三维传感是移动增强现实的一个重要补充。直接获得真实环境的三维表征可以避免移动设备上的大量计算，同时可以减少能量消耗（尽管传感器本身可能会消耗一定的能量）。更重要的是，依赖于深度传感器的增强现实系统不必担心不利的环境条件会影响计算机视觉，例如可能破坏常规图像处理的不良照明。因此，我们预测作为下一代设备高级功能模块的深度传感器将很快会得到普及。

红外传感技术（用于夜视和热传感）已得到显著改善，小型化技术和低廉的价格正在使得这种传感器与消费设备的集成变得很有意义。这会产生在低照明环境中的新增强现实应用程序（例如，用于导航和协同）。

同样，位置和方向传感器性能的提高也会使增强现实受益匪浅，低成本的 RTK GPS 技术和激光陀螺仪（如第 3 章所讨论的）将为位姿感知技术提供新的解决方案，同时显著提高位姿计算的鲁棒性。

14.2.5　统一内存

移动设备通常具有统一的存储架构，即 CPU 和 GPU 处理器内核共享可用内存。然而，这种设计针对低成本和低能耗进行了优化。实际上，必须在内核之间共享可用的内存带宽，同时共享内存体系结构并没有对应用程序开发人员开放。这意味着数据必须在 CPU 和 GPU 之间复制，这种方式速度很慢且会浪费内存。来自外设的数据流，特别是视频数据不能直接被发送到 GPU 上。为统一存储架构开放一个底层接口可以避免这种低效的变通方法。但这样的"裸机"接口将更难以编程，并且在使用不正确时可能会破坏操作系统的稳定性。我们相信在这个领域应该更相信开发人员的能力。

14.2.6　移动 GPU 上的并行编程

通用的图形处理单元（GPGPU）以大规模并行方式执行任意程序。移动 GPU 的设计具有与桌面设备相同的能力，但不支持全部的 GPGPU 编程语言。OpenCL 仍处于几乎不可用的实验状态，而 CUDA 仅在 NVIDIA 最新一代的移动 GPU 上可用，目前还没有足够数量的用户群。对于图像处理和立体匹配等数值算法，GPU 的性能通常远超 CPU。即使 GPU 由于热量和能量约束不能开足马力连续运行，在需要时有 GPGPU 能力可用将使增强现实应用程序功能更加强大。从长远来看，通过在 CPU 或 GPU 的专用硬件中加入特殊功能可以降低能量需求。我们坚信开发人员应该被给予利用所有可用硬件的机会，从而在使用专用硬件单元之前便可以识别重要的新功能。

14.2.7　更好的显示设备

目前已经出现了更多、更好的光学透视式头戴显示器，但是还没有出现我们每个人所期望的设备。最近的研究原型显示了这一领域可能的发展方向。

第一个可以显著改善增强现实体验的技术进步是**宽视场**显示器。Oculus 和 HTC / Valve 等非透视显示器的视场角一般大于 90°。相比之下，市售的光学透视式显示设备的视场角一般小于 30°。在这样狭窄的视场中，用户必须反复移动他们的头部来精确地聚焦于单个感兴趣的对象，并且不能利用周边视觉。这不能很好地支持用于"监督"的增强现实体验的设计，其特征是通过增强提高用户的环境感知，同时也没有使用大规模增强技术来扩大用户的视域。

当今显示技术的限制导致增强现实仅能提供标签和小的三维对象等简单的基于点的注释这一想法。与之相对，就沉浸感而言，我们更希望将增强现实想象为如同虚拟现实那样，只是真实世界发挥更主要的作用。用户应该可以站在一个与真实世界同等规模的规划建筑模型计划建造地点的前面，建筑模型应具有真实世界相对应的正确照明和阴影，用户可以完整地体验它，甚至可以进入这样的建筑模型并从内部欣赏它。类似于那些在关注视域连接特定遥远对象的宽视场增强现实注释的新型高端虚拟现实仿真能力 [Ren et al. 2016] 已经给人留下了深刻的印象。新型光学系统设计可能会使增强现实向前迈出一大步（另见第 2 章）

当前阻碍头戴式显示器（HMD）广泛应用的最大因素之一就是其体积过于庞大。因此**小型化**是需要改进的第二个领域。增强现实隐形眼镜的想法似乎很有吸引力。不幸的是，正如 Hainich 和 Bimber [2011] 所提到的，这一愿景有很多严重的阻碍（必要的光学原件的尺寸、电源以及耐久性和健康考量）。他们得出的结论是实际的隐形眼镜显示器只是想象。五年已经过去了，我们仍然面临着与独立隐形眼镜显示器相同的技术障碍。然而，正如第 2 章中所讨论的，近眼和光场显示技术的最新进展至少给更加小型轻量的目视镜带来了希望（也有希望很时尚），有可能与传统的隐形眼镜相结合提供聚焦和滤光功能。

第三个对于增强现实和虚拟现实体验具有很大价值的改善是支持**变焦**。在常规设计中，显示器具有固定的焦距。仿真对象距离和显示器距离之间的差异使得正确感知立体图像变得困难。即使是经过训练，在观看这种显示设备时也会产生疲劳。正如增强现实初创公司 Magic Leap 正在进行的开发那样，支持可变焦距 [Huang et al. 2015] 或自适应焦距的显示器将提供更方便的观视体验。因为立体图像对必须用高维光场表示来代替 [Wetzstein 2015]，使用光场投影的商业解决方案不仅需要新的硬件，同时还需要改变计算机图形软件。第一个商业化的光场显示器将以个人近眼显示器的形式出现，其最初形态可能要比读者想象得更笨重。之后再经过几项技术突破，投影体显示技术可以通过缝制在我们所穿的衣服上的微型投影机在空中创建栩栩如生的三维图像，从而提供了一个更方便的社会显示方式。

14.3　户外增强现实

移动增强现实意味着用户可以去任何地方。实际上，大多数的商业增强现实应用场景仍然位于室内，其原因在于在户外采用增强现实技术显然更加困难。如果我们希望增强现实成为一项突破性技术，它必须可以在任何地方工作，特别是在户外。基于图像的定位是户外增强现实中最具挑战性的部件。纯粹依赖内置的 GPS 和惯性姿态跟踪器等传感器的增强现实体验很差，所以我们不认为这种解决方案在任何实际意义上可以称作户外增强现实。因此，我们迫切需要户外定位的相关领域得到改善（以及在较小程度上，任何形式的广域定位）。

14.3.1　非合作用户

增强现实系统必须真正易于使用。不能期望用户通过与他人合作或掌握学习曲线来学会如何操作增强现实系统。用户希望可以把设备从口袋里取出（更好的方式是使用穿戴设备），指向一个感兴趣的地方然后期望有事情发生。然而，这种指点拍照方法所涉及的行为极难处理。例如，用户可能会突然快速移动并将摄像机（负责计算机视觉）指向白色墙壁或天空等不适合的位置。一个成功的增强现实系统必须尽可能地忍受这些行为。这需要具有很强鲁棒性的算法来处理很可能频繁发生的干扰。特别是必须经常进行跟踪初始化、以最小化的延迟并使用若干替代方法（防止单一方法的失败）进行操作。这是一个当今的商业（或研究）解决方案还不能很好处理的领域。

14.3.2　有限的设备能力

在不久的将来，定位必须直接工作在设备上。在云端进行定位是一个很有吸引力的解决方案，但是目前存在着无法接受的延迟。现今的无线网络速度很快，但其性能随实际室外位置的不同会发生剧烈的变化。我们不能指望网络连接始终支持实时应用程序的远程过程调用。即使如此，这也并不意味着不可以遵循客户端 – 服务器系统的解决思路。异步方案可能会是一种有效的工作方式，其中服务器用于调用预取数据或执行后台操作，而客户端以稳定的帧率生成实际的增强现实显示。然而，这样的异步系统必须通过某种形式的服务质量适度降级来允许网络延迟和吞吐量的大范围改变。即使服务器没有及时响应，用户也应该有一些可用的选项。这将需要重新思考增强现实应用系统设计，即应该具有取决于整个系统状态的多级别操作。当然，增强现实系统内部对并发的需求将使系统开发更加复杂。

14.3.3　定位成功率

我们需要使用本书中讨论的所有技巧来提高定位成功率 [Arth et al. 2009] [Arth et al. 2012] [Arth et al. 2015]。尽管存在众多技术，但是那些性能足够好的技术通常只在解决特定问题上表现优异。一些技术可以鲁棒地处理困难的观看条件，而其他一些技术可以在输入数据较少时（来自模型数据库或实时输入流）工作。通常依赖大量数据或计算的算法具有较高的成功率。这可能意味着我们必须通过数据库进行穷尽搜索而不是启发式搜索，或者使用密集而不是稀疏特征跟踪。我们还想使用设备的所有功能，包括所有传感器和计算单元。使用新型传感器是非常有帮助的，例如更精确的惯性和姿态传感器、深度传感器以及 GPGPU 等新型计算单元，但是它们的使用会极大地增加能耗。只有将这些功能组合在一起才可能提高系统在自然环境中的成功率。显然，即使所使用的硬件设备足够强大，这种解决方案依旧意味着非常复杂的软件工程。适应各种硬件功能（包括那些仅在入门级设备中可用的功能）是更加具有挑战性的工作。

总之，如今已经出现了许多户外增强现实的解决方案，但是利用这些方法并不容易。同时应对所有挑战需要非常复杂的软件工程，这远远超过了在简单的移动设备领域 '应用程序' 通常被认为经济上可接受的软件复杂性。除了客户端软件，同时还需要构建云服务形式的基础设施。我们预测在可用的户外增强现实出现之前还需要经过数年的开发。

14.4　与智能对象交互

最初在 20 世纪 90 年代为普适计算所提出的许多想法今天在物联网（IoT）这个术语下再次出现。这种趋势的产生源于越来越多的消费电子设备由片上系统控制而不是由更传统的微控制器控制这一事实。供应商为了展示他们的产品和竞争对手产品的不同之处，正在使用片上系统的可编程性通过软件添加新功能。无线网络是这些新功能之一——能够将普通对象转换为连接到物联网上的智能对象。在工业中也可以观察到类似的趋势，其中机器和设施被组织成网络物理系统。

物联网的新颖之处在于它为用户提供了对物理环境的高级控制。然而，目前不清楚哪种类型的用户界面适合该控制任务。首先，可能存在大量的控制参数，其中许多参数不容易被非专业人士理解。其次，为了赢得用户的广泛接受，允许用户连接到未知设备和服务的发现服务并非易事。

增强现实提供了一个将我们从台式计算中熟知的直接操作带到包含智能对象环境中的机会。假设增强现实系统能够检测用户当前正在注视或触摸的对象，增强现实系统可以通过物联网与目标对象进行联系并让用户控制该对象。该控制可以直接通过用于直接物理操纵的有形界面或虚拟界面来执行。如果目标对象不是静止的，或者位于远处，或者期望的控制范围内同时涉及多个对象，则选用虚拟界面更加合适。

与传统的有形交互相比，这种形式的增强现实具有如下几个优点。首先，通过增强现实显示器可以从视觉上观察到被控制智能对象的状态特性。其次，来自控制交互的反馈可以呈现在增强现实显示器中。这两个优点对于智能对象尤其重要，其原因在于智能对象本身不具有足够的能力来呈现反馈——例如它们非常小或者缺少显示器。

在用户周边环境中对象的空间布置是环境感知的一个重要来源，但在当前的物联网方法中几乎没有被使用。我们可以看看个人显示器这一案例，如今大多数人拥有多个显示器：在客厅里的电视机、台式或笔记本电脑、智能手机和平板电脑等。电视机具有互联网连接，而新款轿车具有触摸屏。智能手表和眼镜内置的显示器受到了很大关注。上述显示器中的某些显示器可以用于互操作。例如，我们可以通过汽车收音机触摸屏上的智能手机控制音乐播放，或者将文本信息转发到智能手表。第二块屏应用程序显示提供当前正在播出的电视节目背景信息的网页。然而，当前这种互操作的机会是相当稀少的。

在将来，我们期望每条信息都能够基于空间距离和简单的用户输入被送到任何可用的显示器上。事实上，越来越多的研究原型已经开始在探索这个想法 [Grubert et al. 2015]。相反，商业供应商通常仅在自己的系列产品中支持互操作。历史上互操作性领域的进展一直很慢，因为它或者需要一个通过建立标准的垂直系统集成方法（对于具有某种市场支配地位的工业企业最可以接受的），或者是潜在的冗长行业标准谈判。

同样的考虑也适用于输入。在给定环境中空间关系的描述信息的条件下，可以推断与增强现实跟踪和注册相关的众多几何关系 [Pustka et al. 2011]。例如，多级跟踪系统（在两个用户的智能电话上运行的两个相机跟踪系统）可以是菊链式的，从而间接追踪的对象的位姿也可用于增强现实应用。目前，在跟踪系统之间没有这样的互操作性，因此丢失了许多机会。

14.5　虚拟现实与增强现实的融合

当增强现实系统知道我们周边物理环境的所有信息时会发生什么？三维传感和实时重建技术的发展速度是惊人的，可以为我们提供周围环境的详细模型。经过足够的努力，我们可以生成几乎与摄像机拍摄图像完全一致的数字化环境的合成视图。

最终，场景采集将可以实时进行，这将有助于我们提供一个完美的、基于现实世界的虚拟现实体验，有效地将增强现实和虚拟现实融合为高质量的增强虚拟现实。我们将不再需要不同的增强现实和虚拟现实系统，而是可以随意在不同层次的现实之间转换。用户可以瞬间变换其所处的位置，或任意改变我们的现实世界。

阿兰·图灵设计了一个仿真游戏 [Turing 1950]，通常被称为图灵测试，参与测试的用户进行书面交互，必须辨别是由人类用户还是由计算机回复的。不久的将来，我们可能会看到增强虚拟现实体验通过视觉图灵测试 [Shan et al. 2013]，测试中真实场景照片和渲染图像同时显示，人们将无法分辨两者之中哪个是真实的，哪个是渲染的。然而，即使不考虑增强现实系统的实时需求，采用动态图像实现这样的效果是非常具有挑战性的。

一个更大的挑战是触觉反馈的真实感呈现。虽然增强现实系统在不考虑触力觉反馈时可以被很容易地实现，但我们在第 2 章中关于多感知增强现实的讨论表明引入触觉反馈对增强现实系统体验感的增强具有非常大的潜在好处。触觉反馈的选择包括我们在 14.6 节中所讨论的可穿戴或可植入设备，以及可以改变我们面前物理环境的未来视觉可编程物体的愿景 [Goldstein et al. 2005]。

14.6　增强人

科幻文学作品已经普及了网络有机体的概念，即半机械人，他们身体的一部分是人、一部分是机器。这些作品中有许多是反乌托邦的，而半机械人则扮演恶棍的角色。同时，许多正在进行的技术开发旨在增强普通人的感知和行为。

与设计理念是让用户持续使用的智能手机不同，可穿戴计算机意味着成为我们衣物的一部分，甚至可以看作我们身体的延伸。可穿戴设备的一个显著优势是它们永远在线，只在交互持续的非常短的时间内（例如几分之一秒）工作。这样的微交互不可能通过首先必须从口袋中取出并且占用用户注意力的装置来实现。

在可穿戴计算中最重要的是传感器和执行器的放置位置。最明显的位置是头部，可以用于放置眼镜、耳机、麦克风、视线跟踪和与观看方向配准的摄像机等。与其他身体穿戴的显示设备相比，头戴式显示器具有巨大的优势，显示器总是保持在用户的视野中并且用户可以在不占用手部的情况下随时观看。头戴式电子设备在隐私保护方面有显著的改进，周边的观察者通常无法知道用户正在从事哪些活动。手腕是佩戴智能手表或手环的合适位置。手环可以测量血压或脉搏等生理信号，同时可以容纳手势传感器。

其他用于**量化自身**健康程度应用程序的身体信号传感器可以放置在胸部等其他身体区域。惯性传感器可以放置在身体的任意位置用于记录步数，也可以用于姿态检测和行为识别。类似地，放置在身体上的震动器可以在不占用眼睛和耳朵的条件下提供周边环境的信息。

脑电图（EEG）装置通常以帽子的形式佩戴在颅骨上。不与皮肤直接接触的低成本传感器性能相对有限，但逐渐可以通过脑电分析来检测情感状态和脑活动。脑机接口的研究表明普通用户也可以接触到简单的"心灵感应"应用程序 [Friedrich 2013]，通过思想控制周围环境。在输出侧，脑深部电刺激技术（目前依赖于侵入性电极）已成功地减轻了震颤患者的症状。

一个将所有这些技术进行结合的重要应用领域是辅助生活。眼镜等用于老年人或残疾人的被动辅助设备已经应用了数个世纪。电子助听器是一个较新的发明，应用十分广泛。新技术有很大的潜力提高辅助生活的效果——不仅仅适用于那些真正需要这些技术的个体，同时也适用于寻求便捷生活的健康个体。头戴式显示器可以通过视频放大和文本语音转换提供主动阅读辅助。惯性传感器可以检测佩戴者是否摔倒或停止移动，严重瘫痪患者也已经可以通过脑电来进行沟通。

所有这些技术与复杂的增强现实系统相结合将肯定赋予人类似于半机械人的能力，而不需要采取穿着力量增强外骨骼（在军事应用中确实存在）或在皮肤内有创植入传感设备等极端措施，目前尚不清楚哪种形式的人类增强会被社会接受。最近，对于早期佩戴谷歌眼镜用户的公众反应表明他们对与视频监控的潜在滥用极为关注。一方面，他们似乎认为偷偷使用可穿戴电子设备比使用智能手机等可视电子产品会带来更多的问题。另一方面，我们自愿（或者是不那么自愿地提供给秘密政府服务）将我们生活的许多细节暴露到谷歌和脸书等云服务等系统中，包括我们的朋友、我们的日程，甚至是精确的位置 [Feiner 1999]。

有人可能会认为可穿戴技术的这些问题之所以引起公众的注意是因为这种设备突然让他们变得物理透明了。显然，可穿戴计算必须提供一个大家可以接受的社会行为准则。这个社会准则的原则必须建立在数据隐私的问题上，而不是建立在增强现实等用户界面的表现上。

14.7   作为戏剧媒介的增强现实

MacIntyre 等人 [2001] 认为增强现实应该从一项技术能力发展成为叙事性的戏剧媒介，因此我们必须为增强现实制定适当的媒体形式。根据这些研究人员的说法，"媒体形式可以被认为是一套惯例和设计元素，作家和开发人员可以通过这种媒介为目标用户创造有意义的体验。"换句话说，即使我们解决增强现实的所有技术问题（这也是本书的核心内容），我们也不能成功地使用增强现实作为与剧场、电影、电视节目或目前的电脑游戏等相提并论的戏剧媒介。

新媒体本身没有媒体形式，因此其惯例和实践必须随其使用而变化。正如 Orson Welles 的电影《公民凯恩》被认为是现代电影摄影的鼻祖，所以未来几年我们必须建立增强现实故事叙述的媒体形式。我们可以使用 Azuma [1997] 中对增强现实的要求作为需要增强现实的重要特点加以考虑：

- 增强现实是虚实结合的。在真实物理环境中任何地方显示的虚拟内容都应带给用户丰富的体验感。
- 增强现实是空间注册的。这允许用户控制体验的视点。
- 增强现实是实时交互的。即使对于被动虚拟内容的体验，我们也至少会与真实物理空间进行交互。

比如在考虑来自自由相机控制的叙事焦点问题时，用户必须主动地将摄像机指向角色或对象，这对于故事剧情的进一步发展十分重要。在电脑游戏中，第一人称的摄像机控制经常会被"剪辑场景"中的脚本摄像机控制所取代，这是故事中的非交互部分。与游戏不同，增强现实系统不能代替用户对摄像机的操控。这很可能会导致一个令人惊讶的结论，增强现实带来的体验可能更像是戏剧舞台或者互动博物馆，而不是电影或游戏。

14.8　作为社交计算平台的增强现实

除了作为可视化工具或戏剧媒介之外，增强现实可以成为一种通信工具，在这方面它与万维网有许多共同点，从用于被动消费者的经典信息系统发展到通用应用平台，更重要的是发展成为将数十亿人相互连接的社交计算平台。

我们可以假设，即使我们设法使移动增强现实设备成为一个完全可以独立处理的模块，但是它的内容仍然在云端。该内容可以由媒体从业人员 [Höllerer et al. 1999a] 或交通管理局等供应商提供，但可能会越来越多地由社会网络中的其他个体创建。除了推特的'推文话题'等专题类别之外，增强现实用户的位置和周围情境将会被滤除掉。flickr 和 Panoramio 等照片网站已经允许滤除地理位置，因此社交网络用户应该熟悉这个想法。然而，增强现实应用将超越这一概念，因为增强现实内容不仅取决于粗略的地理位置，同时还与精确指定的位置相关——包括例如特定的人、特定的对象或某一物体的特定部分。高级形式的元信息对于用户从大量的数据中搜索到有用的信息是十分必要的。

支持这种内容规范的标记语言已经在开发中。增强现实标记的最简单解决方案可以通过从已知的网络概念直接转换到增强现实情境来实现 [MacIntyre et al. 2013]：一个真实世界的**物品**（不一定是一个物理对象）被**链接**到一块虚拟**内容**。物品、链接和内容是增强现实标记的三个组成部分。内容的布局由**样式**驱动，因此允许虚拟物体空间布置的必要灵活性。**位置**细节信息作为物品或内容的属性给出，从而允许通过多种方式建立位置信息。

和网络浏览器一样，基于这种设计的增强现实浏览器可以将许多内容流合并到一个显示器中。这十分重要，因为我们需要克服"增强现实应用程序"完全占用设备和用户注意力的主流方式。正如许多脸书用户将他们屏幕的一部分专门用于脸书时间线，从而成了一种观察背景活动的周边显示那样，增强现实浏览器可以"始终开启"并以用户所期望的强度呈现多源情境信息。增强现实的研究人员一直在寻找这样一个"撒手锏应用程序" [Navab 2004]。这意味着 [Barba et al. 2012] 增强现实应该成为统一数字和物理宇宙的撒手锏体验。

14.9　小结

当你读到这些文字时未来正在成为现实。本章提到的许多机会都非常接近于向主流受众群体发布。当然市场上的成功和广泛接受取决于多种因素，因此很难预测，本章探讨了目前已经开始成功进行增强现实技术商用的一些领域。增强现实将与新型的智能物体互联网相结合，它将会被需要辅助的用户所接受，它会被媒体从业者所采用，它将被用作社交媒体。虽然所有这些领域都可以（并且确实）不依赖于增强现实而独立存在，但是与增强现实相结合将会让它们变得更加丰富多彩。

增强现实为技术和设计提供了许多绝佳的机会。我们希望正在阅读本书的你可以为其进一步的发展做出巨大贡献！

参考文献

Abowd, G. D., Atkeson, C. G., Hong, J., Long, S., Kooper, R., and Pinkerton, M. (1997) Cyberguide: A mobile context-aware tour guide. *Wireless Networks* 3, 5, Springer, 421–433.

Adams, A., Talvala, E.-V., Park, S., Jacobs, D., Ajdin, B., Gelfand, N., Dolson, J., Vaquero, D., Baek, J., Tico, M., Lensch, H., Matusik, W., Pulli, K., Horowitz, M., and Levoy, M. (2010) The Frankencamera: An experimental platform for computational photography. *ACM Transactions on Graphics (Proceedings SIGGRAPH)* 30, 5, article 29.

Adcock, M., Anderson, S., and Thomas, B. (2013) RemoteFusion: Real time depth camera fusion for remote collaboration on physical tasks. In: *Proceedings of the ACM SIGGRAPH International Conference on Virtual-Reality Continuum and Its Applications in Industry (VRCAI)*, 235–242.

Agrawala, M., Beers, A.C., McDowall, I., Fröhlich, B., Bolas, M., and Hanrahan, P. (1997) The two-user responsive workbench. *Proceedings of the ACM SIGGRAPH Conference on Computer Graphics and Interactive Techniques*, 327–332.

Agusanto, K., Li, L., Chuangui, Z., and Sing, N. (2003) Photorealistic rendering for augmented reality using environment Illumination. *Proceedings of the IEEE and ACM International Symposium on Mixed and Augmented Reality (ISMAR)*, 208–216.

Airey, J. M., Rohlf, J. H., and Brooks, F. P. Jr. (1990) Towards image realism with interactive update rates in complex virtual building environments. *Proceedings of the ACM SIGGRAPH Symposium on Interactive 3D Graphics (I3D)*, 41–50.

Aittala, M. (2010) Inverse lighting and photorealistic rendering for augmented reality. *The Visual Computer* 26, 6, Springer, 669–678.

Alem, L., Tecchia, F., and Huang, W. (2011) HandsOnVideo: Towards a gesture based mobile AR system for remote collaboration. In: *Recent Trends of Mobile Collaborative Augmented Reality Systems*, Springer, 135–148.

Allen, B. D., Bishop, G., and Welch, G. (2001) Tracking: Beyond 15 minutes of thought. *ACM SIGGRAPH Course Notes 11.*

Anabuki, M., and Ishii, H. (2007) AR-Jig: A handheld tangible user interface for modification of 3D digital form via 2D physical curve. *Proceedings of the IEEE and ACM International Symposium on Mixed and Augmented Reality (ISMAR)*, 55–66.

Anabuki, M., Kakuta, H., Yamamoto, H., and Tamura, H. (2000) Welbo: An embodied conversational agent living in mixed reality space. *ACM SIGCHI Extended Abstracts on Human Factors in Computing Systems*, 10–11.

Arief, I., McCallum, S., and Hardeberg, J. Y. (2012) Realtime estimation of illumination direction for augmented reality on mobile devices. *Proceedings of the IS&T and SID Color and Imaging Conference*, 111–116.

Arth, C., Klopschitz, M., Reitmayr, G., and Schmalstieg, D. (2011) Real-time self-localization from panoramic images on mobile devices. *Proceedings of the IEEE International Symposium on Mixed and Augmented Reality (ISMAR)*, 37–46.

Arth, C., Mulloni, A., and Schmalstieg, D. (2012) Exploiting sensors on mobile phones to improve wide-area localization. *Proceedings of the International Conference on Pattern Recognition (ICPR)*, 2152–2156.

Arth, C., Pirchheim, C., Ventura, J., Schmalstieg, D., and Lepetit, V. (2015) Instant outdoor localization and SLAM initialization from 2.5D maps. *IEEE Transactions on Visualization and Computer Graphics (Proceedings ISMAR)* 21, 11, 1309–1318.

Arth, C., Wagner, D., Irschara, A., Klopschitz, M., and Schmalstieg, D. (2009) Wide area localization on mobile phones. *Proceedings of the IEEE International Symposium on Mixed and Augmented Reality (ISMAR)*, 73–82.

Arun, K. S., Huang, T. S., and Blostein, S. D. (1987) Least-squares fitting of two 3-D point sets. *IEEE Transactions on Pattern Analysis and Machine Intelligence* 9, 5, 698–700.

Auer, T., and Pinz, A. (1999) Building a hybrid tracking system: Integration of optical and magnetic tracking. *Proceedings of the International Workshop on Augmented Reality (IWAR)*, 13–22.

Avery, B., Piekarski, W., and Thomas, B. H. (2007) Visualizing occluded physical objects in unfamiliar outdoor augmented reality environments. *Proceedings of the IEEE and ACM International Symposium on Mixed and Augmented Reality (ISMAR)*, 285–286.

Avery, B., Sandor, C., and Thomas, B.H. (2009) Improving spatial perception for augmented reality X-ray vision. *Proceedings of IEEE Virtual Reality (VR)*, 79–82.

Azuma, R. T., (1997) A survey of augmented reality. *Presence: Teleoperators and Virtual Environments* 6, 4, MIT Press, 355–385.

Azuma, R., Baillot, Y., Behringer, R., Feiner, S., Julier, S., and MacIntyre, B. (2001) Recent advances in augmented reality. *IEEE Computer Graphics and Applications* 21, 6, 34–47.

Azuma, R. T., and Bishop, G. (1994) Improving static and dynamic registration in an optical see-through HMD. *Proceedings of the ACM SIGGRAPH Conference on Computer Graphics and Interactive Techniques*, 197–204.

Azuma, R., and Furmanski, C. (2003) Evaluating label placement for augmented reality view management. *Proceedings of the IEEE and ACM International Symposium on Mixed and Augmented Reality (ISMAR)*, 66–75.

Bachmann, E. R., and McGhee, R. B. (2003) Sourceless tracking of human posture using small inertial/magnetic sensors. *Proceedings of the IEEE International Symposium on Computational Intelligence in Robotics and Automation (CIRA)*, 822–829.

Bae, S., Agarwala, A., and Durand, F. (2010) Computational rephotography. *ACM Transactions on Graphics 29*, 3, article 24.

Baillot, Y., Brown, D., and Julier, S. (2001) Authoring of physical models using mobile computers. *Proceedings of the IEEE International Symposium on Wearable Computers (ISWC)*, 39–46.

Bajura, M., and Neumann, U. (1995) Dynamic registration correction in augmented-reality systems. *Proceedings of the IEEE Virtual Reality Annual International Symposium (VRAIS)*, 189–196.

Baker, S., and Matthews, I. (2004) Lucas-Kanade 20 years on: A unifying framework. *International Journal of Computer Vision* 56, 3, Springer, 221–255.

Balcisoy, S., Kallman, M., Torre, R., Fua, P., and Thalmann, D. (2001) Interaction techniques with virtual humans in mixed environments. *Proceedings of the International Symposium on Mixed Reality (ISMR)*, 205–216.

Balogh, T., Kovács, P. T., and Megyesi, Z. (2007) HoloVizio 3D display system. *Proceedings of the International Conference on Immersive Telecommunications*, ICST, article 19.

Bandyopadhyay, D., Raskar, R., and Fuchs, H. (2001) Dynamic shader lamps: Painting on movable objects. *Proceedings of the IEEE and ACM International Symposium on Augmented Reality (ISAR)*, 207–216.

Bane, R., and Höllerer, T. (2004) Interactive tools for virtual X-ray vision in mobile augmented reality. *Proceedings of the IEEE and ACM International Symposium on Mixed and Augmented Reality (ISMAR)*, 231–239.

Banks, M. S., Kim, J., and Shibata, T. (2013) Insight into vergence–accommodation mismatch. *Proceedings of SPIE—International Society for Optical Engineering 8735*.

Barakonyi, I., Fahmy, T., and Schmalstieg, D. (2004a) Remote collaboration using augmented reality videoconferencing. *Proceedings of Graphics Interface, 89*–96.

Barakonyi, I., Psik, T., and Schmalstieg, D. (2004b) Agents that talk and hit back: Animated agents in augmented reality. *Proceedings of the IEEE and ACM International Symposium on Mixed and Augmented Reality (ISMAR)*, 141–150.

Barba, E., MacIntyre, B., and Mynatt, E. D. (2012) Here we are! Where are we? Locating mixed reality in the age of the smartphone. *Proceedings of the IEEE 100*, 4, 929–936.

Baričević, D., Höllerer, T., Sen, P., and Turk, M. (2014) User-perspective augmented reality magic lens from gradients. *Proceedings of the ACM Symposium on Virtual Reality Software and Technology (VRST)*, 87–96.

Baričević, D., Lee, C., Turk, M., Höllerer, T., and Bowman, D. A. (2012) A hand-held AR magic lens with user-perspective rendering. *Proceedings of the IEEE International Symposium on Mixed and Augmented Reality (ISMAR)*, 197–206.

Barnum, P., Sheikh, Y., Datta, A., and Kanade, T. (2009) Dynamic seethroughs: Synthesizing hidden views of moving objects. *Proceedings of the IEEE International Symposium on Mixed and Augmented Reality (ISMAR)*, 111–114.

Barron, J. T., and Malik, J. (2015) Shape, illumination, and reflectance from shading. *IEEE Transactions on Pattern Analysis and Machine Intelligence 37*, 8, 1670–1687.

Barsky, B. A., and Kosloff, T. J. (2008) Algorithms for rendering depth of field effects in computer graphics. *Proceedings of the WSEAS International Conference on Computers, 999*–1010.

Bastian, J., Ward, B., Hill, R., van den Hengel, A., and Dick, A. (2010) Interactive modelling for AR applications. *Proceedings of the IEEE International Symposium on Mixed and Augmented Reality (ISMAR)*, 199–205.

Bau, O., and Poupyrev, I. (2012) REVEL: Tactile feedback technology for augmented reality. *ACM Transactions on Graphics (Proceedings SIGGRAPH) 31*, 4, article 89.

Baudisch, P., and Rosenholtz, R. (2003) Halo: A technique for visualizing off-screen objects. *Proceedings of the ACM SIGCHI Conference on Human Factors in Computing Systems (CHI)*, 481–488.

Bauer, M., Bruegge, B., Klinker, G., MacWilliams, A., Reicher, T., Riss, S., Sandor, C., and Wagner, M. (2001) Design of a component-based augmented reality framework. *Proceedings of the IEEE and ACM International Symposium on Augmented Reality (ISAR)*, 45–54.

Bauer, M., Kortuem, G., and Segall, Z. (1999) "Where are you pointing at?": A study of remote collaboration in a wearable videoconference system. *Proceedings of the IEEE International Symposium on Wearable Computers (ISWC)*, 151–158.

Baur, D., Boring, S., and Feiner, S. (2012) Virtual Projection: Exploring optical projection as a metaphor for multi-device interaction. *Proceedings of the ACM SIGCHI Conference on Human Factors in Computing Systems (CHI)*, 1693–1702.

Bay, H., Tuytelaars, T., and van Gool, L. (2006) SURF: Speeded up robust features. *Proceedings of the European Conference on Computer Vision (ECCV)*, Springer, 404–417.

Beckhaus, S., Lechner, A., Mostafawy, S., Trogemann, G., and Wages, R. (2004) alVRed: Methods and tools for storytelling in virtual environments. *Proceedings Internationale Statustagung zur Virtuellen und Erweiterten Realität*.

Bederson, B. (1995) Audio augmented reality: A prototype automated tour guide. *ACM SIGCHI Conference Companion on Human Factors in Computing*, 210–211.

Bell, B., Feiner, S., and Höllerer, T. (2001) View management for virtual and augmented reality. *Proceedings of the ACM Symposium on User Interface Software and Technology (UIST)*, 101–110.

Bell, B., Höllerer, T., and Feiner, S. (2002) An annotated situation-awareness aid for augmented reality. *Proceedings of the ACM Symposium on User Interface Software and Technology (UIST)*, 213–216.

Bell, S., Bala, K., and Snavely, N. (2014) Intrinsic images in the wild. *ACM Transactions on Graphics (Proceedings SIGGRAPH)* 33, 4, article 159.

Benford, S., Greenhalgh, C., Reynard, G., Brown, C., and Koleva, B. (1998) Understanding and constructing shared spaces with mixed-reality boundaries. *ACM Transactions on Computer-Human Interaction* 5, 3, 185–223.

Benko, H., Ishak, E. W., and Feiner, S. (2004) Collaborative mixed reality visualization of an archaeological excavation. *Proceedings of the IEEE and ACM International Symposium on Mixed and Augmented Reality (ISMAR)*, 132–140.

Benko, H., Ishak, E. W., and Feiner, S. (2005) Cross-dimensional gestural interaction techniques for hybrid immersive environments. *Proceedings of IEEE Virtual Reality (VR)*, 209–216.

Benko, H., Jota, R., and Wilson, A. (2012) MirageTable: Freehand interaction on a projected augmented reality tabletop. *Proceedings of the ACM SIGCHI Conference on Human Factors in Computing Systems (CHI)*, 199–208.

Benko, H., Wilson, A. D., and Zannier, F. (2014) Dyadic projected spatial augmented reality. *Proceedings of the ACM Symposium on User Interface Software and Technology (UIST)*, 645–655.

Bier, E. A., Stone, M. C., Pier, K., Buxton, W., and DeRose, T. D. (1993) Toolglass and magic lenses: The see-through interface. *Proceedings of the ACM SIGGRAPH Conference on Computer Graphics and Interactive Techniques*, 73–80.

Bierbaum, A., Just, C., Hartling, P., Meinert, K., Baker, A., and Cruz-Neira, C. (2001) VR Juggler: A virtual platform for virtual reality application development. *Proceedings of IEEE Virtual Reality (VR)*, 89–96.

Billinghurst, M., Bowskill, J., Jessop, M., and Morphett, J. (1998a) A wearable spatial conferencing space. *Proceedings of the IEEE International Symposium on Wearable Computers (ISWC)*, 76–83.

Billinghurst, M., Kato, H., and Poupyrev, I. (2001) The MagicBook: A transitional AR interface. *Computers & Graphics* 25, Elsevier, 745–753.

Billinghurst, M., Weghorst, S., and Furness, T. A. (1998b) Shared space: An augmented reality approach for computer supported collaborative work. *Virtual Reality 3*, 1, Springer, 25–36.

Bimber, O., and Emmerling, A. (2006) Multifocal projection: A multiprojector technique for increasing focal depth. *IEEE Transactions on Visualization and Computer Graphics* 12, 4, 658–667.

Bimber, O., Emmerling, A., and Klemmer, T. (2005) Embedded entertainment with smart projectors. *IEEE Computer* 38, 1, 48–55.

Bimber, O., and Fröhlich, B. (2002) Occlusion shadows: Using projected light to generate realistic occlusion effects for view-dependent optical see-through displays. *Proceedings of the IEEE and ACM International Symposium on Mixed and Augmented Reality (ISMAR)*, 186–319.

Bimber, O., Fröhlich, B., Schmalstieg, D., and Encarnação, L. M. (2001) The virtual showcase. *IEEE Computer Graphics and Applications* 21, 6, 48–55.

Bimber, O., and Raskar, R. (2005) *Spatial Augmented Reality: Merging Real and Virtual Worlds.* AK Peters.

Biocca, F., Tang, A., Owen, C., and Xiao, F. (2006) Attention funnel: Omnidirectional 3D cursor for mobile augmented reality platforms. *Proceedings of the Hawaii International Conference on System Sciences*, 1115–1122.

Björk, S., Falk, J., Hansson, R., and Ljungstrand, P. (2001) Pirates! Using the physical world as a game board. *Proceedings of IFIP International Conference on Human Computer Interaction (INTERACT)*, 9–13.

Bleser, G., and Stricker, D. (2008) Advanced tracking through efficient image processing and visual-inertial sensor fusion. *Proceedings of IEEE Virtual Reality (VR)*, 137–144.

Blinn, J., and Newell, M. (1976) Texture and reflection in computer generated images. *Communications of the ACM* 19, 10, 542–546.

Blundell, B., and Schwartz, A. (1999) *Volumetric three-dimensional display systems.* Wiley.

Bolt, R. A. (1980) "Put-that-there": Voice and gesture at the graphics interface. *Proceedings of the ACM SIGGRAPH Conference on Computer Graphics and Interactive Techniques*, 262–270.

Boom, B., Orts-Escolano, S., Ning, X. X., McDonagh, S., Sandilands, P., and Fisher, R. B. (2013) Point light source estimation based on scenes recorded by a RGB-D camera. *Proceedings of the British Machine Vision Conference (BMVC)*.

Boring, S., Baur, D., Butz, A., Gustafson, S., and Baudisch, P. (2010) Touch projector: Mobile interaction through video. *Proceedings of the ACM SIGCHI Conference on Human Factors in Computing Systems (CHI)*, 2287–2296.

Bowman, D. A., Chen, J., Wingrave, C. A., Lucas, J., Ray, A., Polys, N., Li, Q., Haciahmetoglu, Y., Kim, J.-S., Kim, S., Boehringer, R., and Ni, T. (2006) New directions in 3D user interfaces. *International Journal of Virtual Reality* 5, 2, 3–14.

Bowman, D. A., Kruijff, E., LaViola, J. J., and Poupyrev, I. (2004) *3D User Interfaces: Theory and Practice.* Addison-Wesley.

Bowman, D. A., and McMahan, R. P. (2007) Virtual reality: How much immersion is enough? *IEEE Computer* 40, 7, 36–43.

Boyd, S., and Vandenberghe, L. (2004) *Convex Optimization.* Cambridge University Press.

Bränzel, A., Holz, C., Hoffmann, D., Schmidt, D., Knaust, M., Lühne, P., Meusel, R., Richter, S., and Baudisch, P. (2013) GravitySpace: Tracking users and their poses in a smart room using a pressure-sensing floor. *ACM SIGCHI Extended Abstracts on Human Factors in Computing Systems*, 2869–2870.

Braun, A., and McCall, R. (2010) User study for mobile mixed reality devices. *Proceedings of the Joint Virtual Reality Conference*, EUROGRAPHICS Association, 89–92.

Breen, D. E., Whitaker, R. T., Rose, E., and Tuceryan, M. (1996) Interactive occlusion and automatic object placement for augmented reality. *Computer Graphics Forum* 15, 3, Wiley-Blackwell, 11–22.

Broll, W., Lindt, I., Ohlenburg, J., Wittkämper, M., Yuan, C., Novotny, T., Fatah gen. Schieck, A., Mottram, C., and Strothmann, A. (2004) ARTHUR: A collaborative augmented environment for architectural design and urban planning. *Journal of Virtual Reality and Broadcasting* 1, 1.

Brown, L. D., Hua, H., and Gao, C. (2003) A widget framework for augmented interaction in SCAPE. *Proceedings of the ACM Symposium on User Interface Software and Technology (UIST)*, 1–10.

Bryson, S. (1992) Measurement and calibration of static distortion of position data from 3D trackers. *Proceedings of the SPIE Conference on Stereoscopic Displays and Applications*, 244–255.

Buchmann, V., Nilsen, T., and Billinghurst, M. (2005) Interaction with Partially Transparent Hands and Objects. *Proceedings of the Australasian Conference on User interfaces, Australian Computer Society*, 12–17.

Buehler, C., Bosse, M., McMillan, L., Gortler, S., and Cohen, M. (2001) Unstructured lumigraph rendering. *Proceedings of the ACM SIGGRAPH Conference on Computer Graphics and Interactive Techniques*, 425–432.

Buker, T. J., Vincenzi, D. A., and Deaton, J. E. (2012) The effect of apparent latency on simulator sickness while using a see-through helmet-mounted display: Reducing apparent latency with predictive compensation. *Human Factors* 54, 2, Sage Publications, 235–249.

Bunnun, P., and Mayol-Cuevas, W. W. (2008) OutlinAR: An assisted interactive model building system with reduced computational effort. *Proceedings of the IEEE and ACM International Symposium on Mixed and Augmented Reality (ISMAR)*, 61–64.

Burgess, D. A. (1992) Techniques for low cost spatial audio. *Proceedings of the ACM Symposium on User Interface Software and Technology (UIST)*, 53–59.

Buschmann, F., Meunier, R., Rohnert, H., Sommerlad, P., and Stal, M. (1996) *Pattern-Oriented Software Architecture, Volume 1, A System of Patterns*. Wiley.

Butz, A., Beshers, C., and Feiner, S. (1998) Of vampire mirrors and privacy lamps: Privacy management in multi-user augmented environments. *Proceedings of the ACM Symposium on User Interface Software and Technology (UIST)*, 171–172.

Butz, A., Höllerer, T., Feiner, S., MacIntyre, B., and Beshers, C. (1999) Enveloping users and computers in a collaborative 3D augmented reality. *Proceedings of the International Workshop on Augmented Reality (IWAR)*, 35–44.

Cakmakci, O., and Rolland, J. (2006) Head-worn displays: A review. *Journal of Display Technology* 2, 3, IEEE/OSA, 199–216.

Calonder, M., Lepetit, V., Strecha, C., and Fua, P. (2010) BRIEF: Binary robust independent elementary features. *Proceedings of the European Conference on Computer Vision (ECCV)*, Springer, 778–792.

Cao, X., and Foroosh, H. (2007) Camera calibration and light source orientation from solar shadows. *Computer Vision and Image Understanding* 105, 1, Elsevier, 60–72.

Cao, X., and Shah, M. (2005) Camera calibration and light source estimation from images with shadows. *Proceedings of the IEEE Conference on Computer Vision and Pattern Recognition (CVPR)*, 923–928.

Card, S. K., Mackinlay, J. D., and Shneiderman, B. (1999) *Readings in Information Visualization: Using Vision to Think.* Morgan Kaufmann Publishers.

Caudell, T. P., and Mizell, D. W. (1992) Augmented reality: An application of heads-up display technology to manual manufacturing processes. *Proceedings of the Hawaii International Conference on System Sciences,* 659–669.

Cavazza, M., Martin, O., Charles, F., Mead, S., and Marichal, X. (2003) Interacting with virtual agents in mixed reality interactive storytelling. In: *Intelligent Virtual Agents,* Springer, 231–235.

Chan, L., Müller, S., Roudaut, A., and Baudisch, P. (2012) CapStones and ZebraWidgets: Sensing stacks of building blocks, dials and sliders on capacitive touch screens. *Proceedings of the ACM SIGCHI Conference on Human Factors in Computing Systems (CHI),* 2189–2192.

Chastine, J., Nagel, K., Zhu, Y., and Hudachek-Buswell, M. (2008) Studies on the effectiveness of virtual pointers in collaborative augmented reality. *IEEE Symposium on 3D User Interfaces (3DUI),* 117–124.

Chekhlov, D., Gee, A. P., Calway, A., and Mayol-Cuevas, W. (2007) Ninja on a plane: Automatic discovery of physical planes for augmented reality using visual SLAM. *Proceedings of the IEEE and ACM International Symposium on Mixed and Augmented Reality (ISMAR),* 1–4.

Chen, J., Izadi, S., and Fitzgibbon, A. (2012) KinÊtre: Animating the world with the human body. *Proceedings of the ACM Symposium on User Interface Software and Technology (UIST),* 435–444.

Chen, J., Turk, G., and MacIntyre, B. (2008) Watercolor inspired non-photorealistic rendering for augmented reality. *Proceedings of the ACM Symposium on Virtual Reality Software and Technology (VRST),* 231–234.

Chen, Q., and Koltun, V. (2013) A simple model for intrinsic image decomposition with depth cues. *IEEE International Conference on Computer Vision (ICCV),* 241–248.

Cheok, A. D., Fong, S. W., Goh, K. H., Yang, X., Liu, W., and Farzbiz, F. (2003) Human Pacman: A sensing-based mobile entertainment system with ubiquitous computing and tangible interaction. *Proceedings of the ACM SIGCOMM Workshop on Network and System Support for Games,* 106–117.

Cheok, A. D., Yang, X., Ying, Z. Z., Billinghurst, M., and Kato, H. (2002) Touch-Space: Mixed reality game space based on ubiquitous, tangible, and social computing. *Journal of Personal and Ubiquitous Computing* 6, 5–6, Springer, 430–442.

Cheshire, S., and Krochmal, M. (2006) DNS-based service discovery. *IETF Internet Draft.*

Coelho, E. M., MacIntyre, B., and Julier, S. J. (2004) OSGAR: A scene graph with uncertain transformations. *Proceedings of the IEEE and ACM International Symposium on Mixed and Augmented Reality (ISMAR),* 6–15.

Cohen, M. F., Wallace, J., and Hanrahan, P. (1993) *Radiosity and realistic image synthesis.* Academic Press Professional.

Collins, C. C., Scadden, L. A., and Alden, A. B. (1977) Mobile studies with a tactile imaging device. *Proceedings of the Conference on Systems and Devices for the Disabled.*

Cosco, F. I., Garre, C., Bruno, F., Muzzupappa, M., and Otaduy, M. A. (2009) Augmented touch without visual obtrusion. *Proceedings of the IEEE International Symposium on Mixed and Augmented Reality (ISMAR),* 99–102.

Craft, B., and Cairns, P. (2005) Beyond guidelines: What can we learn from the visual information seeking mantra? *Proceedings of IEEE Information Visualization (InfoVis)*, 110–118.

Crivellaro, A., and Lepetit, V. (2014) Robust 3D tracking with descriptor fields. *Proceedings of the IEEE Conference on Computer Vision and Pattern Recognition (CVPR)*, 3414–3421.

Crow, F .C. (1977) Shadow algorithms for computer graphics. *Proceedings of the ACM SIGGRAPH Conference on Computer Graphics and Interactive Techniques*, 242–248.

Cruz-Neira, C., Sandin, D. J., and DeFanti, T. A. (1993) Surround-screen projection-based virtual reality: The design and implementation of the CAVE. *Proceedings of the ACM SIGGRAPH Conference on Computer Graphics and Interactive Techniques*, 135–142.

Cummings, J., Bailenson, J., and Fidler, M. (2012) How immersive is enough? A foundation for a meta-analysis of the effect of immersive technology on measured presence. *Proceedings of the Conference of the International Society for Presence Research*.

Curless, B., and Levoy, M. (1996) A volumetric method for building complex models from range images. *Proceedings of the ACM SIGGRAPH Conference on Computer Graphics and Interactive Techniques*, 303–312.

Cutting, J. E., and Vishton, P. M. (1995) Perceiving layout and knowing distances: The integration, relative potency, and contextual use of different information about depth. In: W. Epstein and S. Rogers, eds., *Handbook of Perception and Cognition, Vol. 5: Perception of Space and Motion*. Academic Press, 69–117.

Dabove, P., and Petovello, M. (2014) What are the actual performances of GNSS positioning using smartphone technology? *Inside GNSS* 9, 6, Gibbons Media and Research, 34–37.

Dalheimer, M. K. (2002) *Programming with Qt*. O'Reilly Media.

Darken, R. P., and Peterson, B. (2001) Spatial orientation, wayfinding, and representation. In: K. Stanney, ed., *Handbook of Virtual Environment Technology*, CRC Press, 467–491.

Davison, A. J., Reid, I. D., Molton, N. D., and Stasse, O. (2007) MonoSLAM: Real-time single camera SLAM. *IEEE Transactions on Pattern Analysis and Machine Intelligence* 29, 6, 1052–1067.

Debevec, P. (1998) Rendering synthetic objects into real scenes. *Proceedings of the ACM SIGGRAPH Conference on Computer Graphics and Interactive Techniques*, 189–198.

Debevec, P. (2005) A median cut algorithm for light probe sampling. *ACM SIGGRAPH Course Notes 6*.

Debevec, P. E., and Malik, J. (1997) Recovering high dynamic range radiance maps from photographs. *Proceedings of the ACM SIGGRAPH Conference on Computer Graphics and Interactive Techniques*, 369–378.

DiVerdi, S., and Höllerer, T. (2006) Image-space correction of AR registration errors using graphics hardware. *Proceedings of IEEE Virtual Reality (VR)*, 241–244.

DiVerdi, S., Wither, J., and Höllerer, T. (2008) Envisor: Online environment map construction for mixed reality. *Proceedings of IEEE Virtual Reality (VR)*, 19–26.

Dorfmüller, K. (1999) An optical tracking system for VR/AR-applications. *Proceedings of the Eurographics Workshop on Virtual Environments (EGVE)*, Springer, 33-42.

Doucet, A., de Freitas, N., and Gordon, N., eds. (2001) *Sequential Monte Carlo Methods in Practice*. Springer.

Drettakis, G., Robert, L., and Bugnoux, S. (1997) Interactive common illumination for computer augmented reality. *Proceedings of the Eurographics Workshop on Rendering Techniques*,

45–56.

Drummond, T., and Cipolla, R. (2002) Real-time visual tracking of complex structures. *IEEE Transactions on Pattern Analysis and Machine Intelligence* 24, 7, 932–946.

Durrant-Whyte, H. F. (1988) Sensor models and multisensor integration. *International Journal of Robotics Research* 7, 6, Sage Publications, 97–113.

Eisemann, E., Wimmer, M., Assarsson, U., and Schwartz, M. (2011) *Real-time shadows*. CRC Press.

Elmqvist, N. (2011) Distributed user interfaces: State of the art. In: Gallud, J., Tesoriero, R., Penichet, V., eds., *Distributed User Interfaces*, Springer, 1–12.

Emoto, M., Niida, T., and Okano, F. (2005) Repeated vergence adaptation causes the decline of visual functions in watching stereoscopic television. *Journal of Display Technology* 1, 2, IEEE/OSA, 328–340.

Engel, J., Schöps, T., and Cremers, D. (2014) LSD-SLAM: Large-scale direct monocular SLAM. *Proceedings of the European Conference on Computer Vision (ECCV)*, Springer, 834–849.

Enomoto, A., and Saito, H. (2007) Diminished reality using multiple handheld cameras. *Proceedings of the ACM and IEEE International Conference on Distributed Smart Cameras*, 251–258.

Everitt, C., and Kilgard, M. J. (2002) Practical and robust stenciled shadow volumes for hardware-accelerated rendering. arXiv preprint cs/0301002.

Faugeras, O. (1993) *Three-Dimensional Computer Vision: A Geometric Viewpoint*. MIT Press.

Feiner, S. K. (1999) The importance of being mobile: Some social consequences of wearable augmented reality systems. *Proceedings of the International Workshop on Augmented Reality (IWAR)*, 145–148.

Feiner, S., MacIntyre, B., and Seligmann, D. (1993a) Knowledge-based augmented reality. *Communications of the ACM 36*, 7, 53–62.

Feiner, S., MacIntyre, B., Haupt, M., and Solomon, E. (1993b) Windows on the world: 2D windows for 3D augmented reality. *Proceedings of the ACM Symposium on User Interface Software and Technology (UIST)*, 145–155.

Feiner, S., MacIntyre, B., Höllerer, T., and Webster, A. (1997) A touring machine: Prototyping 3D mobile augmented reality systems for exploring the urban environment. *Proceedings of the IEEE International Symposium on Wearable Computers (ISWC)*, 74–81.

Feiner, S. K., and Seligmann, D. D. (1992) Cutaways and ghosting: Satisfying visibility constraints in dynamic 3D illustrations. *The Visual Computer* 8, 5-6, Springer, 292–302.

Fiala, M. (2010) Designing highly reliable fiducial markers. *IEEE Transactions on Pattern Analysis and Machine Intelligence* 32, 7, 1317–1324.

Fiorentino, M., de Amicis, R., Monno, G., and Stork, A. (2002) Spacedesign: A mixed reality workspace for aesthetic industrial design. *Proceedings of the IEEE and ACM International Symposium on Mixed and Augmented Reality (ISMR)*, 86–94.

Fischer, J., Bartz, D., and Straßer, W. (2004) Occlusion handling for medical augmented reality using a volumetric phantom model. *Proceedings of the ACM Symposium on Virtual Reality Software and Technology (VRST)*, 174–177.

Fischer, J., Bartz, D., and Straßer, W. (2005) Stylized augmented reality for improved immersion. *Proceedings of IEEE Virtual Reality (VR)*, 195–202.

Fischer, J., Bartz, D., and Straßer, W. (2006) Enhanced visual realism by incorporating camera image effects. *Proceedings of the IEEE and ACM International Symposium on Mixed and Aug-*

mented Reality (ISMAR), 205–208.

Fischer, J., Haller, M., and Thomas, B. (2008) Stylized depiction in mixed reality. *International Journal of Virtual Reality* 7, 4, 71–79.

Fischer, J., Huhle, B., and Schilling, A. (2007) Using time-of-flight range data for occlusion handling in augmented reality. *Proceedings of the Eurographics Conference on Virtual Environments (EGVE)*, 109–116.

Fischler, M., and Bolles, R. (1981) Random sample consensus: A paradigm for model fitting with applications to image analysis and automated cartography. *Communications of the ACM* 24, 6, 381–395.

Fitzmaurice, G. W. (1993) Situated information spaces and spatially aware palmtop computers. *Communications of the ACM* 36, 7, 38–49.

Fitzmaurice, G. W., Ishii, H., and Buxton, W. A. S. (1995) Bricks: Laying the foundations for graspable user interfaces. *Proceedings of the ACM SIGCHI Conference on Human Factors in Computing Systems (CHI)*, 442–449.

Fjeld, M., and Voegtli, B. M. (2002) Augmented chemistry: An interactive educational workbench. *Proceedings of the IEEE and ACM International Symposium on Mixed and Augmented Reality (ISMAR)*, 259–321.

Fournier, A., Gunawan, A. S., and Romanzin, C. (1993) Common illumination between real and computer generated scenes. *Proceedings of Graphics Interface*, 254–262.

Fowler, M. (2002) *Patterns of Enterprise Application Architecture.* Addison-Wesley.

Foxlin, E. (1996) Inertial head-tracker sensor fusion by a complementary separate-bias Kalman filter. *Proceedings of the IEEE Virtual Reality Annual International Symposium (VRAIS)*, 184–194.

Foxlin, E. (2005) Pedestrian tracking with shoe-mounted inertial sensors. *IEEE Computer Graphics and Applications* 25, 6, 38–46.

Foxlin, E., Altshuler, Y., Naimark, L., and Harrington, M. (2004) FlightTracker: A novel optical/inertial tracker for cockpit enhanced vision. *Proceedings of the IEEE and ACM International Symposium on Mixed and Augmented Reality (ISMAR)*, 212–221.

Foxlin, E., Harrington, M., and Pfeifer, G. (1998) Constellation: A wide-range wireless motion-tracking system for augmented reality and virtual set applications. *Proceedings of the ACM SIGGRAPH Conference on Computer Graphics and Interactive Techniques*, 372–378.

Foxlin, E., and Naimark, L. (2003) VIS-tracker: A wearable vision-inertial self-tracker. *Proceedings of IEEE Virtual Reality (VR)*, 199–206.

Franke, T. A. (2013) Delta light propagation volumes for mixed reality. *Proceedings of the IEEE International Symposium on Mixed and Augmented Reality (ISMAR)*, 125–132.

Franke, T. A. (2014) Delta voxel cone tracing. *Proceedings of the IEEE International Symposium on Mixed and Augmented Reality (ISMAR)*, 39–44.

Friedman-Hill, E. J. (2003) *Jess in Action: Java Rule-Based Systems.* Manning Publications.

Friedrich, E. V. C., Neuper, C., and Scherer, R. (2013) Whatever works: A systematic user-centered training protocol to optimize brain-computer interfacing individually. *PLoS One* 8, 9, e76214.

Frisby, J. P., and Stone, J. V. (2010) *Seeing: The Computational Approach to Biological Vision.* MIT Press.

Fuhrmann, A., Hesina, G., Faure, F., and Gervautz, M. (1999) Occlusion in collaborative augmented environments. *Computers & Graphics* 23, 6, Elsevier, 809–819.

Fuhrmann, A., Löffelmann, H., Schmalstieg, D., and Gervautz, M. (1998) Collaborative visualization in augmented reality. *IEEE Computer Graphics and Applications* 18, 4, 54–59.

Fuhrmann, A., Schmalstieg, D., and Purgathofer, W. (2000) Practical calibration procedures for augmented reality. *Proceedings of the Eurographics Workshop on Virtual Environments (EGVE)*, 3–12.

Fung, J., and Mann, S. (2004) Using multiple graphics cards as a general purpose parallel computer: Applications to computer vision. *Proceedings of the IEEE International Conference on Pattern Recognition (ICPR)*, 805–808.

Funkhouser, T., Jot, J.-M., and Tsingos, N. (2002) "Sounds good to me!" Computational sound for graphics, virtual reality, and interactive systems. *ACM SIGGRAPH 2002 Course Notes*.

Furness, T. (1986) The super cockpit and its human factors challenges. *Proceedings of the Human Factors Society Annual Meeting*, 48–52.

Fussell, S., Setlock, L., Yang, J., Ou, J., Mauer, E., and Kramer, A. (2004) Gestures over video streams to support remote collaboration on physical tasks. *Human–Computer Interaction* 19, 3, 273–309.

Gabbard, J., Swan, J. E. II, and Hix, D. (2006) The effects of text drawing styles, background textures, and natural lighting on text legibility in outdoor augmented reality. *Presence: Teleoperators and Virtual Environments* 15, 1, MIT Press, 16–32.

Gabbard, J. L., Swan, J. E. II, Hix, D., Si-Jung Kim, and Fitch, G. (2007) Active text drawing styles for outdoor augmented reality: A user-based study and design implications. *Proceedings of IEEE Virtual Reality (VR)*, 35–42.

Gamma, E., Helm, R., Johnson, R., and Vlissides, J. (1994) *Design Patterns: Elements of Reusable Object-Oriented Software.* Addison-Wesley.

Gandy, M., and MacIntyre, B. (2014) Designer's augmented reality toolkit, ten years later: Implications for new media authoring tools. *Proceedings of the ACM Symposium on User Interface Software and Technology (UIST)*, 627–636.

Gandy, M., MacIntyre, B., Presti, P., Dow, S., Bolter, J., Yarbrough, B., and O'Rear N. (2005) AR karaoke: Acting in your favorite scenes. *Proceedings of the IEEE and ACM International Symposium on Mixed and Augmented Reality (ISMAR)*, 114–117.

Gauglitz, S., Höllerer, T., and Turk, M. (2011) Evaluation of interest point detectors and feature descriptors for visual tracking. *International Journal of Computer Vision* 94, 3, Springer, 335–360.

Gauglitz, S., Nuernberger, B., Turk, M., and Höllerer, T. (2014a) World-stabilized annotations and virtual scene navigation for remote collaboration. *Proceedings of the ACM Symposium on User Interface Software and Technology (UIST)*, 449–459.

Gauglitz, S., Nuernberger, B., Turk, M., and Höllerer, T. (2014b) In touch with the remote world: Remote collaboration with augmented reality drawings and virtual navigation. *Proceedings of the ACM Symposium on Virtual Reality Software and Technology (VRST)*, 197–205.

Gauglitz, S., Sweeney, C., Ventura, J., Turk, M., and Höllerer, T. (2014c) Model estimation and selection towards unconstrained real-time tracking and mapping. *IEEE Transactions on Visualization and Computer Graphics* 20, 6, 825–838.

Genc, Y., Tuceryan M., and Navab, N. (2002) Practical solutions for calibration of optical see-through devices. *Proceedings of the IEEE and ACM International Symposium on Mixed and*

Augmented Reality (ISMAR), 169–175.

Georgel, P., Schroeder, P., Benhimane, S., Hinterstoisser, S., Appel, M., and Navab, N. (2007) An industrial augmented reality solution for discrepancy check. *Proceedings of the IEEE and ACM International Symposium on Mixed and Augmented Reality (ISMAR)*, 111–115.

Getting, I. (1993) The global positioning system. *IEEE Spectrum* 30, 12, 36–47.

Gibson, S., Cook, J., Howard, T., and Hubbold, R. (2003) Rapid shadow generation in real-world lighting environments. *Proceedings of the Eurographics Symposium on Rendering Techniques*, Springer, 219–229.

Goldin, S., and Thorndyke, P. (1981) *Spatial Learning and Reasoning Skill*. RAND Corporation.

Goldstein, E. (2009) *Sensation and Perception*. Cengage Learning.

Goldstein, S. C., Campbell, J. D., and Mowry, T. C. (2005) Programmable matter. *IEEE Computer* 38, 6, 99–101.

Gordon, G., Billinghurst, M., Bell, M., Woodfill, J., Kowalik, B., Erendi, A., and Tilander, J. (2002) The use of dense stereo range data in augmented reality. *Proceedings of the IEEE and ACM International Symposium on Mixed and Augmented Reality (ISMAR)*, 14–23.

Grasset, R., Gascuel, J.-D., and Schmalstieg, D. (2005) Interactive mediated reality. *Proceedings of the Australasian User Interface Conference*, Australian Computer Society, 21–29.

Grasset, R., Mulloni, A., Billinghurst, M., and Schmalstieg, D. (2011) Navigation Techniques in Augmented and Mixed Reality: Crossing the Virtuality Continuum. *Handbook of Augmented Reality* (ed. Borko Furht), Springer, 379–408.

Grasset, R., Tatzgern, M., Langlotz, T., Kalkofen, D., and Schmalstieg, D. (2012) Image-driven view management for augmented reality browsers. *Proceedings of the IEEE International Symposium on Mixed and Augmented Reality (ISMAR)*, 177–186.

Grassia, F. S. (1998) Practical parameterization of rotations using the exponential map. *Journal of Graphics Tools* 3, 3, Taylor & Francis, 29–48.

Greger, G., Shirley, P., Hubbard, P. M., and Greenberg, D. P. (1998) The irradiance volume. *IEEE Computer Graphics and Applications* 18, 2, 32–43.

Grosch, T. (2005) Differential photon mapping: Consistent augmentation of photographs with correction of all light paths. *Proceedings of Eurographics 2005 Short Papers*.

Grosch, T., Eble, T., and Müller, S. (2007) Consistent interactive augmentation of live camera images with correct near-field illumination. *Proceedings of the ACM Symposium on Virtual Reality Software and Technology*, 125–132.

Grosso, W. (2001) *Java RMI*. O'Reilly & Associates.

Gruber, L., Richter-Trummer, T., and Schmalstieg, D. (2012) Real-time photometric registration from arbitrary geometry. *Proceedings of the IEEE International Symposium on Mixed and Augmented Reality (ISMAR)*, 119–128.

Gruber, L., Ventura, J., and Schmalstieg, D. (2015) Image-space illumination for augmented reality in dynamic environments. *Proceedings of IEEE Virtual Reality (VR)*, 127–134.

Grubert, J., Heinisch, M., Quigley, A., and Schmalstieg, D. (2015) MultiFi: Multi fidelity interaction with displays on and around the body. *Proceedings of the ACM SIGCHI Conference on Human-Computer Interaction (CHI)*, 3933–3942.

Grundhöfer, A., Seeger, M., Hantsch, F., and Bimber, O. (2007) Dynamic adaptation of projected imperceptible codes. *Proceedings of the IEEE and ACM International Symposium on Mixed and Augmented Reality (ISMAR)*, 181–190.

Guttman, E. (1999) Service location protocol: Automatic discovery of IP network services. *IEEE Internet Computing* 3, 4, 71–80.

Gutwin, C., and Greenberg, S. (2000) The mechanics of collaboration: Developing low cost usability evaluation methods for shared workspaces. *Proceedings of the IEEE International Workshops on Enabling Technologies: Infrastructure for Collaborative Enterprises*, 98–103.

Haber, R. B., and McNabb, D. A. (1990) Visualization idioms: A conceptual model for scientific visualization systems. *Proceedings of IEEE Visualization*, 74–93.

Hainich, R. R. (2009) *The End of Hardware: Augmented Reality and Beyond.* BookSurge Publishing.

Hainich, R. R., and Bimber, O. (2011) *Displays—Fundamentals and Applications.* CRC Press.

Hallaway, D., Feiner, S., and Höllerer, T. (2004) Bridging the gaps: Hybrid tracking for adaptive mobile augmented reality. *Applied Artificial Intelligence* 18, 6, Taylor & Francis, 477–500.

Halle, M. W. (1994) Holographic stereograms as discrete imaging systems. *Proceedings of the IS&T/SPIE International Symposium on Electronic Imaging: Science and Technology*, International Society for Optics and Photonics, 73–84.

Haller, M., Drab, S., and Hartmann, W. (2003) A real-time shadow approach for an augmented reality application using shadow volumes. *Proceedings of the ACM Symposium on Virtual Reality Software and Technology (VRST)*, 56–65.

Haller, M., Landerl, F., and Billinghurst, M. (2005) A loose and sketchy approach in a mediated reality environment. *Proceedings of the International Conference on Computer Graphics and Interactive Techniques in Australasia and South East Asia*, ACM Press, 371–379.

Haller, M., and Sperl, D. (2004) Real-time painterly rendering for MR applications. *Proceedings of the International Conference on Computer Graphics and Interactive Techniques in Australasia and South East Asia*, ACM Press, 30–38.

Hampshire, A., Seichter, H., Grasset, R., and Billinghurst, M. (2006) Augmented reality authoring: Generic context from programmer to designer. *Proceedings of the Australian Conference on Computer-Human Interaction*, ACM Press, 409–412.

Hara, K., Nishino, K., and Ikeuchi, K. (2003) Determining reflectance and light position from a single image without distant illumination assumption. *Proceedings of the IEEE International Conference on Computer Vision (ICCV)*, 560–567.

Hara, K., Nishino, K., and Ikeuchi, K. (2008) Mixture of spherical distributions for (single-view) relighting. *IEEE Transactions on Pattern Analysis and Machine Intelligence* 30, 1, 25–35.

Haringer, M., and Regenbrecht, H. T. (2002) A Pragmatic Approach to Augmented Reality Authoring. *Proceedings of the IEEE and ACM International Symposium on Mixed and Augmented Reality (ISMAR)*, 237–245.

Harris, C., and Stephens, M. (1988) A combined corner and edge detector. *Proceedings of the Alvey Vision Conference*, 147–152.

Harrison, C., Benko, H., and Wilson, A. D. (2011) OmniTouch: Wearable multitouch interaction everywhere. *Proceedings of the ACM Symposium on User Interface Software and Technology (UIST)*, 441–450.

Hartl, A., Arth, C., and Schmalstieg, D. (2014) AR-based hologram detection on security documents using a mobile phone. *Proceedings of the International Symposium on Visual Computing (ISVC)*, Springer, 335–346.

Hartley, R., and Zisserman, A. (2003) *Multiple View Geometry in Computer Vision.* Cambridge University Press.

Hartmann, K., Ali, K., and Strothotte, T. (2004) Floating labels: Applying dynamic potential fields for label layout. *Proceedings of Smart Graphics,* Springer, 101–113.

Hartmann, W., Zauner, J., Haller, M., Luckeneder, T., and Woess, W. (2003) Shadow catcher: A vision based illumination condition sensor using ARToolKit. *IEEE International Workshop on ARToolkit,* 44–45.

Heidemann, G., Bax, I., and Bekel, H. (2004) Multimodal interaction in an augmented reality scenario. *Proceedings of the ACM International Conference on Multimodal Interfaces (ICMI),* 53–60.

Heilig, M. L. (1962) Sensorama simulator. US patent no. 3050870.

Heilig, M. L. (1992) El cine del futuro: The cinema of the future. *Presence: Teleoperators and Virtual Environments* 1, 3, 279–294.

Held, R., Gupta, A., Curless, B., and Agrawala, M. (2012) 3D puppetry: A kinect-based interface for 3D animation. *Proceedings of the ACM Symposium on User Interface Software and Technology (UIST),* 423–434.

Henderson, S. J., and Feiner, S. (2009) Evaluating the benefits of augmented reality for task localization in maintenance of an armored personnel carrier turret. *Proceedings of the IEEE International Symposium on Mixed and Augmented Reality (ISMAR),* 135–144.

Henderson, S., and Feiner, S. (2010) Opportunistic tangible user interfaces for augmented reality. *IEEE Transactions on Visualization and Computer Graphics 16,* 1, 4–16.

Henning, M. (2004) A new approach to object-oriented middleware. *IEEE Internet Computing 8,* 1, 66–75.

Henning, M., and Vinoski, S. (1999) *Advanced CORBA Programming with C++.* Addison-Wesley.

Henrysson, A., Billinghurst, M., and Ollila, M. (2005) Face to face collaborative AR on mobile phones. *Proceedings of the IEEE and ACM International Symposium on Mixed and Augmented Reality (ISMAR),* 80–89.

Herling, J., and Broll, W. (2010) Advanced self-contained object removal for realizing real-time diminished reality in unconstrained environments. *Proceedings of the IEEE International Symposium on Mixed and Augmented Reality (ISMAR),* 207–212.

Herling, J., and Broll, W. (2012) PixMix: A real-time approach to high-quality diminished reality. *Proceedings of the IEEE International Symposium on Mixed and Augmented Reality (ISMAR),* 141–150.

Hesina, G., Schmalstieg, D., Fuhrmann, A., and Purgathofer, W. (1999) Distributed Open Inventor: A practical approach to distributed 3D graphics. *Proceedings of the ACM Symposium on Virtual Reality Software and Technology (VRST),* 74–81.

Hightower, J., and Borriello, G. (2001) Location systems for ubiquitous computing. *IEEE Computer 34,* 8, 57–66.

Hill, A., Schiefer, J., Wilson, J., Davidson, B., Gandy, M., and MacIntyre, B. (2011) Virtual transparency: Introducing parallax view into video see-through AR. *Proceedings of the IEEE International Symposium on Mixed and Augmented Reality (ISMAR),* 239–240.

Hillaire, S., Lecuyer, A., Cozot, R., and Casiez, G. (2008) Using an eye-tracking system to improve camera motions and depth-of-field blur effects in virtual environments. *Proceedings of IEEE*

Virtual Reality (VR), 47–50.

Hilliges, O., Kim, D., Izadi, S., and Weiss, M. (2012) HoloDesk: Direct 3D interactions with a situated see-through display. *Proceedings of the ACM SIGCHI Conference on Human Factors in Computing Systems (CHI)*, 2421–2430.

Hoang, T. N., and Thomas, B. H. (2010) Augmented viewport: An action at a distance technique for outdoor AR using distant and zoom lens cameras. *Proceedings of the IEEE International Symposium on Wearable Computers (ISWC)*, 1–4.

Hocking, J. (2015) *Unity in Action: Multiplatform Game Development in C# with Unity 5*. Manning Publications.

Hoff, W. A., Lyon, T., and Nguyen, K. (1996) Computer vision-based registration techniques for augmented reality. *Proceedings of Intelligent Robots and Control Systems XV, Intelligent Control Systems and Advanced Manufacturing*, SPIE, 538–548.

Hoffman, D. M., Girshick, A. R., Akeley, K., and Banks, M. S. (2008) Vergence–accommodation conflicts hinder visual performance and cause visual fatigue. *Journal of Vision* 8, 3, article 33.

Höllerer, T. H. (2004) User interfaces for mobile augmented reality systems. *Dissertation, Computer Science Department*, Columbia University.

Höllerer, T., and Feiner, S. (2004) Mobile augmented reality. In: Karimi, H., and Hammad, A., eds., *Telegeoinformatics: Location-Based Computing and Services*, Taylor & Francis.

Höllerer, T., Feiner, S., Hallaway, D., Bell, B., Lanzagorta, M., Brown, D., Julier, S., Baillot, Y., and Rosenblum, L. (2001a) User interface management techniques for collaborative mobile augmented reality. *Computers & Graphics 25*, 5, Elsevier, 799–810.

Höllerer, T., Feiner, S., and Pavlik, J. (1999a) Situated documentaries: Embedding multimedia presentations in the real world. *Proceedings of the IEEE International Symposium on Wearable Computers (ISWC)*, 79–86.

Höllerer, T., Feiner, S., Terauchi, T., Rashid, G., and Hallaway, D. (1999b) Exploring MARS: Developing indoor and outdoor user interfaces to a mobile augmented reality system. *Computers & Graphics 23*, 6, Elsevier, 779–785.

Höllerer, T., Hallaway, D., Tinna, N., and Feiner, S. (2001b) Steps toward accommodating variable position tracking accuracy in a mobile augmented reality system. *Proceedings of the International Workshop on Artificial Intelligence in Mobile Systems (AIMS)*, 31–37.

Holloway, R. L. (1997) Registration error analysis for augmented reality. *Presence: Teleoperators and Virtual Environments* 6, 4, MIT Press, 413–432.

Holman, D., Vertegaal, R., Altosaar, M., Troje, N., and Johns, D. (2005) Paper windows: Interaction techniques for digital paper. *Proceedings of the ACM SIGCHI Conference on Human Factors in Computing Systems (CHI)*, 591–599.

Hong, J. (2013) Considering privacy issues in the context of Google Glass. *Communications of the ACM* 56, 11, 10–11.

Horn, B. K. P. (1987) Closed-form solution of absolute orientation using unit quaternions. *Journal of the Optical Society of America A* 4, 4, 629–642.

Huang, F.-C., Luebke, D., and Wetzstein, G. (2015) The light field stereoscope: Immersive computer graphics via factored near-eye light field displays with focus cues. *ACM Transactions on Graphics (Proceedings SIGGRAPH)* 34, 4, article 60.

Huang, W., and Alem, L. (2013) HandsInAir: A wearable system for remote collaboration on physical tasks. *Companion of the ACM Conference on Computer Supported Cooperative Work*, 153–156.

Hughes, J. F., van Dam, A., McGuire, M., Sklar, D. F., Foley, J. D., Feiner, S. K., and Akeley, K. (2014) *Computer Graphics: Principles and Practice*, 3rd ed., Addison-Wesley.

Hwang, J., Yun, H., Suh, Y., Cho, J., and Lee, D. (2012) Development of an RTK-GPS positioning application with an improved position error model for smartphones. *Sensors* 12, 10, MDPI, 12988–13001.

Ikeda, T., Oyamada, Y., Sugimoto, M., and Saito, H. (2012) Illumination estimation from shadow and incomplete object shape captured by an RGB-D camera. *Proceedings of the International Conference on Pattern Recognition (ICPR)*, 165–169.

Inami, M., Kawakami, N., Sekiguchi, D., Yanagida, Y., Maeda, T., and Tachi, S. (2000) Visuo-haptic display using head-mounted projector. *Proceedings of IEEE Virtual Reality (VR)*, 233–240.

Inami, M., Kawakami, N., and Tachi, S. (2003) Optical camouflage using retro-reflective projection technology. *Proceedings of the IEEE and ACM International Symposium on Mixed and Augmented Reality (ISMAR)*, 348–349.

Irawati, S., Green, S., Billinghurst, M., Duenser, A., and Ko, H. (2006) "Move the couch where?": Developing an augmented reality multimodal interface. *Proceedings of the IEEE and ACM International Symposium on Mixed and Augmented Reality (ISMAR)*, 183–186.

Irie, K., McKinnon, A. E., Unsworth, K., and Woodhead, I. M. (2008) A technique for evaluation of CCD video-camera noise. *IEEE Transactions on Circuits and Systems for Video Technology* 18, 2, 280–284.

Irschara, A., Zach, C., Frahm, J.-M., and Bischof, H. (2009) From structure-from-motion point clouds to fast location recognition. *Proceedings of the IEEE Conference on Computer Vision and Pattern Recognition (CVPR)*, 2599–2606.

Isard, M., and Blake, A. (1998) CONDENSATION: Conditional density propagation for visual tracking. *International Journal of Computer Vision* 29, Springer, 5–28.

Ishii, H., Kobayashi, M., and Arita, K. (1994) Iterative design of seamless collaboration media. *Communications of the ACM* 37, 8, 83–97.

Ishii, H., and Ullmer, B. (1997) Tangible bits: Towards seamless interfaces between people, bits and atoms. *Proceedings of the SIGCHI Conference on Human Factors in Computing Systems (CHI)*, ACM Press, 234–241.

Ishii, M., and Sato, M. (1994) A 3D spatial interface device using tensed strings. *Presence: Teleoperators and Virtual Environments* 3, 1, MIT Press, 81–86.

Itoh, Y., and Klinker, G. (2014) Interaction-free calibration for optical see-through head-mounted displays based on 3D eye localization. *IEEE Symposium on 3D User Interfaces (3DUI)*, 75–82.

Itti, L., Koch, C., and Niebur, E. (1998) A model of saliency-based visual attention for rapid scene analysis. *IEEE Transactions on Pattern Analysis and Machine Intelligence* 20, 11, 1254–1259.

Iwai, D., Mihara, S., and Sato, K. (2015) Extended depth-of-field projector by fast focal sweep projection. *IEEE Transactions on Visualization and Computer Graphics (Proceedings VR)* 21, 4, 462–470.

Iwata, H., Yano, H., Uemura, T., and Moriya, T. (2004) Food simulator: A haptic interface for biting. *Proceedings of IEEE Virtual Reality (VR)*, 51–57.

Jachnik, J., Newcombe, R. A., and Davison, A. J. (2012) Real-time surface light-field capture for augmentation of planar specular surfaces. *Proceedings of the IEEE International Symposium on Mixed and Augmented Reality (ISMAR)*, 91–97.

Jacobs, K., and Loscos, C. (2004) Classification of illumination methods for mixed reality. *Computer Graphics Forum* 25, 1, 29–51.

Jacobs, K., Nahmias, J.-D., Angus, C., Reche, A., Loscos, C., and Steed, A. (2005) Automatic generation of consistent shadows for augmented reality. *Proceedings of Graphics Interface*, 113–120.

Jacobs, M. C., Livingston, M. A., and State, A. (1997) Managing latency in complex augmented reality systems. *Proceedings of the ACM SIGGRAPH Symposium on Interactive 3D Graphics (I3D)*, 49–55.

Jarusirisawad, S., Hosokawa, T., and Saito, H. (2010) Diminished reality using plane-sweep algorithm with weakly-calibrated cameras. *Progress in Informatics* 7, National Institute of Informatics, Japan, 11–20.

Jensen, H. W. (1995) Importance driven path tracing using the photon map. *Eurographics Workshop on Rendering*, Springer, 326–335.

Jeon, S., and Choi, S. (2009) Haptic augmented reality: Taxonomy and an example of stiffness modulation. *Presence: Teleoperators and Virtual Environments* 18, 5, MIT Press, 387–408.

Jo, H., and Hwang, S. (2013) Chili: Viewpoint control and on-video drawing for mobile video calls. *ACM SIGCHI Extended Abstracts on Human Factors in Computing Systems*, 1425–1430.

Jones, A., McDowall, I., Yamada, H., Bolas, M., and Debevec, P. (2007) Rendering for an interactive 360° light field display. *ACM Transactions on Graphics (Proceedings SIGGRAPH)*, 26, 3, article 40.

Jones, B. R., Benko, H., Ofek, E., and Wilson, A. D. (2013) IllumiRoom: Peripheral projected illusions for interactive experiences. *Proceedings of the ACM SIGCHI Conference on Human Factors in Computing Systems (CHI)*, 869–878.

Jones, B. R., Sodhi, R., Campbell, R. H., Garnett, G., and Bailey, B. P. (2010) Build your world and play in it: Interacting with surface particles on complex objects. *Proceedings of the IEEE and ACM International Symposium on Mixed and Augmented Reality (ISMAR)*, 165–174.

Jones, B., Sodhi, R., Murdock, M., Mehra, R., Benko, H., Wilson, A., Ofek, E., MacIntyre, B., Raghuvanshi, N., and Shapira, L. (2014) RoomAlive: Magical experiences enabled by scalable, adaptive projector-camera units. *Proceedings of the ACM Symposium on User Interface Software and Technology (UIST)*, 637–644.

Julier, S., Baillot, Y., Brown, D., and Lanzagorta, M. (2002) Information filtering for mobile augmented reality. *IEEE Computer Graphics and Applications* 22, 5, 12–15.

Julier, S., Baillot, Y., Lanzagorta, M., Brown, D., and Rosenblum, L. (2000) BARS: Battlefield augmented reality system. *NATO Symposium on Information Processing Techniques for Military Systems*, 9–11.

Julier, S. J., and Uhlmann, J. K. (2004) Unscented filtering and nonlinear estimation. *Proceedings of the IEEE* 92, 3, 401–422.

Jung, H., Nam, T., Lee, H., and Han, S. (2004) Spray modeling: Augmented reality based 3D modeling interface for intuitive and evolutionary form development. *Proceedings of the International Conference on Artificial Reality and Tele-Existence (ICAT)*.

Just, C., Bierbaum, A., Hartling, P., Meinert, K., Cruz-Neira, C., and Baker, A. (2001) VjControl: An advanced configuration management tool for VR Juggler applications. *Proceedings of IEEE Virtual Reality (VR)*, 97–104.

Kainz, B., Hauswiesner, S., Reitmayr, G., Steinberger, M., Grasset, R., Gruber, L., Veas, E., Kalkofen, D., Seichter, H., and Schmalstieg, D. (2012) OmniKinect: Real-time dense volumetric data acquisition and applications. *Proceedings of the ACM Symposium on User Interface Software and Technology (UIST)*.

Kaiser, E., Olwal, A., McGee, D., Benko, H., Corradini, A., Li, X., Cohen, P., and Feiner, S. (2003) Mutual disambiguation of 3D multimodal interaction in augmented and virtual reality. *Proceedings of the ACM International Conference on Multimodal Interfaces (ICMI)*, 12–19.

Kakuta, T., Oishi, T., and Ikeuchi, K. (2005) Shading and shadowing of architecture in mixed reality. *Proceedings of the IEEE and ACM International Symposium on Mixed and Augmented Reality (ISMAR)*, 200–201.

Kalkofen, D., Mendez, E., and Schmalstieg, D. (2007) Interactive focus and context visualization in augmented reality. *Proceedings of the IEEE and ACM International Symposium on Mixed and Augmented Reality (ISMAR)*, 191–200.

Kalkofen, D., Sandor, C., White, S., and Schmalstieg, D. (2011) Visualization techniques for augmented reality. In: Furht, B., ed., *Handbook of Augmented Reality*, Springer, 65–98.

Kalkofen, D., Tatzgern, M., and Schmalstieg, D. (2009) Explosion diagrams in augmented reality. *Proceedings of IEEE Virtual Reality (VR)*, 71–78.

Kalkusch, M., Lidy, T., Knapp, M., Reitmayr, G., Kaufmann, H., and Schmalstieg, D. (2002) Structured visual markers for indoor pathfinding. *Proceedings of the IEEE International Workshop on ARToolKit*.

Kalman, R. E. (1960) A new approach to linear filtering and predictive problems. *Transactions of the ASME: Journal of Basic Engineering* 82, 34–45.

Kameda, Y., Takemasa, T., and Ohta, Y. (2004) Outdoor see-through vision utilizing surveillance cameras. *Proceedings of the IEEE and ACM International Symposium on Mixed and Augmented Reality (ISMAR)*, 151–160.

Kán, P., and Kaufmann, H. (2012a) High-quality reflections, refractions, and caustics in augmented reality and their contribution to visual coherence. *IEEE International Symposium on Mixed and Augmented Reality (ISMAR)*, 99–108.

Kán, P., and Kaufmann, H. (2012b) Physically-based depth of field in augmented reality. *Proceedings of Eurographics short papers*.

Kán, P., and Kaufmann, H. (2013) Differential irradiance caching for fast high-quality light transport between virtual and real worlds. *Proceedings of the IEEE International Symposium on Mixed and Augmented Reality (ISMAR)*, 133–141.

Kanbara, M., and Yokoya, N. (2004) Real-time estimation of light source environment for photorealistic augmented reality. *Proceedings of the International Conference on Pattern Recognition (ICPR)*, 911–914.

Kaplanyan, A., and Dachsbacher, C. (2010) Cascaded light propagation volumes for real-time indirect illumination. *Proceedings of the ACM SIGGRAPH Symposium on Interactive 3D Graphics and Games (I3D)*, 99–107.

Karsch, K., Hedau, V., Forsyth, D., and Hoiem, D. (2011) Rendering synthetic objects into legacy photographs. *ACM Transactions on Graphics (Proceedings SIGGRAPH Asia)* 30, 6, article 157.

Karsch, K., Sunkavalli, K., Hadap, S., Carr, N., Jin, H., Fonte, R., Sittig, M., and Forsyth, D. (2014) Automatic scene inference for 3D object compositing. *ACM Transactions on Graphics* 33, 3, article 32.

Kasahara, S., Nagai, S., and Rekimoto, J. (2014) LiveSphere: Immersive experience sharing with 360 degrees head-mounted cameras. *Proceedings of the Adjunct Publication of the ACM Symposium on User Interface Software and Technology (UIST)*, 61–62.

Kato, H., and Billinghurst, M. (1999) Marker tracking and HMD calibration for a video-based augmented reality conferencing system. *Proceedings of the International Workshop on Augmented Reality (IWAR)*, 85–94.

Kato, H., Billinghurst, M., Morinaga, K., and Tachibana, K. (2001) The effect of spatial cues in augmented reality video conferencing. *Proceedings of HCI International*, Lawrence-Erlbaum.

Kato, H., Billinghurst, M., Poupyrev, I., Imamoto, K., and Tachibana, K. (2000) Virtual object manipulation on a table-top AR environment. *Proceedings of the IEEE and ACM International Symposium on Augmented Reality (ISAR)*, 111–119.

Kaufmann, H., and Schmalstieg, D. (2003) Mathematics and geometry education with collaborative augmented reality. *Computers & Graphics* 27, 3, Elsevier, 339–345.

Kaufmann, H., Schmalstieg, D., and Wagner, M. (2000) Construct3D: A virtual reality application for mathematics and geometry education. *Education and Information Technologies* 5, 4, 263–276.

Keller, A. (1997) Instant radiosity. *Proceedings of the ACM SIGGRAPH Conference on Computer Graphics and Interactive Techniques*, 49–56.

Kerl, C., Sturm, J., and Cremers, D. (2013) Dense visual SLAM for RGB-D cameras. *Proceedings of the IEEE/RSJ International Conference on Intelligent Robot Systems*, 2100–2106.

Kholgade, N., Simon, T., Efros, A., and Sheikh, Y. (2014) 3D object manipulation in a single photograph using stock 3D models. *ACM Transactions on Graphics (Proceedings SIGGRAPH)* 33, 4, article 127.

Kijima, R., and Ojika, T. (1997) Transition between virtual environment and workstation environment with projective head mounted display. *Proceedings of IEEE Virtual Reality (VR)*, 130–137.

Kim, S., DiVerdi, S., Chang, J. S., Kang, T., Iltis, R., and Höllerer, T. (2007) Implicit 3D modeling and tracking for anywhere augmentation. *Proceedings of the ACM Symposium on Virtual Reality Software and Technology (VRST)*, 19–28.

Kimura, H., Uchiyama, T., and Yoshikawa, H. (2006) Laser produced 3D display in the air. *ACM SIGGRAPH 2006 Emerging Technologies*, 20.

Kitamura, Y., Konishi, T., Yamamoto, S., and Kishino, F. (2001) Interactive stereoscopic display for three or more users. *Proceedings of the ACM SIGGRAPH Conference on Computer Graphics and Interactive Techniques*, 231–240.

Kiyokawa, K. (2007) An introduction to head mounted displays for augmented reality. In: Haller, M., Billinghurst, M., and Thomas, B. H., eds., *Emerging Technologies of Augmented Reality*, IGI Global, 43–63.

Kiyokawa, K. (2012) Trends and vision of head mounted display in augmented reality. *Proceedings of the International Symposium on Ubiquitous Virtual Reality (UbiVR)*, IEEE Press, 14–17.

Kiyokawa, K., Billinghurst, M., Campbell, B., and Woods, E. (2003) An occlusion capable optical see-through head mount display for supporting co-located collaboration. *Proceedings of the IEEE and ACM International Symposium on Mixed and Augmented Reality (ISMAR)*, 133–141.

Kiyokawa, K., Billinghurst, M., Hayes, S. E., Gupta, A., Sannohe, Y., and Kato, H. (2002) Communication behaviors of co-located users in collaborative AR interfaces. *Proceedings of the IEEE and ACM International Symposium on Mixed and Augmented Reality (ISMAR)*, 139–148.

Kiyokawa, K., Iwasa, H., Takemura, H., and Yokoya, N. (1998) Collaborative immersive workspace through a shared augmented environment. *Proceedings of the SPIE Intelligent Systems in Design and Manufactoring*, 2–13.

Kiyokawa, K., Takemura, H., and Yokoya, N. (1999) SeamlessDesign: A face-to-face collaborative virtual/augmented environment for rapid prototyping of geometrically constrained 3-D objects. *Proceedings of the IEEE International Conference on Multimedia Computing and Systems*, 447–453.

Klein, G., and Drummond, T. (2004) Sensor fusion and occlusion refinement for tablet-based AR. *Proceedings of the IEEE and ACM International Symposium on Mixed and Augmented Reality (ISMAR)*, 38–47.

Klein, G., and Murray, D. (2007) Parallel tracking and mapping for small AR workspaces. *Proceedings of the IEEE and ACM International Symposium on Mixed and Augmented Reality (ISMAR)*, 225–234.

Klein, G., and Murray, D. (2008) Improving the agility of keyframe-based SLAM. *Proceedings of the European Conference on Computer Vision (ICCV)*, Springer, 802-815.

Klein, G., and Murray, D. W. (2010) Simulating low-cost cameras for augmented reality compositing. *IEEE Transactions on Visualization and Computer Graphics* 16, 3, 369–380.

Knecht, M., Traxler, C., Mattausch, O., Purgathofer, W., and Wimmer, M. (2010) Differential instant radiosity for mixed reality. *Proceedings of the IEEE International Symposium on Mixed and Augmented Reality (ISMAR)*, 99–107.

Knecht, M., Traxler, C., Purgathofer, W., and Wimmer, M. (2011) Adaptive camera-based color mapping for mixed-reality applications. *Proceedings of the IEEE International Symposium on Mixed and Augmented Reality (ISMAR)*, 165–168.

Knecht, M., Traxler, C., Winklhofer, C., and Wimmer, M. (2013) Reflective and refractive objects for mixed realty. *IEEE Transactions on Visualization and Computer Graphics*, 19, 4, 576–582.

Knöpfle, C., Weidenhausen, J., Chauvigne, L., and Stock, I. (2005) Template based authoring for AR based service scenarios. *Proceedings of IEEE Virtual Reality (VR)*, 249–252.

Knorr, S. B., and Kurz, D. (2014) Real-time illumination estimation from faces for coherent rendering. *Proceedings of the IEEE International Symposium on Mixed and Augmented Reality (ISMAR)*, 113–122.

Kohler, I. (1962) Experiments with goggles. *Scientific American* 206, 62–72.

Kölsch, M., Turk, M., Höllerer, T., and Chainey, J. (2004) Vision-based interfaces for mobility. *Proceedings of the IEEE International Conference on Mobile and Ubiquitous Systems: Networking and Services (Mobiquitous)*, 86–94.

Korkalo, O., Aittala, M., and Siltanen, S. (2010) Light-weight marker hiding for augmented reality. *Proceedings of the IEEE International Symposium on Mixed and Augmented Reality (ISMAR)*, 247–248.

Kosara, R., Hauser, H., and Gresh, D.L. (2003) An interaction view on information visualization. *Eurographics State of the Art Reports*.

Krauss, L. M. (1995) *The Physics of Star Trek*. Basics Books.

Kress, B., and Starner, T. (2013) A review of head-mounted displays (HMD) technologies and applications for consumer electronics. *Proceedings of SPIE Defense, Security, and Sensing*, International Society for Optics and Photonics, 87200A.

Kronander, J., Banterle, F., Gardner, A., Miandji, E., and Unger, J. (2015) Photorealistic rendering of mixed reality scenes. *Computer Graphics Forum* 34, 2, 643-665.

Krueger, M. W. (1991) *Artificial Reality II*, 2nd ed., Addison-Wesley.

Krueger, M. W., Gionfriddo, T., and Hinrichsen, K. (1985) VIDEOPLACE: An artificial reality. *ACM SIGCHI Bulletin* 16, 4, 35–40.

Kulik, A., Kunert, A., Beck, S., Reichel, R., Blach, R., Zink, A., and Fröhlich, B. (2011) C1x6: A stereo-scopic six-user display for co-located collaboration in shared virtual environments. *ACM Transactions on Graphics (Proceedings SIGGRAPH Asia)* 30, 6, article 188.

Kummerle, R., Grisetti, G., Strasdat, H., Konolige, K., and Burgard, W. (2011) G2o: A general frame-work for graph optimization. *Proceedings of the IEEE International Conference on Robotics and Automation (ICRA)*, 3607–3613.

Kurata, T., Sakata, N., Kourogi, M., Kuzuoka, H., and Billinghurst, M. (2004) Remote collaboration using a shoulder-worn active camera/laser. *Proceedings of the IEEE International Symposium on Wearable Computers (ISWC)*, 62–69.

Kurz, D., and BenHimane, S. (2011) Inertial sensor-aligned visual feature descriptors. *Proceedings of the IEEE Conference on Computer Vision and Pattern Recognition (CVPR)*, 161–166.

Lagger, P., and Fua, P. (2006) Using specularities to recover multiple light sources in the presence of texture. *Proceedings of the IEEE International Conference on Pattern Recognition (CVPR)*, 587–590.

LaMarca, A., Chawathe, Y., Consolvo, S., Hightower, J., Smith, I., Scott, J., Sohn, T., Howard, J., Hughes, J., Potter, F., Tabert, J., Powledge, P., Borriello, G., Schilit, B. (2005) Place Lab: Device positioning using radio beacons in the wild. *Proceedings of the International Conference on Pervasive Computing*, Springer, 116–133.

Land, E. H., and Mccann, J. J. (1971) Lightness and retinex theory. *Journal of the Optical Society of America* 61, 1, 1–11.

Langlotz, T., Degendorfer, C., Mulloni, A., Schall, G., Reitmayr, G., and Schmalstieg, D. (2011) Robust detection and tracking of annotations for outdoor augmented reality browsing. *Computers & Graphics* 35, 4, Elsevier, 831–840.

Langlotz, T., Regenbrecht, H., Zollmann, S., and Schmalstieg, D. (2013) Audio stickies: Visually-guided spatial audio annotations on a mobile augmented reality platform. *Proceedings of the Australian Conference on Computer-Human Interaction*, 545–554.

Lanier, J. (2001) Virtually there. *Scientific American* 284, 4, 66–75.

Lanman, D., and Luebke, D. (2013) Near-eye light field displays. *ACM Transactions on Graphics (Proceedings SIGGRAPH)* 32, 6, 1–10, article 11.

Ledermann, F., Reitmayr, G., and Schmalstieg, D. (2002) Dynamically shared optical tracking. *Proceedings of the IEEE International Workshop on ARToolKit*.

Ledermann, F., and Schmalstieg, D. (2003) Presenting past and present of an archaeological site in the virtual showcase. *Proceedings of the International Symposium on Virtual Reality, Archeology, and Intelligent Cultural Heritage*, 119–126.

Ledermann, F., and Schmalstieg, D. (2005) APRIL: A high level framework for creating augmented reality presentations. *Proceedings of IEEE Virtual Reality (VR)*, 187–194.

Lee, C., DiVerdi, S., and Höllerer, T. (2007) An immaterial depth-fused 3D display. *Proceedings of the ACM Symposium on Virtual Reality Software and Technology (VRST)*, 191–198.

Lee, G. A., Nelles, C., Billinghurst, M., and Kim, G.J. (2004) Immersive authoring of tangible augmented reality applications. *Proceedings of the IEEE and ACM International Symposium on Mixed and Augmented Reality (ISMAR)*, 172–181.

Lee, J., Hirota, G., and State, A. (2002) Modeling real objects using video see-through augmented reality. *Presence: Teleoperators and Virtual Environments* 11, 2, MIT Press, 144–157.

Lee, K., Zhao, Q., Tong, X., Gong, M., Izadi, S., Lee, S., Tan, P., and Lin, S. (2012) Estimation of intrinsic image sequences from image+depth video. *Proceedings of the European Conference on Computer Vision (ECCV)*, Springer, 327–340.

Lee, T., and Höllerer, T. (2006) Viewpoint stabilization for live collaborative video augmentations. *Proceedings of the IEEE and ACM International Symposium on Mixed and Augmented Reality (ISMAR)*, 241–242.

Lee, T., and Höllerer, T. (2007) Handy AR: Markerless inspection of augmented reality objects using fingertip tracking. *Proceedings of the IEEE International Symposium on Wearable Computers (ISWC)*, 83–90.

Lee, T. and Höllerer, T. (2008) Hybrid feature tracking and user interaction for markerless augmented reality. *Proceedings of IEEE Virtual Reality (VR)*, 145–152.

Leibe, B., Starner, T., Ribarsky, W., Wartell, Z., Krum, D., Singletary, B., and Hodges, L. (2000) The perceptive workbench: Toward spontaneous and natural interaction in semi-immersive virtual environments. *Proceedings of IEEE Virtual Reality (VR)*, 13–20.

Leigh, S., Schoessler, P., Heibeck, F., Maes, P., and Ishii, H. (2014) THAW: Tangible interaction with see-through augmentation for smartphones on computer screens. *Proceedings of the Adjunct Publication of the ACM Symposium on User Interface Software and Technology (UIST)*, 55–56.

Lensing, P., and Broll, W. (2012) Instant indirect illumination for dynamic mixed reality scenes. *Proceedings of the IEEE International Symposium on Mixed and Augmented Reality (ISMAR)*, 109–118.

Lepetit, V., and Berger, M.-O. (2000) Handling occlusion in augmented reality systems: A semi-automatic method. *Proceedings of the IEEE and ACM International Symposium on Augmented Reality (ISMAR)*, 137–146.

Lepetit, V., and Fua, P. (2005) Monocular model-based 3D tracking of rigid objects: A survey. *Foundations and Trends in Computer Graphics and Vision* 1, 1, Now Publishers, 1–89.

Lepetit, V., Berger, M., and Lorraine, L. (2001) An intuitive tool for outlining objects in video sequences: Applications to augmented and diminished reality. *Proceedings of the International Symposium on Mixed Reality (ISMR)*, 159–160.

Leykin, A., and Tuceryan, M. (2004) Determining text readability over textured backgrounds in augmented reality systems. *Proceedings of the IEEE and ACM International Symposium on Mixed and Augmented Reality (ISMAR)*, 436–439.

Li, H., and Hartley, R. (2006) Five-point motion estimation made easy. *Proceedings of the IEEE*

International Conference on Pattern Recognition (ICPR), 630–633.

Li, Y., Snavely, N., Huttenlocher, D., and Fua, P. (2012) Worldwide pose estimation using 3D point clouds. *Proceedings of the European Conference on Computer Vision (ECCV)*, Springer, 15–29.

Lincoln, P., Welch, G., Nashel, A., State, A., Ilie, A., and Fuchs, H. (2010) Animatronic shader lamps avatars. *Proceedings of IEEE Virtual Reality (VR)*, 225–238.

Lindeman, R. W., Noma, H., and de Barros, P. G. (2007) Hear-through and mic-through augmented reality: Using bone conduction to display spatialized audio. *Proceedings of the IEEE and ACM International Symposium on Mixed and Augmented Reality (ISMAR)*, 173–176.

Lindeman, R. W., Page, R., Yanagida, Y., and Sibert, J. L. (2004) Towards full-body haptic feedback. *Proceedings of the ACM Symposium on Virtual Reality Software and Technology (VRST)*, 146–149.

Liu, H., Darabi, H., Banerjee, P., and Liu, J. (2007) Survey of wireless indoor positioning techniques and systems. *IEEE Transactions on Systems, Man, and Cybernetics, Part C: Applications and Reviews* 37, 6, 1067–1080.

Liu, S., Cheng, D., and Hua, H. (2008) An optical see-through head mounted display with addressable focal planes. *Proceedings of the IEEE and ACM International Symposium on Mixed and Augmented Reality (ISMAR)*, 33–42.

Liu, Y., and Granier, X. (2012) Online tracking of outdoor lighting variations for augmented reality with moving cameras. *IEEE Transactions on Visualization and Computer Graphics* 18, 4, 573–580.

Livingston, M. A., Gabbard, J. L., Swan, J. E. II, Sibley, C. M., and Barrow, J. H. (2013) Basic perception in head-worn augmented reality displays. In: Huang, W., Alem, L., and Livingston, M., eds., *Human Factors in Augmented Reality Environments*. Springer, 35–65.

Loomis, J. M., Golledge, R. G., and Klatzky, R. L. (1998) Navigation system for the blind: Auditory display modes and guidance. *Presence: Teleoperators and Virtual Environments* 7, 2, MIT Press, 193–203.

Loomis, J., Golledge, R., and Klatzky, R. (1993) Personal guidance system for the visually impaired using GPS, GIS, and VR technologies. *Proceedings of the Conference on Virtual Reality and Persons with Disabilities*.

Looser, J., Grasset, R., and Billinghurst, M. (2007) A 3D flexible and tangible magic lens in augmented reality. *Proceedings of the IEEE and ACM International Symposium on Mixed and Augmented Reality (ISMAR)*, 51–54.

Lopez-Moreno, J., Garces, E., Hadap, S., Reinhard, E., and Gutierrez, D. (2013) Multiple light source estimation in a single image. *Computer Graphics Forum* 32, 8, 170–182.

Loscos, C., Frasson, M.-C., Drettakis, G., and Walter, B. (1999) Interactive virtual relighting and remodeling of real scenes. *IEEE Transactions on Visualization and Computer Graphics* 6, 4, 329–340.

Löw, J., Ynnerman, A., Larsson, P., and Unger, J. (2009) HDR light probe sequence resampling for realtime incident light field rendering. *Proceedings of the Spring Conference on Computer Graphics*, 43–50.

Lowe, D. G. (1999) Object recognition from local scale-invariant features. *Proceedings of the International Conference on Computer Vision (ICCV)*, 1150–1157.

Lowe, D. G. (2004) Distinctive image features from scale-invariant keypoints. *International Journal of Computer Vision* 60, 2, 91–110.

Lucas, B., and Kanade, T. (1981) An iterative image registration technique with an application to stereo vision. *Proceedings of the International Joint Conference on Artificial Intelligence (IJCAI)*, 674–679.

Lukosch, S., Billinghurst, M., Alem, L., and Kiyokawa, K. (2015) Collaboration in augmented reality. *Computer Supported Cooperative Work (CSCW)* 24, 6, 515–525.

Lynch, K., and Lynch, M. (1960) *The Image of the City*. MIT Press.

Ma, C., Suo, J., Dai, Q., Raskar, R., and Wetzstein, G. (2013) High-rank coded aperture projection for extended depth of field. *IEEE International Conference on Computational Photography (ICCP)*, 1–9.

Ma, Y., Soatto, S., Kosecka, J., and Sastry, S.S. (2003) *An Invitation to 3-D Vision: From Images to Geometric Models*. Springer Verlag.

MacIntyre, B., Bolter, J. D., and Gandy, M. (2004a) Presence and the aura of meaningful places. *International Workshop on Presence*.

MacIntyre, B., Bolter, J. D., Moreno, E., and Hannigan, B. (2001) Augmented reality as a new media experience. *Proceedings of the IEEE and ACM International Symposium and Augmented Reality (ISAR)*, 29–30.

MacIntyre, B., and Coelho, E. M. (2000) Adapting to dynamic registration errors using level of error (LOE) filtering. *Proceedings of the IEEE and ACM International Symposium on Augmented Reality (ISAR)*, 85–88.

MacIntyre, B., Coelho, E. M., and Julier, S. (2002) Estimating and adapting to registration errors in augmented reality systems. *Proceedings of IEEE Virtual Reality (VR)*, 73–80.

MacIntyre, B., and Feiner, S. (1996) Language-level support for exploratory programming of distributed virtual environments. *Proceedings of the ACM Symposium on User Interface Software and Technology (UIST)*, 83–94.

MacIntyre, B., and Feiner, S. (1998) A distributed 3D graphics library. *Proceedings of the ACM SIGGRAPH Conference on Computer Graphics and Interactive Techniques*, 361–370.

MacIntyre, B., Gandy, M., Dow, S., and Bolter, J. (2004b) DART: A toolkit for rapid design exploration of augmented reality experiences. *Proceedings of the ACM Symposium on User Interface Software and Technology (UIST)*, 197–206.

MacIntyre, B., Hill, A., Rouzati, H., Gandy, M., and Davidson, B. (2011) The Argon AR web browser and standards-based AR application environment. *Proceedings of the IEEE International Symposium on Mixed and Augmented Reality (ISMAR),* 65–74.

MacIntyre, B., Rouzati, H., and Lechner, M. (2013) Walled gardens: Apps and data as barriers to augmenting reality. *IEEE Computer Graphics and Applications* 33, 3, 77–81.

Mackay, W. E. (1998) Augmented reality: Linking real and virtual worlds: A new paradigm for interacting with computers. *Proceedings of the Working Conference on Advanced Visual Interfaces,* ACM Press, 13–21.

Mackay, W., and Fayard, A.-L. (1999) Designing interactive paper: Lessons from three augmented reality projects. *Proceedings of the International Workshop on Augmented Reality (IWAR)*, 81–90.

MacWilliams, A., Sandor, C., Wagner, M., Bauer, M., Klinker, G., and Brügge, B. (2003) Herding sheep: Live system development for distributed augmented reality. *Proceedings of the IEEE and ACM International Symposium on Mixed and Augmented Reality (ISMAR),* 123–132.

Madsen, C. B., and Laursen, R. (2007) A scalable GPU based approach to shading and shadowing for photorealistic real-time augmented reality. *Proceedings of the International Conference on Graphics Theory and Applications*, 252–261.

Madsen, C. B., and Nielsen, M. (2008) Towards probe-less augmented reality. *Proceedings of the International Conference on Graphics Theory and Applications*, 255–261.

Maes, P., Darrell, T., Blumberg, B., and Pentland, A. (1997) The ALIVE system: Wireless, full-body interaction with autonomous agents. *Multimedia Systems* 5, 2, 105–112.

Maimone, A., and Fuchs, H. (2012) Real-time volumetric 3D capture of room-sized scenes for telepresence. *Proceedings of the 3DTV Conference*.

Maimone, A., Lanman, D., Rathinavel, K., Keller, K., Luebke, D., and Fuchs, H. (2014) Pinlight displays. *ACM Transactions on Graphics (Proceedings SIGGRAPH)* 33, 4, article 20.

Mann, S. (1997) Wearable computing: A first step toward personal imaging. *IEEE Computer* 30, 2, 25–32.

Mann, S. (1998) Humanistic intelligence: WearComp as a new framework for intelligent signal processing. *Proceedings of the IEEE* 86, 11, 2123–2151.

Mariette, N. (2007) From backpack to handheld: The recent trajectory of personal location aware spatial audio. *Proceedings of the International Digital Arts and Culture Conference*.

Mark, W. R., McMillan, L., and Bishop, G. (1997) Post-rendering 3D warping. *Proceedings of the ACM SIGGRAPH Symposium on Interactive 3D Graphics (I3D)*, 7–16.

Marner, M. R., and Thomas, B. H. (2010) Augmented foam sculpting for capturing 3D models. *Proceedings of the IEEE Symposium on 3D User Interfaces (3DUI)*, 63–70.

Marner, M. R., Thomas, B. H., and Sandor, C. (2009) Physical-virtual tools for spatial augmented reality user interfaces. *Proceedings of the IEEE International Symposium on Mixed and Augmented Reality (ISMAR)*, 205–206.

Marr, D. (1982) *Vision: A Computational Investigation into the Human Representation and Processing of Visual Information*. MIT Press.

Mashita, T., Yasuhara, H., Plopski, A., Kiyokawa, K., and Takemura, H. (2013) In-situ lighting and reflectance estimations for indoor AR systems. *Proceedings of the IEEE International Symposium on Mixed and Augmented Reality (ISMAR)*, 275–276.

Matsukura, H., Yoneda, T., and Ishida, H. (2013) Smelling screen: Development and evaluation of an olfactory display system for presenting a virtual odor source. *IEEE Transactions on Visualization and Computer Graphics* 19, 4, 606–615.

Matsushita, N., Hihara, D., Ushiro, T., Yoshimura, S., Rekimoto, J., and Yamamoto, Y. (2003) ID CAM: A smart camera for scene capturing and ID recognition. *Proceedings of the IEEE and ACM International Symposium on Mixed and Augmented Reality (ISMAR)*, 227–236.

May-raz, E., and Lazo, D. (2012) *Sight: A Futuristic Short Film*. YouTube, accessed March 2016.

Mazuryk, T., Schmalstieg, D., and Gervautz, M. (1996) Zoom rendering: Improving 3-D rendering performance with 2-D operations. *International Journal of Virtual Reality* 2, 2, 1–8.

Mei, X., Ling, H., and Jacobs, D.W. (2009) Sparse representation of cast shadows via L1-regularized least squares. *Proceedings of the IEEE International Conference on Computer Vision (ICCV)*, 583–590.

Meilland, M., Barat, C., and Comport, A. I. (2013) 3D high dynamic range dense visual SLAM and its application to real-time object re-lighting. *Proceedings of the IEEE International Symposium on Mixed and Augmented Reality (ISMAR)*, 143–152.

Mendez, E., Feiner, S., and Schmalstieg, D. (2010) Focus and context by modulating first order salient features for augmented reality. *Proceedings of Smart Graphics*, Springer, 232–243.

Mendez, E., Kalkofen, D., and Schmalstieg, D. (2006) Interactive context-driven visualization tools for augmented reality. *Proceedings of the IEEE and ACM International Symposium for Mixed and Augmented Reality (ISMAR)*, 209–218.

Meyer, K., Applewhite, H. L., and Biocca, F. A. (1992) A survey of position trackers. *Presence: Tele-operators and Virtual Environments* 1, 2, MIT Press, 173–200.

Michael, K., and Michael, M. G. (2013) *Uberveillance and the Social Implications of Microchip Implants*. IGI Global.

Mikolajczyk, K., and Schmid, C. (2004) Scale and affine invariant interest point detectors. *International Journal of Computer Vision* 60, 1, 63–86.

Mikolajczyk, K., and Schmid, C. (2005) A performance evaluation of local descriptors. *IEEE Transactions on Pattern Analysis and Machine Intelligence* 27, 10, 1615–1630.

Miksik, O., Torr, P. H. S., Vineet, V., Lidegaard, M., Prasaath, R., Nießner, M., Golodetz, S., Hicks, S. L., Pérez, P., and Izadi, S. (2015) The semantic paintbrush: Interactive 3D mapping and recognition in large outdoor spaces. *Proceedings of the ACM SIGCHI Conference on Human Factors in Computing Systems (CHI)*, 3317–3326.

Milgram, P., and Kishino, F. (1994) A taxonomy of mixed reality visual displays. *IEICE Transactions on Information Systems E77-D*, 12, 1321–1329.

Minatani, S., Kitahara, I., Kameda, Y., and Ohta, Y. (2007) Face-to-face tabletop remote collaboration in mixed reality. *Proceedings of the IEEE and ACM International Symposium on Mixed and Augmented Reality (ISMAR)*, 43–46.

Mine, M. R., Brooks, F. P. Jr., and Sequin, C. H. (1997) Moving objects in space: Exploiting proprioception in virtual-environment interaction. *Proceedings of the ACM SIGGRAPH Conference on Computer Graphics and Interactive Techniques*, 19–26.

Mistry, P., and Maes, P. (2009) SixthSense: A wearable gestural interface. *ACM SIGGRAPH Asia Sketches*.

Miyasato, T. (1998) An eye-through HMD for augmented reality. *Proceedings of the IEEE International Symposium on Robot and Human Interactive Communication*.

Mogilev, D., Kiyokawa, K., Billinghurst, M., and Pair, J. (2002) AR pad: An interface for face-to-face AR collaboration. *ACM CHI Extended Abstracts on Human Factors in Computing Systems*, 654–655.

Mohr, P., Kerbl, B., Kalkofen, D., and Schmalstieg, D. (2015) Retargeting technical documentation to augmented reality. *Proceedings of the ACM SIGCHI Conference on Human–Computer Interaction (CHI)*, 3337–3346.

Moreels, P., and Perona, P. (2007) Evaluation of features, detectors and descriptors based on 3D objects. *International Journal of Computer Vision* 73, 3, 263–284.

Morrison, A., Mulloni, A., Lemmelae, S., Oulasvirta, A., Jacucci, G., Peltonen, P., Schmalstieg, D. and Regenbrecht, H. (2011) Collaborative use of mobile augmented reality with paper maps. *Computers & Graphics* 35, 4, Elsevier, 789–799.

Müller, J., Langlotz, T., and Regenbrecht, H. (2016) PanoVC: Pervasive telepresence using mobile phones. *Proceedings of the IEEE International Conference on Pervasive Computing*.

Mulloni, A., Dünser, A., and Schmalstieg, D. (2010) Zooming interfaces for augmented reality browsers. *Proceedings of the ACM International Conference on Human–Computer Interaction with Mobile Devices and Services (MobileHCI)*, 161–169.

Mulloni, A., Ramachandran, M., Reitmayr, G., Wagner, D., Grasset, R., and Diaz, S. (2013) User friendly SLAM initialization. *Proceedings of the IEEE International Symposium on Mixed and Augmented Reality (ISMAR)*, 153–162.

Mulloni, A., and Schmalstieg, D. (2012) Enhancing handheld navigation systems with augmented reality. *Proceedings of the International Symposium on Service-Oriented Mapping.*

Mulloni, A., Seichter, H., and Schmalstieg, D. (2012) Indoor navigation with mixed reality world-in-miniature views and sparse localization on mobile devices. *Proceedings of the International Working Conference on Advanced Visual Interfaces*, ACM Press, 212.

Mulloni, A., Wagner, D., and Schmalstieg, D. (2008) Mobility and social interaction as core gameplay elements in multi-player augmented reality. *Proceedings of the International Conference on Digital Interactive Media in Entertainment and Arts (DIMEA)*, 472–478.

Mynatt, E. D., Back, M., Want, R., Baer, M., and Ellis, J. B. (1998) Designing audio aura. *Proceedings of the ACM SIGCHI Conference on Human Factors in Computing Systems (CHI)*, 566–573.

Naimark, L., and Foxlin, E. (2002) Circular data matrix fiducial system and robust image processing for a wearable vision-inertial self-tracker. *Proceedings of the Symposium on Mixed and Augmented Reality (ISMAR)*, 27–36.

Najork, M. A., and Brown, M. H. (1995) Obliq-3D: A high-level, fast-turnaround 3D animation system. *IEEE Transactions on Visualization and Computer Graphics* 1, 2, 145–175.

Nakaizumi, F., Noma, H., Hosaka, K., and Yanagida, Y. (2006) SpotScents: A novel method of natural scent delivery using multiple scent projectors. *Proceedings of IEEE Virtual Reality (VR)*, 207–214.

Nakamae, E., Harada, K., Ishizaki, T., and Nishita, T. (1986) A montage method: The overlaying of the computer generated images onto a background photograph. *Proceedings of the ACM SIGGRAPH Conference on Computer Graphics and Interactive Techniques*, 207–214.

Narumi, T., Kajinami, T., Nishizaka, S., Tanikawa, T., and Hirose, M. (2011a) Pseudo-gustatory display system based on cross-modal integration of vision, olfaction and gustation. *Proceedings of IEEE Virtual Reality (VR)*, 127–130.

Narumi, T., Nishizaka, S., and Kajinami, T. (2011b) Augmented reality flavors: Gustatory display based on edible marker and cross-modal interaction. *Proceedings of ACM SIGCHI Conference on Human Factors in Computing Systems (CHI)*, 93–102.

Navab, N. (2004) Developing killer apps for industrial augmented reality. *IEEE Computer Graphics and Applications* 24, 3, 16–20.

Navab, N., Heining, S.-M., and Traub, J. (2010) Camera augmented mobile C-arm (CAMC): Calibration, accuracy study, and clinical applications. *IEEE Transactions on Medical Imaging* 29, 7, 1412–1423.

Newcombe, R. A., Izadi, S., Hilliges, O., Molyneaux, D., Kim, D., Davison, D., Kohli, P., Shotton, J., Hodges, S., Fitzgibbon, A. (2011a) KinectFusion: Real-time dense surface mapping and tracking. *Proceedings of the IEEE International Symposium on Mixed and Augmented Reality (ISMAR)*, 127–136.

Newcombe, R. A., Lovegrove, S. J., and Davison, A. J. (2011b) DTAM: Dense tracking and mapping in real-time. *Proceedings of the IEEE International Conference on Computer Vision*, 2320–2327.

Newman, J., Bornik, A., Pustka, D., Echtler, F., Huber, M., Schmalstieg, D., Klinker, G. (2007)

Tracking for distributed mixed reality environments. *Proceedings of the IEEE Virtual Reality Workshop on Trends and Issues in Tracking for Virtual Environments.*

Newman, J., Ingram, D., and Hopper, A. (2001) Augmented reality in a wide area sentient environment. *Proceedings of the International Symposium on Augmented Reality (ISAR),* 77–86.

Nguyen, T., Grasset, R., Schmalstieg, D., and Reitmayr, G. (2013) Interactive syntactic modeling with a single-point laser range finder and camera. *Proceedings of the IEEE International Symposium on Mixed and Augmented Reality (ISMAR),* 107–116.

Nguyen, T., Reitmayr, G., and Schmalstieg, D. (2015) Structural modeling from depth images. *IEEE Transactions on Visualization and Computer Graphics (Proceedings ISMAR),* 21, 11, 1230–1240.

Niantic. (2012) *Ingress. The game.* https://www.ingress.com. Accessed March 2016.

Nishino, K., and Nayar, S. K. (2004) Eyes for relighting. *ACM Transactions on Graphics* 23, 3, 704–711.

Nistér, D. (2004) An efficient solution to the five-point relative pose problem. *IEEE Transactions on Pattern Analysis and Machine Intelligence* 26, 6, 756–777.

Nistér, D., Naroditsky, O., and Bergen, J. (2004) Visual odometry. *Proceedings of the IEEE Computer Society Conference on Computer Vision and Pattern Recognition (CVPR),* 652–659.

Nistér, D., and Stewenius, H. (2006) Scalable recognition with a vocabulary tree. *Proceedings of the IEEE Computer Society Conference on Computer Vision and Pattern Recognition (CVPR),* 2161–2168.

Nóbrega, R., and Correia, N. (2012) Magnetic augmented reality: Virtual objects in your space. *Proceedings of the International Working Conference on Advanced Visual Interfaces (AVI),* ACM Press, 332–335.

Novak, V., Sandor, C., and Klinker, G. (2004) An AR workbench for experimenting with attentive user interfaces. *Proceedings of the IEEE and ACM International Symposium on Mixed and Augmented Reality (ISMAR),* 284–285.

Nowrouzezahrai, D., Geiger, S., Mitchell, K., Sumner, R., Jarosz, W., and Gross, M. (2011) Light factorization for mixed-frequency shadows in augmented reality. *Proceedings of the IEEE International Symposium on Mixed and Augmented Reality (ISMAR),* 173–179.

Nuernberger, B., Lien, K.-C., Höllerer, T., and Turk, M. (2016) Interpreting 2D gesture annotations in 3D augmented reality. *Proceedings of the IEEE Symposium on 3D User Interfaces (3DUI),* 149–158.

Oberweger, M., Wohlhart, P., and Lepetit, V. (2015) Hands deep in deep learning for hand pose estimation. *Proceedings of the Computer Vision Winter Workshop (CVWW),* 21–30.

Ohlenburg, J., Herbst, I., Lindt, I., Fröhlich, T., and Broll, W. (2004) The MORGAN framework: Enabling dynamic multi-user AR and VR projects. *Proceedings of the ACM Symposium on Virtual Reality Software and Technology (VRST),* 166–169.

Ohshima, T., Satoh, K., Yamamoto, H., and Tamura, H. (1998) AR2 hockey: A case study of collaborative augmented reality. *Proceedings of the IEEE Virtual Reality Annual International Symposium (VRAIS),* 268–275.

Ohshima, T., Yamamoto, H., and Tamura, H. (1999) RV-Border Guards: A multi-player entertainment in mixed reality space. Poster. *Proceedings of the International Workshop on Augmented Reality (IWAR).*

Oishi, T., and Tachi, S. (1995) Methods to calibrate projection transformation parameters for see-through head-mounted displays. *Presence: Teleoperators and Virtual Environments* 5, 1, MIT Press, 122–135.

Okabe, T., Sato, I., and Sato, Y. (2004) Spherical harmonics vs. Haar wavelets: Basis for recovering illumination from cast shadows. *Proceedings of the IEEE Conference on Computer Vision and Pattern Recognition (CVPR)*, 1, 50–57.

Okumura, B., Kanbara, M., and Yokoya, N. (2006) Augmented reality based on estimation of defocusing and motion blurring from captured images. *Proceedings of the IEEE and ACM International Symposium on Mixed and Augmented Reality (ISMAR)*, 219–225.

Olwal, A., Benko, H., and Feiner, S. (2003) SenseShapes: Using statistical geometry for object selection in a multimodal augmented reality system. *Proceedings of the IEEE and ACM International Symposium on Mixed and Augmented Reality (ISMAR)*, 300–301.

Olwal, A., and Feiner, S. (2004) Unit: Modular development of distributed interaction techniques for highly interactive user interfaces. *Proceedings of the International Conference on Computer Graphics and Interactive Techniques in Australasia and South East Asia (GRAPHITE)*, 131–138.

Oskiper, T., Samarasekera, S., and Kumar, R. (2012) Multi-sensor navigation algorithm using monocular camera, IMU and GPS for large scale augmented reality. *Proceedings of the IEEE International Symposium on Mixed and Augmented Reality (ISMAR)*, 71–80.

Oskiper, T., Sizintsev, M., Branzoi, V., Samarasekera, S., and Kumar, R. (2015) Augmented reality binoculars. *IEEE Transactions on Visualization and Computer Graphics* 21, 5, 611–623.

Owen, C., Tang, A., and Xiao, F. (2003) ImageTclAR: A blended script and compiled code development system for augmented reality. *Proceedings of the ISMAR Workshop on Software Technology in Augmented Reality Systems (STARS)*.

Ozuysal, M., Fua, P., and Lepetit, V. (2007) Fast keypoint recognition in ten lines of code. *Proceedings of the IEEE Conference on Computer Vision and Pattern Recognition (CVPR)*, 1–8.

Pan, Q., Reitmayr, G., and Drummond, T. (2009) ProFORMA: Probabilistic feature-based on-line rapid model acquisition. *Proceedings of the British Machine Vision Conference (BMVC)*, 1–11.

Park, Y., Lepetit, V., and Woo, W. (2009) ESM-Blur: Handling and rendering blur in 3D tracking and augmentation. *Proceedings of the IEEE International Symposium on Mixed and Augmented Reality (ISMAR)*, 163–166.

Parker, S. G., Bigler, J., Dietrich, A., Friedrich, H., Hoberock, J., Luebke, D., McAllister, D., McGuire, M., Morley, K., Robison, A., and Stich, M. (2010) OptiX: A general purpose ray tracing engine. *Proceedings of SIGGRAPH, ACM Transactions on Graphics (Proceedings SIGGRAPH)* 29, 4, Article 66.

Pausch, R., Proffitt, D., and Williams, G. (1997) Quantifying immersion in virtual reality. *Proceedings of the ACM SIGGRAPH Conference on Computer graphics and Interactive Techniques (SIGGRAPH)*, 13–18.

Pejsa, T., Kantor, J., Benko, H., Ofek, E., and Wilson, A.D. (2016) Room2Room: Enabling life-size telepresence in a projected augmented reality environment. *Proceedings of the ACM Conference on Computer Supported Cooperative Work (CSCW)*, 1716–1725.

Pessoa, S., Moura, G., Lima, J., Teichrieb, V., and Kelner, J. (2010) Photorealistic rendering for augmented reality: A global illumination and BRDF solution. *Proceedings of IEEE Virtual Reality (VR)*, 3–10.

Petersen, N., and Stricker, D. (2009) Continuous natural user interface: Reducing the gap between real and digital world. *Proceedings of the IEEE International Symposium on Mixed and Augmented Reality (ISMAR)*, 23–26.

Pick, S., Hentschel, B., Tedjo-Palczynski, I., Wolter, M., and Kuhlen, T. (2010) Automated positioning of annotations in immersive virtual environments. *Proceedings of the Eurographics Conference on Virtual Environments & Joint Virtual Reality (EGVE–JVRC)*, 1–8.

Piekarski, W., and Thomas, B. H. (2001) Tinmith-Metro: New outdoor techniques for creating city models with an augmented reality wearable computer. *Proceedings of the IEEE International Symposium on Wearable Computers,* 31–38.

Piekarski, W., and Thomas, B. H. (2002) Tinmith-Hand: Unified user interface technology for mobile outdoor augmented reality and indoor virtual reality. *Proceedings of IEEE Virtual Reality (VR)*, 287–288.

Piekarski, W., and Thomas, B. H. (2003) An object-oriented software architecture for 3D mixed reality applications. *Proceedings of the IEEE and ACM International Symposium on Mixed and Augmented Reality (ISMAR),* 247–256.

Piekarski, W., and Thomas, B. H. (2004) Augmented reality working planes: A foundation for action and construction at a distance. *Proceedings of the IEEE and ACM International Symposium on Mixed and Augmented Reality (ISMAR)*, 162–171.

Pierce, J. S., Forsberg, A. S., Conway, M. J., Hong, S., Zeleznik, R. C., and Mine, M. R. (1997) Image plane interaction techniques in 3D immersive environments. *Proceedings of the ACM SIGGRAPH Symposium on Interactive 3D Graphics (I3D)*, 39–43.

Pilet, J., Geiger, A., Lagger, P., Lepetit, V., and Fua, P. (2006) An all-in-one solution to geometric and photometric calibration. *Proceedings of the IEEE and ACM International Symposium on Mixed and Augmented Reality (ISMAR)*, 69–78.

Pinhanez, C. S. (2001) The everywhere displays projector: A device to create ubiquitous graphical interfaces. *Proceedings of the International Conference on Ubiquitous Computing (UbiComp)*, Springer, 315–331.

Pintaric, T., and Kaufmann, H. (2008) A rigid-body target design methodology for optical pose-tracking systems. *Proceedings of the ACM Symposium on Virtual Reality Software and Technology (VRST)*, 73–76.

Pintaric, T., Wagner, D., Ledermann, F., and Schmalstieg, D. (2005) Towards massively multi-user augmented reality on handheld devices. *Proceedings of the International Conference on Pervasive Computing*, Springer, 208–219.

Piper, B., Ratti, C., and Ishii, H. (2002) Illuminating clay: A 3-D tangible interface for landscape analysis. *Proceedings of the ACM SIGCHI Conference on Human Factors in Computing Systems (CHI)*, 355–362.

Pirchheim, C., Schmalstieg, D., and Reitmayr, G. (2013) Handling pure camera rotation in keyframe-based SLAM. *Proceedings of the IEEE International Symposium on Mixed and Augmented Reality (ISMAR)*, 229–238.

Plopski, A., Itoh, Y., Nitschke, C., Kiyokawa, K., Klinker, G., and Takemura, H. (2015) Practical calibration of optical see-through head-mounted displays using corneal imaging. *IEEE Transactions on Visualization and Computer Graphics (Proceedings VR)* 21, 4, 481–490.

Poupyrev, I., Tan, D. S., Billinghurst, M., Kato, H., Regenbrecht, H., and Tetsutani, N. (2002) Developing a generic augmented-reality interface. *IEEE Computer* 35, 3, 44–50.

Pustka, D., Huber, M., Waechter, C., Echtler, F., Keitler, P., Newman, J., Schmalstieg, D., Klinker, G. (2011) Ubitrack: Automatic configuration of pervasive sensor networks for augmented reality. *IEEE Pervasive Computing* 10, 3, 68–79.

Quan, L., and Lan, Z. (1999) Linear N-point camera pose determination. *IEEE Transactions on Pattern Analysis and Machine Intelligence* 21, 8, 774–780.

Rakkolainen, I., DiVerdi, S., Olwal, A., Candussi, N., Höllerer, T., Laitinen, M., Piirto, M., and Palovuori, K. (2005) The interactive FogScreen. *ACM SIGGRAPH 2005 Emerging Technologies*, article 8.

Ramamoorthi, R., and Hanrahan, P. (2001) A signal-processing framework for inverse rendering. *Proceedings of the ACM SIGGRAPH Conference on Computer Graphics and Interactive Techniques*, 117–128.

Raskar, R. (2004). Spatial augmented reality. Keynote, *Symposium on Virtual Reality (SVR)*.

Raskar, R., Welch, G., Cutts, M., Lake, A., Stesin, L., and Fuchs, H. (1998) The office of the future: A unified approach to image-based modeling and spatially immersive displays. *Proceedings of the ACM SIGGRAPH Conference on Computer Graphics and Interactive Techniques*, 179–188.

Raskar, R., Welch, G., Low, K.-L., and Bandyopadhyay, D. (2001) Shader lamps: Animating real objects with image-based Illumination. *Proceedings of the Eurographics Workshop on Rendering Techniques*, Springer, 89–102.

Regan, M., and Pose, R. (1994) Priority rendering with a virtual reality address recalculation pipeline. *Proceedings of the ACM SIGGRAPH Conference on Computer Graphics and Interactive Techniques*, 155–162.

Regenbrecht, H., Wagner, M. T., and Baratoff, G. (2002) MagicMeeting: A collaborative tangible augmented reality system. *Virtual Reality* 6, 3, Springer, 151–166.

Reiners, D., Voß, G., and Behr, J. (2002) OpenSG: Basic concepts. *Proceedings of the OPENSG Symposium*.

Reitmayr, G., and Drummond, T. (2006) Going out: Robust model-based tracking for outdoor augmented reality. *Proceedings of the ACM and IEEE International Symposium on Mixed and Augmented Reality (ISMAR)*, 109–118.

Reitmayr, G., Eade, E., and Drummond, T. (2005) Localisation and interaction for augmented maps. *Proceedings of the IEEE and ACM International Symposium on Mixed and Augmented Reality (ISMAR)*, 120–129.

Reitmayr, G., Eade, E., and Drummond, T. W. (2007) Semi-automatic annotations in unknown environments. *Proceedings of the IEEE and ACM International Symposium on Mixed and Augmented Reality (ISMAR)*, 67–70.

Reitmayr, G., and Schmalstieg, D. (2001) An open software architecture for virtual reality interaction. *ACM Symposium on Virtual Reality Software and Technology (VRST)*, 47–54.

Reitmayr, G., and Schmalstieg, D. (2003) Location based applications for mobile augmented reality. *Proceedings of the Australasian User Interface Conference (AUIC)*, Australian Computer Society, 65–73.

Reitmayr, G., and Schmalstieg, D. (2004) Collaborative augmented reality for outdoor navigation and information browsing. *Proceedings of the Symposium on Location Based Services and TeleCartography*, 31–41.

Reitmayr, G., and Schmalstieg, D. (2005) OpenTracker: A flexible software design for three-dimensional interaction. *Virtual Reality* 9, 1, Springer, 79–92.

Rekimoto, J. (1996) Transvision: A hand-held augmented reality system for collaborative design. *Proceedings of the ACM International Conference on Virtual Systems and Multi-Media (VSMM)*, 31–39.

Rekimoto, J. (1997) Pick-and-drop: A direct manipulation technique for multiple computer environments. *Proceedings of the ACM Symposium on User Interface Software and Technology (UIST)*, 31–39.

Rekimoto, J. (1998) Matrix: A realtime object identification and registration method for augmented reality. *Proceedings of the 3rd Asia Pacific Conference on Computer–Human Interaction*, 63–68.

Rekimoto, J., Ayatsuka, Y., and Hayashi, K. (1998) Augment-able reality: Situated communication through physical and digital spaces. *Proceedings of the IEEE International Symposium on Wearable Computers*, 68–75.

Rekimoto, J., and Nagao, K. (1995) The world through the computer: Computer augmented interaction with real world environments. *Proceedings of the ACM Symposium on User Interface Software and Technology (UIST)*, 29–36.

Rekimoto, J., and Saitoh, M. (1999) Augmented surfaces: A spatially continuous work space for hybrid computing environments. *Proceedings of the ACM SIGCHI Conference on Human Factors in Computing Systems (CHI)*, 378–385.

Rekimoto, J., Ullmer, B., and Oba, H. (2001) DataTiles: A modular platform for mixed physical and graphical interactions. *Proceedings of the ACM SIGCHI Conference on Human Factors in Computing Systems* (CHI), 269–276.

Ren, D., Goldschwendt, T., Chang, Y., and Höllerer, T. (2016) Evaluating wide-field-of-view augmented reality with mixed reality simulation. *Proceedings of IEEE Virtual Reality (VR)*, 93–102.

Ribo, M., Lang, P., Ganster, H., Brandner, M., Stock, C., and Pinz, A. (2002) Hybrid tracking for outdoor augmented reality applications. *IEEE Computer Graphics and Applications* 22, 6, 54–63.

Richardt, C., Stoll, C., Dodgson, N.A., Seidel, H.-P., and Theobalt, C. (2012) Coherent spatio-temporal filtering, upsampling and rendering of RGBZ videos. *Computer Graphics Forum (Proceedings Eurographics)* 31, 2, 247–256.

Ritschel, T., Grosch, T., and Seidel, H.-P. (2009) Approximating dynamic global illumination in image space. *Proceedings of the ACM SIGGRAPH Symposium on Interactive 3D Graphics and Games (I3D)*, 75–82.

Robinett, W., and Holloway, R. (1992) Implementation of flying, scaling and grabbing in virtual worlds. *Proceedings of the ACM SIGGRAPH Symposium on Interactive 3D Graphics (I3D)*, 189–192.

Robinett, W., Tat, I., and Holloway, R. (1995) The visual display transformation for virtual reality. *Presence: Teleoperators and Virtual Environments* 4, 1, 1–23.

Rodden, T. (1992) A survey of CSCW systems. *Interacting with Computers* 3, 3, Elsevier, 319–353.

Rohlf, J., and Helman, J. (1994) IRIS Performer: A high performance multiprocessing toolkit for real-time 3D Graphics. *Proceedings of the ACM SIGGRAPH Conference on Computer Graphics and Interactive Techniques*, 381–394.

Rolland, J. P., Biocca, F., Hamza-Lup, F., Ha, Y., and Martins, R. (2005) Development of head-mounted projection displays for distributed, collaborative, augmented reality applications. *Presence: Teleoperators and Virtual Environments* 14, 5, 528–549.

Rolland, J. P., and Cakmakci, O. (2009) Head-worn displays: The future through new eyes. *Optics & Photonics News*, April, 20–27.

Rolland, J. P., Davis, L. D., and Baillot, Y. (2001) A survey of tracking technologies for virtual environments. In: Barfield, W., and Caudell, T., eds., *Fundamentals of Wearable Computers and Augmented Reality*. Lawrence Erlbaum Associates, 67–112.

Rong, G., and Tan, T.-S. (2006) Jump flooding in GPU with applications to Voronoi diagram and distance transform. *Proceedings of the ACM SIGGRAPH Symposium on Interactive 3D Graphics and games (I3D)*, 130, 109–116.

Rosten, E., and Drummond, T. (2006) Machine learning for high-speed corner detection. *Proceedings of the European Conference on Computer Vision (ECCV)*, Springer, 430–443.

Rosten, E., Reitmayr, G., and Drummond, T. (2005) Real-time video annotations for augmented reality. *Proceedings of the International Symposium on Visual Computing (ISVC)*, 294–302.

Saito, T., and Takahashi, T. (1990) Comprehensible rendering of 3-D shapes. *Proceedings of the ACM SIGGRAPH Conference on Computer Graphics and Interactive Techniques*, 197–206.

Salas-Moreno, R. F., Newcombe, R. A., Strasdat, H., Kelly, P. H. J., and Davison, A. J. (2013) SLAM++: Simultaneous localisation and mapping at the level of objects. *Proceedings of the IEEE Conference on Computer Vision and Pattern Recognition (CVPR)*, 1352–1359.

Sandor, C., Cunningham, A., Barbier, S., Eck, U., Urquhart, D., Marner, M. R., Jarvis, G., Rhee, S. (2010a) Egocentric space-distorting visualizations for rapid environment exploration in mobile mixed reality. *Proceedings of IEEE Virtual Reality (VR)*, 47–50.

Sandor, C., Cunningham, A., Dey, A., and Mattila, V.-V. (2010b) An augmented reality X-ray system based on visual saliency. *Proceedings of the IEEE International Symposium on Mixed and Augmented Reality (ISMAR)*. 27–36.

Sandor, C., and Reicher, T. (2001) CUIML: A language for the generation of multimodal human–computer interfaces. *Proceedings of the European UIML Conference*.

Sandor, C., Uchiyama, S., and Yamamoto, H. (2007) Visuo-haptic systems: Half-mirrors considered harmful. *Proceedings of the Joint EuroHaptics Conference, Symposium on Haptic Interfaces for Virtual Environment and Teleoperator Systems, and World Haptics*, 292–297.

Sapiezynski, P., Stopczynski, A., Gatej, R., and Lehmann, S. (2015) Tracking human mobility using WiFi signals. *PloS ONE* 10, 7, e0130824.

Sato, I., Sato, Y., and Ikeuchi, K. (1999) Acquiring a radiance distribution to superimpose virtual objects onto a real scene. *IEEE Transactions on Visualization and Computer Graphics* 5, 1, 1–12.

Satoh, K., Hara, K., Anabuki, M., Yamamoto, H., and Tamura, H. (2001) TOWNWEAR: An outdoor wearable MR system with high-precision registration. *Proceedings of the International Symposium on Mixed Reality (ISMR)*, 210–211.

Sattler, T., Leibe, B., and Kobbelt, L. (2011) Fast image-based localization using direct 2D-to-3D matching. *Proceedings of the IEEE International Conference on Computer Vision (ICCV)*, 67–674.

Sattler, T., Leibe, B., and Kobbelt, L. (2012) Improving image-based localization by active correspondence search. *Proceedings of the European Conference on Computer Vision (ECCV)*, 752–765.

Sawhney, N., and Schmandt, C. (2000) Nomadic radio: Speech and audio interaction for contextual messaging in nomadic environments. *ACM Transactions on Computer–Human Interaction* 7, 3, 353–383.

Schall, G., Mendez, E., Kruijff, E., Veas, E., Junghanns, S., Reitinger, B., and Schmalstieg, D. (2008) Handheld augmented reality for underground infrastructure visualization. *Journal of Personal and Ubiquitous Computing* 13, 4, Springer, 281–291.

Schall, G., Wagner, D., Reitmayr, G., Taichmann, E., Wieser, M., Schmalstieg, D., and Hofmann-Wellenhof, B. (2009) Global pose estimation using multi-sensor fusion for outdoor augmented reality. *Proceedings of the IEEE International Symposium on Mixed and Augmented Reality (ISMAR)*, 153–162.

Schinke, T., Henze, N., and Boll, S. (2010) Visualization of off-screen objects in mobile augmented reality. *Proceedings of the ACM International Conference on Human Computer Interaction with Mobile Devices and Services (MobileHCI)*, 313–316.

Schmalstieg, D., Encarnação, L. M., and Szalavari, Z. (1999) Using transparent props for interaction with the virtual table. *Proceedings of the ACM SIGGRAPH Symposium on Interactive 3D Graphics (I3D)*, 147–154.

Schmalstieg, D., Fuhrmann, A., and Hesina, G. (2000) Bridging multiple user interface dimensions with augmented reality. *Proceedings of the IEEE and ACM International Symposium on Augmented Reality (ISAR)*, 20–29.

Schmalstieg, D., Fuhrmann, A., Hesina, G., Szalavári, Z., Encarnação, L. M., Gervautz, M., and Purgathofer, W. (2002) The Studierstube augmented reality project. *Presence: Teleoperators and Virtual Environments* 11, 1, MIT Press, 33–54.

Schmalstieg, D., Fuhrmann, A., Szalavri, Z., and Gervautz, M. (1996) Studierstube: An environment for collaboration in augmented reality. *Proceedings of the Workshop on Collaborative Virtual Environments (CVE)*, 37–48.

Schmalstieg, D., and Hesina, G. (2002) Distributed applications for collaborative augmented reality. *Proceedings of IEEE Virtual Reality (VR)*, 59–66.

Schmeil, A., and Broll, W. (2007) MARA: A mobile augmented reality-based virtual assistant. *Proceedings of IEEE Virtual Reality (VR)*, 267–270.

Schmidt, D. C., and Huston, S. D. (2001) *C++ Network Programming. Volume I: Mastering Complexity with ACE and Patterns*. Addison-Wesley.

Schneider, P., and Eberly, D. (2003) *Geometric Tools for Computer Graphics*. Morgan Kaufmann Publishers.

Schönfelder, R., and Schmalstieg, D. (2008) Augmented reality for industrial building acceptance. *Proceedings of IEEE Virtual Reality (VR)*, 83–90.

Schowengerdt, B. (2010) Near-to-eye display using scanning fiber display engine. *SID Symposium Digest of Technical Papers* 41, 1, Paper 57.1, 848–851.

Schowengerdt, B. T., and Seibel, E. J. (2012) Multifocus displays. In: Chen, J., Cranton, W., and Fihn, M., eds., *Handbook of Visual Display Technology*. Springer, Berlin/Heidelberg, Germany, 2239–2250.

Schwerdtfeger, B., and Klinker, G. (2008) Supporting order picking with augmented reality. *Proceedings of the IEEE International Symposium on Mixed and Augmented Reality (ISMAR)*, 91–94.

Seah, S. A., Martinez Plasencia, D., Bennett, P. D., Karnik, A., Otrocol, V. S., Knibbe, J., Cockburn, A., and Subramanian, S. (2014) SensaBubble: A chrono-sensory mid-air display of sight and smell. *Proceedings of the ACM Conference on Human Factors in Computing Systems (CHI)*, 2863–2872.

Searle, C. L., Braida, L. D., Davis, M. F., and Colburn, H. S. (1976) Model for auditory localization. *Journal of the Acoustical Society of America* 60, 5, 1164–1175.

Seibert, H., and Dähne, P. (2006) System architecture of a mixed reality framework. *Journal of Virtual Reality and Broadcasting* 3, 7, urn:nbn:de:0009-6-7774.

Seo, B.-K., Lee, M.-H., Park, H., and Park, J.-I. (2008) Projection-based diminished reality system. *Proceedings of the International Symposium on Ubiquitous Virtual Reality*, IEEE Press, 25–28.

Shan, Q., Adams, R., Curless, B., Furukawa, Y., and Seitz, S. M. (2013) The Visual Turing Test for scene reconstruction. *Proceedings of the IEEE International Conference on 3D Vision (3DV)*, 25–32.

Shaw, C., Green, M., Liang, J., and Sun, Y. (1993) Decoupled simulation in virtual reality with the MR toolkit. *ACM Transactions on Information Systems* 11, 3, 287–317.

Shi, J., and Tomasi, C. (1994) Good features to track. *Proceedings of the IEEE Conference on Computer Vision and Pattern Recognition (CVPR)*, 593–600.

Shingu, J., Rieffel, E., Kimber, D., Vaughan, J., Qvarfordt, P., and Tuite, K. (2010) Camera pose navigation using augmented reality. *IEEE International Symposium on Mixed and Augmented Reality (ISMAR)*, 271–272.

Shneiderman, B. (1996) The eyes have it: A task by data type taxonomy for information visualizations. *Proceedings of the IEEE Symposium on Visual Languages,* 336–343.

Siegel, A., and White, S. (1975) The development of spatial representations of large-scale environments. *Advances in Child Development and Behavior* 10, Academic Press, 9–55.

Siltanen, S. (2006) Texture generation over the marker area. *Proceedings of the IEEE and ACM International Symposium on Mixed and Augmented Reality (ISMAR)*, 253–254.

Simon, G. (2006) Automatic online walls detection for immediate use in AR tasks. *Proceedings of the IEEE and ACM International Symposium on Mixed and Augmented Reality*, 39–42.

Simon, G. (2010) In-situ 3D sketching using a video camera as an interaction and tracking device. *Proceedings of Eurographics Short Papers.*

Skrypnyk, I., and Lowe, D. (2004) Scene modelling, recognition and tracking with invariant image features. *Proceedings of the IEEE and ACM International Symposium on Mixed and Augmented Reality (ISMAR)*, 110–119.

Slater, M. (2003) A note on presence terminology. *Presence Connect* 3.

Sloan, P.-P., Kautz, J., and Snyder, J. (2002) Precomputed radiance transfer for real-time rendering in dynamic, low-frequency lighting environments. *ACM Transactions on Graphics (Proceedings SIGGRAPH)* 21, 3, 527–536.

Snavely, N., Seitz, S. M., and Szeliski, R. (2006) Photo tourism: Exploring photo collections in 3D. *ACM Transactions on Graphics (Proceedings SIGGRAPH)* 25, 3, 835–846.

Sodhi, R. S., Jones, B. R., Forsyth, D., Bailey, B. P., and Maciocci, G. (2013a) BeThere: 3D mobile collaboration with spatial input. *Proceedings of the ACM SIGCHI Conference on Human Factors in Computing Systems (CHI)*, 179–188.

Sodhi, R., Poupyrev, I., Glisson, M., and Israr, A. (2013b) AIREAL: Interactive tactile experiences in free air. *ACM Transactions on Graphics (Proceedings SIGGRAPH)* 32, 4, article 134.

Song, H., Grossman, T., Fitzmaurice, G., Guimbretière, F., Khan, A., Attar, R., and Kurtenbach, G. (2009) PenLight: Combining a mobile projector and a digital pen for dynamic visual overlay. *Proceedings of the ACM SIGCHI Conference on Human Factors in Computing Systems*

(CHI), 143–152.

Song, J., Sörös, G., Pece, F., Fanello, S. R., Izadi, S., Keskin, C., and Hilliges, O. (2014) In-air gestures around unmodified mobile devices. *Proceedings of the ACM Symposium on User Interface Software and Technology (UIST)*, 319–329.

Spence, R. (2007) *Information Visualization: Design for Interaction*. Pearson Education.

Spindler, M., Martsch, M., and Dachselt, R. (2012) Going beyond the surface: Studying multi-layer interaction above the tabletop. *Proceedings of the SIGCHI Conference on Human Factors in Computing Systems (CHI)*, 1277–1286.

Spohrer, J. C. (1999) Information in places. *IBM Systems Journal* 38, 4, 602–628.

Stafford, A., Piekarski, W., and Thomas, B. H. (2006) Implementation of god-like interaction techniques for supporting collaboration between outdoor AR and indoor tabletop users. *Proceedings of the IEEE and ACM International Symposium on Mixed and Augmented Reality (ISMAR)*, 165–172.

Starner, T., Mann, S., Rhodes, B. J., Levine, J., Healey, J., Kirsch, D., Picard, R. W., and Pentland, A. (1997) Augmented reality through wearable computing. *Presence: Teleoperators and Virtual Environments* 6, 4, MIT Press, 386–398.

State, A., Chen, D. T., Tector, C., Brandt, A., Ohbuchi, R., Bajura, M., and Fuchs, H. (1994) Observing a volume rendered fetus within a pregnant patient. *Proceedings of IEEE Visualization*, 364–368.

State, A., Hirota, G., Chen, D. T., Garrett, W. F., and Livingston, M. A. (1996a) Superior augmented reality registration by integrating landmark tracking and magnetic tracking. *Proceedings of the ACM SIGGRAPH Conference on Computer Graphics and Interactive Techniques (SIGGRAPH)*, 429–438.

State, A., Keller, K. P., and Fuchs, H. (2005) Simulation-based design and rapid prototyping of a parallax-free, orthoscopic video see-through head-mounted display. *Proceedings of the IEEE and ACM International Symposium on Mixed and Augmented Reality (ISMAR)*, 28–31.

State, A., Livingston, M. A., Garrett, W. F., Hirota, G., Whitton, M. C., Pisano, E. P., and Fuchs, H. (1996b) Technologies for augmented reality systems: Realizing ultrasound-guided needle biopsies. *Proceedings of the ACM Conference on Computer Graphics and Interactive Techniques (SIGGRAPH)*, 439–446.

Stauder, J. (1999) Augmented reality with automatic illumination control incorporating ellipsoidal models. *IEEE Transactions on Multimedia* 1, 136–143.

Stein, T., and Décoret, X. (2008) Dynamic label placement for improved interactive exploration. *Proceedings of the ACM International Symposium on Non-Photorealistic Animation and Rendering (NPAR)*, 15–21.

Steptoe, W., Julier, S., and Steed, A. (2014) Presence and discernability in conventional and non-photorealistic immersive augmented reality. *Proceedings of the IEEE International Symposium on Mixed and Augmented Reality (ISMAR)*, 213–218.

Stewénius, H., Engels, C., and Nistér, D. (2006) Recent developments on direct relative orientation. *ISPRS Journal of Photogrammetry and Remote Sensing* 60, 4, 284–294.

Stoakley, R., Conway, M. J., and Pausch, R. (1995) Virtual reality on a WIM: Interactive worlds in miniature. *Proceedings of the ACM SIGCHI Conference on Human Factors in Computing Systems (CHI)*, 265–272.

Strauss, P. S., and Carey, R. (1992) An object-oriented 3D graphics toolkit. *Proceedings of the ACM Conference on Computer Graphics and Interactive Techniques (SIGGRAPH)*, 341–349.

Sugano, N., Kato, H., and Tachibana, K. (2003) The effects of shadow representation of virtual objects in augmented reality. *Proceedings of the IEEE and ACM International Symposium on Mixed and Augmented Reality (ISMAR)*, 76–83.

Sukan, M., Elvezio, C., Oda, O., Feiner, S., and Tversky, B. (2014) ParaFrustum: Visualization techniques for guiding a user to a constrained set of viewing positions and orientations. *Proceedings of the ACM Symposium on User Interface Software and Technology (UIST)*, 331–340.

Sukan, M., Feiner, S., Tversky, B., and Energin, S. (2012) Quick viewpoint switching for manipulating virtual objects in hand-held augmented reality using stored snapshots. *Proceedings of the IEEE International Symposium on Mixed and Augmented Reality (ISMAR)*, 217–226.

Sun, S.-Y., Gilbertson, M., and Anthony, B. W. (2013) Computer-guided ultrasound probe realignment by optical tracking. *Proceedings of the IEEE International Symposium on Biomedical Imaging (ISBI)*, 21–24.

Suomela, R., and Lehikoinen, J. (2000) Context compass. *Proceedings of the International Symposium on Wearable Computers (ISWC)*, 147–154.

Supan, P., Stuppacher, I., and Haller, M. (2006) Image based shadowing in real-time augmented reality. *International Journal of Virtual Reality* 5, 3, 1–7.

Sutherland, I. E. (1965) The ultimate display. *Proceedings of the Congress of the International Federation of Information Processing (IFIP)*, 506–508.

Sutherland, I. E. (1968) A head-mounted three dimensional display. *Proceedings of the AFIPS Fall Joint Computer Conference, Part I*, 757–764.

Sweeney, C., Fragoso, V., Höllerer, T., and Turk, M. (2014) gDLS: A scalable solution to the generalized pose and scale problem. *Proceedings of the European Conference on Computer Vision (ECCV)*, Springer, 16–31.

Szalavári, Z., Eckstein, E., and Gervautz, M. (1998) Collaborative gaming in augmented reality. *Proceedings of the ACM Symposium on Virtual Reality Software and Technology (VRST)*, 195–204.

Szalavári, Z., and Gervautz, M. (1997) The personal interaction panel: A two-handed interface for augmented reality. *Computer Graphics Forum (Proceedings Eurographics)* 16, *3*, 335–346.

Szeliski, R. (2006) Image alignment and stitching: A tutorial. *Foundations and Trends in Computer Graphics and Vision* 2, 1, Now Publishers, 1–104.

Szeliski, R. (2010) *Computer Vision: Algorithms and Applications*. Springer.

Takacs, G., Xiong, Y., Grzeszczuk, R., Xiong, Y., Chen, W.-C., Bismpigiannis, T., Grzeszczuk, R., Pulli, K., and Girod, B. (2008) Outdoors augmented reality on mobile phone using loxel-based visual feature organization. *Proceedings of the ACM International Conference on Multimedia Information Retrieval (MIR)*, 427–434.

Takemura, M., and Ohta, Y. (2002) Diminishing head-mounted display for shared mixed reality. *Proceedings of the IEEE and ACM International Symposium on Mixed and Augmented Reality (ISMAR)*, 149–156.

Tallon, L., and Walker, K. (2008) *Digital technologies and the museum experience: Handheld guides and other media*. AltaMira Press.

Tamura, H. (2000) What happens at the border between real and virtual worlds: The MR project and other research activities in Japan. *Proceedings of the IEEE and ACM International Symposium on Augmented Reality (ISAR)*, xii–xv.

Tamura, H., Yamamoto, H., and Katayama, A. (2001) Mixed reality: Future dreams seen at the border between real and virtual worlds. *IEEE Computer Graphics and Applications* 21, 6, 64–70.

Tan, H. Z., and Pentland, A. (2001) Tactual displays for sensory substitution and wearable computers. In: Barfield, W., and Caudell, T., eds., *Fundamentals of Wearable Computers and Augmented Reality*. Lawrence Erlbaum Associates, 579–598.

Tanaka, K., Kishino, Y., Miyamae, M., Terada, T., and Nishio, S. (2008) An information layout method for an optical see-through head mounted display focusing on the viewability. *Proceedings of the IEEE and ACM International Symposium on Mixed and Augmented Reality*, 139–142.

Tateno, K., Takemura, M., and Ohta, Y. (2005) Enhanced eyes for better gaze-awareness in collaborative mixed reality. *Proceedings of the IEEE and ACM International Symposium on Mixed and Augmented Reality (ISMAR)*, 100–103.

Tatzgern, M., Orso, V., Kalkofen, D., Jacucci, G., Gamberini, L., and Schmalstieg, D. (2016) Adaptive information density for augmented reality displays. *Proceedings of IEEE Virtual Reality (VR)*.

Tatzgern, M., Grasset, R., Kalkofen, D., and Schmalstieg, D. (2014a) Transitional augmented reality navigation for live captured scenes. *Proceedings of IEEE Virtual Reality (VR)*, 21–26.

Tatzgern, M., Kalkofen, D., Grasset, R., and Schmalstieg, D. (2014b) Hedgehog labeling: View management techniques for external labels in 3D space. *Proceedings IEEE Virtual Reality (VR)*, 27–32.

Tatzgern, M., Kalkofen, D., and Schmalstieg, D. (2010) Multi-perspective compact explosion diagrams. *Computers & Graphics* 35, 1, Elsevier, 135–147.

Taylor, R. M., Hudson, T. C., Seeger, A., Weber, H., Juliano, J., and Helser, A. T. (2001) VRPN: A device-independent, network-transparent VR peripheral system. *Proceedings of the ACM Symposium on Virtual Reality Software and Technology (VRST)*, 55–61.

Teh, J. K. S., Cheok, A. D., Peiris, R. L., Choi, Y., Thuong, V., and Lai, S. (2008) Huggy pajama: A mobile parent and child hugging communication system. *Proceedings of the International Conference on Interaction Design and Children (IDC)*, ACM Press, 250–257.

Terenzi, A. and Terenzi, G. (2011) Towards augmented reality design: The case for the AR plugins. *Proceedings of the IEEE ISMAR Workshop on Authoring Solutions for Augmented Reality*.

Thomas, B., Demczuk, V., Piekarski, W., Hepworth, D., and Gunther, B. (1998) A wearable computer system with augmented reality to support terrestrial navigation. *Proceedings of the IEEE International Symposium on Wearable Computers (ISWC)*, 168–171.

Tomasi, C., and Kanade, T. (1991) Detection and tracking of point features. Shape and motion from image streams: A factorization method—Part 3. *Technical Report CMU-CS-91-132, School of Computer Science*, Carnegie Mellon University.

Tomioka, M., Ikeda, S., and Sato, K. (2013) Approximated user-perspective rendering in tablet-based augmented reality. *Proceedings of the IEEE International Symposium on Mixed and Augmented Reality (ISMAR)*, 21–28.

Towles, H., Chen, W., Yang, R., Kum, S., Fuchs, H., Kelshikar, N., Mulligan, J., Daniilidis, K., Holden, L., Zeleznik, R. C., Sadagic, A., and Lanier, J. (2002) 3D tele-collaboration over Internet2. *International Workshop on Immersive Telepresence (ITP)*, ACM Press.

Tramberend, H. (1999) Avocado: A distributed virtual reality framework. *Proceedings of IEEE Virtual Reality (VR)*, 14–21.

Treisman, A. M., and Gelade, G. (1980) A feature-integration theory of attention. *Cognitive Psychology* 12, 1, 97–136.

Triggs, B., McLauchlan, P., Hartley, R., and Fitzgibbon, A. (2000) Bundle adjustment: A modern synthesis. In: Triggs, B., Zisserman, A., and Szeliski, R., eds., *Vision Algorithms: Theory and Practice*. Springer, 298–372.

Tsai, R. Y. (1986) An efficient and accurate camera calibration technique for 3D machine vision. *Proceedings of the IEEE Conference on Computer Vision and Pattern Recognition*, 364–374.

Tsai, R. Y. and Lenz, R. K. (1989) A new technique for fully autonomous and efficient 3D robotics hand/eye calibration. *IEEE Journal of Robotics and Automation* 5, 3, 345–358.

Tsetserukou, D., Sato, K., and Tachi, S. (2010) ExoInterfaces: Novel exosceleton haptic interfaces for virtual reality, augmented sport and rehabilitation. *Proceedings of the ACM Augmented Human International Conference (AH)*, article 1.

Tsumura, N., Dang, M. N., and Miyake, Y. (2003) Estimating the directions to light sources using images of eye for reconstructing 3D human face. *Color Imaging Conference*, Society for Imaging Science and Technology, 77–81.

Tuceryan, M., Genc, Y., and Navab, N. (2002) Single-point active alignment method (SPAAM) for optical see-through HMD calibration for augmented reality. *Presence: Teleoperators and Virtual Environments* 11, 3, MIT Press, 259–276.

Turing, A. M. (1950) Computing machinery and intelligence. *Mind*, LIX, 236, 433–460.

Uchiyama, S., Takemoto, K., Satoh, K., Yamamoto, H., and Tamura, H. (2002) MR platform: A basic body on which mixed reality applications are built. *Proceedings of the International Symposium on Mixed and Augmented Reality (ISMAR)*, 246–320.

Ullmer, B., and Ishii, H. (1997) The metaDESK: Models and prototypes for tangible user interfaces. *Proceedings of the ACM Symposium on User Interface Software and Technology (UIST)*, 223–232.

Umeyama, S. (1991) Least-squares estimation of transformation parameters between two point patterns. *IEEE Transactions on Pattern Analysis and Machine Intelligence* 13, 4, 376–380.

Underkoffler, J., and Ishii, H. (1998) Illuminating light: An optical design tool with a luminous-tangible interface. *Proceedings of the ACM SIGCHI Conference on Human Factors in Computing Systems (CHI)*, 542–549.

Underkoffler, J., and Ishii, H. (1999) Urp: A luminous-tangible workbench for urban planning and design. *Proceedings of the ACM SIGCHI Conference on Human Factors in Computing Systems (CHI)*, 386–393.

Vacchetti, L., Lepetit, V., Papagiannakis, G., Ponder, M., and Fu, P. (2003) Stable real-time interaction between virtual humans and real scenes. *Proceedings of the International Conference on 3D Digital Imaging and Modeling (3DIM)*, 449–456.

Valentin, J., Vineet, V., Cheng, M-M., Kim, D., Shotton, J., Kohli, P., Nießner, M., Criminisi, A., Izadi, S., and Torr, P. (2015) SemanticPaint: Interactive 3D labeling and learning at your fingertips. *ACM Transactions on Graphics (Proceedings SIGGRAPH)* 34, 5, Article 154.

van den Hengel, A., Hill, R., Ward, B., and Dick, A. (2009) In situ image-based modeling. *Proceedings of the IEEE International Symposium on Mixed and Augmented Reality (ISMAR)*, 107–110.

Veas, E., Grasset, R., Ferencik, I., Grünewald, T., and Schmalstieg, D. (2012a) Mobile augmented reality for environmental monitoring. *Personal and Ubiquitous Computing* 17, 7, Springer, 1515–1531.

Veas, E., Grasset, R., Kruijff, E., and Schmalstieg, D. (2012b) Extended overview techniques for outdoor augmented reality. *IEEE Transactions on Visualization and Computer Graphics* 18, 4, 565–572.

Veas, E., Mulloni, A., Kruijff, E., Regenbrecht, H., Schmalstieg, D. (2010) Techniques for view transition in multiview outdoor environments. *Proceedings of Graphics Interface,* Canadian Information Processing Society, 193–200.

Ventura, J., Arth, C., Reitmayr, G., and Schmalstieg, D. (2014a) Global localization from monocular SLAM on a mobile phone. *IEEE Transactions on Visualization and Computer Graphics* 20, 4, 531–539.

Ventura, J., Arth, C., Reitmayr, G., and Schmalstieg, D. (2014b) A minimal solution to the generalized pose-and-scale problem. *Proceedings of IEEE Computer Vision and Pattern Recognition (CVPR)*, 422–429.

Viega, J., Conway, M., Williams, G., and Pausch, R. (1996) 3D magic lenses. *Proceedings of the ACM Symposium on User Interface Software and Technology (UIST)*, 51–58.

Vinnikov, M., and Allison, R. S. (2014) Gaze-contingent depth of field in realistic scenes. *Proceedings of the ACM Symposium on Eye Tracking Research and Applications (ETRA)*, 119–126.

von Spiczak, J., Samset, E., DiMaio, S., Reitmayr, G., Schmalstieg, D., Burghart, C., and Kikinis, R. (2007) Multimodal event streams for virtual reality. *Proceedings of the SPIE Conference on Multimedia Computing and Networking (MMCN)*, SPIE 6504-0M.

Wagner, D., Langlotz, T., and Schmalstieg, D. (2008a) Robust and unobtrusive marker tracking on mobile phones. *Proceedings of the IEEE and ACM International Symposium on Mixed and Augmented Reality,* 121–124.

Wagner, D., Mulloni, A., Langlotz, T., and Schmalstieg, D. (2010) Real-time panoramic mapping and tracking on mobile phones. *Proceedings of IEEE Virtual Reality (VR)*, 211–218.

Wagner, D., Reitmayr, G., Mulloni, A., Drummond, T., and Schmalstieg, D. (2008b) Pose tracking from natural features on mobile phones. *Proceedings of the IEEE and ACM International Symposium on Mixed and Augmented Reality,* 125–134.

Wagner, D., Reitmayr, G., Mulloni, A., and Schmalstieg, D. (2009) Real time detection and tracking for augmented reality on mobile phones. *IEEE Transactions on Visualization and Computer Graphics,* 16, 3, 355–468.

Wagner, D., and Schmalstieg, D. (2003) First steps towards handheld augmented reality. *Proceedings of the IEEE Symposium on Wearable Computers (ISWC)*, 127–135.

Wagner, D., and Schmalstieg, D. (2007) ARToolKitPlus for pose tracking on mobile devices. *Proceedings of the Computer Vision Winter Workshop (CVWW)*.

Walsh, J. A., von Itzstein, S., and Thomas, B. H. (2013) Tangible agile mapping: Ad-hoc tangible user interaction definition. *Proceedings of the Australasian User Interface Conference (AUIC)*, Australian Computer Society, 139, 3–12.

Wang, Y., and Samaras, D. (2006) Estimation of multiple illuminants from a single image of arbitrary known geometry. *Proceedings of the European Conference on Computer Vision (ECCV)*, Springer, 272–288.

Want, R., Hopper, A., Falcao, V., and Gibbons, J. (1992) The Active Badge location system. *ACM Transactions on Information Systems* 10, 1, 91–102.

Ward, G. J., Rubinstein, F. M., and Clear, R. D. (1988) A ray tracing solution for diffuse interreflection. *Proceedings of the ACM SIGGRAPH Conference on Computer Graphics and Interactive Techniques*, 85–92.

Watson, B. A., and Hodges, L. F. (1995) Using texture maps to correct for optical distortion in head-mounted displays. *Proceedings of the IEEE Virtual Reality Annual International Symposium (VRAIS)*, 172–178.

Weir, P., Sandor, C., Swoboda, M., Nguyen, T., Eck, U., Reitmayr, G., and Dey, A. (2013) BurnAR: Involuntary heat sensations in augmented reality. *Proceedings of IEEE Virtual Reality (VR)*, 43–46.

Weiser, M. (1991) The computer for the 21st century. *Scientific American* 265, 3, 94–104.

Welch, G., and Bishop, G. (1995) An introduction to the Kalman filter. Technical Report 95-041, University of North Carolina, Chapel Hill, Updated: July 2006.

Welch, G., and Bishop, G. (1997) SCAAT: Incremental tracking with incomplete information. *Proceedings of the ACM SIGGRAPH Conference on Computer Graphics and Interactive Techniques*, 333–344.

Welch, G., and Bishop, G. (2001) An introduction to the Kalman filter. *ACM SIGGRAPH Course Notes*.

Welch, G., Bishop, G., Vicci, L., Brumback, S., Keller, K., and Colucci, D. (2001) High-performance wide-area optical tracking: The HiBall tracking system. *Presence* 10, 1, 1–21.

Welch, G., and Foxlin, E. (2002) Motion tracking: No silver bullet, but a respectable arsenal. *Computer Graphics and Applications 22*, 6, 24–38.

Wellner, P. (1993) Interacting with paper on the DigitalDesk. *Communications of the ACM* 36, 7, 87–96.

Wellner, P., and Freemann, S. (1993) The DoubleDigitalDesk: Shared editing of paper documents. Technical Report EPC-93-108, Xerox Research Centre Cambridge Laboratory, Cambridge, UK.

Wetzstein, G. (2015) Why people should care about light field displays. *SID Information Display* 31, 2, 22–28.

White, S., and Feiner, S. (2009a) SiteLens: Situated visualization techniques for urban site visits. *Proceedings of the ACM SIGCHI Conference on Human Factors in Computing Systems (CHI)*, 1117–1120.

White, S., Feiner, S., and Kopylec, J. (2006) Virtual vouchers: Prototyping a mobile augmented reality user interface for botanical species identification. *Proceedings on the IEEE Symposium on 3D User Interfaces (3DUI)*, 119–126.

White, S., Feng, D., and Feiner, S. (2009b) Interaction and presentation techniques for shake menus in tangible augmented reality. *IEEE International Symposium on Mixed and Augmented Reality (ISMAR)*, 39–48.

Wigdor, D., Forlines, C., Baudisch, P., Barnwell, J., and Shen, C. (2007) LucidTouch: A see-through mobile device. *Proceedings of the ACM Symposium on User Interface Software and Technology (UIST)*, 269–278.

Williams, L. (1978) Casting curved shadows on curved surfaces. *Proceedings of the ACM SIGGRAPH Conference on Computer Graphics and Interactive Techniques*, 270–274.

Wilson, A. D., and Benko, H. (2010) Combining multiple depth cameras and projectors for interactions on, above and between surfaces. *Proceedings of the ACM Symposium on User Interface Software and Technology (UIST)*, 273–282.

Wilson, A. D., Benko, H., Izadi, S., and Hilliges, O. (2012) Steerable augmented reality with the beamatron. *Proceedings of the ACM Symposium on User Interface Software and Technology (UIST)*, 413–422.

Wither, J., Coffin, C., Ventura, J., and Höllerer, T. (2008) Fast annotation and modeling with a single-point laser range finder. *IEEE International Symposium on Mixed and Augmented Reality (ISMAR)*, 65–68.

Wither, J., Diverdi, S., and Höllerer, T. (2006) Using aerial photographs for improved mobile AR annotation. *IEEE International Symposium on Mixed and Augmented Reality (ISMAR)*, 159–162.

Wither, J., DiVerdi, S., and Höllerer, T. (2007) Evaluating display types for AR selection and annotation. *IEEE International Symposium on Mixed and Augmented Reality (ISMAR)*, 95–98.

Wither, J., DiVerdi, S., and Höllerer, T. (2009) Annotation in outdoor augmented reality. *Computers & Graphics,* 33, 6, Elsevier, 679–689.

Wither, J., and Höllerer, T. (2005) Pictorial depth cues for outdoor augmented reality. *Proceedings of the IEEE International Symposium on Wearable Computers (ISWC)*, 92–99.

Wloka, M. M. (1995) Lag in multiprocessor virtual reality. *Presence: Teleoperators and Virtual Environments* 4, 1, MIT Press, 50–63.

Wloka, M. M., and Anderson, B. G. (1995) Resolving occlusion in augmented reality. *Proceedings of the ACM SIGGRAPH Symposium on Interactive 3D Graphics (I3D)*, 5–12.

Woo, G., Lippman, A., and Raskar, R. (2012) VRCodes: Unobtrusive and active visual codes for interaction by exploiting rolling shutter. *Proceedings of the IEEE International Symposium on Mixed and Augmented Reality (ISMAR),* 59–64.

Xiao, R., Harrison, C., and Hudson, S.E. (2013) WorldKit: Rapid and easy creation of ad-hoc interactive applications on everyday surfaces. *Proceedings of the ACM SIGCHI Conference on Human Factors in Computing Systems (CHI)*, 879–888.

Yamada, T., Yokoyama, S., Tanikawa, T., Hirota, K., and Hirose, M. (2006) Wearable olfactory display: Using odor in outdoor environment. *Proceedings of IEEE Virtual Reality (VR)*, 199–206.

Yamamoto, S., Tamaki, H., Okajima, Y., Bannai, Y., and Okada, K. (2008) Symmetric model of remote collaborative MR using tangible replicas. *Proceedings of IEEE Virtual Reality (VR)*, 71–74.

Ye, G., State, A., and Fuchs, H. (2010) A practical multi-viewer tabletop autostereoscopic display. *Proceedings of the IEEE International Symposium on Mixed and Augmented Reality (ISMAR)*, 147–156.

Yii, W., Li, W. H., and Drummond, T. (2012) Distributed visual processing for augmented reality. *Proceedings of the IEEE International Symposium on Mixed and Augmented Reality (ISMAR)*, 41–48.

Yokokohji, Y., Hollis, R. L., and Kanade, T. (1999) WYSIWYF display: A visual/haptic interface to virtual environment. *Presence: Teleoperators and Virtual Environments* 8, 4, MIT Press, 412–434.

Yoshida, T., Jo, K., Minamizawa, K., Nii, H., Kawakami, N., and Tachi, S. (2008) Transparent cockpit: Visual assistance system for vehicle using retro-reflective projection technology. *Proceedings of IEEE Virtual Reality (VR)*, 185–188.

You, S., and Neumann, U. (2001) Fusion of vision and gyro tracking for robust augmented reality registration. *Proceedings of IEEE Virtual Reality (VR)*, 71–78.

Zauner, J., Haller, M., Brandl, A., and Hartman, W. (2003) Authoring of a mixed reality assembly instructor for hierarchical structures. *Proceedings of the IEEE International Symposium on Mixed and Augmented Reality (ISMAR)*, 237–246.

Zhang, Z. (2000) A flexible new technique for camera calibration. *IEEE Transactions on Pattern Analysis and Machine Intelligence 22*, 11, 1330–1334.

Zheng, F., Schmalstieg, D., and Welch, G. (2014) Pixel-wise closed-loop registration in video-based augmented reality. *Proceedings of the IEEE International Symposium on Mixed and Augmented Reality (ISMAR)*, 135–143.

Zokai, S., Esteve, J., Genc, Y., and Navab, N. (2003) Multiview Paraperspective Projection Model for Diminished Reality. *Proceedings of the IEEE International Symposium on Mixed and Augmented Reality (ISMAR)*, 217–226.

Zollmann, S., Hoppe, C., Langlotz, T., and Reitmayr, G. (2014) FlyAR: Augmented reality supported micro aerial vehicle navigation. *IEEE Transactions on Visualization and Computer Graphics 20*, 4, 560–568.

Zollmann, S., Kalkofen, D., Mendez, E., and Reitmayr, G. (2010) Image-based ghostings for single layer occlusions in augmented reality. *Proceedings of the IEEE International Symposium on Mixed and Augmented Reality (ISMAR)*, 19–26.

推荐阅读

计算机图形学原理及实践（基础篇）

作者：[美]约翰·F. 休斯（John F. Hughes） 安德里斯·范·达姆（Andries van Dam）
摩根·麦奎尔（Morgan Mcguire） 戴维·F. 斯克拉（David F. Sklar）
詹姆斯·D. 福利（James D. Foley） 史蒂文·K. 费纳（Steven K. Feiner）
科特·埃克里（Kurt Akeley）
译者：彭群生 等 ISBN：978-7-111-61180-6 定价：99.00元

计算机图形学原理及实践（进阶篇） 即将出版

本书是计算机图形领域久负盛名的著作，被国内外众多高校选作教材。第3版全面升级，新增17章，从形式到内容都做出了很大的调整，与时俱进地对图形学的关键概念、算法、技术及应用进行了细致的阐释。为便于教学，中文版分为基础篇和进阶篇两册。其中基础篇取原书的第1~16章，内容覆盖基本的图形学概念、主要的图形生成算法、简单的场景建模方法、二\三维图形变换、实时3D图形平台等。进阶篇则包括原书第17~38章，主要讲述与图形生成相关的图像处理技术、复杂形状的建模技术、表面真实感绘制、表意式绘制、计算机动画、现代图形硬件等。

推 荐 阅 读

交互式系统设计：HCI、UX和交互设计指南（原书第3版）

作者：David Benyon 译者：孙正兴 等 ISBN：978-7-111-52298-0 定价：129.00元

本书在人机交互、可用性、用户体验以及交互设计领域极具权威性。书中囊括了作者关于创新产品及系统设计的大量案例和图解，每章都包括发人深思的练习、挑战点评等内容，适合具有不同学科背景的人员学习和使用。

以用户为中心的系统设计

作者：Frank E. Ritter 等 译者：田丰 等 ISBN：978-7-111-57939-7 定价：85.00元

本书融合了作者多年的工作经验，阐述了影响用户与系统有效交互的众多因素，其内容涉及人体测量学、行为、认知、社会层面等四个主要领域，介绍了相关的基础研究，以及这些基础研究对系统设计的启示。

推荐阅读

计算机视觉：模型、学习和推理

作者：[英]西蒙 J.D. 普林斯（Simon J. D. Prince）著 译者：苗启广 刘凯 孔韦韦 许鹏飞 译
书号：978-7-111-51682-8 定价：119.00元

"这本书是计算机视觉和机器学习相结合的产物。针对现代计算机视觉研究，本书讲述与之相关的机器学习基础。这真是一本好书，书中的任何知识点都表述得通俗易懂。当我读这本书的时候，我常常赞叹不已。对于从事计算机视觉的研究者与学生，本书是一本非常重要的书，我非常期待能够在课堂上讲授这门课。"

—— William T. Freeman，麻省理工学院

本书是一本从机器学习视角讲解计算机视觉的非常好的教材。全书图文并茂、语言浅显易懂，算法描述由浅入深，即使是数学背景不强的学生也能轻松理解和掌握。作者展示了如何使用训练数据来学习观察到的图像数据和我们希望预测的现实世界现象之间的联系，以及如何如何研究这些联系来从新的图像数据中作出新的推理。本书要求最少的前导知识，从介绍概率和模型的基础知识开始，接着给出让学生能够实现和修改来构建有用的视觉系统的实际示例。适合作为计算机视觉和机器学习的高年级本科生或研究生的教材，书中详细的方法演示和示例对于计算机视觉领域的专业人员也非常有用。